高等学校课程思政建设示范教材

化学工业出版社"十四五"普通高等教育规划教材

环境保护
与可持续发展

于彩莲
李　芬
杨　莹　主编

化学工业出版社
·北京·

内容简介

《环境保护与可持续发展》通过对资源、环境和生态系统的描述，分析当今社会存在的环境问题，系统介绍环境污染和生态破坏产生的原因与危害、环境污染防治的技术与措施，阐述了可持续发展战略的由来，提出清洁生产与循环经济的可持续发展途径，详细论述了人类与自然之间的环境伦理观。通过本课程的学习，使学生了解环境保护与可持续发展的基本知识和原理，正确认识和评价环境工程实践对环境和社会可持续发展的影响，能够在解决复杂工程问题方案设计中考虑对环境、健康等因素的影响，并能够采取措施加以改进，树立正确的环境伦理观和科学发展观。

《环境保护与可持续发展》可作为普通高等学校非环境类专业环境教育公共课教材，更是达成工程教育专业认证中毕业要求的优选教材。

图书在版编目（CIP）数据

环境保护与可持续发展 / 于彩莲，李芬，杨莹主编
. —北京：化学工业出版社，2023.8
ISBN 978-7-122-42829-5

Ⅰ.①环… Ⅱ.①于… ②李… ③杨… Ⅲ.①环境保护–可持续性发展–高等学校–教材 Ⅳ.①X22

中国国家版本馆 CIP 数据核字（2023）第 096173 号

责任编辑：徐雅妮　孙凤英
责任校对：刘　一　　　　　　　装帧设计：王晓宇

出版发行：化学工业出版社
　　　　　（北京市东城区青年湖南街 13 号　邮政编码 100011）
印　　装：大厂聚鑫印刷有限责任公司
787mm×1092mm　1/16　印张 19¼　字数 456 千字
2023 年 11 月北京第 1 版第 1 次印刷

购书咨询：010-64518888　　　　售后服务：010-64518899
网　　址：http://www.cip.com.cn
凡购买本书，如有缺损质量问题，本社销售中心负责调换。

定　　价：56.00 元　　　　　　　　版权所有　违者必究

前言

PREFACE

自 1962 年《寂静的春天》的正式出版以来，人类觉醒并向环境问题宣战已有 60 多年的历史。世界各国政府高度重视，并于 1972 年第一次将环境问题纳入国际政治的重要事务议程，大会通过的《人类环境宣言》使人类清醒地认识到保护和改善人类环境是关系到全世界各国人民的幸福和经济发展的重要问题，是全世界各国人民的迫切希望和各国政府的首要责任。在人类抗争环境问题的历史中，涌现出来大批的先进的污染物治理技术，在某些领域也取得了显著的成效，但全球化石能源危机、土壤退化、二氧化碳的排放持续增加、全球气候变暖、冰川融化、海平面上升、极端干旱、极端暴雨、生物多样性减少速度加速、持久性有机污染物的越境迁移等问题愈发严重。

随着我国经济发展和综合国力的提升，我们对生态环境保护越来越重视，可持续发展战略也在持续推进实施，环境保护的措施和理念融入了各个领域。党的二十大报告指出，我们要"推动绿色发展，促进人与自然和谐共生"，必须牢固树立和践行绿水青山就是金山银山的理念，站在人与自然和谐共生的高度谋划发展。坚持山水林田湖草沙一体化保护和系统治理，统筹产业结构调整、污染治理、生态保护、应对气候变化，协同推进降碳、减污、扩绿、增长，推进生态优先、节约集约、绿色低碳发展。然而当前我国各城市如何在加强生态环境保护的同时有序实现可持续发展是一个值得深思的问题。

本书通过对资源与环境问题的描述，分析当今社会存在的主要环境问题；介绍了生态系统基本理论、生态破坏的主要原因及生态修复技术方法；通过对环境与健康的描述，分析了对人体存在较大风险的污染物；重点阐述了当前存在的环境污染现象和治理技术，以及全球所面临的共同环境问题；介绍了可持续发展的由来，以及可持续发展战略实施的主要途径；阐述了环境保护方针、政策和法律法规体系；通过人类与自然的关系分析，介绍了环境伦理观的由来、主要内容与人类行为方式。

本书以普通高等学校非环境类专业学生的素质教育及工程教育认证专业对环境保护与可持续发展的毕业要求为出发点，力争使读者通过阅读本书掌握环境保护与可持续发展的基本知识、方针和政策；能够正确认识和评价在生产、运行、维护、管理、设计、研究等相关环节中工程问题对环境和社会可持续发展的影响；能够在解决复杂工程问题方案设计中考虑对环境、安全、健康等因素的影响，并能够采取措施加以改进，树立正确的环境伦理观和科学发展观。

全书共分十二章，第一、二、七章由于彩莲编写；第三、四、九（第三节）章由刘乾亮编写；第五、十、十一、十二章由李芬编写；第六、九（第一、二、四节）章由杨莹编写；第八章由田雨时编写。全书由艾恒雨主审。

因编者学术水平、经验、时间和经历所限，书中不足在所难免，敬请读者批评和指正。

编者

目录

CONTENTS

第一章

资源与环境

近年来，随着经济全球化进程的加快，资源占有量的多寡以及资源利用率的高低越来越成为各国综合国力的重要表征，与国家安全战略紧密相关。但随之而来的能源枯竭、环境污染等一系列问题也逐渐成为各国发展中面临的重大挑战，直接影响经济和社会的可持续发展。

第一节

环境概论

一、环境的定义

环境是一个内涵和外延都非常丰富的概念，因此对于环境的定义并不统一。从哲学的角度讲，环境是一个极其广泛的概念，是相对于某一中心事物的存在而存在的，与某一中心事物有关的周围事物，就是这个事物的环境，不同的中心事物有不同的环境范畴。用辩证唯物主义的眼光看，任何事物都不是孤立存在的，当某个事物被当成中心事物时，与它相关的事物就变成了该事物的环境，所以环境也就具有多样性和无限性。

环境科学中环境的概念，人是主体，主要是指除人以外的各种自然因素和社会因素的总称。生态学中环境的概念是指某一特定生物体或生物群体以外的空间，以及直接或间接影响该生物体或生物群体生存的一切事物的总和。因此，环境是与特定的主体或中心相对应的。在生物学中，环境是指生物的栖息地以及影响生物生存发展的各种因素，包括人的因素，人也是环境的一部分。而环境科学中，《中华人民共和国环境保护法》中把环境定义为"影响人类生存和发展的各种天然和经过人工改造的自然因素的总体。包括大气、水、海洋、土地、矿藏、森林、草原、湿地、野生动物、自然遗迹、人文遗迹、自然保护区、风景名胜、城市和乡村等"。

二、环境的类型

环境包含许多要素，是一个十分复杂的动态系统，根据不同的目的和需要可以分成许多种类型。

按环境的主体分，目前有两种体系：一种是以人为主体，其他的生命物质和非生命物质都被视为环境要素。这类环境称为人类环境。在环境科学中，多数学者都采用这种分类方法。另一种是以生物为主体，生物体以外的所有自然条件称为环境，这是一般生态学书刊上所采用的分类方法。

按环境的性质可分成自然环境、半自然环境和社会环境三类。自然环境，是指未经过人的加工改造而天然存在的环境，是客观存在的各种自然因素的总和。半自然环境，指已经被人类干扰或破坏了的自然环境。社会环境则是人类有计划、有目的地利用和改造自然环境而创造出来的生存环境，与人类的工作和生活关系最密切，又称人类聚落环境，人类的社会制度等上层建筑与经济基础、族群结构等社会形态，组成人类在非自然状态条件下对环境开发利用并产生扰动的人类圈或智能圈。

按环境的范围大小，可分为宇宙环境（或称星际环境）、地球环境、区域环境、微环境和内环境。

（一）宇宙环境

宇宙环境是指大气层以外的宇宙空间。它由广阔的宇宙空间和存在其中的各种天体及弥漫物质组成，对地球环境产生较大的影响。太阳是地球的主要光源和热源，为地球生物有机体带来了生机，推动了生物圈的正常运转。太阳辐射能的变化影响着地球环境，如太阳黑子出现的数目同地球上的降雨量有明显的相关关系，月球和太阳对地球的引力作用产生潮汐现象，并可引起风暴等自然灾害。太阳紫外辐射对有机体的细胞质有伤害作用，而大气层对其紫外辐射有遮蔽作用。

（二）地球环境

地球环境是指大气圈、水圈、岩石圈、土壤圈和生物圈，又称为全球环境，也有人称为地理环境。

1. 大气圈

大气圈是指在地球引力作用下聚集在地球外部的气体包层，也称大气层或大气环境，是自然环境的组成要素之一，也是一切生物赖以生存的物质基础。大气圈的主要成分有：氮气，占78.1%；氧气，占20.9%；氩气，占0.93%；还有少量的二氧化碳、稀有气体（氦气、氖气、氩气、氪气、氙气、氡气）和水蒸气。大气圈的空气密度随高度而减小，越高空气越稀薄。整个大气圈随高度不同表现出不同的特点，根据大气圈垂直距离的温度分布和大气组成的明显变化，从下至上可分为5层：对流层、平流层、中间层、热成层（电离层）、逸散层，见图1-1。

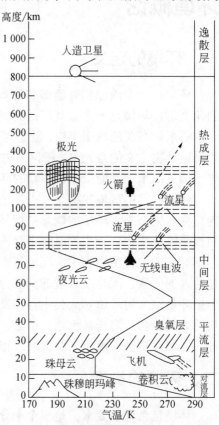

图 1-1　地球大气的热分层和各层的主要特征

（1）对流层

对流层位于大气圈的最底层，是空气密度最大的一层，直接与水圈、生物圈、土壤圈、岩石圈相接触。对流层厚度随地球纬度不同而有些差异，在赤道附近高 15～20km，在两极区高 8～10km，是大气圈中最活跃的一层，存在强烈的垂直对流作用和水平运动。空气总质量的 95% 和绝大多数的水蒸气、尘埃都集中在这一层，各种天气现象，如云、雾、霜、雷、电、雨、雪、冰、雹等天气现象都发生在这一层，在这一层气温随高度的增加而降低，大约每升高 1000m，温度就下降 5～6℃，空气由上而下进行剧烈的对流，故称对流层。动、植物的生存和人类的绝大部分活动都是在这一层。大气污染也主要发生在这一层，尤其在近地面 1～2km 范围内更为明显。

（2）平流层

平流层位于对流层顶至大约 50km 的高度，气流主要以水平方向运动，对流现象较弱，空气比较稳定，大气是平稳流动的，故称为平流层。在较低的平流层内，温度上升十分缓慢，在 30km 以下是同温层，其温度在-55℃左右，气流只有水平流动，而无垂直对流，并且在这里晴朗无云，很少发生天气变化，适合于飞机航行。在 20～30km 高空处，氧分子在紫外线作用下，形成臭氧层，太阳辐射的紫外线（$\lambda < 0.29\mu m$）几乎全部被臭氧吸收，像一道屏障保护着地球上的生物免受太阳高空离子的袭击。在 25km 以上，温度上升很快，在平流层顶 50km 处，最高温度可达-3℃，空气稀薄，大气密度和压力仅为地表附近的 1/1000～1/10，几乎不存在水蒸气和尘埃物质。

（3）中间层

中间层位于平流层顶，大约距地球表面 50～85km，这里的空气已经很稀薄，突出的特征是气温随高度增加而迅速降低，空气的垂直对流强烈。中间层顶最低温度可达-100℃，是大气圈中最冷的一层。其原因是这一层几乎没有臭氧，而能被 N_2 和 O_2 等气体吸收的波长更短的太阳辐射，大部分已被上层大气吸收。

（4）热成层

热成层位于中间层顶至 800km 高度，又称电离层，强烈的紫外线辐射使 N_2 和 O_2 分子发生电离，成为带电离子或分子，使这层处于特殊的带电状态，所以又称电离层。在这一层里，气温随高度增加而迅速上升，这是因为所有波长小于 $0.2\mu m$ 的紫外辐射都被大气中的 N_2 和 O_2 分子吸收，在 300km 高度处，气温可达 1000℃以上。电离层能使无线电波反射回地面，这对远距离通信极为重要。

（5）逸散层

高度 800km 以上的大气层统称为逸散层。气温随高度增加而升高，大气部分处于电离状态，质子的含量大大超过氢原子的含量。由于大气极其稀薄，地球引力场的束缚也大大减弱，大气物质不断向星际空间逸散，极稀薄的大气层一直延伸到离地面 2200km 的高空，在此之外是宇宙空间。

在大气圈的这 5 个层次中，与人类关系最密切的是对流层，其次是平流层。离地面 1km 以下的部分为大气边界层，受地表影响较大，是人类活动的空间。

2．水圈

水圈是地球表层水体的总称。水体是由天然或人工形成的水的聚积体，包括海洋、江河、湖泊、冰川、积雪、地下水和大气圈中的水等。水圈中含有各种化学物质、各种溶解盐和矿质营养及有机营养物质等，为生物的生存、生活提供了不可缺少的物质条件。淡水中的 3/4 以固体状态存在两极的冰盖和冰川中，只有约不到 5%的水是供人类直接利用的液态淡水。

水圈处于连续的运动状态，在太阳辐射和地球引力的作用下，以固、液、气态的形式在地球水圈的各个部分进行着无休止的运动，形成自然界的水循环，见图 1-2。水循环是地球上最重要的物质循环之一，通过形态的变化、位置的迁移，起到了输送热量和调节气候的作用，同时还对地球物质运输和环境的形成、演化有着巨大的影响。

图 1-2 水的自然循环

3. 岩石圈

岩石圈是地球表面平均厚度约为 33km 的坚硬固体圈层，是组成地球表层最主要的物质，是人类生存环境中最下面的一个圈层，又是地球内部各圈层的最外层，对人类的发展也具有重要的价值，向人类提供了丰富的化石燃料和矿物原料。岩石圈的厚度各处并不一致，表面凹凸不平，在大陆部分平均厚度约为 35km，大洋底部平均厚度 5～10km 不等。最厚的地方是我国的青藏高原，最薄处是太平洋底，相对于整个地球来说，岩石圈对于地球就像水果皮一样是薄薄的一层，体积只有整个地球的 1%，质量只有整个地球的 0.4%左右。

坚硬的岩石是由化学元素组成的，其中以氧、硅、铬、铁、钙、钠、镁、钾等 8 种元素最多。氧和硅以二氧化硅（SiO_2）的形式存在，占整个地壳重量的 75%以上。岩石圈中各种化学元素对人类的生存有着极为重要的意义。

4. 土壤圈

土壤圈位于大气圈、水圈、岩石圈和生物圈的交换地带，岩石圈表面经过风化作用而形成的疏松表层，由气、液、固三相组成。土壤圈是自然环境中生物界与非生物界之间的一个复杂的独立的开放性物质体系，具有特殊的组成和功能。土壤圈中含有丰富的矿物质和有机物等营养物质，是植物生长的重要媒介，也是众多土壤生命繁育的场所，土壤中拥有上百万种微生物和土壤动物，是环境中物质循环和能量转化的重要场所。

除了为植物提供生长环境之外，还起到净化、降解、消纳各种污染物的功能。大气圈的污染物可降落到土壤中，水圈的污染物通过灌溉也可以进入土壤，当污染超过了其容纳的能力，土壤也会通过其他方式释放污染物，如通过地表径流的方式进入河流或渗入地下水使水圈受污染，或者通过气体交换将污染物扩散到大气圈，生长在土壤之上的植物吸收了被污染的土壤中的养分，其生长和品质也会受到影响。

5. 生物圈

生物圈是指地球上有生命活动的领域，是地球上凡是出现并感受到生命活动影响的地区，即地球上所有的生物，包括人类及生存环境的总体。生物圈是地球上最大的生态系统，包括从海平面以下 10km 到海平面以上 9km 的范围。在这个范围内有正常的生命存在，但绝大多数生物通常生存于地球陆地之上和海洋表面之下各约 100m 厚的范围内。

生物圈是一个复杂的、全球性的开放体系，是一个生命物质和非生命物质的自我调节系统。它的形成是生物界与水圈、大气圈及岩石圈、土壤圈长期相互作用的结果。

总之，地球上有生命存在的地方就属于生物圈，生物的生命活动促进了能量流动和物质循环，并引起生物的生命活动发生变化。生物要从环境中取得必需的能量和物质，就必须适应环境，环境发生了变化，又反过来推动生物的适应性。这种反作用促进了生物圈持续不断地变化。人的生存和发展离不开生物圈的繁荣，保护生物圈就是保护人类自己。

（三）区域环境

区域环境是指占有某一特定地域空间的自然环境，它是由地球表面的不同地区，四个自然圈相互组合而形成的。不同地区，由于其组合不同产生了很大差异，从而形成各不相同的区域环境特点，分布着不同的生物群落。如自然区域环境中的森林、草原、冰川、海洋等。

（四）微环境

微环境是指区域环境中，由于某一个（或几个）圈层的细微变化而导致的环境差异所形成的小环境，如生物群落的镶嵌性就是微环境作用的结果。

（五）内环境

内环境是指生物体内组织或细胞间的环境，对生物体的生长发育具有直接的影响，如叶片内部直接与叶内细胞接触的气腔、气室、通气系统，都是形成内环境的场所，对植物有直接的影响，且不能为外环境所代替。

三、环境的功能

对人类而言，环境功能是环境要素及由其构成的环境状态对人类生产和生活所承担的职能和作用，环境功能非常广泛。

（一）为人类提供生存的基本要素

人类、生物都是地球演化到一定阶段的产物，生命活动的基本特征是生命体与外界环境的物质交换和能量转换。空气、水和食物都是人体获得物质和能量的主要来源。因此，清洁的空气、洁净的水、无污染的土壤和食物是人类健康和世代繁衍的基本环境要素。

（二）为人类提供从事生产和社会经济发展的资源基础

人类生产所需的各种原材料、资源与能源均直接或者间接来自于环境，为社会生产和经济发展提供了物质保障。

（三）对废物具有消化和同化能力

人类在进行物质生产或消费过程中，会产生一些废物并排放到环境中。环境通过各种各样的物理（稀释、扩散、挥发、沉降等）、化学（氧化和还原、化合和分解、吸附、凝聚等）、生物降解等途径来消化、转化这些废物。只要这些污染物在环境中的含量不超出环境的自净能力，环境质量就不会受到损害。如果环境不具备这种自净能力，地球上的废物就会很快积累到危害环境和人体健康的水平。

环境自净能力（环境容量）与环境空间的大小、各环境要素的特性、污染物本身的物理和化学性质有关。环境空间越大，环境对污染物的自净能力就越大，环境容量也就越大。对某种污染物而言，它的物理和化学性质越不稳定，环境对它的自净能力也就越大。

四、环境承载力

环境承载力或称环境容量、环境负荷量。环境承载力指某一时期、某种状态或条件下，某区域的环境所能承受人类活动作用的阈值。包括资源承载能力、环境涵容能力、生态调节能力。

环境承载力具有以下基本特点：

① 客观性　反映环境系统结构与功能相对稳定协调的客观尺度。

② 变动性　随环境系统结构与功能变化显现的质量与数量的改变。

③ 可控性　随人类有限度地利用或改造在质与量方面向预定的可控目标或方向的变化程度。对特定范围的环境及特定的人类活动，环境支撑阈值是一定的，可表达为：

$$人类活动强度 / 环境承载力 \leqslant 1，或环境承载力 - 环境效应 \geqslant 0$$

式中　　环境效应=人口×人均富裕度×技术模式（"技术模式"项是可调节变量）

满足上式时，人类活动与环境是协调的。由此可认定环境承载力概念本质上反映人类活动与环境间的辩证关系。

第二节

自然资源

自然环境中与人类社会发展有关的、能被利用来产生使用价值并影响劳动生产率的自然诸要素，通常称为自然资源。自然资源是人类生存和发展的物质基础和社会物质财富的源泉，是可持续发展的重要依据之一。

一、自然资源及其属性

对于自然资源的定义，学者们莫衷一是。《辞海》对自然资源的定义为：指天然存在的（不包括人类加工制造的原材料）并有利用价值的自然物，如土地、矿藏、水利、生物、气候、海洋等资源，是生产的原料来源和场所。联合国环境规划署的定义为：在一定的时间和技术条件下，能够产生经济价值、提高人类当前和未来福利的自然环境因素的总称。随着社会生产力水平的提高和科学技术的进步，先前尚不知其用途的自然物质逐渐被人类发现和利用，自然资源的种类日益增多，自然资源的概念也不断地被深化和发展。人类在自然环境中发现的各种成分，只要它能以任何方式为人类提供福利的都属于自然资源。

自然资源具有自然属性和社会属性，自然资源利用的潜在性与现实性之间的关系实际上是自然资源的自然属性与社会属性的具体体现。例如，在科技发展和社会生产力水平相当低的历史时期，人们只能直接燃烧从浅矿挖掘出来的原煤，而不能利用燃煤蒸汽来发电，更没有能力从煤炭中提取多种有用的化学物质。又如水资源，水体覆盖面积约占地球表面的70%，但是，全球巨大的水资源宝库的总储量有97.5%是海水，淡水资源占总储量仅2.5%，而这有限的淡水资源大部分又分布在几乎没有人类活动的地球南北两极地带和高山冰川中，分布在江河、湖泊土壤中可直接利用的淡水总量只占全部淡水资源的0.4%。因此，在海水淡化技术没有取得重大突破并实现大规模商业化之前，尽管全球潜在的水资源十分丰富，但水危机却威胁着当代人和后代人的生存和发展。

二、自然资源的分类

按照不同的目的和要求，可将自然资源进行多种分类。但目前大多按照自然资源的有限性，将自然资源分为有限自然资源和无限自然资源（见图1-3）。

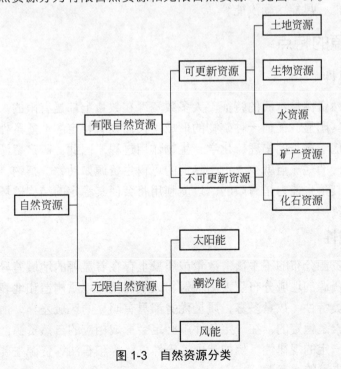

图1-3　自然资源分类

（一）有限自然资源

有限自然资源又称耗竭性资源。这类资源是在地球演化过程中的特定阶段形成的，质与量有限，空间分布不均。有限资源按其能否更新又可分为可更新资源和不可更新资源两大类。

1. 可更新资源

可更新资源又称可再生资源，这类资源主要是指那些被人类开发利用后，能够依靠生态系统自身的运行力量得到恢复或再生的资源，如生物资源、土地资源、水资源等。只要其消耗速度不大于它们的恢复速度，借助自然循环或生物的生长、繁殖，这些资源从理论上讲是可以被人类永续利用的。但各种可更新资源的恢复速度不尽相同，如岩石自然风化形成 1cm 厚的土壤层大约需要 300～600 年，森林的恢复一般需要数十年至百余年。因此，不合理地开发利用也会使这些可更新资源变成不可更新资源，甚至耗竭。

2. 不可更新资源

不可更新资源又称不可再生资源，这类资源是在漫长的地球演化过程中形成的，它们的储量是固定的。被人类开发利用后，会逐渐减少以至枯竭，一旦被用尽，就无法再补充，如各种金属矿物、非金属矿物、化石资源等。这些矿物都是由古代生物或非生物经过漫长的地质年代形成的，因而它们的储量是固定的，在开发利用中，只能不断减少，无法持续利用。

（二）无限自然资源

无限自然资源又称为恒定的自然资源或非耗竭性资源。这类资源随着地球形成及其运动而存在，基本上是持续稳定产生的，几乎不受人类活动的影响，也不会因人类利用而枯竭，如太阳能、风能、潮汐能等。

三、自然资源的特点

（一）有限性

有限性是自然资源最本质的特征。大多数资源在数量上都是有限的。资源的有限性在矿产资源中尤其明显，任何一种矿物的形成不仅需要有特定的地质条件，还必须经过几百万年甚至上亿年漫长的物理、化学、生物作用过程，因此，矿产资源相对于人类而言是不可再生的，消耗一点就少一点。其他的可再生资源如动物、植物，由于受自身遗传因素的制约，其再生能力是有限的，过度利用将会使其稳定的结构破坏而丧失再生能力，成为非再生资源。

（二）区域性

区域性是指资源分布的不平衡，数量或质量上存在着显著的地域差异，并有其特殊分布规律。自然资源的地域分布受太阳辐射、大气环流、地质构造和地表形态结构等因素的影响，其种类特性、数量多寡、质量优劣都具有明显的区域差异。由于影响自然资源地域分布的因素是恒定的，在一定条件下必定会形成相应的自然资源，所以自然资源的区域分布也有一定的规律性。例如我国的天然气、煤和石油等资源主要分布在北方，而南方则蕴藏着丰富的水资源。

（三）整体性

整体性是指每个地区的自然资源要素存在着生态上的联系，形成一个整体，触动其中一个要素，可能引起一连串的连锁反应，从而影响整个自然资源系统的变化。这种整体性在再生资源中表现得尤为突出。例如，森林资源除具有经济效益外，还具有涵养水分、保持水土等生态效益，如果森林资源遭到破坏，不仅会导致河流含沙量增加，引起洪水泛滥，而且会使土壤肥力下降，土壤肥力的下降又进一步促使植被退化，甚至沙漠化，从而使得动物和微生物大量减少。相反，如果通过种草、种树使沙漠地区慢慢恢复茂密的植被，水土将得到保持，动物和微生物将集结繁衍，土壤肥力将会逐步提高，从而促进植被进一步优化及各种生物进入良性循环。

（四）多用性

多用性是指任何一种自然资源都有多种用途，如土地资源既可用于农业，也可以用于工业、交通、旅游以及改善居民生活环境等。森林资源既可以提供木材和各种林产品，作为自然生态环境的一部分，又具有涵养水源、调节气候、保护野生动植物等功能，还能为旅游提供必要的场地。

第三节

环境与资源问题

一、环境问题的产生与分类

（一）环境问题的产生

人类是环境的产物，又是环境的改造者。人类在同自然界的斗争中，运用自己的智慧，不断地改造自然，创造新的生存条件。然而，由于人类认识自然的能力和科学技术水平的限制，在改造环境的过程中，往往会产生意想不到的后果，造成环境的污染和破坏。环境问题是伴随着人类生产力的发展及人口的增加而产生和加剧的。

1. 环境问题的萌芽阶段（工业革命以前）

环境问题最初是从人类对生态环境的破坏开始的。农业和畜牧业出现以前，人类活动以生活活动为主，以生理代谢过程与环境进行物质能量交换，基本上是利用环境，而很少有意识地改造环境。所以那时人类对于环境的破坏是极其有限的，即使局部环境受到破坏，也很容易通过生态系统自身的调节得以恢复。随着农业和畜牧业的出现和发展，人类改造环境的能力越来越强，同时也产生了相应的环境问题，如草原破坏、盲目开荒等。古代经济发达的美索不达米亚、希腊等许多地区由于不合理的开垦和灌溉，后来成为荒芜不毛之地；中国的黄河流域是我国人类文明的发源地，原本森林茂密、土地肥沃，西汉末年和东汉时期的大规模开垦，促进了当时农业生产的发展，但由于大规模的毁林垦荒，造成严重的水土流失。

2．环境问题的发展恶化阶段（工业革命至 20 世纪 50 年代前）

在工业革命以前的漫长岁月里，虽已出现手工业作坊或工场，但因规模小，生产不发达，随着生产力的发展，在 18 世纪 60 年代至 19 世纪中叶，蒸汽机的发明与广泛应用，给社会带来了前所未有的巨大生产力，生产发展史上出现了一次伟大的革命——工业革命。随着蒸汽机的发明和使用，人类改造自然的能力显著增强。许多西方国家因此由农业社会转变为工业社会，许多工业迅速崛起，出现工业企业集中分布的工业区，甚至工业城市。人类大规模改变了环境的组成和结构，进而改变了环境的物质循环系统，带来了新的环境问题。

3．环境问题的第一次高潮（20 世纪 50～60 年代）

环境问题的第一次高潮出现在 20 世纪 50～60 年代，环境问题尤为突出。1952 年 12 月 5～8 日伦敦烟雾污染，4 天中死亡人数较常年同期多 400 人。1953 年日本水俣病事件，患者因甲基汞沿生物链富集并依次传递，最后到人，存留于脑中，造成精神失常和死亡。工业废水和城市生活污水使河流和湖泊水质急剧下降，英国的泰晤士河几乎成为臭水沟。对矿物的大量开采使土地和植被受到严重破坏和污染，大片矿区及其邻近土地成为不毛之地。这时期环境问题主要集中在工业污染和工业原材料的开发所引起的环境污染。但由于社会与经济发展的差异，环境问题仍然是区域性的污染问题。

4．环境问题的第二次高潮（20 世纪 80 年代以后）

第二次高潮是伴随着环境污染和大范围生态破坏，尤其是 1984 年由英国科学家发现，1985 年美国科学家证实在南极上空出现的"臭氧"空洞，导致了环境问题的第二次高潮。能源、原材料消耗数量急剧增大，导致对自然资源开发与污染物排放达到空前的规模，工业发达国家普遍发生环境污染问题。人类共同关心的影响范围大和危害严重的环境问题有三类：一是全球性的大气污染、温室效应、臭氧层破坏和酸雨等；二是大面积生态破坏，如大面积森林被毁、草场退化、土壤侵蚀和沙漠化；三是突发性的严重污染事件。与此同时，发展中国家的城市环境问题和生态破坏、一些国家的贫困化愈演愈烈，水资源短缺在全球范围内普遍发生，其他资源、能源也相继出现将要枯竭的信号。这些全球性的大范围环境污染问题严重威胁着人类的生存和发展，无论是公众还是政府，不论是发达国家还是发展中国家，都对此表现出不安。人类首次感觉到环境问题已成为关系到自身生存的重大问题。

通过对两次高潮的对比，可以看出环境问题已经由量变转换为质变，已由局部问题转变为全人类共同关心的世界问题。

（二）环境问题及分类

因自然或人为活动影响自然环境质量的各类现象，称为环境问题。环境问题是当今人类世界面临的最主要问题之一（其他如和平与发展、恐怖主义威胁、消除贫困等），主要表现为环境污染和生态破坏。

第一类环境问题又称原生环境问题，是指没有受人类活动影响的原生自然环境中，由于自然界本身的变异所造成的环境破坏问题，即自然界固有的不平衡性。太阳辐射变化产生的台风、干旱、暴雨；地球热力和动力作用产生的火山、地震等。地球表面化学元素分布不均，导致局部地区某种化学元素含量的过剩或不足，引起各种类型的化学性疾病。

第二类环境问题又称次生环境问题，是指由于人类的社会经济活动造成对自然环境的破坏，改变了原生环境的物理、化学或生态学的状态。如：人类工农业生产活动和生活过程中废弃物的排放造成大气、水体、土壤、食品的物质组分变化；对矿产资源不合理开发造成的气候变暖、地面沉降、诱发地震等；大型工程活动造成的环境结构破坏，对森林的乱砍滥伐、草原的过度放牧造成的沙漠化问题；不适当的农业灌溉引起的土壤变质；动物的捕杀，造成种群的减少问题等。

第三类环境问题是指社会环境本身存在的问题，主要是人口发展、城市化及经济发展带来的社会结构和社会生活问题。人口无计划增长带来住房、交通拥挤，燃料和物质供应不足等问题而降低生活质量，风景区及文物古迹的破坏等。

二、当前人类面临的主要资源环境问题

资源与环境问题是当前世界上人类面临的重要问题之一，主要是人类利用资源和环境不当，以及人类社会发展中与自然不相协调所造成的。这些问题主要集中在人口问题、资源问题、环境污染和生态破坏等方面（环境污染与生态破坏方面我们将在后面章节重点介绍）。既有发展中国家发展过程中所面临的特定问题，也有发达国家和发展中国家所共有的，需要全世界通力协作才能妥善解决的全球问题，它们之间相互关联，相互影响，成为当今世界环境科学及其相关学科关注的热点。

（一）人口问题

人口是生活在特定社会、特定地域，具有一定数量和质量，并在自然环境和社会环境中同各种自然因素与社会因素组成复杂关系的人的总称。人口的急剧增长仍然是当今世界的首要问题，截至 2022 年 1 月世界总人口已达 75.97 亿。人口是开发自然环境的重要资源和动力。人力资源是生产力中最重要、最活跃的决定因素，是社会基本生产力。没有一定数量的人口谈不上开发环境，人类对地球的开发随着人口增长而不断扩大。然而人口也是社会消费的主体，过多人口将会对自然环境构成压力，即人口数量与人口环境质量成反比。随着人口的增长，生产规模的扩大，一方面所需的资源要急剧增大；另一方面在任何生产中都会有废弃物排出，使环境污染加重。另外人们生活水平越高对土地的占用越大。地球上的资源具有有限性，即使是可再生资源，在一定时间的可供应量也是有限的，所以地球上能承载的人口也是有限的。如果人口急剧增加，超过了地球环境的合理承载力，则必然会造成生态破坏和环境污染。

人口过程是人口在时空上的发展和演变过程。包括：自然变动、机械变动和社会变动。反映自然变动的指标有人口出生率、人口死亡率和自然增长率。其中：

$$自然增长率＝人口出生率－人口死亡率$$

世界人口的倍增期越来越短对地球的压力也越来越大，倍增期是表示在固定增长率（r）下，人口增长一倍所需的时间（T_d）。其计算公式为：

$$T_d=0.7/r$$

若人口增长率为 $r=1\%$，则 70 年后，人口增长 1 倍；若人口增长率为 $r=2\%$，则 35

年后，人口增长 1 倍；若人口增长率为 r=7%，则 10 年后，人口增长 1 倍；若人口增长率为 r=10%，则 7 年后，人口增长 1 倍。

人口老龄化是当前世界人口问题的一个重要方面，老龄化是世界人口发展的一个必然趋势。我国是世界上人口老龄化程度较高的国家之一，老年人口数量多，老龄化速度快，应对人口老龄化任务也重。从发展趋势看，中国人口老龄化速度和规模前所未有，2019 年中国 65 岁及以上人口占比达 12.6%，未富先老问题突出。2022 年进入占比超过 14%的深度老龄化社会，2033 年左右将进入占比超过 20%的超级老龄化社会，之后持续快速上升至 2060 年的约 35%。

人口老龄化必然带来一定的社会问题，老龄化在一定程度上影响经济发展。随着人口老龄化问题不断加剧，社会和家庭抚养负担加重，需要更多的社会资本投资于老年群体，对社会保障水平、社会抚养体系建设等提出更高的要求。

（二）资源问题

自然资源是国民经济与社会发展的重要基础，随着全球人口的增长和经济的发展，对资源的需求与日俱增，人类正面临着某些资源短缺或耗竭的严重挑战。随着人口增加对资源需求的与日俱增，有限的资源已使人类面临资源匮乏的危机。森林资源的减少、土地资源的缩小和退化、淡水资源的短缺，已经成为许多国家经济发展和人类生存的重大问题。

1. 水资源短缺

多少年来，人们普遍认为水资源是大自然赋予人类的，取之不尽，用之不竭。然而事实并非如此，水资源问题已经成为限制经济发展和影响人民生活的重要因素，甚至危及人们的生命安全。地球上水的总量并不少，3/4 的面积被水所覆盖，将水平铺在地球表面可构成水深约为 2718m 的水圈。但与人类生活和生产活动关系密切又比较容易开发利用的河流水和湖泊淡水分别占了世界淡水总储量的 0.006%和 0.26%，再加上少量的浅层地下水，淡水储量约为 400km³，仅占世界淡水总储量的 0.3%。陆地上淡水资源的分布又极为不均匀，由于受气候和地理条件的影响，北非和中东很多国家降雨量少、蒸发量大，因此径流量很小，人均及单位面积土地的淡水占有量都极少；相反，有些国家，比如冰岛、厄瓜多尔、印度尼西亚等国，以每公顷土地计的径流量比贫水国高出 1000 倍以上。

中国水资源具有以下特点。

（1）水资源总量较丰富，人均拥有量少

根据国家统计局最新出版的《2021 年中国统计年鉴》，2021 年全国水资源总量为 $2.96×10^4$ 亿立方米，仅次于巴西、俄罗斯、加拿大、美国和印度尼西亚，居世界第六位。单位国土面积水资源量约为世界平均水平的 83%。但是人均年占有水资源量只有 2098.5m³，仅为世界人均年占有水资源量的大约 1/4 的水平。被联合国列为 13 个缺水国家之一。

（2）地区分布不均，水资源分布不平衡

长江以北流域，水资源占全国的 17.2%，供给 63.9%的耕地；长江以南流域，水资源占全国的 82.8%，供给 36.1%的耕地；西南水资源丰富地区，人均占有量大于 5000m³，水资源匮乏区域人均占有量仅 280m³。我国主要流域水资源供需关系如图 1-4 所示。

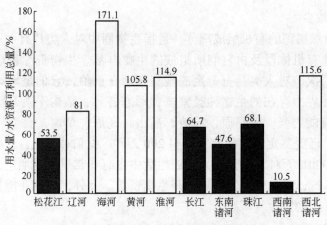

图 1-4　中国主要流域水资源供需关系图

（3）时间分布不均衡，年内、年际变化大

由于中国大部分地区的降雨主要受季风气候影响，降水量的年际、季际变化也很大，造成水旱灾害频繁。全国大部分地区在汛期四个月左右的径流量占据了全年降雨量的60%～80%，导致了年内的分布不均，甚至出现了连续丰水或连续枯水年的情形，使水资源供需矛盾十分突出，水的短缺问题更加严重。

2. 土壤资源恶化

土地资源是指在当前和可预见的将来技术经济条件下，能为人类所利用的土地。土地资源作为有限的可更新的资源主要有两方面的属性：一个是面积，另一个是质量。

土地资源的面积主要是指陆地面积，世界陆地面积约为 1.49 亿平方公里，占地球表面的 29.2%，2/3 集中在北半球，1/3 分布在南半球，分布在地球上不同地理位置的土地资源，由于组成的复杂性和地区的特殊性，状况十分复杂。耕地对人类的生存和发展起着重要的作用，2019 年全球共有耕地面积 13.83 亿公顷（hm²），占全球陆地面积的 9.28%，耕地在全球分布不平衡，主要分布在亚洲、欧洲、北美洲和中美洲。中国土地面积辽阔，但人均土地资源是世界上最少的国家之一。截至 2021 年末，全国共有耕地 19.18 亿亩[①]。当前世界人均耕地 0.23hm²，大洋洲人均耕地面积最多，而亚洲人均耕地面积最少，中国是人均占有耕地最少的国家之一，仅为 0.1hm²；人均耕地最少的国家是日本，仅 0.04hm²，人均耕地最多的国家是澳大利亚，达到 2.9hm²。我国土地资源形势十分严峻，在人口增长与经济发展压力下，土地资源短缺状况日益突出。

到目前为止，世界可耕地面积基本没有可能再增加，在世界人口总量持续增加的情况下，严控耕地保护红线，严控非农建设占用耕地规模是维持人类基本生存条件的保障，然而目前存在土地资源利用粗放、浪费严重，以及土地资源管理不当，加剧了形势的严峻性。1/3 面积的世界土壤资源处于部分或严重受损的态势，至 2050 年，全球人口将达到 90 亿，要求现有的土地生产力再提高 50%；然而，高速发展的全球城镇化日益普遍，并持久地占用或固封地表土壤资源；前所未有的气候变化及其不稳定性对土壤和生态系统的复杂影响，这些都直接或间接造成了对全球土壤资源生产力及可持续性的严峻挑战。

---

① 1 亩=666.67m²。

3．生物资源减少

生物资源是自然资源的有机组成部分，是指生物圈中对人类具有一定经济价值的动物、植物、微生物有机体以及由它们所组成的生物群落。生物资源包括基因、物种以及生态系统三个层次，对人类具有一定的现实和潜在价值，它们是地球上生物多样性的物质体现。自然界中存在的生物种类繁多、形态各异、结构千差万别，分布极其广泛，对环境的适应能力强，如平原、丘陵、高山、高原、草原、荒漠、淡水、海洋等都有生物的分布。已经鉴定的生物物种约有200万种，据估计，在自然界中生活着的生物约有（2000～5000）万种。它们在人类的生活中占有非常重要的地位，人类的一切需要如衣、食、住、行、卫生保健等都离不开生物资源。此外，它们还能提供工业原料以及维持自然生态系统稳定。

（1）森林减少

地球上曾有76亿公顷的森林，到19世纪降为55亿公顷，进入20世纪以后，森林资源遭到严重破坏，联合国粮农组织2022年评估结果显示全球森林面积为43.5亿公顷，覆盖率已由2/3降到1/3，并在迅速减少，相当于人均0.52公顷。世界森林面积的分布极不均衡，俄罗斯的森林面积最大，约占全球的1/5，其次为巴西、加拿大、美国和中国，这5个国家的森林总面积占全球森林面积的一半还多。自1990年以来，世界森林面积减少了1.78亿公顷，约等于利比亚的国土面积。包括森林扩张在内的净面积计算，全球森林面积自2010年以来每年减少470万公顷。全球森林砍伐仍在继续，尽管速度有所放缓。目前，全球森林面积已经缩小了1/2。其中，减少最多的是中美洲，减少了66%，其次是中部非洲，减少了52%，再次是东南亚，减少了38%。

据林业部门统计，新中国成立初期我国林地面积曾达1.09亿公顷，覆盖率达11.5%，但不及世界平均覆盖率的一半。到20世纪60年代初达到最低，覆盖率仅为8.6%。全国许多重要林区，由于长期重采轻造，导致森林面积锐减。例如，长白山林区1949年森林覆盖率为82.5%，一度减少到14.2%；西双版纳地区，1949年天然森林覆盖率达60%，最低降至30%以下。中国是世界上人均森林占有量最低的国家之一。人均森林面积0.12公顷，不足世界平均水平的1/4。"十三五"期间我国生态状况明显改善。森林覆盖率达到23.04%，森林蓄积量达175.6亿立方米，国家林草局、国家发展改革委于2021年联合印发了《"十四五"林业草原保护发展规划纲要》，提出到2025年我国森林覆盖率达到24.1%、森林蓄积量达到190亿立方米。

（2）草场破坏

草原是世界上最大的一类可再生绿色资源，主要分布在森林和沙漠的中间地带，总面积为52.5亿公顷，占全球陆地面积（格陵兰岛和南极洲除外）的40.5%。对人类社会意义重大，兼具食物生产与稳定生态环境的主要功能。但长期以来，由于全球气候变化及人为因素的影响，世界草原资源急剧减少，草原资源质量严重下降；草原野生动植物种类大量减少，部分濒临灭绝，草原景观资源、草原历史民族文化资源逐渐流失。近100年来，世界范围内所发生的一些重大生态灾难，都与毁草与利用草地失控有着直接或间接的关系。

近年来由于保护力度的加大，我国开展了大规模的退耕还草行动，到2022年我国草原面积近4亿公顷，约占国土面积的41.7%，居世界第四位，是面积最大的国土资源，成为了全国面积最大的陆地生态系统和生态屏障。

4. 矿产资源短缺

截至 2020 年底，全国已发现 173 种矿产，其中，能源矿产 13 种，金属矿产 59 种，非金属矿产 95 种，水气矿产 6 种。2020 年，中国地质勘查投资较 2019 年下降 12.2%，新发现矿产地 96 处，油气勘探获重大战略突破。采矿业固定资产投资减少 14.1%，主要矿产品生产增速放缓。目前我国一次能源、粗钢、十种有色金属、黄金、水泥等产量和消费量继续居世界首位。矿产资源全面节约和高效利用水平进一步提高。

我国矿产资源的特点如下。

（1）资源总量大，但人均占有量少

我国已探明的矿产资源总量约占全球的 12%，居世界第 3 位，仅次于美国和俄罗斯。目前我国已成为世界上矿产资源总量丰富、矿种比较齐全的少数几个资源大国之一，但人均占有量低，仅为世界平均水平的 58%，列世界第 53 位，个别矿种甚至居世界百位之后。

（2）富矿少、贫矿多，可露天开采的矿山少

我国大部分矿产属于贫矿，富矿少，大多数品位低，能直接被化工和冶炼利用的较少，加之在之前开采过程中采富弃贫，使矿产品位下降，富矿越来越少。但随着开采技术的不断提高，越来越多的贫矿也将列入可开采行列。

（3）地区分布不平衡

我国矿产资源分布不平衡，总体上是西多东少，北多南少。但矿产加工消费区集中在东南沿海地区。

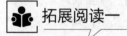

拓展阅读一

为一条鱼，立一部法！

在上海的长江流域生活着一种古老而特别的鱼——中华鲟。

长江口，海水与淡水的交汇处，因其营养盐和饵料丰富而成为历史上著名的"长江口渔场"，是渔人眼中的"黄金水域"，亦是中华鲟生命周期中的"待产房"与"幼儿园"。与恐龙同时期生活的生物——中华鲟，是地球上最古老的脊椎动物之一，距今有 1.4 亿年。就是为了这条"大鱼"，这个号称"水中大熊猫"的濒危物种，上海人大立了一部法。上海市十五届人大常委会第 21 次会议表决通过了《上海市中华鲟保护管理条例》。这也是我国首次对单一物种进行立法保护。

中华鲟个体硕大，体长能达到 4 米，体重超过 700 公斤，平均寿命能达到 40 岁。常年在近海栖息生活，雄性 8 岁、雌性 14 岁性成熟后开始溯江而上，一直洄游到长江中上游的葛洲坝下产卵场进行繁殖。产卵后的亲鱼即顺流而下返回海里生活。孵出的幼鱼也要回归大海，它们洄游至长江口停留数月，逐渐适应海水，然后入海生活，直至性成熟后再进入长江进行繁殖。

野生中华鲟通过人工繁育的亲生子——子一代中华鲟，据说，总量不足1000尾。目前，还没有性成熟的子二代。自然产卵困难，因为生长周期长，一旦遭受破坏，要恢复起来非常难。所以，这个物种能否保存下来，就要看自然种群，自然种群如果保护不得力，中华鲟就有灭绝的危险。

为一条鱼立一部法，这在地方立法史上尚属首次。这是全国率先对长江流域特定物种保护的地方性立法，开创了国内特有物种立法的先河。

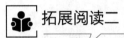 拓展阅读二

敦煌毁林案

在我国八大沙漠中总面积排名第六、流动性排名第一的库姆塔格沙漠，每年以约4米的速度整体向东南扩展，直逼国家历史文化名城——敦煌。地处该沙漠东缘、曾经拥有约2万亩"三北"防护林带的国营敦煌阳关林场（简称阳关林场），是敦煌的第一道，也是最后一道防沙阻沙绿色屏障。

2021年1月，有关媒体报道甘肃省敦煌阳关林场防护林被毁问题后，中央领导同志十分重视。自然资源部、生态环境部、国家林草局会同甘肃省政府赴敦煌市开展实地调查。调查组采取遥感影像比对分析、现场勘查、无人机现状测绘、查阅资料、问询谈话等方式进行深入调查。确认敦煌毁林属实。

甘肃省迅速确定了整改方案，由酒泉市及敦煌市具体负责落实，自然资源部和国家林草局负责监督整改。整改工作主要任务：一是对于毁林567亩开垦葡萄园、枣园的林地，尽快恢复防护林用途；二是合理配置水资源，对违规建设的塘坝等设施依法整治，切实保障防护林生态用水；三是纠正阳关林场原林权证的问题；四是依法依规查处无证采伐、违规承包林地给企业等问题，并严肃追究责任。

思考题

1. 地球的五大圈层及其相互联系是什么？
2. 按环境性质来划分，环境可以分为哪几种类型？它们的区别有哪些？
3. 简述环境承载力。
4. 简述自然资源分类。
5. 环境问题主要有哪几种类型？请举例说明。
6. 请阐述人类所面临的资源问题。

参考文献

[1] 丁洁兰，郭跃，龙艺璇，等. 资源与环境管理领域发展态势研究：基于WoS论文的文献计量分析[J]. 科学观察，2021,16(02):1-24.

[2] 何凡能，葛全胜，戴君虎，等．近 300 年来中国森林的变迁[J]．地理学报，2007, 62(1):30-40.

[3] 李永峰，唐利，刘鸣达．环境生态学[M]．北京：中国林业出版社，2012.

[4] 黄昌勇，李保国，潘根兴，等．土壤学[M]．北京：高等教育出版社，2000.

[5] 庞素艳，于彩莲，解磊．环境保护与可持续发展[M]．北京：科学出版社，2015.

[6] 钱易，唐孝炎．环境保护与可持续发展[M]．北京：高等教育出版社，1999.

[7] 任军．中国可持续发展问题研究[M]．北京：中国农业科学技术出版社，2017.

[8] 陶涛，金光照，张现苓．世界人口负增长：特征、趋势和应对[J]．人口研究，2020, 44(4):46-61.

[9] 陶涛，金光照，郭亚隆．两种人口负增长的比较：内涵界定、人口学意义和经济影响[J]．人口研究，2021, 45(6):14-28.

[10] 陶涛，郭亚隆，金光照．内生性人口负增长经济影响的国际比较[J]．人口学刊，2022(1):32-45.

[11] 王蒙．中国人口老龄化问题研究[J]．中国经贸导刊，2021, 3:158-160.

[12] 晏月平，黄美璇，郑伊然．中国人口年龄结构变迁及趋势研究[J]．东岳论丛，2021, 42(1):148-163.

[13] 中华人民共和国自然资源部．中国矿产资源报告[M]．北京：地质出版社，2021.

[14] 张旭辉，邵前前，丁元君，等．从《世界土壤资源状况报告》解读全球土壤学社会责任和发展特点及对中国土壤学研究的启示[J]．地球科学进展，2016, 31(10):1012-1020.

[15] Coleman D, Rowthorn R. Who's Afraid of Population Decline? A Critical Examination of Its Consequences[J]. Population and Development Review, 2011, 37:217-248.

[16] IPCC. Climate Change 2014: Synthesis Report. Contribution of Working Groups Ⅰ Ⅱ and Ⅲ to the Fifth Assessment Report of the Intergovernmental Panel on Climate Change[M]. Switzerland: Geneva, 2014.

[17] Reher D S. Towards Long-Term Population Decline: A Discussion of Relevant Issues[J]. European Journal of Population/Revue Europeenne De Demographie, 2007, 23(2): 189-207.

[18] Smith P, Ashmore M, Black H, et al. The Role of Ecosystems and Their Management in Regulating Climate, and Soil, Water and Air Quality[J]. Journal of Applied Ecology, 2013, 50(4): 812-829.

第二章

生态系统与生态破坏

健康的生态系统是维持生物多样性的基础，由于人类不合理地开发、利用自然资源和兴建工程项目而引起的生态环境的退化及由此而衍生的生态环境效应，不仅造成了植被破坏、生物生长的基础条件受损，从而对人类的生存环境产生了不利影响。修复受损的生态系统，实现生态系统的基本功能，是应对生态破坏的根本途径。

第一节

生态系统

一、生态系统的概念

生态系统的概念是由英国生态学家坦斯利（A.G.Tansley，1871—1955）在1935年提出来的，他认为："生态系统的基本概念是物理学上使用的系统整体。这个系统不仅包括有机复合体，而且包括形成环境的整个物理因子复合体，我们对生物体的基本看法是，必须从根本上认识到，有机体不能与它们的环境分开，而是与它们的环境形成一个自然系统。这种系统是地球表面上自然界的基本单位，它们有各种大小和种类"。

生态系统的确切定义是由美国生态学家奥德姆等予以完善的，他在《生态学基础》一书中写道："有生命的生物与无生命的环境彼此不可分割地相互联系和相互作用着。生态系统就是包括特定地段中的全部生物和物理环境相互作用的任一统一体，并且在系统内部，能量的流动导致形成一定的营养结构、生物多样性和物质循环"。

随着生态学的发展，人们对生态系统的认识不断深入。20世纪40年代，美国生态学家林德曼（R.L.Lindeman）在研究湖泊生态系统时，受到我国"大鱼吃小鱼，小鱼吃虾米，虾米吃泥巴"这一谚语的启发，提出了食物链的概念。他又受到"一山不能存二虎"的启发，提出了生态金字塔的理论，使人们认识到生态系统的营养结构和能量流动的特点。

生态系统不论是自然的还是人工的，都具有下列共同特性：

① 生态系统是生态学上的一个主要结构和功能单位，属于生态学研究的最高层次；

② 生态系统内部具有自我调节能力，其结构越复杂，物种数越多，自我调节能力越强；

③ 生态系统营养级因生产者固定能值的限制及能流过程中能量的损失，数目一般不超过 5～6 个；

④ 生态系统是一个动态系统，要经历一个从简单到复杂、从不成熟到成熟的发育过程。

生态系统概念的提出为生态学的研究和发展奠定了新的基础，极大地推动了生态学的发展。生态系统生态学是当代生态学研究的前沿。

二、生态系统的组成要素及功能

生态系统的组成成分可以概括为：非生物环境（或生命支持系统、非生物成分）和生命系统（或生物成分）。生命系统包括生产者、消费者和分解者（还原者）。作为一个生态系统，非生物环境和生命系统是缺一不可的。如果没有非生物环境，生物就没有生存的场所和空间，也得不到能量和物质，因而也难以生存与发展；反之，仅有环境而没有生物成分也就不是生态系统。

（一）非生物环境

非生物环境即无机环境，包括整个生态系统运转的能源和热量等气候因子、生物生长的基质和媒介、生物生长代谢的材料三方面。

驱动整个生态系统运转的能源主要是指太阳能，它是所有生态系统运转直至整个地球气候系统变化的最重要能源，它提供了生物生长发育所必需的热量，此外，还包括地热能和化学能等其他形式的能源；气候因子还包括风、温度、湿度等；生长的基质和媒介包括岩石、砂砾、土壤、空气和水等，它们构成生物生长和活动的空间；生物生长代谢的材料包括二氧化碳、氧气、无机盐和水等；还包括参加物质循环的无机元素和化合物，联系生物和非生物成分的有机物质（如蛋白质、糖类、脂类和腐殖质等），为生物生存提供了必要的能量和物质条件。

（二）生产者

生产者主要指绿色植物，也包括蓝绿藻和一些光合细菌，是能利用简单的无机物质制造食物的自养生物，在生态系统中起主导作用。

这些生物可以通过光合作用把水和二氧化碳等无机物合成为碳水化合物、蛋白质和脂肪等有机化合物，并把太阳辐射能转化为化学能，贮存在合成有机物的分子键中。植物的光合作用只有在叶绿体内才能进行，而且必须是在阳光的照射下。但是当绿色植物进一步合成蛋白质和脂肪的时候，还需要有氮、磷、硫、镁等 15 种或更多种元素和无机物参与。生产者通过光合作用不仅为本身的生存、生长和繁殖提供营养物质和能量，而且它所制造的有机物质也是消费者和分解者唯一的能量来源。生态系统中的消费者和分解者是直接或间接依赖生产者为生的，没有生产者也就不会有消费者和分解者。可见，生产者是生态系统中最基本和最关键的生物成分。太阳能和化学能只有通过生产者，才能源源不断输入到生态系统，然后再被其他生物所利用，成为消费者和分解者的唯一能源。

所有自我维持的生态系统都必须有从事生产的生物，其中最重要的就是绿色植物。各种藻类是水生生态系统中最重要的生产者。陆地生态系统的生产者则有乔木、灌木、草本植物和苔藓等，它们对生态系统的生产各有不同的重要性。

（三）消费者

消费者是不能用无机物质制造有机物质的生物。它们直接或间接地依赖于生产者所制造的有机物质，因此属于异养生物。

消费者可分为以下几类：

1. 植食动物

植食动物又称草食动物，是直接以植物为食的动物。草食动物是初级消费者（或一级消费者），如部分昆虫、兔、马等。

2. 肉食动物

肉食动物是以植食动物或其他动物为食的动物。又可分为：一级肉食动物（又称二级消费者），是以植食动物为食的动物；二级肉食动物（又称三级消费者），是以一级肉食物为食的动物。有的系统还有四级、五级消费者等。

消费者也包括那些既吃植物也吃动物的杂食动物，有些鱼类是杂食性的，它们吃水藻、水草，也吃水生无脊椎动物。

有许多动物的食性是随着季节和年龄而变化的，麻雀在秋季和冬季以吃植物为主，但是到夏季的生殖季节就以吃昆虫为主，所有这些食性较杂的动物都是消费者。

食碎屑者也应属于消费者，它们的特点是只吃死的动植物残体。

消费者还应当包括寄生生物，寄生生物靠取食其他生物的组织、营养物和分泌物为生。

消费者对生态系统的调节能力和稳定性起着重要作用。初级消费者影响生产者的组成、生产水平和提供事物的性质（即以哪些部分提供产品）；捕食者影响被食者的数量和质量。例如，1905 年以前，美国亚利桑那州 Kaibab 草原的黑尾鹿种群保持在 4000 头左右的水平，这种稳定的水平可能是美洲狮和狼的捕食作用造成的。但为了发展鹿群，政府有组织地捕猎美洲狮和狼，鹿群数量开始上升，到 1918 年约为 40000 头。1925 年，鹿群数量达到高峰，约为 10 万头，但后来由于鹿群食物短缺，鹿群数量猛降。再如，波兰渔民以捕食鱼类为生，但发现水獭也大量地捕食鱼类，于是渔民开始捕杀水獭，但发现渔民捕捞上来的鱼不但没有增加，反而减少了，后来才发现水獭只捕捉生病的和行动不便的鱼类，一定程度上对鱼群的环境起到了很好的净化作用，说明捕食行为可以调节被食者的质量。

（四）分解者（还原者）

分解者是异养生物，它们分解动植物的残体、粪便和各种复杂的有机化合物，吸收某些分解产物，最终能将有机物分解为简单的无机物，而这些无机物参与物质循环后可被自养生物重新利用。分解者主要是细菌和真菌，也包括某些原生动物和蚯蚓、白蚁、秃鹫等大型腐食性动物。

分解者在生态系统中的基本功能是把动植物死亡后的残体分解为比较简单的化合物，最终分解为最简单的无机物并把它们释放到环境中去，供生产者重新吸收和利用。由于分解过程对于物质循环和能量流动具有非常重要的意义，所以分解者在任何生态系统中都是不可缺少的组成成分。如果生态系统中没有分解者，动植物遗体和残遗有机物很快就会堆积起来，影响物质的再循环过程，生态系统中的各种营养物质很快就会发生短缺并导致整个生态系统的瓦解和崩溃。由于有机物质的分解过程是一个复杂的逐步降解的过程，因此除了细菌和真菌两类主要的分解者之外，其他大大小小以动植物残体和腐殖质为食的各种动物在物质分解的总过程中都在不同程度上发挥着作用，如专吃兽尸的兀鹫，食朽木、粪便和腐烂物质的甲虫、白蚁、皮蠹、粪金龟子、蚯蚓和软体动物等。有人则把这些动物称为大分解者，而把细菌和真菌称为小分解者。

它们在生态系统的物质循环和能量流动中，具有重要的意义，大约有 90% 的初级生产量，都需经过分解者分解归还大地；所有动物和植物的尸体和枯枝落叶，都必须经过分解者进行分解，如果没有分解者的还原作用，地球表面将堆满动植物的尸体和残骸，一些重要元素就会出现短缺，生态系统就不能维持。虽然，从能量的角度来看，对生态系统是无关紧要的，但从物质循环的角度看，它们是生态系统不可缺少的重要部分。

生态系统中的非生物成分和生物成分是密切交织在一起、彼此相互作用的。

三、生态系统的结构

有了生态系统的组成，并不能说一个生态系统就可以运转了。生态系统有一定的结构，生态系统的各组分只有通过一定的方式组成一个完整的、可以实现一定功能的系统时，才能称其为完整的生态系统。

生态系统的结构可以从两个方面理解。

其一是形态结构，如生物种类，种群数量，种群的空间格局（水平与垂直分布），种群的时间变化（发育、季相）等；以及群落的垂直和水平结构等。形态结构与植物群落的结构特征相一致，外加土壤、大气中非生物成分以及消费者、分解者的形态结构。

其二为营养结构，营养结构是以营养为纽带，把生物和非生物紧密结合起来的功能单位，构成以生产者、消费者和分解者为中心的三大功能类群，它们与环境之间发生密切的物质循环和能量流动。生态系统的营养结构对于每一个生态系统都具有其特殊性和复杂性。但总的来说，生态系统中物质是处在经常不断的循环之中的。

（一）食物链及其类型

被生产者所固定的能量和物质，通过一系列取食和被食的关系在生态系统中传递，各种生物按其取食和被食的关系排列的链状顺序称为食物链。处于食物链上某一环节的所有生物种的总和称为一个营养级。

在生态系统中，各生物有机体之间所存在的营养关系的实质就是食物关系，因而食物关系是营养动态学说的中心问题之一。食物链是生态系统内生物之间相互关系的一种主要形式，是能量流动和物质循环的主要路径，是生态系统营养结构的基本单元。由于受能量传递效率的限制，食物链的长度不可能太长，一般食物链都是由 4～5 个环节构成的。

食物链按其性质可以分为三种类型。

1. 捕食食物链

捕食食物链也称为草牧或生食食物链。这种食物链从植物开始，从食草动物到食肉动物，生物间关系为捕食关系。例如：禾草→蚱蜢→青蛙→蛇→老鹰；浮游植物→浮游动物→小鱼→大鱼→人。

2. 腐食食物链

腐食食物链也称为残渣食物链。这种食物链从分解动植物尸体或者粪便中的有机物质颗粒开始，生物间关系为捕食关系。例如：粪便→蚯蚓→鸡→人。

3. 寄生食物链

寄生食物链以活的生物开始，且生物间的关系是寄生关系。例如：绿色植物→菟丝子；马→马蛔虫→原生动物。

以上三种类型中，前两种是最基本的，也是作用最显著的。此外，世界上约有500种能捕食动物的植物，如瓶子草、猪笼草、捕蝇草等，它们能捕食小甲虫、蛾、蜂等，这是一种特殊的食物链。

生态系统的食物链不是固定不变的，它不仅在进化历史上有改变，在短时间内也会因动物食性的变化而改变。只有在生物群落组成中成为核心的、数量上占优势的种类所组成的食物链才是稳定的。

不同的生态系统中，各类食物链所占的比重不同，森林生态系统中腐食食物链比重最大，约占系统中的生产者所生产有机物质的90%以上，草原生态系统中腐食食物链约占70%，农田生态系统中，植物生产的有机物质大部分被拿出系统，留给腐食食物链的物质很少。

在一个生态系统中，常常有许多条食物链，这些食物链并不是相互孤立地存在着。由于一种消费者常常不是只吃一种食物，而同一种食物又常常被多种消费者吃掉。这样，一个生态系统内的这许多条食物链就自然地相互交织在一起，从而构成了复杂的食物网。

（二）食物网

许多食物链彼此交错连接，形成一个网状结构，这就是食物网。在生态系统中生物间具有错综复杂的网状食物关系，一个复杂的食物网如图2-1所示。实际上多数动物的食物不是单一的，食虫鸟不仅捕食瓢虫，还捕食蝶蛾等多种无脊椎动物，而且食虫鸟本身不仅被鹰隼捕食，也是猫头鹰的捕食对象，甚至鸟卵也常常成为鼠类或其他动物的食物。

一般说来，生态系统中的食物网越复杂，生态系统抵抗外力干扰的能力就越强，其中一种生物的消失不致引起整个系统的失调；生态系统的食物网越简单，生态系统就越容易发生波动和毁灭，尤其是在生态系统功能上起关键作用的种，一旦消失或受严重损害，就可能引起整个系统的剧烈波动。也就是说，一个复杂的食物网是使生态系统保持稳定的重要条件。例如，苔原生态系统结构简单，如果构成苔原生态系统食物链基础的地衣，因大气中二氧化硫含量的超标而死亡，就会导致生产力毁灭性地破坏，整个系统就可能崩溃。

在一个具有复杂食物网的生态系统中，一般也不会由于一种生物的消失而引起整个生态系统的失调，但是任何一种生物的灭绝都会在不同程度上使生态系统的稳定性有所下降。当一个生态系统的食物网变得非常简单的时候，任何外力（环境的改变）都可能引起这个生态系统发生剧烈的波动。

图 2-1　食物网示意图

图中文字标注：
小鸟吃食蚜蝇和蜘蛛
猫吃蓝山雀和鸫之类的鸟
食蚜蝇的幼虫吃蚜虫
雀鹰吃小鸟
蚜虫吃植物
燕子吃蚜虫等昆虫
蜘蛛吃蚜虫，又被鸟吃
植物是动物和真菌等分解者的食物
獾吃植物和鼹鼠、甲虫及蠕虫之类的小动物
鸫吃蜗牛
蜗牛吃植物
真菌和细菌以植物为食
蚯蚓吃死了的动植物
鼹鼠吃昆虫
甲虫吃蚯蚓

四、生态系统的类型

按照生态系统的生物成分特征划分，生态系统可分为：植物生态系统、动物生态系统、微生物生态系统以及人类生态系统等。

按照人类活动及其影响程度划分，生态系统可分为：自然生态系统、半自然生态系统和人工生态系统等。

按照生态系统的非生物成分和特征划分，从宏观上生态系统分为陆地生态系统和水域生态系统。根据其生物组成特点、地理状况、物理环境特点等，陆地生态系统可进一步划分为：荒漠生态系统、草原生态系统、稀树干草原生态系统、农业生态系统、城市生态系统和森林生态系统。水域生态系统又分为：湿地生态系统及海洋生态系统。

五、生态系统的功能

生态系统的功能包括四个方面的内容，即生物生产、能量流动、物质循环及信息流动。

（一）生态系统的生物生产

生物生产是生态系统重要的功能之一。生态系统不断运转，生物有机体在能量代谢过程中，将能量、物质重新组合，形成新的生物产品（糖、脂肪和蛋白质等）的过程，称为生态系统的生物生产。

生态系统中绿色植物通过光合作用，吸收和固定太阳能，将无机物转化成复杂的有机物。由于这种过程是生态系统能量贮存的基础阶段，因此，绿色植物的这种过程称为初级生产，或称第一性生产。常用的评价初级生产量的方法有如下六种。

1. 收获量测定法

陆生定期收获植被，烘干至恒重，然后以每年每平方米的干物质重量表示。以其生物量的产出测定，但位于地下的生物量，难以测定。地下的部分可以占有 40%～85% 的总生产量，因此不能省略。

2．氧气测定法

通过氧气变化量测定总初级生产量。1927 年 T.Garder、H.H.Gran 用该法测定海洋生态系统生产量，也称黑白瓶法。

3．放射性标记物测定法

可以用放射性标记物（radioisotope markers，^{14}C）测定吸收量，即光合作用固定的碳量。

4．叶绿素测定法

植物定期取样，丙酮提取叶绿素，分光光度计测定叶绿素浓度；每单位叶绿素的光合作用是一定的，通过测定叶绿素的含量计算取样面积的初级生产量。近些年 SPAD 检测方法的快速发展，为叶绿素的测定提供了一种新的无损快速检测方法，极大地提高了评价效率。

5．pH 测定法

水体中的 pH 值随着光合作用中吸收二氧化碳和呼吸过程中释放二氧化碳而发生变化，根据 pH 值变化可以估算初级生产量。

6．二氧化碳测定法

透明罩：测定净初级生产量；暗罩：测定呼吸量。

近些年来，遥感技术已被用于农业生态系统初级生产量的估算。

初级生产以外的生态系统的生物生产，即消费者利用初级生产的产品进行新陈代谢，经过同化作用形成异养生物自身的物质，称为次级生产，或称第二性生产。

（二）生态系统的能量流动

能量流动指生态系统中能量输入、传递、转化和能量传递丧失的过程。能量流动是生态系统的重要功能，在生态系统中，生物与环境、生物与生物间的密切联系，可以通过能量流动来实现。

能量流动有两大特点：单向流动，逐级递减。

1．生态系统是个热力学系统

热力学第一定律和第二定律是与能量有关的两个重要原理。热力学第一定律是指，能量既不能创造，也不能消灭，只能从一种形式转化为另一种形式。所以，进入一个系统的全部能量，最终要释放出去或贮存在该系统之内。

虽然总的能量收支应当是平衡的，但能量形式可以转化。食物中的化学能可以转化为机械能。绿色植物能够吸收太阳的光能，借助光合作用，把太阳能转化为化学能。萤火虫能够吸收化学能，并把它转变为光能；电鳗则把化学能转变为电能。但在这些转化中，必须考虑到能量的总和。

2．能量是单向流动的

生态系统能量的流动是单一方向的。能量以光能的状态进入生态系统后，就不能再以光的形式存在，而是以热的形式不断地逸散于环境之中。热力学第二定律注意到宇宙在每一个地方都趋向于均匀的熵。它只能向自由能减少的方向进行而不能逆转。所以，从宏观上看，熵总是日益增加的。

能量在生态系统中流动，很大一部分被各个营养级的生物利用。与此同时，通过呼吸作用以热的形式散失。散失到空间的热无法再回到生态系统中参与流动，因为至今尚未发现以热能作为能源合成有机物的生物。

3．能量流动的生态效率

如果把生态系统看成是能量转换器，那么这里就存在有相对效率的问题，这种比率通常以百分数表示，称为生态效率。讨论效率必须确定以下四个参数。

① 摄取量（I）　表示一个生物所摄取的能量。被一个消费者吃进的食物或能量的数量，或被生产者吸收的光的数量。对于植物来说，它代表光合作用所吸收的日光能；对于动物来说，它代表动物摄入食物的能量。

② 同化量（A）　一个消费者的消化道中吸收的食物的数量，或被一个分解者吸收的胞外产物或被一植物在光合作用中固定的能量。对于动物来说，它是消化后吸收的能量，对于分解者，是指对细胞外的吸收能量；对于植物来说，它指在光合作用中所固定的能量，通常以总初级生产量表示。

③ 呼吸量（R）　在呼吸等代谢活动中损失的全部能量，一般把排泄物中损失的能量也包括在内。

④ 净生产量（P）　指生物在呼吸消耗后净剩的同化能量值，它以有机物的形式积累在生物体内或生态系统中。对于植物来说，它是净初级生产量。对于动物来说，它是同化量扣除呼吸量以后净剩的能量值，即 $P=A-R$。

根据上述参数，可以计算生态系统中能流的各种效率，即

同化效率：是衡量生态系统中有机体或营养级利用能量的效率。

$$同化效率=被植物固定的能量/植物吸收的日光能$$

或　　　　　　　$$同化效率=被动物消化吸收的能量/动物摄食的能量$$

$$A_e=A_n/I_n$$

式中，角标 n 为营养级数。

林德曼效率：是指 $n+1$ 营养级所获得的能量占 n 营养级获得能量之比，它相当于同化效率、生产效率和消费效率的乘积，即

$$林德曼效率=（n+1）营养级摄取的食物/n 营养级摄取的食物$$

$$L_e = \frac{I_{n+1}}{I_n} = \frac{A_n}{I_n} \times \frac{P_n}{A_n} \times \frac{I_{n+1}}{P_n}$$

林德曼效率也被称为"生态效率"，又叫"林德曼定理"，由美国学者林德曼于 1942年提出，他认为，在生态系统中，能量沿营养级移动时，逐级变小，后一营养级只能是前一营养级能量的十分之一左右，因而林德曼效率又叫做"十分之一定律"。

（三）生态系统的物质循环

生态系统的物质循环是指无机化合物和单质通过生态系统的循环运动。物质循环是指生命有机体所必需的营养物质，在不同层次，不同大小的生态系统内，乃至生物圈里，沿着特定的途径从环境到生物体，再被其他生物重复利用，最后复归于环境，又称生物地球化学循环。

物质循环可分为两个层次：①生态系统层次，也称为生物小循环或营养物质（养分）

循环，主要是指环境中元素经生物体吸收，在生态系统中被相继利用，在各营养级间传递并连接起来构成了物质流。生物小循环的时间短、范围小，是开放式的循环。②生物圈层次，也称为生物地化循环，是指营养元素在生态系统之间的输入和输出，生物间的流动和交换以及它们在大气圈、水圈、岩石圈之间的流动。地质大循环的时间长、范围广，是闭合式的循环。

1. 物质循环的一般特征

物质在生态系统中流动是往复循环的。物质在生态系统内外的数量都是有限的，而且是分布不均匀的，但是由于它可以在生态系统中永恒地循环，因此，它可被反复多次地重复利用。物质经过食物链为各类生物利用的过程，是由简单形态变为复杂形态再变为简单形态的过程。也就是说，物质可以在生态系统内更新，再次纳入系统的循环，绝不会成为废物。

物流与能流在生态系统中总是相辅相成、相伴而行的。生态系统中物质循环与能量流动是相互依存、相互制约、密不可分的。能量是生态系统中一切过程的驱动力，也是其物质循环前进的驱动力。物质循环是能量流动的载体。能量的生物固定、转化和耗散，亦即生态系统的生产、消费和分解过程，同时就是物质由简单形态变为复杂的有机结合形态，再回到简单形态的循环再生过程。

对比能流和物流可以发现，生态系统中的能流是一种由外部环境不断输入的单方向流动，它在生物转化过程中逐渐发生衰变，有效能的数量逐渐减少，最终趋向于全部转化为低效热能，散失于系统外围空间。

2. 物质循环的类型

生物地球化学循环可分为三大类型，即水循环、气体型循环和沉积型循环。生态系统中所有的物质循环都是在水循环的推动下完成的，因此，没有水的循环，也就没有生态系统的功能，生命也将难以维持。在气体循环中，物质的主要储存库是大气和海洋，循环与大气和海洋密切相连，具有明显的全球性，循环性能最为完善。凡属于气体型循环的物质，其分子或某些化合物常以气体的形式参与循环过程。属于这一类的物质有氧、二氧化碳、氮、氯、氟等。气体循环速度比较快，物质来源充沛，不会枯竭。主要储库与岩石、土壤和水相联系的是沉积型循环，如磷、硫循环。沉积型循环速度比较慢，参与沉积型循环的物质，其分子或化合物主要是通过岩石的风化和沉积物的溶解转变为可被生物利用的营养物质，而海底沉积物转化为岩石圈成分则是一个相当长的、缓慢的、单向的物质转移过程，时间要以千年计算。这些沉积型循环物质的主要储库在土壤、沉积物和岩石中，而无气体状态，因此这类物质循环的全球性不如气体型循环，循环性能也很不完善。属于沉积型循环的物质有：磷、钙、钾、钠、镁、锰、铁、硅等，其中磷是较典型的沉积型循环物质，它从岩石中释放出来，最终又沉积在海底，转化为新的岩石。气体型循环和沉积型循环虽然各有特点，但都受能流的驱动，并都依赖于水循环。

以下说明几种主要物质的循环。

(1) 水循环

水是一切生命机体的组成物质，是生命代谢活动所必需的物质，也是人类进行生产活动的重要资源。地球上的水分布在海洋、湖泊、沼泽、河流、冰川、雪山，以及大气、生物体、土壤和地层。

水循环的主要作用表现在三个方面：水是所有营养物质的介质，营养物质的循环和水循环不可分割地联系在一起；水对物质是很好的溶剂，在生态系统中起着能量传递和利用的作用；水是地质变化的动因之一，一个地方矿质元素的流失，另一个地方矿质元素的沉积往往要通过水循环来完成。

水循环是联系地球各圈和各种水体的"纽带"，是"调节器"，它调节了地球各圈层之间的能量，对冷暖气候变化起到了重要的作用。水循环是"雕塑家"，它通过侵蚀、搬运和堆积，塑造了丰富多彩的地表形象。水循环是"传输带"，它是地表物质迁移的强大动力和主要载体。更重要的是，通过水循环，海洋不断向陆地输送淡水，补充和更新陆地上的淡水资源，从而使水成为了可再生的资源。

（2）碳循环

碳循环是指碳元素在自然界的循环状态（见图 2-2），生物圈中的碳循环主要表现在绿色植物从空气中吸收二氧化碳，经光合作用转化为葡萄糖，并放出氧气（O_2）。

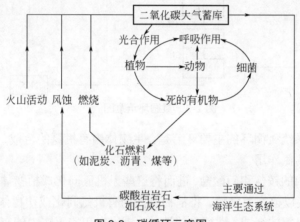

图 2-2　碳循环示意图

地球上最大的两个碳库是岩石圈和化石燃料，含碳量约占地球上碳总量的 99.9%。这两个库中的碳活动缓慢，实际上起着贮存库的作用。地球上还有三个碳库：大气圈库、水圈库和生物库。这三个库中的碳在生物和无机环境之间迅速交换，容量小而活跃，实际上起着交换库的作用。

碳在岩石圈中主要以碳酸盐的形式存在，总量为 $2.7×10^{16}$ t；在大气圈中以二氧化碳和一氧化碳的形式存在，总量有 $2×10^{12}$ t；在水圈中以多种形式存在，在生物库中则存在着几百种被生物合成的有机物。这些物质的存在形式受到各种因素的调节。

在大气中，二氧化碳是含碳的主要气体，也是碳参与物质循环的主要形式。在生物库中，森林是碳的主要吸收者，它固定的碳相当于其他植被类型的 2 倍。森林又是生物库中碳的主要贮存者，贮存量大约为 $4.82×10^{11}$ t，相当于大气含碳量的 2/3。

自然界碳循环的基本过程如下：大气中的二氧化碳（CO_2）被陆地和海洋中的植物吸收，然后通过生物或地质过程以及人类活动，又以二氧化碳的形式返回大气中。

（3）氮循环

氮循环是描述自然界中氮单质和含氮化合物之间相互转换过程的生态系统的物质循环。氮在自然界中的循环转化过程是生物圈内基本的物质循环之一。如大气中的氮经微生物等作用而进入土壤，为动植物所利用，最终又在微生物的参与下返回大气中，如此反复循环，以至无穷（见图2-3）。

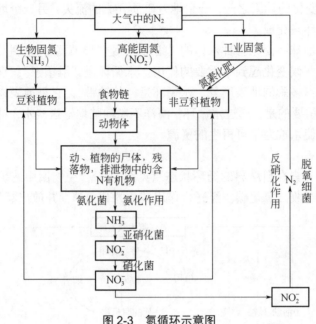

图2-3　氮循环示意图

构成陆地生态系统氮循环的主要环节是：生物体内有机氮的合成、氨化作用、硝化作用、反硝化作用和固氮作用。

植物吸收土壤中的铵盐和硝酸盐，进而将这些无机氮同化成植物体内的蛋白质等有机氮。动物直接或间接以植物为食物，将植物体内的有机氮同化成动物体内的有机氮。这一过程为生物体内有机氮的合成。动植物的遗体、排出物和残落物中的有机氮被微生物分解后形成氨，这一过程是氨化作用。在有氧的条件下，土壤中的氨或铵盐在硝化细菌的作用下最终氧化成硝酸盐，这一过程叫做硝化作用。氨化作用和硝化作用产生的无机氮，都能被植物吸收利用。在氧气不足的条件下，土壤中的硝酸盐被反硝化细菌等多种微生物还原成亚硝酸盐，并且进一步还原成分子态氮，分子态氮则返回到大气中，这一过程被称作反硝化作用。由此可见，由于微生物的活动，土壤已成为氮循环中最活跃的区域。

（4）磷循环

磷是包括微生物在内的所有生命体中不可缺少的元素。在生物大分子核酸、高能量化合物 ATP 以及生物体内糖代谢的某些中间体中，都有磷的存在。在自然界中，磷的循环包括可溶性无机磷的同化、有机磷的矿化、不溶性磷的溶解等。磷的主要贮库是岩石和天然的磷酸盐沉积。由于风化、侵蚀和淋洗作用，磷从岩石和天然沉积中被释放出来，供植物吸收利用，再通过食物链传递给动物和微生物。动植物残体被微生物分解后还原为无机磷，其中一部分被植物吸收利用，构成循环（见图2-4），另一部分则流入江河湖泊和海洋。进入水体的磷可为动植物吸收利用，动植物排出的磷一部分沉积于浅层水底，一部分沉积于深层水底。以钙盐形式沉积于深海中的磷将长期沉积，暂时退出磷循环。因此磷循环是不完全循环。磷循环是典型的沉积型循环。

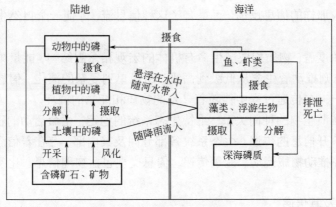

图 2-4　磷循环示意图

应当指出，如果人类活动将含磷物质大量排放到水环境中，可溶性磷酸盐浓度过高会造成蓝细菌及其他藻类大量增殖，即常说的富营养化作用，从而破坏环境的生态平衡。

（5）硫循环

硫是植物和动物生长所必需的元素，是原生质的重要组分。无机态的硫被植物和微生物吸收后，形成有机态的硫，硫的主要蓄库是岩石圈，但它在大气圈中能自由移动，因此，硫循环有一个长期的沉积阶段和一个较短的气体阶段（见图 2-5）。陆地和海洋中的硫通过生物分解、火山爆发等进入大气；大气中的硫通过降水和沉降、地面吸收等作用，回到陆地和海洋；地表径流又带着硫进入河流，输往海洋，并沉积于海底。

人类燃烧含硫矿物燃料，冶炼含硫矿石，释放大量的二氧化硫，石油炼制释放的硫化氢在大气中很快氧化为二氧化硫。这些活动使城市和工矿区的局部地区大气中二氧化硫浓度大为升高，对人和动植物有伤害作用，也是形成酸雨和降低能见度的主要原因。

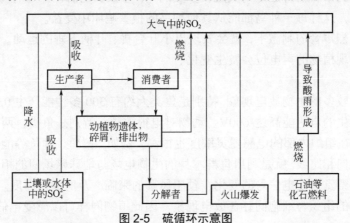

图 2-5　硫循环示意图

（四）生态系统的信息流动

生态系统中除了能流和物流外，还有信息流。信息是调节生态系统中生物与生物、生物与环境、环境因子之间的相互联系、相互作用的重要组成成分。信息流支配着能量流动的方向和物质循环过程。同时，信息流以能量流和物质流为载体而起作用，但它不像能流那样是单向的，也不像物流那样是循环的，而是双向的，有从输入到输出那样的信息传递，也有从输出向输入那样的信息反馈。正是有了这种信息流，才使一个自然生态系统产生了自动调节机制。

从生态学的角度看，物质构成了生命有机体的宏观和微观结构；能量维持着生命活动的正常进行；信息则推动着生命从低级到高级、从简单到复杂的演化。信息传递是生态系统的基本功能之一，在传递过程中伴随着一定的物质和能量的消耗。

信息传递能调节生物的种间关系，维持生态系统的稳定，生命活动的正常进行、生物种群的繁衍都离不开信息的传递。生态系统各部分间及其内部，存在着信息传递，使系统连成统一整体，并推动物质流动、能量传递。信息类型包括物理信息、化学信息、行为信息和营养信息等。

1. 物理信息及其传递

生态系统中的光、声、电、温度、湿度、磁力等，通过物理过程传递的信息，称为物理信息。

（1）光信息

太阳是光信息的主要初级信源，借助光信息，动物通过形态、色彩、姿势、表情等传递信息，在种群内部达到互相辨认和报警作用，对外则起到警戒和诱惑作用，自然界大部分的生物都对光信息有一定的利用。有些候鸟的迁徙，在夜间是靠天空星座确定方位，这就是借用了其他恒星所发出的光信息。有些动物还能自己发光传递信息，如萤火虫。

（2）声信息

声音对于动物似乎具有更大的重要性，动物更多的是靠声信息确定事物的位置或者发现敌害的存在。生活在陆地上的蝙蝠和生活在水中的鲸类其活动环境不是光线暗弱就是光线传播距离短，接收光信息的视觉系统不能很好地发挥作用，因此，主要靠声纳定位系统。

人们最熟悉的声音信号还是鸟类婉转多变的叫声。很多生活在一起的鸟类，其报警鸣叫声都趋于相似，这样每一种鸟都能从其他种鸟的报警鸣叫中受益。

含羞草在强烈声音的刺激下，就会表现出小叶合拢、叶柄下垂的运动。有人实验给植物以声刺激，发现植物的声电位会发生变化。

（3）电信息

生物中存在较多的生物放电现象，特别是鱼类大约有 300 多种能产生 0.2～2V 的微弱电压，但电鳗产生的电压能高达 600V。动物对电很敏感，特别是鱼类、两栖类，皮肤有很强的导电力，在组织内部的电感器灵敏度也很高。例如，鳗鱼、鲤鱼等能按照洋流形成的电流来选择方向和路线，就是利用鱼群本身的生物电场与地球磁场间的相互作用而完成的。有些鱼还能察觉海浪电信号的变化，预感风暴的来临，及时潜入海底。

由于植物中的组织与细胞间存在放电现象，因此植物同样可以感受电信息。

（4）磁信息

生物对磁有不同的感受能力，常称之为生物的第六感觉。在浩瀚的大海里，很多鱼能遨游几千海里❶，来回迁徙于河海之间。候鸟成群结队南北长途往返飞行都能准确到达目的地，特别是信鸽的千里书书而不误，这些行为都依赖于自己身上的电磁场与地球磁场的作用，从而确定方向和方位。

---

❶ 1 海里=1.852km。

植物对磁信息也有一定的反应，若在磁场异常的地方播种，产量就会降低，不同生物对磁场的感受能力是不同的。

2. 化学信息及其传递

生物代谢产生的一些物质，尤其是各种腺体分泌的各类激素等均属于传递信息的化学物质。

（1）植物与植物之间的化学信息

在植物群落中，可以通过植物信息素来完成种间竞争，一种植物通过某些化学物质的分泌和排泄而影响另一种植物的生长甚至生存的现象是很普遍的。如风信子、丁香、洋槐花香物质，能抑制相邻植物的生长；胡桃树能抑制苹果树、榆树能抑制栎树、白桦树能抑制松树的生长。但也有一些信息素有利于他种植物生长，如皂角的分泌物促进七里香的生长；洋葱对食用甜菜、马铃薯对菜豆、小麦对豌豆的生长也是有利的。

在同一植物种群内也会发生自毒现象，植物会向环境中分泌不利于其他个体存活的毒素，从而相互抑制对方的生长，可能降低幼小个体的存活率。当这种毒素在土壤中积累时，它们就使植物自身死亡，从而减少生态系统中的拥挤程度。例如苹果树分泌物黄酮根苷，能强烈抑制幼小苹果树苗生长；此外还有大豆根系分泌物可以造成下茬大豆的大幅减产。

（2）动物和植物间的化学信息

不同的动物对气味有不同的反应，蜜蜂取食和传粉除与植物花的香味、花粉和蜜的营养价值紧密相关外，还与许多花蕊中含有昆虫的性信息素成分有关。

（3）动物之间的化学信息

动物向动物输出的化学信息素多种多样，主要有以下五种，种群信息素：不同动物种群释放不同的气味；性信息素：昆虫、蜘蛛、甲壳类、鱼以及部分哺乳动物都能分泌性信息素；报警信息素：一些昆虫能分泌报警信息素，如蚂蚁、蜜蜂和蚜虫；聚集信息素：营社会性活动的昆虫都能产生这种信息素；踪迹信息素：很多动物能分泌这种信息素，如蜜蜂、蚂蚁、蜗牛、蛇，这种信息素在行进中分泌，使种内其他个体循迹前进。

3. 行为信息

某些动物通过特殊的行为方式向同种的其他个体或其他生物发出的信息，称为行为信息。许多同种动物，不同个体相遇，时常会表现有趣的行为。蜜蜂发现蜜源时，会以舞蹈动作来告诉其他蜜蜂去采蜜；蚂蚁用触觉交流信息，雄鸟急速起飞，扇动翅膀为雌鸟发出信号等。

4. 营养信息

在生态系统中，食物链、食物网代表一种信息传递，各种生物通过营养信息关系构成一个相互依存和相互制约的整体，营养信息是通过营养交换所传递的信息。食物链中的各级生物存在一定的比例关系，即生态金字塔规律，养活一只草食动物需要几倍于他的植物，养活一只肉食动物需要几倍数量的草食动物。前一营养的生物数量反映出后一营养级的生物数量。

在草原牧区，草原的载畜量必须根据牧草的生长量而定，使牲畜数量与牧草产量相适应。如果不顾牧草提供的营养信息，超载放牧，就必定会因牧草饲料不足而使牲畜生长不良和引起草原退化。以松鼠的数量消长为例，主要以云杉种子为食的松鼠数量的消长，依从于云杉种子的丰欠。

第二节

生态平衡

一、生态平衡的概念

生态平衡，是指在一定时间内生态系统中的生物和环境之间、生物各个种群之间，通过能量流动、物质循环和信息传递，使它们相互之间达到高度适应、协调和统一的状态。也就是说当生态系统处于平衡状态时，系统内各组成成分之间保持一定的比例关系，能量、物质的输入与输出在较长时间内趋于相等，结构和功能处于相对稳定状态，在受到外来干扰时，能通过自我调节恢复到初始的稳定状态。在生态系统内部，生产者、消费者、分解者和非生物环境之间，在一定时间内保持能量与物质输入、输出动态的相对稳定状态。

由于生态系统具有负反馈的自我调节机制，所以在通常情况下，生态系统会保持自身的生态平衡。生态平衡是一种动态平衡，因为能量流动和物质循环总在不间断地进行，生物个体也在不断地进行更新。在自然条件下，生态系统总是按照一定规律朝着种类多样化、结构复杂化和功能完善化的方向发展，直到使生态系统达到成熟的最稳定状态为止。

二、生态平衡的调节机制

自然生态系统是开放系统，必须依赖于外界环境的输入，输入一旦停止，系统也就失去了功能。生态系统是通过反馈机制实现其自我调控以维持相对的稳态。所谓反馈，就是系统的输出端通过一定通道，返回到系统输入端，变成了决定整个系统本来功能的输入。具有这种反馈机制的系统称为控制论系统。要使反馈系统能起控制作用，系统应具有某个理想的状态或置位点，系统就能围绕置位点进行调节。

生态系统稳定性（平衡）包括了两个方面的含义，一方面是系统保持现行状态的能力，即抗干扰的能力（抵抗力）；另一方面是系统受扰动后回归该状态的倾向，即受扰后的恢复能力（恢复力）。当生态系统达到动态平衡的最稳定状态时，它能够自我调节和维持自己的正常功能，并能在很大程度上克服和消除外来的干扰，保持自身的稳定性。有人把生态系统比喻为"弹簧"，它能忍受一定的外来压力，压力一旦解除就又恢复原初的稳定状态，这实质上就是生态系统的反馈调节。

生态系统平衡的调节主要通过系统的反馈机制、抵抗力和恢复力实现的。

（一）反馈机制

生态系统稳定性机制：生态系统具有自我调节的能力，维持自身的稳定性，自然生态系统可以看成是一个控制论系统，因此，负反馈调节在维持生态系统的稳定性方面具有重要的作用。反馈可分为正反馈和负反馈，两者的作用是相反的。

生态系统的反馈调节：当生态系统某一成分发生变化，它必然引起其他成分出现一系列相应变化，这些变化又反过来影响最初发生变化的那种成分。

负反馈：使生态系统达到或保持平衡或稳态，结果是抑制和减弱最初发生变化的那种成分的变化。负反馈控制可使系统保持稳定。正反馈：系统中某一成分的变化所引起的其他一系列变化，反过来加速最初发生变化的成分所发生的变化，使生态系统远离平衡状态或稳态。正反馈使系统偏离加剧。例如在生物生长过程中个体越来越大，在种群持续增长过程中，种群数量不断上升，这都属于正反馈。正反馈也是有机体生长和存活所必需的。但是，正反馈不能维持稳态，例如封闭的湖泊受到污染导致鱼类的死亡，死亡鱼体的腐烂，引起湖泊进一步污染的现象（见图2-6）；要使系统维持稳态，只有通过负反馈控制，例如脆弱的草原生态系统中的某一物种数量的变化造成其他物种的相应变化（见图2-7）。

图 2-6 正反馈

图 2-7 负反馈

地球和生物圈是一个有限的系统，其空间、资源都是有限的，应该考虑用负反馈来管理生物圈及其资源，使其成为能持久地为人类谋福利的系统。负反馈调节作用的意义在于通过自身的功能减缓系统内的压力以维持系统的稳定。后备力也与生态系统平衡的调节有关，它是指同一生物群落中具有同样生态功能的物种的多少。在正常情况下，这些物种中仅有一个履行着同一功能的主要职能，其他的则显然并不那么重要或作用不明显，但它们是系统内储存的"备件"，一旦环境条件发生变化，它们可起到替代作用，从而保证系统结构的相对稳定和功能的正常进行。这些"备件"的存在实际上是系统反馈环的增加。因此，后备力可看作系统反馈机制复杂和完善与否的一种结构上的标志。

（二）抵抗力

生态系统抵抗外界干扰并维持系统结构和功能原状的能力，是维持生态平衡的重要途径之一。抵抗力与系统发育阶段状况有关，其发育越成熟，结构越复杂，抵抗外界干扰的能力就越强。例如我国长白山红松针阔混交林生态系统，生物群落垂直层次明显、结构复杂，系统自身储存了大量的物质和能量，这类生态系统抵抗干旱和虫害的能力要远远超过结构单一的农田生态系统。环境容量、自净作用等都是系统抵抗力的表现形式。

（三）恢复力

是指生态系统遭受外干扰破坏后系统恢复到原状的能力，如污染水域切断污染源后，生物群落的恢复就是系统恢复力的表现。生态系统恢复力是由生命成分的基本属性决定的，所以，恢复力强的生态系统，生物的生活世代短，结构比较简单，如杂草生态系统遭受破坏后恢复速度要比森林生态系统快得多。生物成分（主要是初级生产者层次）生活世代越长，结构越复杂的生态系统一旦遭到破坏则长期难以恢复。但就抵抗力的比较而言，两者的情况却完全相反，恢复力越强的生态系统，其抵抗力一般比较低，反之亦然。

生态系统对外界干扰具有调节能力，使之保持了相对的稳定。但是这种调节能力是有限的。生态平衡失调就是外干扰大于生态系统自我调节能力的结果和标志。不使生态系统丧失调节能力或未超过其恢复力的外干扰及破坏作用的强度称为"生态平衡阈值"。阈值的大小与生态系统的类型有关，另外还与外界干扰因素的性质、方式及其持续时间等因素密切相关。生态平衡阈值的确定是自然生态系统资源开发利用的重要参量，也是人工生态系统规划合理的理论依据之一。

三、生态系统失衡

生态失衡：由于人类不合理地开发和利用自然资源，其干预程度超过生态系统的阈值范围，破坏了原有的生态平衡状态，而对生态环境带来不良影响的一种生态现象。例如：乱砍滥伐或毁林开荒，采伐速度大大超过其再生能力，造成资源衰竭，生态失衡，从而导致气候变劣，水土流失，引起生态系统的报复。

地球上的自然界是经过了上亿年的优胜劣汰、适者生存的斗争进化演变过来的，在这漫长的岁月中动植物群落和非生物的自然条件逐渐达到一种动态平衡，各种因素（相互排斥的生物种和自然条件）通过相互制约、转化补偿、交换等作用，达到一个相对稳定的平衡阶段。这时地球上的生物群落和地理环境等非生物的条件相互作用，形成一个生态系统。这个系统能够自动调节达到平衡。大至整个地球，包括高山、原野、岛屿、湖泊、河流、海洋、空气等等，以及生存于其间的动植物组成了一个大生态系统，其间各种生物以食物链相互联系，能够通过自动调节达到大生态系统的平衡。小至一座孤岛、一片森林或一片水域，其间的各种生物也能通过食物链组成一个小生态系统，并能通过自动调节使生态在该系统的小范围内达到平衡。

然而，外界过多地干预会使得生态系统自动调节能力降低甚至消失，从而导致生态平衡遭到破坏，甚至造成生态系统崩溃。在生物世界中由于人类一枝独秀的格局已经形成，如果人类不按自然规律办事，维持生态平衡，而只顾眼前或局部利益，过分地不恰当地发挥自己的力量，则人类的行为对生态系统来说就会变成一种外界的干预，就会致使生态失衡，造成灾难性的后果，这已被无数事例所证实。

第三节

生态破坏与恢复

生态系统失衡后进一步恶化即发生了生态破坏。生态破坏是指人类不合理地开发、利用，造成森林、草原等自然生态环境遭到破坏，从而使人类、动物、植物的生存条件发生恶化的现象。生态破坏可包含两个方面的破坏，一是生命体本身的受损，另一方面是生命体生存的基本条件的破坏,包括植被破坏与湿地减少、水土流失与荒漠化、生物多样性减少等三大类。生态破坏造成的后果往往需要很长的时间才能恢复,有些甚至是不可逆的。

引起生态破坏的因素有自然因素和人为因素两类。

生态破坏的自然因素,主要是指自然界发生的异常变化或自然界本来就存在的对人类和生物的有害因素,如地壳变动、海陆变迁、冰川活动、火山爆发、地震、海啸、泥石流、雷击火烧、气候变化等。这些因素可使生态系统在短时间内受到破坏甚至毁灭。不过,自然因素对生态系统的破坏和影响所出现的频率不高,而且在分布上有一定的局限性。

生态破坏的人为因素是指人类的干扰对生态系统造成的影响甚至灾难性的危害,例如环境污染、过度利用自然资源、修建大型工程、人为引入或消灭某些生物等。当前,世界范围内广泛存在的水土流失、土壤荒漠化、草原退化、森林面积缩小等都是人类不合理利用自然资源引起生态平衡破坏的表现。20世纪以来,工农业生产中有意或无意地使大量污染物进入环境,从而改变了生态系统的环境因素,影响整个生态系统。由此造成的空气污染、水污染、土壤污染、固体废物污染等是生态破坏的另一重要原因。

一、水土流失与荒漠化治理

(一)水土流失

水土流失是在水力或风力、重力的浸润和冲击作用下,土壤结构发生破碎和松散,被裹挟流失的现象。指人类对土地的利用,特别是对水土资源不合理的开发和经营,使土壤的覆盖物遭受破坏,裸露的土壤受水力冲蚀,流失量大于母质层育化成土壤的量,土壤流失由表土流失、心土流失而至母质流失,终使岩石暴露。

1．水土流失类型

水土流失可分为水力侵蚀、重力侵蚀和风力侵蚀三种类型。

水力侵蚀分布最广泛,在山区、丘陵区和一切有坡度的地面,暴雨时都会产生水力侵蚀。它的特点是以地面的水为动力冲走土壤。例如:黄河流域。

重力侵蚀主要分布在山区、丘陵区的沟壑和陡坡上,在陡坡和沟的两岸沟壁,其中一部分下部被水流淘空,由于土壤及其成土母质自身的重力作用,不能继续保留在原来的位置,分散地或成片地塌落。

风力侵蚀主要分布在中国西北、华北和东北的沙漠、沙地和丘陵盖沙地区,其次是东南沿海沙地,再次是河南、安徽、江苏几省的"黄泛区"(历史上由于黄河决口改道带出泥沙形成)。它的特点是由于风力扬起沙粒,离开原来的位置,随风飘浮到另外的地方降落。例如:河西走廊、黄土高原。

在自然条件下,降水所形成的地表径流会冲走一些土壤颗粒。如果土壤有森林、野草、作物或植物的枯枝落叶等良好覆盖物的保护,则这种流失的速度非常缓慢,使土壤流失的量小于母质层变为土壤的量。在过度砍伐或过度放牧引起植被破坏的地方,水土流失便逐渐加重。据中科院的观测表明:在降雨量346毫米情况下,林地上每亩水土冲刷量为4公斤,草地上为6.2公斤,农耕地上为238公斤,农闲地上则为450公斤。

2．水土流失成因及危害

造成水土流失的主要成因:乱砍滥伐、乱采乱掘、盲目开荒、农田水利设施陈旧、坡地农耕(我国约占3.59亿亩)等人为因素导致的雨水或洪水冲刷等。

水土流失是全球最大的环境问题，全球目前有65%的土地面积有不同程度的土地退化问题，欧洲水蚀面积占土地面积12%，风蚀面积占土地面积4%，北美土壤侵蚀面积9500万公顷，非洲土地退化面积5亿公顷，南亚水土流失造成的经济损失中，水蚀54亿元，风蚀18亿元，盐渍化15亿元。

3．水土流失防治措施

因地制宜采取相应的措施，结合生物措施、耕作措施以及工程措施对水土流失进行防治，具体见第七章土壤污染与防治相关内容。

（二）土地荒漠化

荒漠化是指包括气候变异和人类活动在内的种种因素所造成的干旱、半干旱和亚湿润干旱地区的土地退化，使土地生产能力严重衰退、生态破坏严重。

1．荒漠化的分类

① 风力作用形成的，以出现风蚀地、粗化地表和流动沙丘为标志性形态；

② 流水作用形成的，以出现劣地和石质坡地作为标志性形态；

③ 物理和化学作用形成的，主要表现为土壤板结、细颗粒减少、土壤水分减少所造成的土壤干化和土壤有机质的显著下降，结果出现土壤养分的迅速减少和土壤的盐渍化；

④ 工矿开发所造成的，主要表现为土地资源损毁和土壤严重污染，致使土壤生产力下降甚至丧失。

2．荒漠化的成因

（1）自然因素

自然因素主要指异常的气候条件，特别是严重的干旱条件。干旱多风使原本脆弱的生态环境受到致命的打击，它导致农作物歉收，引起饥荒；导致草地放牧能力下降，引起家畜死亡；贫瘠的土地随着干旱进一步恶化，发生风蚀；农田因蒸发加快而加速了盐类的蓄积。其次，暴雨也是造成荒漠化的原因之一。在植被贫乏和土壤脆弱的干旱地区，由于对降雨的抵抗力弱，容易发生土壤的侵蚀，引起荒漠化。正是诸如以上的各类气候的异常，破坏了脆弱的自然环境的生态平衡，为土地荒漠化的发生、发展做了准备。

（2）人为因素

土地资源利用不合理，植被资源不合理利用，干旱、半干旱地区水资源的不合理利用，不合理耕作及粗放管理。

3．荒漠化现状

全球三分之二的国家和地区，世界陆地面积的三分之一受到荒漠化的危害，约五分之一的世界人口受到直接影响，每年约有（5000～7000）万平方公里的耕地被沙化，其中有2100万平方公里完全丧失生产能力。荒漠化受害面涉及世界各大陆，最为严重的是非洲大陆，其次是亚洲。

我国是世界上人口最多、耕地面积不足的发展中国家，同时也是受荒漠化危害最严重的国家之一。我国受荒漠化影响的土地面积约333万平方公里，占国土总面积的1/3。

4．土地沙漠化防治措施

我国在沙漠化防治方面采取的措施很多，如工程措施、化学措施、生物措施等，取得了显著的成效。具体参照第七章土壤污染与防治相关章节。

二、森林破坏与修复技术

森林既是一个巨大的自然资源宝库，又是一个巨大的循环经济体。在生物多样性维护、可再生材料、可再生生物质能源方面，具有不可替代的战略地位。是陆地生态系统的核心主体，在涵养水源、防风固沙、净化空气、调节气候等方面作用显著、被誉为"地球之肺"。森林的破坏或减少将会造成大量的环境问题，如水土流失、土地沙漠化、全球气候变暖等。

（一）森林破坏原因与特征

森林生态系统受损的自然原因有病虫害、干旱、洪涝、风灾、地震等，人为原因主要有：刀耕火种、采伐木材、开垦林地、采集薪材、大规模放牧、矿山开采、砍伐林木、空气污染等（见图2-8）。

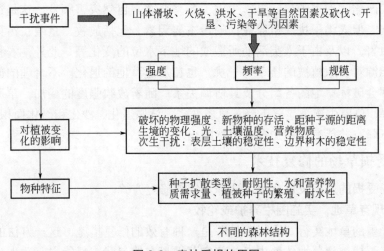

图2-8　森林受损的原因

森林减少的结果是土地裸露、土壤流失、局部气候变化、河水流量减少、湖面下降、农业生产力下降、物种减少等，导致森林生态系统的退化，并进一步造成全球性生态环境恶化。森林生态系统退化的基本特征是生物多样性降低、层次减少、郁闭度下降、结构趋于简单、功能趋于减退，严重时生产力也降低。

（二）修复技术

根据森林受损的原因及恢复难易，以及当地的经济条件、人力等条件，可以选择不同的修复方式。最有效的修复方法有物种框架法和最大多样性法。

1. 物种框架法

物种框架法就是建立一个或一群物种，作为恢复生态系统的基本框架。这些物种通常是植物群落演替阶段早期（或称先锋）物种或演替中期阶段的物种。此方法的优点为只涉及一个（或少数几个）物种的种植，生态系统演替或维持依赖于当地种源（或称"基因池"）增加物种，实现生物多样性。选择物种的标准为：①抗逆性强；②能够吸引野生动物；③再生能力强；④能够提供快速和稳定的野生动物食物。

2. 最大多样性法

尽可能地按照生态系统受损前的物种组成及多样性水平种植物种，需要种植大量演替成熟阶段的物种而不必考虑先锋物种。适用于距人们居住比较近的地段。

三、草场退化与修复技术

（一）草场退化原因及特征

草场包括草原、林中空地、林缘草地、疏林、灌木以及荒原、半荒漠地区植被稀疏地段。各类草场退化原因虽不尽相同，但都可归结为两方面的原因，一是天然因素，另一方面即为人为因素。

长期以来，由于全球气候变化及人为因素的影响，草原资源急剧减少，草原资源质量严重下降；草原野生动植物种类大量减少，部分动植物濒临灭绝。草原区所处的自然条件一般比较严酷，春季干旱，夏季少雨，冬季严寒，自然灾害频发，这是造成草原退化的自然因素。但人类干扰是草原受损的最主要因素，包括放牧、垦殖、污染、乱采滥挖、鼠害和虫害，以及由于人类活动所造成的地下水位的变化等。此外，农牧民为了获得生活所需能源对草原植被的搂草等干扰，也在加速草地的退化。不合理的放牧方式和超载放牧，都会破坏草地的各组分及其协调关系。随着放牧强度的增加，草原植物的物种丰富度下降，草原生物量显著下降，草质变劣，草原退化、沙化和碱化面积日益发展，生产力不断下降，并伴有大量的有毒植物的出现。

（二）受损草场的修复技术

根据草场受损的原因及退化程度选择不同的修复方式。

1. 改进现存草地，实施围栏养护或轮牧

对受损严重的草地实行"围栏养护"是一种有效的修复措施，这一方法的实质是消除或减轻外来干扰，让草地休养生息，依靠草地具有的自我恢复能力，适当辅之以人工措施来加快恢复。对于那些受损严重的草地，自然恢复比较困难时，可因地制宜地进行松土、浅耕翻或适时火烧等措施改善土壤结构，播种群落优势牧草草种，人工增施肥料和合理放牧等修复措施来促进恢复。

2. 重建人工草地

这是减缓天然草地的压力、改进畜牧业生产方式而采用的修复方法，常用于已完全荒弃的退化草地。它是受损草地重建的典型模式，不需要过多地考虑原有生物群落的结构，而是以经过选择的优良牧草为优势种构成单一物种群落。其最明显的特点是，既能使荒废的草地很快产出大量牧草，获得经济效益；同时又能够使生态和环境得到改善。

采用围栏养护、轮牧以及重建人工草地等方式，是受损草地修复的有效措施。草地修复的过程中，还应考虑其他一些问题，如代表性的草种、外来草种、灌木的入侵、动物的出入、草地的长期动态变化等。由于草原面积大，对于其变化的监测可利用现代遥感技术进行管理。

第四节

生物多样性锐减

一、生物多样性概念与意义

（一）生物多样性概念

生物多样性是指生命有机体（动植物、微生物）的种类、变异及其生态系统的复杂性程度。包含四个层次多样性：生态系统多样性；遗传多样性；物种多样性；景观多样性。生物多样性为人类提供了食物、药物来源、各种工业原料、繁殖良种的遗传材料；保持水土，维护自然生态平衡功能。在促进重要营养元素循环方面起重要、不可或缺的作用。被喻为"地球的免疫系统"。

1. 生态系统多样性

生态系统多样性是指生物群落和生境类型的多样性。地球上有海洋、陆地、山川、河流、森林、草原、城市、乡村和农田，在这些不同的环境中，生活着多种多样的生物，这种由环境和生物所构成的综合体就是一个生态系统。

生态系统的主要功能是物质交换和能量流动，它是维持系统内生物生存与演替的前提条件。保护生态系统多样性就是维持了系统中能量和物质流动的合理过程，保证了物种的正常发育和生存，从而保持了物种在自然条件下的生存能力和种内的遗传变异度。因此，生态系统的多样性是物种多样性和遗传多样性的前提和基础。

2. 遗传多样性

遗传多样性又称为基因多样性，是指存在于生物个体内、单个物种以及物种之间的基因多样性。任何一个特定个体的物种都保持着并占有大量的遗传类型。每个种都有自己独特的基因库，使一个物种区别于其他物种。物种的遗传组成决定着它的性状特征，其性状特征的多样性是遗传多样性的外在表现。通常所谓的"一母生九子，九子各异"，指的是同种个体间外部性状的不同，所反映的是内部基因多样性。任何一个特定的个体和物种都保持有大量的遗传类型，可以被看作单独基因库。

遗传多样性包括分子水平、细胞水平、器官水平和个体水平上的遗传多样性。其表现形式是在分子、细胞和个体3个水平上的性状差异，即遗传变异度。遗传变异度是基因多样性的外在表现。遗传多样性是物种对不同环境适应与品种分化的基础。遗传变异越丰富，物种对环境的适应能力越强，分化的品种、亚种也越多。遗传多样性越高，族群内可提供自然选择的基因越多，对环境的适应能力也就越强，有利于族群的生存和演化。相反，遗传多样性越低，族群的环境适应力也就越低，越可能被环境淘汰，遗传多样性正是生物体能够对抗病原体感染的核心。

3. 物种多样性

物种多样性是指动物、植物、微生物物种的丰富性，是一个地区内物种的多样化，主要指物种水平的生物多样性。可以从分类学、生物地理学角度对一个区域内物种状况进行研究。物种是组成生物界的基本单位，是自然系统中处于相对稳定的基本组成成分。

一个物种是由许许多多种群组成，不同的种群显示了不同的遗传类型和丰富的遗传变异。对于某个地区而言，物种数多，则多样性高，物种数少，则多样性低。自然生态系统中的物种多样性在很大程度上可以反映出生态系统的现状和发展趋势。通常，健康的生态系统往往物种多样性较高，退化的生态系统则物种多样性降低。物种多样性所构成的经济物种是农、林、牧、副、渔各业所经营的主要对象。它为人类生活提供必要的粮食、医药，特别是随着高新技术的发展，许多生物的医用价值将不断被开发和利用。

4．景观多样性

景观多样性是指一定时空范围内景观生态系统类型的丰富性及各景观生态系统中不同类型的景观要素在空间结构、功能机制和时间动态方面的多样化和复杂性。景观多样性是较生态系统多样性更高一层次的多样性。景观在年际间、季节间因温度、降水的变化而呈现出不同的外貌，为丰富的生物多样性提供了环境条件。

（二）生物多样性的意义

生物多样性是人类赖以生存的物质基础，是全球生态安全的绿色基石，是地球生命的基础，为人类的生存和发展提供了必要的生态支撑和生态服务，包括供给服务（食物、淡水、燃料、纤维、基因资源、生化药剂）、调节服务（气候调节、水文调节、疾病控制、水净化、授粉）、文化服务（精神与宗教价值、故土情节、文化遗产、审美、教育、激励、娱乐与生态旅游）和支持服务（土壤形成、养分循环、初级生产、制造氧气、提供栖息地）。具体来说，全球范围内，鱼类为近30亿人提供了20%的动物蛋白，超过80%的人类膳食来自植物。而在发展中国家的农村地区，多达80%的人口依靠植物制成的传统草药来获取基本的医疗服务。

1．物种多样性是人类基本生存需求的基础

人类的基本生存需求直接依赖于人类通过农、林、牧、渔业活动所获取的动植物资源。自约1万年前农业兴起之后，人类就一直不断获取自然界赋存的动植物资源，来满足人类对食物、燃料、药材等基本生存需求。地球上至少有7.5万种植物可供人类使用，而现在可供利用的仅3.5万种。现代工业中很大一部分原料直接或间接来源于野生动植物。很多野生动物至今仍是人类食物的主要来源。

2．遗传多样性是增加生物生产量和改善生物品质的源泉

除直接利用野生动植物、微生物外，人类也利用传统的育种技术和现代基因工程，不断培育新品种，淘汰旧品种，扩展农作物的适应范围，其结果大大提高了作物的生产力，也丰富了农作物的遗传多样性。1972年在斯德哥尔摩召开的"人类环境大会"就已强调："维持动植物的资源对全球粮食保证和人民生活需求有重大意义"。目前，世界上正在广泛开发的农作物培育技术、园艺技术、动物饲养技术等均以生物多样性，特别是遗传多样性为基础。例如，我国杂交水稻的培育成功，大大地提高了稻谷产量，既缓解了庞大人口的巨大粮食压力，又在一定程度上避免了大批的林地、草地开辟为农田。因此，充分利用遗传变异提高作物产量和改善品种具有很大的潜力。

3．生态系统多样性是维持生态系统功能必不可少的条件

不同生物或群落通过占据生态系统的不同生态位，采取不同的能量利用方式，以及食物链网的相互关联维持着生态系统的基本能量流动和物质循环。生物多样性的丰富度

直接影响生态系统的能量利用效率、物质循环过程和方向、生物生产力、系统缓冲与恢复能力等等。生态系统多样性在维持地球表层的水平衡、调节微气候、保护土壤免受侵蚀和退化，以及控制沙漠化等方面的作用已逐渐被人类认识和利用。总之，生物多样性是人类生存与发展的基础。

4. 生物多样性价值的多面性

生物多样性是提高人类生存能力和改善生活质量的物质基础，其价值直接与人类的生存与发展相关。生物多样性价值包括直接价值、间接价值和潜在价值等（见表 2-1）。限于人类的认识水平和科学技术手段的局限，对生物多样性的价值缺乏充分认识，对生物资源和遗传资源的价值尚未全面利用。传统上，一般仅关心生物资源的直接消费价值（食物、医药、原料等），而忽视了生物多样性的潜在生态价值、经济价值和其他价值。

表 2-1　生物多样性价值的多面性

价值类型	价值表现形式
直接价值	衣食住行、药用价值、工业原料、观看表演等
间接价值	调节气候、防风固沙、净化环境、涵养水源、科学研究、美学价值等
潜在价值	价值的将来利用

生物资源和遗传资源作为农业生产的基础，为地球上大约 70 亿人口提供了基本的食物需求和开发未来食物的选择机会。生物多样性不但具有巨大的农业价值，而且具有可观的医药价值。

生物多样性的经济价值对国家经济，尤其是对发展中国家经济的贡献相当可观。另外，生物资源（尤其是珍稀物种）的旅游观赏价值往往可以给地区经济和国家经济以巨大的推动力。

生物多样性的生态价值具有长期性、潜在性，而且往往不可替代。利用这种多样性也能间接产生经济价值。例如，可以利用生物多样性，借助天敌，就可适当减少在机械化、化肥、灌溉以及病虫害化学控制、农药控制等方面的投入而获得可观的经济效益。因为潜在价值的存在，生物多样性的保护不能局限于保护一些目前经济价值或者科研价值比较高的生物。生物多样性的其他价值常常由于难以定量而被低估。

（三）中国生物多样性

中国国土辽阔，地貌类型丰富，海域宽广，自然条件复杂多样，加之有较古老的地质历史，孕育了极其丰富的植物、动物和微生物物种，是全球 12 个"巨大多样性国家"之一，中国的生物资源，无论是在种类上还是在数量上在世界上都占有相当重要的地位。《中国生物多样性国情研究报告》统计结果表明，在植物种类数目上，中国约有 30000种，仅次于马来西亚（约 45000 种）和巴西（40000 种），居世界第三位。中国拥有众多有"活化石"之称的珍稀动、植物，如大熊猫、白鳍豚、文昌鱼、鹦鹉螺、水杉、银杏、银杉和攀枝花苏铁等等。列入国家重点保护野生动物名录的珍稀濒危野生动物共 420 种，大熊猫、朱鹮、金丝猴、华南虎、扬子鳄等数百种动物为中国所特有。

《生物多样性公约》（Convention of Biological Diversity，CBD）缔约方大会第十五次会议的成功举办，彰显了中国从参与者到引领者的国际地位，生态保护监管和生物多样性保护取得积极成效。

二、生物多样性锐减现状

2010 年，《生物多样性公约》在日本爱知县制定了 20 项目标，目的是解决包括森林破坏、不可持续的农业、污染、栖息地丧失和入侵物种等导致生物多样性丧失的驱动因素，同时增加保护区面积、提升公众意识、普及科学知识，并将生物多样性纳入各国政策制定中。各国约定这些目标应在 2020 年之前达成。但根据 CBD 发布的报告，截至 2020 年，"爱知目标"中的 20 项目标没有一个完全实现，只有 6 个目标实现了部分要素。可见生物多样性锐减的现状十分严峻。

2019 年发布的《生物多样性和生态系统服务全球评估报告》指出，栖息地的丧失和退化已经导致全球陆地栖息地完整率下降了 30%。人类活动改变了 75% 的陆地表面，影响了 66% 的海洋环境，超过 85% 的湿地已经丧失，25% 的物种正在遭受灭绝威胁，近 1/5 的地球表面面临外来动植物入侵的风险。目前全球物种灭绝的速度比过去 1000 万年的平均值高几十到几百倍，在地球上大约 800 万个动植物物种中，多达 100 万个物种面临灭绝威胁，其中许多物种将在未来数十年内消失。

我国目前濒危的主要动物有：东北虎、华南虎、云豹、大熊猫、叶猴类、多种长臂猿、儒艮、坡鹿、白鱀豚；濒危的主要植物有：无喙兰、双蕊兰、海南苏铁、䅟三尖杉、人参、天麻、罂粟牡丹等。

三、生物多样性锐减原因

生物多样性丧失的原因有许多，工业发展和城镇化加速，人类对自然资源和土地开发需求加剧是威胁野生动植物生存的重要因素，归纳起来可分为自然原因、人为原因及政策原因三个方面。

（一）自然原因

一是物种本身的生物学特性。物种的形成与灭绝是一种自然过程，化石记录表明，多数物种的限定寿命平均为 100 年～1000 万年；物种对环境的适应变异能力比较差，在环境发生较大变化时面临灭绝的危险。二是环境突发灾害，如地震、水灾、火灾、暴风雪、干旱等。气候变化对物种的分布、物候、种群动态以及物种组合或生态系统结构和功能同样产生了明显的影响，而且正在变得越来越严重。47% 的受威胁哺乳动物和 23% 的受威胁鸟类可能已经受到气候变化的影响，许多无法适应快速气候变化的物种，则面临着更大的威胁。因臭氧损耗而增加的紫外线也对农、林、牧、渔相关的生物多样性造成严重的威胁。

（二）人为原因

人类对生物多样性的重要性认识不够，对外来物种入侵等生态问题制度不健全，过多地重视经济发展，对生物多样性保护不力，从而导致生境破坏时有发生，对生物资源开发过度，甚至是掠夺式开发。同时，环境污染也日益严重。

（三）政策原因

一些不合理的经济激励措施和政策也已经成为导致生物多样性丧失的重要驱动因素。在全球范围内，对生物多样性具不利影响的补贴一直存在，助长了毁林、过度捕捞、城市无序扩张等破坏生物多样性的行为。同时，管理水平、政策、法律、机构协调、战略、规划、意识、知识、技术、人员素质等都可以成为推动或制约生物多样性保护的重要因素。目前世界上很多保护地仍然缺乏有效的管理。

造成生物多样性锐减的原因主要包括如下几个方面：栖息地破坏与碎片化、环境污染、过度捕猎、物种入侵、单一种植和气候变化等。

1. 生境的丧失、片断化、退化

栖息地破坏和片断化是一些兽类数量减少和濒临灭绝的主要原因。天然林的大幅度减少直接威胁到从苔藓、地衣到高等物种的生存；湿地和草原的破坏则是影响生物多样性的另一个原因。生境的片断化是指一个大的生境被分割成两个或更多小块残片并逐渐缩小的过程，许多种人类活动都可导致生境的片断化，影响动物觅食、迁徙和繁殖，植物的花粉和种子的散布也会受到影响。生境的片断化还会导致阳光、温度、湿度及风的变化，使生境失去原有功能，并有助于外来物种的入侵。栖息地的改变与丢失意味着生态系统多样性、物种多样性和遗传多样性的同时丢失。例如，热带雨林生活着上百万种尚未记录的热带无脊椎动物物种，由于这些生物类群中的大多数具有很强的地方性，随着热带雨林的砍伐和转化为农业用地，很多物种可能随之灭绝。而栖息地的破碎化妨碍了动物从一个区域分散到另一个区域，使得它们的种群被"隔离"到某一个固定的地区。因此，生境破碎最终导致的是近亲繁殖、压力加大、后代死亡率增加和灭绝。生境丧失和破碎化的更多原因应归结为人为因素，包括基础设施建设、城市扩张、乱砍滥伐、旅游娱乐、樵采、过度放牧、土地退化、农业开垦、围湖造田、沼泽开垦、过度利用土地和水资源、污染、贫困等。例如，大熊猫从中更新世到晚更新世的长达 70 万年的时间内曾广泛分布于我国珠江流域、华中长江流域及华北黄河流域，由于人类的农业开发、森林砍伐和狩猎等活动的规模和强度的不断加大，大熊猫的栖息地现在只局限在几个分散、孤立的区域。

2. 环境污染

（1）水体污染

水体污染对水生生物产生亚致死或致死作用，其中亚致死的水体污染对水体生物多样性的影响更为突出，使水体生物多样性显著下降。

（2）土壤污染

土壤污染通常会使植被退化，甚至变成不毛之地，同时土壤生物也会变得稀少甚至绝迹，生物多样性显著下降。

（3）空气污染

各种有毒有害气体均能对生物体产生不同程度的损害，并对生态系统构成危害。臭氧空洞、酸雨以及二氧化碳温室效应等也造成对生物多样性的损害。

3. 过度捕猎

生物资源过度利用是一些物种成为珍稀濒危物种甚至灭绝或资源物种减少的重要原因。其中，盗猎和贸易直接将很多野生动物推向灭绝的边缘。过去 50 年中，鱼类和海产品过度利用为海洋生物多样性丧失的最大驱动因素。目前，仅有 3%的海洋被认为没有受到来自人类的压力。

4. 外来物种入侵

外来物种入侵是全球生物多样性面临的严重威胁之一。将新物种引入新区域对本地物种及其社区可能很危险，因为外来物种也许在此处没有天敌的威胁，会过度消耗自然资源，从而降低了本地物种的生存质量，导致特有物种和生态系统功能的下降。其入侵方式有三种：一是由于生产、生活等目的有意引入的；二是随贸易运输、旅游等活动无意传入的；三是靠物种自身传播能力或借助自然力传入的（见图2-9）。通常某些外来物种的入侵可能由多方面因素所致，在时间上并非只有一次传入，也可能不只是一种途径传播。有害外来物种入侵，给生态平衡和生物多样性带来危害，造成不可估量的损失。

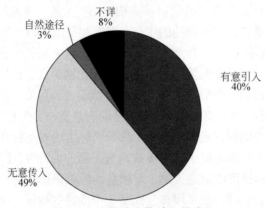

图 2-9　我国外来物种入侵途径

（1）有意引入

人类出于改善农林牧副渔业生产、建设生态环境和丰富生活等目的引进外来物种，有意识地将生物物种转移到其自然范围和分布区域以外的地方。引种是一把双刃剑，有的引入其功能得到了发挥，但大多数引入都由于管理不善造成逃逸现象或事前缺乏相应的风险评估，造成灾害。特别在一些岛屿上，外来入侵物种对当地生物多样性造成重大影响。一个典型例子是澳大利亚的欧洲兔子。在19世纪50年代末，欧洲兔子被引入澳大利亚用于打猎。然而，这些兔子呈指数级增长，像野火一样蔓延到全国各地。在这个过程中，它们毁坏了庄稼、田地和土壤，还导致一些本地植物和动物物种的减少。此类例子还有很多，比如亚洲鲤鱼入侵美国，亚洲鲤鱼在澳大利亚泛滥，水葫芦成为我国危害巨大的水生入侵生物。最近，研究人员发现，自20世纪70年代以来，21个不同国家的外来物种数量增加了70%以上。

（2）无意传入

一些物种通过人类的活动、货物贸易或潜伏在轮船、汽车、飞机等运输工具上，随着货物或者人流登陆，扩散到自然分布区域之外。此类入侵方式具有多途径、多次传入的特点，加大了其入侵的可能性，传播概率很高。

（3）自然途径

在没有人类介入的情况下，生物在生物区之间、大陆之间和岛屿之间的远距离传播也有可能发生，但概率较小，主要通过自然媒介（如风、雨、水流等）和动物媒介（如飞鸟、昆虫等）进行传播。

5．单一种植

不合理的造林和绿化以及生物能源种植行动虽然可扩大森林面积、提高覆盖率、减少排放，但如果片面追求覆盖率或绿地占比，采用大面积单一种植，也会对生物多样性产生负面影响。例如，尽管我国森林覆盖率不断增加，但主要以人工速生林为主，此类人工林内，物种多样性却在不断降低。单一种植的影响在东南亚地区更为明显，当地大面积开垦原始森林，种植油棕等经济作物，尽管城市周围有大面积整整齐齐的森林，但其内部生物多样性非常低，几乎不具备生态系统功能，被称为"绿色荒漠"。转基因技术促使农作物种植更趋向于单一种植，使农田生态系统的生物多样性大大降低。

四、生物多样性的保护

（一）国际生物多样性保护行动

早在 20 世纪 70 年代，国际社会就已经意识到生物资源对人类社会发展的重要意义，并着手开展保护，相继达成《湿地公约》《保护世界文化和自然遗产公约》《濒危野生动植物物种国际贸易公约》《保护野生动物迁徙物种公约》等专门条约。当时虽未明确使用"生物多样性"一词，但国际社会对捕猎、挖掘和倒卖动植物的国际禁令和限制实际上就是保护生物多样性的重要举措。20 世纪 80 年代末，联合国环境规划署开始组织专家探讨签署生物多样性领域国际公约的必要性和可行性，随后开始了文本准备工作。1992 年，联合国在巴西里约热内卢举行的环境与发展大会上达成了《生物多样性公约》，于 1993 年 12 月正式生效，共有 196 个缔约方。《全球生物多样性框架》是 2020 年后保护生物多样性的纲领性文件，最终目标是阻止或逆转物种灭绝。

（二）我国生物多样性保护

我国一直积极采取措施履行国际环境公约，是最早签署《生物多样性公约》的国家之一。我国作为世界上生物多样性最丰富的 12 个国家之一，动植物区系组成复杂，空间分布格局差异显著，也是世界农作物 8 大起源中心和 4 大栽培植物起源中心之一，保护好我国的生物多样性对全球具有重大的环境意义。我国政府高度重视生物多样性保护工作并取得了积极进展，党的十八大报告、十九大报告、二十大报告以及"十三五""十四五"规划纲要均对生物多样性保护提出了明确要求，生物多样性保护已经成为我国一项重要的政策主张。我国不断完善生物多样性保护法律法规体系，旨在用最严格制度保护生物多样性。目前我国生物多样性立法正在稳步推进，形成了广受认可的保护理念、逻辑严谨的法律框架、完备充实的制度体系，为生物多样性保护工作提供了完善的法律保障。我国先后制定修订了 50 多部与生物多样性保护相关的法律法规，不仅涵盖生态系统保护、防止外来物种入侵、生物遗传资源保护、生物安全等多领域，而且涉及法律、行政法规、部门规章和地方性法规等多层次立法。超过 90%的陆地生态系统类型、89%的国家重点保护野生动植物种类以及大多数重要自然遗迹在自然保护区内均得到保护，部分珍稀濒危物种野外种群逐步恢复，但生物多样性保护总体形势依然严峻，生物多样性下降趋势仍未得到有效遏制。

（三）生物多样性保护措施

1. 就地保护

主要是建立自然保护区。要制定和完善自然保护区法律法规，对自然保护区的保护、建设、管理、开发和利用，以及审批制度、分级分区制度、管理制度、检查应急制度、分类性保护和管理制度、监督管理体制、投入保障制度等进行修改和完善。借鉴国外相关先进经验，创设新的法律制度，如功能区划制度和社会影响评价制度。

截至 2020 年底，我国各级各类自然保护地近万个，约占陆域国土面积的 18%，提前实现联合国《生物多样性公约》"爱知目标"提出的到 2020 年达到 17% 的目标要求。通过构建科学合理的自然保护地体系，90% 的陆地生态系统类型和 71% 的国家重点保护野生动植物物种得到有效保护。2020 年，"生态保护红线-中国生物多样性保护的制度创新"案例入选了"生物多样性 100+全球典型案例"中的特别推荐案例。

2．迁地保护

迁地保护是指把因生存条件不复存在，物种数量极少或难以找到配偶而生存和繁衍受到严重威胁的物种迁出原地，移入动物园、植物园、水族馆和濒危动物繁育中心，进行特殊的保护和管理。迁地保护是就地保护的补充，为行将灭绝的生物提供了生存的最后机会。

3．建立外来物种管理体系

我国目前尚无针对外来物种入侵的专门法规，农业农村部、自然资源部、生态环境部、海关总署、国家林草局于 2021 年联合发布《进一步加强外来物种入侵防控工作方案》，提出要不断健全防控体系，进一步提升外来物种入侵综合防控能力。到 2025 年，外来入侵物种状况基本摸清，法律法规和政策体系基本健全，联防联控、群防群治的工作格局基本形成，重大危害入侵物种扩散趋势和入侵风险得到有效遏制。到 2035 年，外来物种入侵防控体制机制更加健全，重大危害入侵物种扩散趋势得到全面遏制，外来物种入侵风险得到全面管控。

4．在保护中持续利用生物资源

有效和长期保护生物多样性的方法是持续利用生物资源，对生物资源的利用应以使生物多样性在所有层次上得以保护、再生和发展，没有合理利用也就没有保护。建议对生物多样性有影响的重要部门制定生物多样性保护规划，并纳入生产计划中，鼓励生物的资源利用方式的多样化。

5．加强环保教育

通过加强生态文明意识的培养和全社会有效参与的行动，让全民参与生物多样性保护，将生物多样性保护的科学传播升级到公众理解生物多样性保护并自觉行动方面，特别是在野生保护物种的禁止贸易、生物多样性传统文化的挖掘、生物多样性的科学研究、技术知识的开发共享、生物多样性保护的科学普及等方面实现全民参与，使保护行动深入民心。

 拓展阅读一

生态修复十大案例

1．海岸带生态修复：秦皇岛滨海景观带

这是个利用雨水的滞蓄过程进行海岸带生态修复的工程，恢复海滩的潮间带湿地系统；砸掉了海岸带的水泥放浪堤，取而代之的是环境友好的抛石护堤；发明了一种箱式基础，方

便在软质海滩上进行栈道和服务设施的建设，使昔日被破坏的海滩，重现生机，同时成为旅游观光点。

2. 盐碱地生态修复：天津桥园

项目运用简单的填-挖方技术，营造微地形形成海绵体，收集酸性雨水，中和碱性土壤，修复城市棕地，形成一个能自我繁衍的生态系统，同时形成一个美丽的城市公园。让自然做工，将生态修复的过程变为提供生态系统服务的过程。

3. 红树林生态修复：三亚红树林生态公园

设计以红树根系恢复湿地系统，建立起适宜红树林生长的生境。采用人工种植与自然演替相结合的种植方式，健康稳固地恢复红树林。划分区域，分级保育，在红树林保护区与可开发区域形成鲜明的空间界定。建立慢行游憩系统，在自然基底之上引入休闲功能。从而建立起以红树林保护为核心的集生态涵养、科普教育、休闲游憩于一体的红树林生态科普乐园。

4. 河漫滩生态修复：义乌滨江公园

为解决包括洪涝威胁、水污染、废弃物和建筑垃圾等问题并尽可能降低预算及维护成本在内的一系列挑战，同时受到当地农业智慧的启发，义乌滨江公园设计理念为创造一个低成本维护、具有雨洪调节和净化水质功能、支持本土生物多样性、具有生产功能，同时能提供多样探索、游憩体验的城市公园。

5. 工业棕地生态修复：中山岐江公园

公园设计的主导思想是充分利用造船厂原有植被，进行城市土地的再利用，建设成一个开放的反映工业化时代文化特色的公共休闲场所。围绕这一主题，形成一系列公园的特色，其中生态性和亲水性是本公园主要特色。

6. 湿地生态修复：六盘水明湖湿地公园

项目将城市雨洪管理、水系统生态修复、城市开放空间的系统整合与城市滨水用地价值的提升有机结合在一起，充分发挥了以城市生态景观为基础的生态系统服务功能。

7. 鱼塘生态修复：宜昌运河公园

经过巧妙的设计，使鱼塘成为水体净化器，并引入林丛、栈道、廊桥和亭台，通过最少的干预，使之成为新城的"生态海绵"，净化被污染的运河的水体、缓解城市内涝，保留场地记忆，同时为周边居民提供了别具特色的休憩空间。

8. 采矿地生态修复：苏州真山公园

设计尊重场地自然现状，在构建"海绵公园"和建设"生产性的低维护景观"两大策略的指引下，将一个垃圾填埋场摇身转变为一个看得见青山、望得见碧水、记得住乡愁的城市公园，为建设水弹性城市做出重要贡献。

9. 河流生态修复：迁安三里河生态廊道

综合运用雨洪生态管理的渗透、滞蓄和净化技术，以及与水为友的适应性设计，并结合污染和硬化河道的生态修复，用最少的钱干预，保留现状植被，融入艺术装置和慢行系统，将生态建设与城市开发相结合，构建了一条贯穿城市的、低维护的生态绿道，为城市提供全面的生态系统服务。

10. 城市废弃地生态修复：海口美舍河凤翔公园

设计上，运用台田、密林、果园、湿地岛链等大地景观的手法展示凤翔公园自然之美；生态上，通过人工潜流、表流湿地最大限度解决水质污染问题，同时，以乾坤湖为核心营造白鹭生境；城市休闲方面，提供满足市民休闲的活动场地及慢行步道。最终将凤翔公园打造成展示海绵城市理念、满足市民休闲需求、展示海口景观特色的综合性生态城市湿地公园。

 拓展阅读二

生物入侵

1. 凤眼莲的入侵

被喻为"紫色恶魔"的凤眼莲（*Bichhornia crassipes*，即中国人俗称的"水葫芦"）在全世界水域的肆虐繁殖即是外来物种入侵最典型的一个例子。1884 年，原产于南美洲委内瑞拉的凤眼莲被送到了美国新奥尔良的博览会上，来自世界各国的人见其花朵艳丽无比，便将其作为观赏植物带回了各自的国家，殊不知繁殖能力极强的凤眼莲便从此成为各国大伤脑筋的头号有害植物。在非洲，凤眼莲遍布尼罗河；在泰国，凤眼莲布满湄南河；而美国南部沿墨西哥湾内陆河流水道，也被密密层层的凤眼莲堵得水泄不通，不仅导致船只无法通行，还导致鱼虾绝迹，河水臭气熏天；而中国的云南滇池，也因为水葫芦疯狂蔓延而被专家指称患上了"生态癌症"。

2. 亚洲鲤鱼入侵美国

20 世纪 60 年代，美国急于找到一种比化学药物更为安全的方式，用来控制泛滥的水生植物、藻类等。于是，美国鱼类和野生动物局想到了"生物方法"，从中国将鲢鱼引进阿肯色州。随后不少养鱼场也纷纷效仿，把鲢鱼当作绝佳的天然池塘清洁员。20 世纪 90 年代，由于密西西比河发了几次洪水，这些鱼沿着密西西比河一路北上。其他的"亚洲鲤鱼兄弟"（甚至包括金鱼和锦鲤）也或先或后陆续成了"非法移民"。由于缺乏自然的天敌，这些生长迅速、繁殖能力强的"鲤鱼"成了当地的水霸王。2009 年底，美国伊利诺伊州的科研人员与环保人员为了消灭亚洲鲤鱼，开始向临近密歇根湖的河道（全长 10 公里）中投放了大量"杀鱼药"，从而维持水体"生态平衡"，防止这一外来物种进入五大湖。不过，截至 2009 年 12 月，有关部门只从被毒死的鱼中找到一条身长不过 60 厘米的亚洲鲤鱼，其他被毒死的鱼类都是"美国本土公民"。2014 年 1 月 18 日，据外媒报道亚洲鲤鱼入侵美国疯狂繁殖，密西西比河水生物已崩溃，为防止它们从密西西比河进入五大湖，美政府决定斥资 180 亿，用 25 年建堤拦住亚洲鲤鱼。但专家担心，恐怕堤坝没竣工，五大湖区就已被攻占。

澳大利亚是另一个被亚洲鲤鱼入侵并危害严重的典型国家，当地政府为了能够消灭亚洲鲤鱼，常常举办钓鱼比赛，为了鼓励人们猎杀鲤鱼的积极性，澳大利亚政府曾将一块芯片提前装入一条鲤鱼的体内，捕杀到此鲤鱼者可获得 500 万的奖金。

3. 生态杀手巴西龟

巴西龟，又名红耳龟、巴西彩龟等，原产于美国中部至墨西哥北部。巴西龟属杂食性，且较耐饥饿，喜食肉类及菜叶，还具有较强的捕食能力，泥鳅、虾、青蛙、鱼、水栖昆虫、蛇类、水生植物、鸟卵、雏鸟等均可成为它的食物。20 世纪 80 年代作为观赏龟引入我国，在我国大部分省（自治区、直辖市）均有养殖。

巴西龟虽然看上去憨厚老实，但它的凶残程度让人生畏，还是沙门氏杆菌的重要传播媒介。在北美密西西比河及格兰德河流域，它们原本相当低调，也维持着数量的均衡。然而，离开了原生环境，缺乏天敌制衡的巴西龟，就会变成洪水猛兽，成为新环境中的生态灾难，不仅给当地生物物种多样性带来威胁，也不利于本土龟类的生存与发展。已被 IUCN（世界自然保护联盟）列为 100 种最具破坏力的入侵生物之一。

巴西龟进入我国后，由于颜色鲜艳、外形可爱、生命力强且价格便宜，成为人们较为喜爱的宠物之一，并迅速在花鸟鱼虫市场中占据重要地位。但是在长期发展过程中，由于巴西龟自身特性以及"宠物弃养""养殖逃逸""宗教放生"等因素的影响，使巴西龟在我国生态环境中肆意增长，成为名副其实的"生态杀手"。据统计我国每年因巴西龟造成的直接经济损失超过 1200 亿元。

❓ 思考题

1. 简述生态系统的基本功能。
2. 简述生态系统的平衡标志及稳定性机制。
3. 请列举生态破坏与环境污染类型。
4. 简述森林生态系统的修复技术。
5. 简述草原生态系统的修复技术。
6. 简述生物多样性类型及保护生物多样性的重要意义。
7. 简述生物多样性锐减原因及保护措施。

参考文献

[1] 崔书红. 促进人与自然和谐共生，加强生物多样性保护[J]. 中国环境监察，2021, 10: 58-59.

[2] 顾丽华. 生态杀手：巴西龟[J]. 环境与发展，2018, 30(09): 188-189.

[3] 国家统计局. 中国统计年鉴 2021[M]. 北京：中国统计出版社，2021.

[4] 韩一元. 保护生物多样性的国际行动[J]. 世界知识，2021(19): 16-19.

[5] 罗茵. "生态杀手"巴西龟的入侵和扩散[J]. 海洋与渔业，2020, (10): 21-22.

[6] 庞素艳，于彩莲，解磊. 环境保护与可持续发展[M]. 北京：科学出版社，2015.

[7] 秦天宝. 中国生物多样性立法现状与未来[J]. 中国环境监察，2021, 10: 60-61.

[8] 任海，郭兆晖. 中国生物多样性保护的进展及展望[J]. 生态科学，2021, 40(03): 247-252.

[9] 盛连喜. 环境生态学导论[M]. 北京：高等教育出版社，2009.

[10] 余艳芬，杨炳辉. 浅析生物多样性减少原因及保护对策[J]. 云南林业，2010, 31(3): 62-63.

[11] 张剑智. 深化生物多样性保护国际合作的思考[J]. 环境保护，2018, 46(23): 32-36.

第三章
环境与健康

人体与环境存在着密切的关系，人体与环境间每时每刻都有物质和能量的交换。人体通过呼吸、摄取水和营养物质以维持生长和发育。人体的物质组成与环境的物质组成具有很高的一致性，如果人体与自然环境之间的能量或物质的协调关系受到了破坏，或者超出了平衡的范围，则会对人体的健康造成危害。

第一节
环境与人体健康的关系

一、人体与环境平衡

人类与自然环境之间存在着密切的关系。人类通过呼吸、摄取水和营养物质、排泄等方式来维持生长和发育，并与周围环境进行物质和能量的交换。同时，人类还具有其他生物所没有的社会属性，为了获得良好的生存条件，不断改造和利用自然资源。在漫长的生物进化过程中，人类逐渐适应了环境条件，与各环境因素之间建立并保持着动态平衡关系。如果某种因素发生变化或缺失，无论是由于自然环境还是人为活动的结果，都会在人体中产生相应的生态效应，甚至导致人与其他生物无法生存。因此，一个正常、稳定的环境应该是自然界中各个环境因素与人群和生物种群之间基本保持着一种相对的生态平衡关系。当某种因素的变化超过一定强度时，就可能破坏原有的平衡状态。

一般情况下，自然界中某些环境因素的变化，不足以引起自然环境的异常，凭借自然界的自净能力和人类对环境的自我调节，可以在一定时期内重新建立起新的相对平衡状态，只有当某些环境因素的改变导致原有的生态系统出现了不可逆转的变化，仅仅依靠自然净化能力已无法使环境系统再恢复，同时在一定的人群或生物种群中产生了相应的生态效应，才算是出现了环境破坏和污染问题，而这种破坏和污染，将直接影响人体代谢与自然环境之间的协调关系，引起健康问题。

二、人体化学组成与致病过程

（一）人体化学组成

人类是物质世界的组成部分，物质的基本单元是化学元素。迄今为止，在人体内发现了近 60 种元素，但并不是所有元素都是人体必需的。人体 99.9%以上的质量是由碳、氢、氧、氮、磷、硫、氯、钠、钾、钙和镁等 11 种元素组成，称为常量元素。还有不到 0.1%是由硅、铁、氟、锌、碘、铜、钡、锰、钴、镍、铬、硒、锡和钒等 14 种元素组成，这些元素在人体内的含量很微小，故称其为微量元素。医生可以根据人体组织或体液中某一元素的含量作为疾病诊断和治疗的依据。正常人体的元素组成如表 3-1 所示。

表 3-1　人体的元素组成

常量元素	含量/%	微量元素	含量/$\times 10^{-6}$
氧	65.00	铁	40.00
碳	18.00	氟	37.00
氢	10.00	锌	33.00
氮	3.00	铜	1.00
钙	2.00	钒	0.30
磷	1.00	铬	0.20
钾	0.35	硒	0.20
硫	0.25	锰	0.20
钠	0.15	碘	0.20
氯	0.15	钼	0.10
镁	0.05	镍	0.10
		钴	0.05
总计	99.95		112.35

目前，在人体中已经检验出的微量元素中，铁、氟、锌的含量最多。微量元素在人体中所占比重虽微小，但对人体健康起着重要作用，科学家把微量元素称为"生命的钥匙"。现已知必需的微量元素常常还是人体激素、酶和维生素的组成成分。自然环境中的微量元素一部分经过植物和动物的吸收和富集，然后经由食物链进入人体，另一部分则由水和空气直接进入人体。人体根据生理需要，吸收一定量的必需微量元素，而将多余的通过生理调节排出体外。被排泄到环境中的微量元素，随着时间与空间的变迁，又经过大气、土壤、水体、食物链重新进入人体。

微量元素在人体中的分布是不均匀的，某些器官或组织对其有明显的选择性，在特定的组织内蓄积。如脑组织对镉、锶、溴、铅，肾组织对铋、铅、硒、砷、硅，肺组织对锑、锡、硒、铅，肝脏组织对铅、碘、硒、砷、锌、铜，淋巴结对铀、锑、锰、铝、锂等有选择性富集作用。某些元素在一些组织或器官中含量过多或过少，超过生理平衡量，就可能导致生病。如克汀病是先天性缺碘的结果；氟斑牙是高氟地区的常见病；首发于我国黑龙江省克山县的克山病是由于血液中缺硒引起的；大骨节病是由于青少年发育期骨骼内缺硒引起的。此外，一些微量元素中的致癌问题也引起了人们的重视，砷、铬、镍已被国际组织认定为致癌物。

（二）致病过程

化学元素是人与自然环境之间联系的基本物质。环境、元素与人体之间存在十分密切的关系。为了维持人体的正常生理活动需求，人们必须从生活环境中摄取并排泄适量的微量元素。若人类生存环境受到污染或破坏，环境中的微量元素便会出现过多或过少的异常情况，人体内微量元素的含量比例将随之失调，机体的功能平衡也遭到破坏，从而导致各种危及人体健康的有害后果。

通常情况下，环境条件的异常改变并不一定会对所有人群带来相同程度的有害影响。由于人群敏感性不同，对环境因素作用的反应性也有所差别。虽然大多数人体内有一定数量的污染物，但只有少部分人出现临床变化、发病或死亡。所谓高危人群就是指一类人群在接触到有毒物质或致癌物质时，由于个体的生物学性质使其毒性反应的出现较一般人群快且强。环境因素的变化对机体的影响程度与接触剂量和个体敏感性有关。环境污染对人体作用规律呈现"剂量-时间-反应"的线性关系。我们常采用剂量率即单位时间内进入机体的剂量来表示。根据实验研究，剂量率对机体的作用呈现三种反应形式：

① 生命必需物质 它们都存在于自然环境中，是人类生存必需的。这些物质对人体的作用特点呈近似抛物线形式，当剂量率在一定范围内，机体不会出现生理功能波动的峰值，只有剂量率低于或超过一定范围时，机体反应才显示异常情况。

② 大多数污染物的剂量率与反应的关系呈"S"形 按一定剂量率输入机体时，呈现的反应强度不明显，随着剂量率逐渐增加，反应趋于明显，达到一定剂量率后，反应也达到极限强度。

③ 致癌物质和放射性物质的剂量-反应关系呈直线型 对于这种有害因素的评价，可采用一般的、可接受的容许危险度水平，如肿瘤发生率在 1/100000 以下视为可接受的水平。

三、环境因子与人体健康

环境因子按其对人体健康的作用性质，可分为物理、化学、生物学三种。按其来源可分为自然和人为两类，自然环境因子在环境中分布适量时，对人群健康是必需的；人为环境因子多数为环境污染物，对人类生存是不必要或危险的。人体健康状况反映着体内生物系统与体外环境系统的相互作用，环境质量相对稳定对于生命系统的维持是必需的。

（一）自然环境因子对人体的作用

1. 光对人体的作用

光对人体的作用主要是光化学反应，照射到人体的光线，被人体吸收后其能量发生转换，但吸收后的光量子能量转化结果并不相同。人体吸收波长较长的光线如红光或红外光时，光的能量主要转变为分子的振动或转动能而产生热。波长较短的光线如紫外线照射后，可使人体分子中的电子受到激发并发生传递，形成化学能及其他的能量形式。

紫外线是波长范围在 40～400 nm 波段的电磁辐射,来自太阳的紫外线一般是被臭氧层所吸收,较少直接到达地面,生活中遇到的紫外线多是人工的,如水银灯、强光灯、电弧灯。环境中紫外线的照射对人类的作用是两方面的,既有有益作用,也有不良作用。紫外线的有益作用表现在具有杀菌作用、抗佝偻病作用、促进机体的免疫能力。人体不能缺少紫外线的照射,但如果照射的时间过长、剂量过大,则会对人体造成一定的损害。红斑作用是由紫外线造成的一种最常见的皮肤损伤,色素沉着作用也是紫外线造成的一种较普遍的皮肤反应,较强的紫外线照射还有致癌作用,对眼睛也有损害作用,如在冰川或雪原环境由于光线反射很强,可引起所谓的"雪盲",电焊工人如不注意保护,电光中的强烈紫外线会损害角膜,易患电光性眼炎。

红外线是太阳光在 760～2000nm 范围内的辐射。其主要生物作用为热效应,过强的红外线作用于机体,能使机体调节机制发生障碍,甚至因过热而发生皮肤烧伤。红外线也有色素沉着作用,较强的红外线辐射对眼睛也有一定的影响,远红外辐射可使角膜加热,感到眼睛疼痛,近红外线辐射则可作用于晶状体,导致白内障。

可见光为太阳辐射中能使人产生光觉和色觉的部分,波长为 400～760nm,对高级神经系统有明显的作用。可见光对人体的影响是通过皮肤和视觉器官起作用的,与视觉功能有密切的关系,适宜的光线能预防视疲劳、近视,还可以改善人的感官情绪和劳动生产率,可见光中的蓝光能破坏胆红素,因此还具有治疗新生儿溶血性黄疸的作用。此外,可见光还能影响人体生殖过程、物质代谢,并使体温、内分泌等生理机能的节律发生变化。

2．温度对人体生理活动的作用

人类属于恒温动物,具有调节体温变化的能力,保持体温就是调节机体与外界环境之间的热量交换。因此,人体的产热和散热等生理过程受到环境温度的直接影响,可见,过高或过低的环境温度则会对机体产生直接的损伤。

人体产热主要是体内氧化反应的结果。在静止休息状态,人体的基础代谢产热量约为 7500～9600kJ/d;当人活动时,代谢率上升,产热量显著增加。环境温度对人体的代谢率也有影响,在寒冷环境中,人的基础代谢率会提高以增加产热,而热环境中的基础代谢率也有一定程度的降低。因此,人体必须通过散热以保持体温,人体散热的途径有辐射、对流、传导和蒸发四种。

辐射散热是人体以发射红外线的方式向体外传送热量,人体以辐射方式所散失的热量占人体散热总量的 40%～60%。

对流散热约占人体全部散热量的 15%。由于大气的比热容很低,故贴近皮肤的空气层很快被加热。暖空气上升,冷空气补充代替,空气不断地做对流运动,体热也不断地向空气散失。

传导散热则是热体热量直接传送给与体表相接触物体的过程,当环境温度高于人体体温时,则会反过来向人体输送热量。

蒸发散热是身体表面的水分由液态转化为气态的蒸发过程,每克水分的蒸发能带走 2.42 kJ 热量,蒸发可分为不感蒸发和出汗蒸发。不感蒸发并无出汗感觉,不易受体温调节中枢控制,但可随着人体的活动状态和外界气象条件而有变化。影响出汗蒸发的因素很多,主要有人的劳动强度和环境的温度、湿度和风速等条件,人体每日的出汗量因活动量和周围环境条件的不同而有较大的差别。

当外界环境温度等于或高于皮肤温度时，人体的热量是难以通过辐射、对流和传导方式散发的，蒸发便成为最重要的散热方式。人体虽有调节体温、维持热量平衡的能力，但这种调节能力是有限的。当环境温度急剧变化或在异常高温、低温条件下，可引起体温调节紧张或调节障碍，热量平衡维持困难。轻则感觉不适，影响工作效率，重则导致中暑或冻伤。

3. 湿度、气流和气压对人体的作用

空气中的相对湿度变化在气温适中时对人体的影响较小，当温度较低或是较高时，相对湿度对人体的热平衡影响较大。在气温较高时，人体主要依靠蒸发散热，如果相对湿度低，则有利于汗液的蒸发，体感温度会稍低，如果湿度过高，则会妨碍汗液的蒸发，不利于热量的散失，体感温度稍高。因此，高温、高湿环境对机体热平衡是很不利的。

气流对人体体温调节起到重要作用，决定人体的对流散热，并影响蒸发散热的效率。当气温低于皮肤温度时，气流总是产生散热效果；当气温高于皮肤温度时，气流有作用相反的两方面效果，一方面气流可以增加蒸发力，提高散热效率，另一方面因增加气流速度增加了对流，从而促进对人体的加热过程。气流对人体的影响也可从人体的皮肤温度改变反应出来，低温时，气流加强散热效果，气流越快，散热亦增快，人就易感寒冷；高温条件下的作用较复杂，气流的实际影响效果与气温、湿度、排汗量等因素有关。气流还能够影响人的神经活动，温和的气流能提高人的紧张性，使人精神焕发。

气压随着海拔高度的增加越来越低，空气变得稀薄，人体肺内气体的氧分压也随之下降，会出现血氧过少现象。在海拔 8000～8500m 高处，只有 50% 的血红蛋白与氧结合，生命将受影响。不同人体对高山低气压的生理反应不同，长期居住于高山的居民，与居住于平原而进入高山者的反应也不同。

4. 电离辐射、磁场对人体的作用

电离辐射是一切能引起物质电离的辐射，α 粒子、β 粒子、质子等高速带电粒子与物质接触时，能直接引起物质的电离，故属于直接电离粒子。γ 光子及中子等不带电的粒子，只能通过与物质作用产生的次级带电粒子引起物质电离，因而属于间接电离粒子。由直接或间接电离粒子，或两者混合组成的射线，总称为电离辐射。电离辐射对活细胞的危害常常表现在电离和激发作用使细胞分子变得不稳定，从而导致化学键断裂和不良变化，或者生成许多在辐射前不存在的新分子，这些结果都会给生物体带来有害的后果。人体在短时间内受到大量电离辐射后（如核事故、核爆炸等），能引起急性发病或死亡。

环境中的电离辐射，按其来源可分为天然辐射和人为辐射两类。地球自然环境中固有的各种辐射，称为天然辐射，或天然本底辐射。天然本底辐射主要包括宇宙射线和存在于地表物质中的天然放射性元素的辐射。天然辐射的强度除个别特殊高本底值区域外，各地的水平基本上差别不大。人为辐射是人类发现放射性现象后才出现的。尤其是近几十年来，由于核武器试验、核电站的发展以及放射性元素在各个领域的广泛应用，使环境中增加了许多的放射性物质，这已属环境污染的范围。天然辐射的强度比较低，一般情况下不会对人类造成明显的危害。但在一些特殊的高本底值环境中，天然辐射的强度会升高，从而对人体产生影响。

地球表层天然放射性元素的种类很多，在自然环境中的分布范围也很广。岩石、土

壤、水、大气以及动植物体内都有天然放射性元素踪迹。其中影响较大的有铀（^{238}U）、钍（^{232}Th）、镭（^{226}Ra）、氡（^{222}Rn）、钾40（^{40}K）、碳14（^{14}C）和氢3（^{3}H）等。地下水、矿泉水、井水由于长期与岩石和土壤接触，其放射性含量明显高于地表水。因此，以深层地下水和泉、井水为饮用水源的地方，尤其是在富含放射性矿物的岩层或放射性矿床附近，应警惕饮用水中天然辐射的影响。

人类所生活的环境本身就处在巨大的天然地球磁场中。地球磁场按成因有内、外两种。内磁场源于地球内部的物质流动，磁场的两极位于地球南北两极附近。外磁场由太阳活动形成。高强度的磁场能对人体造成损害。但除了一些人工设施（如电站、核反应堆、高压输电线）附近存在高强磁场外，天然磁场的强度一般要弱得多，不会对人体造成危害。但有报道称天然磁场的突然增强对人的神经系统有影响，神经性疾病和自杀的高峰期与磁暴有关。

（二）环境污染对人体健康的作用

环境污染与人体健康的关系非常复杂，近半个世纪以来，由于工农业生产规模扩大而出现的环境破坏和污染以及人类的生产、生活方式的改变，已使疾病谱的构成发生了很大的变化，病因不明的心血管疾病和癌症等已经成为主要的死亡原因。近年来人们本能地把这些现象归结为环境污染问题。环境污染对人体健康的作用特点可归纳为以下几个方面：

1．污染物质种类多，作用多样，影响范围大

人类环境中的污染物来源广、种类多、数量大。它们各有不同的生物学效应，对机体的危害是多种多样的。它们对人群的影响既可以是个别物质的单一危害，又能以多种物质相互结合共同作用于人体。多种污染的联合作用可以增强它们的毒害效果，有时也可能减弱危害作用。环境污染物造成的危害所波及的范围可因污染源的大小、位置和环境介质而不同，可影响到城镇的全体居民，有时污染源足够大，可以影响至更大的范围，甚至超越国界，波及邻国。

2．涉及人群广，接触时间长，影响高危险人群

生活环境受到污染，受波及的可以是一个居民区、一个城市，甚至整个人类。尤其是老、弱、病、残、幼及胎儿，他们抵抗力最弱，最容易受到有害因子的伤害，称为敏感人群。有些人群接触某些有害因子的机会比其他人群多，强度也大，如有害工业工人，这种人群称为高危险人群。

3．污染物质浓度低，作用时间长，危害易被忽视

污染物进入环境后，受到大气、水体的稀释，一般浓度较低，但接触者可能长时间不断暴露于污染环境中，甚至终生接触。人类对环境中低浓度污染物的反应并不敏感，对低浓度、慢性的污染危害容易产生忽视。但微量污染物经过长年累月的积累，剂量不断增加，它的毒害作用也随之逐步显露，经年累月可能酿成极为严重的不可逆后果。人们已经发现煤烟和某些化工行业排放物中含有的大量芳烃类化合物与城镇肺癌死亡率升高有关。某些化学物质可致人类癌症，引起孕妇流产、不孕或胎儿畸形等。

4．多种途径进入人体，污染物相互转化，诸因素综合作用

不同来源（大气、水、土壤、食物等多种复杂的环境因素中）的污染物质可通过呼吸道、肠胃道、皮肤等不同途径进入人体，它们常常综合作用于人体。因此，在研究环境与人体健康关系时，不仅要考虑单一污染物的作用，还应考虑多种污染物的联合作用以及污染物和环境因素的联合作用，它们可呈现叠加作用、协同作用或拮抗。由于环境污染物的组分复杂，产生的生物学作用也是多样的。可能既有局部刺激作用，也可能有全身性危害，既可能呈现特异作用，也可能为非特异作用。

5. 得病容易康复难，危害时间长

环境污染对人群的危害程度与污染物的理化性质、浓度大小、污染方式、侵入人体途径以及受害者本人的生理状态等各种因素有关。与环境污染造成的急性中毒事件相比，较为普遍的还是慢性中毒。长期暴露于某种低浓度污染物环境中的人群，需要一定的时间使得体内污染物的积累达到致病水平，才能显示出不同的生物效应。慢性中毒的潜伏期较长，病情进展不易察觉，一旦出现临床症状时，往往缺乏有效的救治方法。更为严重的，如干扰遗传基因，甚至要在子孙后代身上才能反映出来。

第二节

环境污染物类型及其对人体健康的影响

一、环境中污染物分类

（一）按污染物的性质分类

按污染物的性质可分为化学污染物、物理性污染因素和生物污染物。

化学污染物指由于人为活动或人工制造的，进入环境后会造成污染作用的化学物质（化学品），如滴滴涕、多氯联苯、重金属化合物等；物理性污染因素主要指放射性化合物、微波辐射、噪声等；生物污染物指对人体、动物有害的微生物、寄生虫等病原体和变应原，如大肠杆菌、蛔虫、真菌孢子等。

（二）按受污染物影响的环境要素分类

按受污染物影响的环境要素可分为空气污染物、水体污染物和土壤污染物。

1. 空气污染物

空气中超过洁净空气组成中应有浓度水平的物质。它们对生物体、物体及气候会产生一定程度的不良效应或不利影响。空气污染物可分为自然污染物和人为污染物两大类，引起公害的空气污染物往往是后者。人为污染物的来源主要是工业生产、农业生产和交通运输等过程中排入空气中的废气、泄漏物等，尤其是来自煤和石油燃烧以及工业生产的污染物。

2. 水体污染物

在数量上超过了该物质在水体中的本底含量和水体的环境容量，导致水体化学、物理、生物或放射性等方面特征的改变，从而影响水的有效利用、危害人体健康和破坏生态环境，造成水质恶化的物质。

3. 土壤污染物

在数量上超过土壤的容纳和同化能力而使土壤的性质、组成性状等发生变化，导致土壤的自然功能失调，土壤质量恶化及土地生产能力下降的物质。土壤污染物质的来源极为广泛，主要来自工业废水、城市生活污水和固体废物、农药与化肥、牲畜排泄物、生物残体以及空气沉降物等。

（三）按污染物在环境中物理、化学性质的变化分类

按污染物在环境中物理、化学性质的变化可分为一次污染物（原生污染物）和二次污染物（次生污染物）。一次污染物指直接从各种污染源排放到环境中的有害物质，如二氧化硫、氮氧化物、有害重金属及其化合物等；二次污染物指由一次污染物经过各种化学反应生成的一系列新的污染物，如光化学烟雾中的臭氧、过氧乙酰硝酸酯等。

二、环境污染物对人体健康的影响因素

（一）污染物的理化性质

环境中有些污染物质虽然浓度很低或污染量很小，但如果污染物的毒性较大时，仍可对人体造成一定危害。例如氰化物属有毒物质，如污染了水源，虽含量很低，也会产生明显的毒害作用，因为其引起中毒的剂量很低。大部分有机化学物质在生物体内可分解为简单的化合物而重新排放到环境中，但也有一些在生物体内可转化为新的有毒物质而增加毒性，例如汞在环境中经过生物转化而形成甲基汞。有些有毒物质如汞、砷、铅、铬、有机氯等污染水体后，虽然其浓度不是很高，但这些物质在水生生物中可通过食物链逐级富集。例如汞在各级生物体内的富集，最后，大鱼体内的汞浓度可较海水中汞浓度高出数千倍甚至数万倍，人食用后可对人体产生较大的作用。其他方面，如有毒物在环境中的稳定性以及在人体内有无积累等，都取决于有毒物质本身的理化性质。

（二）污染物的剂量

环境污染物能否对人体产生影响及其危害程度，与污染物进入人体的剂量有关。非必需元素或有毒元素由于环境污染而进入人体的量，如达到一定程度即可引起异常反应，甚至进一步发展可产生疾病。对于这类元素主要研究其最高容许限量（环境中的最高容许浓度、人体的最高容许负荷量等）并制定相应的标准。对于人体必需元素，其剂量反应的关系则较为复杂，环境中这种元素的含量过少，不能满足人体的生理需要时，会造成机体的某些功能发生障碍，形成一定的病理改变。而环境中这类元素的含量过多，也会引起不同程度的病理变化。例如，氟在饮用水和环境中含量小于 0.5 mg/L 时龋齿发病率增高；0.5～1.0 mg/L 时龋齿和斑釉齿发病率最低，且无氟骨症；1.0～4.0 mg/L 时斑釉齿发病率增高；大于 4.0 mg/L 时氟骨症增多。因此，对这些元素不但要研究确定环境中最高容许浓度，而且还应研究和确定最低供给量。

（三）污染物作用时间

由于许多污染物具有蓄积性，只有在体内蓄积达到中毒阈值时才会产生危害。因此，

当蓄积性毒物对机体作用的时间长时，则其在体内的蓄积量增加。污染物在体内的蓄积量与摄入量、作用时间及污染物本身的半衰期等三个因素有着密切的关系。

（四）综合影响

环境污染物的污染过程往往并非单一，而是经常与其他物理、化学、生物因素同时作用于人体，因此，必须考虑这些因素的联合作用和综合影响。另外，几种有害化学物质同时存在，可以产生毒物的协同作用，促进中毒发展。

（五）个体感受性

机体的健康状况、性别、年龄、生理状态、遗传因素等差别，可以影响环境污染物对机体的作用，由于个体感受性之不同，人体的反应也各有差异。所以，当某种毒物污染环境而作用于人群时，并非所有的人都能出现同样的反应，这主要由于个体对有害性因素的感受性有所不同。预防医学的重要任务，便是及早发现亚临床状态和保护敏感的人群。

三、部分化学污染物对人体健康的影响

（一）无机污染物对人体健康的影响

1. 一氧化碳（CO）

一氧化碳是空气中常见的污染物之一，主要来源是含碳物（如汽车尾气、化石燃料等）的不完全燃烧，其中汽车排出的一氧化碳占 55%，香烟烟雾中含 4%～7%。一氧化碳通过呼吸道进入人体而引起中毒，与血液中血红蛋白的亲和力约是氧的 210 倍，吸入的一氧化碳进入血液循环与血红蛋白结合，生成碳氧血红蛋白，干扰氧的传递，引起缺氧。一氧化碳轻度中毒，人会有头痛、眩晕、心悸、恶心、呕吐、四肢无力等症状，甚至会出现短暂的昏厥；严重中毒可发生突然晕倒，常并发脑水肿、肺水肿、心肌损害、心律紊乱以至死亡。急性中毒幸免于死亡者，还可能会留下神经系统后遗症。

2. 硅尘与石棉

硅尘即二氧化硅（SiO_2）粉尘，在矿山、煤矿、隧道、铸造、陶瓷、采石等粉尘作业环境中，会产生很多硅尘。在风沙、土壤和道路扬尘中，也还有一定量硅尘。吸入这种粉尘是发生硅肺（又称矽肺，规范叫法硅沉着病，下同）的主要原因。长期吸入过量硅尘可引起以肺组织纤维性病变为主的全身性疾病，是一种发病快、病情重、预后较差的尘肺（肺尘埃沉着病，下同）。硅肺的发生与接触硅尘的时间、浓度、游离二氧化硅的含量及个体因素有关。一般接触硅尘后 5～10 年发病，主要症状有气短、胸闷、胸痛、咳嗽、咯痰等，并在体力劳动时症状加重。晚期患者呼吸功能减退，丧失劳动能力，主要并发症有肺结核、肺部感染、肺心病和自发性气胸等。

石棉是天然纤维状矿石，主要成分为硅酸镁盐，能抗酸、热，可纺织，常用作防火耐热器材，制作石棉水泥、垫圈、汽车离合器衬垫等。石棉是重要的致癌物，可以通过呼吸道滞留沉积在肺部，进入肺部的石棉纤维可与蛋白质结合生成黄褐色石棉小体。可引起石棉肺的肺纤维症、肺癌、胸膜和腹膜间恶性皮瘤等。工作场所空气中石棉粉尘不超过 0.8 mg/m³。

3. 氮氧化物（NO$_x$）

氮氧化物是氮的氧化物的总称。环境中氮氧化物主要包括氧化亚氮（N$_2$O）、一氧化氮（NO）、二氧化氮（NO$_2$）、三氧化二氮（N$_2$O$_3$）、四氧化二氮（N$_2$O$_4$）、五氧化二氮（N$_2$O$_5$）等。通常所指的较稳定的氮氧化物主要是 NO 和 NO$_2$ 两种成分的混合物，用 NO$_x$ 表示，它是空气中常见的主要污染物，是光化学烟雾和酸雨的重要前体物，是环境中氮循环的主要存在形式。

全球每年排放的 NO$_x$ 量约 10^9t，在空气中 NO$_x$ 本底值的体积分数为 10^{-9} 级。人工发生源主要有汽车、电厂、工厂。燃烧烟气中的 NO$_x$，NO 约占 90%。硝酸、氮肥、火药等工业也有较多的 NO$_x$ 排放或泄漏到空气中。从全球来看，对流层中 NO$_x$ 的来源比例为：化石燃料燃烧产生的约占 40%，生物作用过程产生的约占 25%，闪电的固氮作用产生的约占 15%，土壤中微生物排放的约占 15%，平流层的输入、氨的氧化、海洋生物过程排放的 NO$_x$ 所占比例估计少于 5%。

吸入过量的氮氧化物可以引起以损害呼吸系统为主的各种疾病。吸入氮氧化物除对呼吸道有刺激作用外，还可引起高铁血红蛋白血症。长期接触低浓度氮氧化物常会引起慢性咽喉炎、慢性支气管炎等，也有不同程度的神经衰弱综合征及牙齿酸蚀症。

4. 硝酸盐和亚硝酸盐

硝酸盐本身毒性不大，但在人的肠胃中经硝酸还原细菌的作用会转化为亚硝酸盐，从而引起人体的血液缺氧中毒反应。

亚硝酸盐广泛存在于自然环境中，尤其是在食物中，亚硝酸盐每天都会随着粮食、蔬菜、鱼肉、蛋奶进入人体，某些食品中含量更高，如咸菜中的亚硝酸盐平均含量在 7mg/kg 以上。摄取一定量的亚硝酸盐后，其会将血红蛋白中的 Fe^{2+} 氧化为 Fe^{3+}，引起人畜的高铁血红蛋白病，使它失去携氧功能，导致组织缺氧。亚硝酸盐和胺类物质作用还会在体内形成亚硝胺致癌物，可使人体消化系统发生癌变。根据联合国粮农组织（FAO）和世界卫生组织（WHO）规定，硝酸盐和亚硝酸盐的每日允许摄入量分别为 5mg/kg 体重和 0.2 mg/kg 体重。

5. 氰化物

氰化物即氰的化合物，常用来提炼或电镀，当氰化物（氰化钠或氰化钾）由于误食等原因进入人体后，在胃酸的作用下，立即生成氢氰酸（HCN）而进入血液，与细胞色素氧化酶中的 Fe^{3+} 结合生成氰化高铁细胞色素氧化酶，使 Fe^{3+} 失去传递电子能力，进而影响呼吸，导致窒息。在非致死剂量下，生成硫氰化物（SCN$^-$）而解毒，并从尿中排出，摄入量超过解毒负荷时，则出现窒息、头痛、恶心、失神、痉挛，并很快死亡。

6. 二氧化硫（SO$_2$）和三氧化硫（SO$_3$）

二氧化硫是具有刺激气味的无色气体，可作为杀虫剂、杀菌剂、漂白剂和还原剂，主要来源于含硫化石燃料（煤、石油，特别是重油）的燃烧，其次是生产硫酸和金属冶炼时黄铁矿的燃烧等。二氧化硫是空气污染的主要酸性污染物，在空气中会氧化成硫酸雾或硫酸盐气溶胶，是环境酸化的重要前体物，能使植物叶肉组织受损伤，影响农作物、经济作物和森林生长。人体吸入过量的二氧化硫主要引起呼吸系统损害，急性中毒者有明显的呼吸道和眼部刺激症状，严重者出现化学支气管肺炎及中毒性肺水肿。慢性低浓度接触者可引起头痛、乏力、味觉和嗅觉减退、鼻咽炎及支气管炎等。二氧化硫与空气中的烟尘有协同作用，可使呼吸道疾病发病率增高，并使慢性病患者病情迅速恶化，伦敦烟雾事件、马斯河谷事件、多诺拉烟雾事件和日本四日市哮喘病事件均是这种协同作用所造成的危害。

二氧化硫可被氧化为三氧化硫，进而在空气中形成硫酸烟雾，使有机质焦化，对建筑物、农作物和其他生产材料产生严重腐蚀。三氧化硫及硫酸雾同样会引起呼吸系统损害，主要表现为呛咳等上呼吸道刺激症状，严重者发生喉头水肿、支气管水肿及肺水肿。长期低浓度接触者可出现结膜炎、鼻黏膜萎缩、嗅觉消失、牙齿酸蚀等症状。急性中毒必须采用必要的对症治疗。

7. 氟化氢（HF）

氟化氢也称氢氟酸，具有很强的刺激作用和腐蚀性。在电解质铝工业所用的萤石，以及稀土矿物中常含有大量氟盐，在冶炼或开采过程中常有氟化氢释放出来，污染环境并危害人体、动植物。人吸入高浓度氟化氢可引起急性中毒，表现为流泪、喷嚏、咽喉刺痛、咳嗽、胸闷等，严重者可致化学性肺炎及肺水肿。氢氟酸对皮肤有强烈的腐蚀性和渗透性，可引起局部红痛，继而苍白坏死，常形成溃疡。氟化氢对植物的毒性很强，许多植物对其浓度耐受程度很低，且可被植物叶面吸收后积累，故可作为氟污染的评价指标。

8. 臭氧（O₃）

臭氧是带有干青草和腥味的天蓝色气体，在光热作用下易分解，有强氧化作用，可与很多元素和有机物反应。处于平流层的臭氧层阻挡了太阳辐射中过多的紫外线，对地表生物有益，超音速飞机的排放气体和空气中的污染物（主要为氟氯烃类制冷剂等）能导致高空臭氧层的破坏，这也是当前人们忧虑的重大环境问题之一。

低空对流层的臭氧是有害的，是光化学烟雾中的有害气体组成之一，能强烈刺激人的呼吸道，造成咽喉肿痛、胸闷咳嗽，引发支气管炎和肺气肿。臭氧会造成人的神经中毒、头晕头痛、视力下降；会破坏人体皮肤中的维生素 E，致使人的皮肤起皱并出现黑斑；臭氧还会破坏人体的免疫机能，诱发淋巴细胞病变，加速衰老，致使胎儿畸形等。长期暴露在质量浓度为 $2mg/m^3$ 的臭氧中能诱发肺癌。植物对臭氧很敏感，容易受害，草本比木本更敏感，如大豆、油菜、白菜等农作物。

臭氧是一种强氧化剂和优秀的消毒剂，可起到氧化水中污染物和杀菌的作用，低浓度臭氧常作为消毒剂用于供水和污水处理，其杀菌效率比氯快 600～3000 倍。

（二）部分有机污染物对人体健康的影响

1. 苯（C₆H₆）

苯是具有芳香气味的液体，易挥发，易燃。通常由石油分馏制取或从焦炉气中回收，常用作塑料、橡胶、纤维、染料、药物、去污剂、杀虫剂的原料，是常用的溶剂和稀释剂。

苯主要以散发蒸气，从人的呼吸道吸收，经皮肤吸收量不大。急性中毒主要抑制中枢神经系统，慢性中毒以影响造血组织及神经系统为主。苯还是一种致癌物，可致白血病，也有致畸作用，我国已经将职业性苯中毒列为职业病。室内空气中苯的最高容许浓度为 $0.11 \, mg/m^3$（1h 平均），地表水中规定的苯的浓度为 0.01 mg/L。2014 年 4 月，兰州威立雅水务集团公司在对第二水厂出水口检测时发现自来水中苯含量高达 118 μg/L，超标 10 倍以上，引发了兰州自来水苯污染事件，由于中国石油天然气公司兰州石化分公司一条管道发生原油泄漏，污染了供水企业的自流沟所致。

2. 多环芳烃（Polycyclic Aromatic Hydrocarbon，PAH）

多环芳烃是分子中含有两个以上苯环的碳氢化合物，包括萘、蒽、菲、芘等上百种化合物。其主要来自化石燃料及有机物的热解产物，在环境中，它们吸附于空气和水中的微小颗粒物上，通过沉降和雨水冲刷而污染土壤、地表水，以及植物的茎叶、籽实和食品。

绝大多数多环芳烃具有致癌性，可经呼吸道、皮肤及消化道吸收。进入人体后大部分经胆汁，小部分经尿液排出体外，还可经多种途径引起癌症，靶器官多为肺、皮肤、胃等，并存在剂量-反应关系。有研究结果表明，具有弯曲结构的多环芳烃具有较强的致癌活性。

3. 苯并（a）芘[Benzo(a)pyrene，BaP]

苯并（a）芘广泛存在于环境中，在城市空气中，5%～42%的苯并（a）芘来自于汽车尾气、纸烟烟雾、地表水、土壤、熏肉及熏鱼、煤焦油及焦油沥青，动物实验已证实其具有致癌性，靶器官有肺、皮肤、胃和食道、乳腺、造血淋巴系统等，并有经胎盘致癌作用。国际癌症研究机构（IARC）已将其列为人类可疑化学致癌物，常作为环境中致癌多环芳烃污染检测的指标物质。

食品中的苯并（a）芘部分来自烟气中的烃类化合物，主要来自食物本身油脂的焦化。据一项分析报告表明，1kg 熏羊肉中苯并（a）芘相当于 250 支卷烟中苯并（a）芘的含量。

4. 硝基苯（$C_6H_5NO_2$）

硝基苯由苯经硝酸或硫酸的混合酸硝化制得，用于生产染料、香料、炸药等。硝基苯蒸气能经肺吸收，也可经皮肤缓慢吸收。主要毒副作用包括：形成高铁血红蛋白、溶血作用，也可直接作用于肝细胞致肝实质病变，引起中毒性肝病、肝脏脂肪变性，严重者可发生急性肝坏死。急性中毒者还有肾脏损害表现，也可以继发于溶血。

2005 年 11 月 13 日，中石油吉林石化公司双苯厂苯胺车间爆炸。事故发生的约 100 吨苯、苯胺和硝基苯等有机污染物流入松花江。形成近百公里的污染带沿松花江下泄并进入黑龙江，导致了严重的松花江水污染事件，对沿江居民的生产生活产生了影响，引起国际国内的广泛关注。

5. 阴离子表面活性剂（LAS）

阴离子表面活性剂（LAS）是目前使用最多的表面活性剂种类，主要成分为烷基苯磺酸钠，还有一些漂白剂、荧光增白剂、抗腐蚀剂、泡沫调节剂、酶等辅助成分。LAS用途很广，除用于家庭洗涤外，在工业农业生产中常做润湿剂、乳化剂、分散剂、渗透剂、起泡剂、杀菌剂等。在环境保护方面，可用于海水石油污染处理、废水处理、浮选分离、防尘等。

LAS 虽然毒性很低，但近年来其使用量直线上升，对人体、动植物，特别是水生生态环境造成的影响已不容忽视。水体受 LAS 污染后会出现大量泡沫，影响感官性状，妨碍水与空气的接触并消耗水中溶解氧，使水体自净作用下降，水质变坏，从而间接地对水生生物产生各种毒性。此外，洗涤剂的增加也给污水处理过程带来困难，由于它能使进入水体的石油产品等疏水有机物乳化分散，增加了废水处理的难度。LAS 还对废水生物处理中的发酵过程产生不良影响。此外洗涤剂中作为助洗剂的磷酸盐是引起水体富营养化的一个重要原因。因此为了保护环境和人体健康，我国在各类水质标准中对阴离子表面活性剂的限量做了相应的规定。

6. 氟利昂与哈龙

氟利昂是几种氟氯代甲烷和氟氯代乙烷的总称，是美国杜邦公司为氟氯烃所取的通用商品名，英文代号为 CFC，种类很多，多用作制冷剂。而哈龙（Halon）是含溴的氟氯烃类物质的总称，化学性质稳定，主要用作灭火剂，其不导电、毒性小，使用后很快消散，对受灾物品不会造成污染和损害，常用于飞机、潜艇、计算机房、文物档案馆等重要设施和建筑的防火。

氟利昂和哈龙是臭氧层破坏的"元凶"，其引起的环境污染已成为全球关注的环境问题。它们在平流层受到紫外线照射会分解出溴原子和氯原子，一个氯原子可破坏 10 万个臭氧分子，而溴原子破坏臭氧的速度是氯原子的 60 倍。

7. 有机氯农药

有机氯农药化学性质稳定，不易分解，不易溶于水，可在自然界长期存在。在 20 世纪 40 年代开始使用，当时确实带来了很多好处，使粮食增产，在抗疟疾、灭蚊蝇、消灭疾病等传播媒介中发挥了重要作用。大量应用后造成了严重的环境污染，破坏生态平衡，并可通过食物链浓缩，对人畜产生慢性中毒危害。

有机氯农药可经过消化道、呼吸道和皮肤吸收，并在体内代谢，通过食物链的积累放大作用在生物体内富集，蓄积在人的肝、肾、心脏等部位，在脂肪中蓄积最多。慢性中毒引起食欲不振、腹部疼痛、头昏头痛、乏力失眠等，严重时使人肝功能异常，引起肝肿大，还会干扰人的内分泌系统，降低人的免疫功能，有"三致"作用。我国从 1983 年起全面禁止了六六六、DDT 等高残留的有机氯杀虫剂使用。

（三）重金属

1. 汞（Hg）

汞是环境必测元素，主要用于温度计、压力计、电器材料、水银灯及部分涂料和药剂。煤和石油的燃烧，含汞金属矿物的冶炼以及汞为原料的工业生产所排放的废气，是空气中汞污染的主要来源；而氯碱、塑料、电池和电子工业排放的废水，是水体中汞的主要来源；使用含汞农药和肥料，是土壤中汞的主要来源。不同环境中的汞可以通过挥发、溶解、沉降、甲基化等过程，在土壤、水体和空气中进行转移和转化。

气态汞具有高扩散性和脂溶性，可被肺泡吸收，经血液进入全身，部分可透过血脑屏障进入脑组织，在脑内积累并伤害脑组织，还可经过离子化后积累于肾、肝，引起慢性中毒。而在水体中汞可通过微生物作用，转化为毒性更大的甲基汞。甲基汞具有脂溶性，可通过食物链在鱼、虾、贝类等生物体内积累，在生物体内难分解，无论洗涤、冷冻、油炸、蒸煮、烘干等都不能将其清除。可通过食物链危害人类，进入人体后，在肠道内极易被吸收，对中枢神经系统的毒性很强，同时，甲基汞更易透过细胞膜和血脑屏障渗入脑组织，对脑造成不可逆转的损伤。甲基汞中毒的三大症状是运动失调、视野缩小和语言障碍。1963 年日本熊本县发生的"水俣病"事件，即是村民食用了被甲基汞污染的海产品引起的。甲基汞中毒患者几乎无法治愈。

2. 镉（Cd）

镉常伴生于铅锌矿，主要用于电镀、颜料、蓄电池、冶金等工业。铅锌矿的开采、选矿和冶炼过程中产生的废水和废气，合金钢的生产加工、电镀的镀镉废水以及染料、油漆、农药等生产加工过程都会产生镉污染。镉化合物毒性很大，具有生殖毒性和致畸作用，它能与羟基和氨基蛋白质结合，使许多酶受到抑制。进入人体的镉，在体内形成金属硫蛋白，通过血液到达全身，并在肾和肝中积累，也能使骨骼的生长代谢受阻，从而造成骨骼疏松、萎缩和变形。1968 年发生在日本富山县的"痛痛病"事件，即是由镉污染造成。

3. 铅（Pb）

环境中铅以各种化合态存在，用于制备蓄电池极板、铅字、保险丝、发射性屏蔽材料、合金、颜料、汽油添加剂等。其环境污染主要来源于汽车尾气中的四乙基铅防爆剂，局地污染来源于铅、锌冶炼厂。

接触过量铅化合物可引起头痛、失眠、精神兴奋、幻觉、痉挛等精神、神经症状，慢性中毒为神经衰弱综合征和植物神经功能紊乱，出现血压、脉率、体温下降，重者可发生多发性神经病。对职业性暴露群体，可采用血铅浓度作为人体污染指标，安全范围为 $0.2 \sim 0.8$ mg/L。血铅分布于各器官，最后大部分沉积于骨骼，是生物体酶的抑制剂。儿童铅中毒将推迟大脑发育并引起急性脑症。2009 年 8 月，陕西省凤翔县长青工业园区所在的马道口、孙家南头村两村 615 名少年儿童血铅超标，紧邻的东岭集团冶炼公司进行非法铅锌冶炼是孩子血铅超标的根源。

四乙基铅$[(CH_3CH_2)_4Pb]$是主要的有机铅化合物，是具有水果香味的油状剧毒物。在空气中非常稳定。四乙基铅是一种最优秀的抗爆震添加剂，世界上每年有 100 万～300 万吨四乙基铅添加到汽油中，其随汽车尾气排放到空气中造成铅的污染。据统计，城市空气中 90%以上的铅污染是由汽油燃烧造成的。

4. 锌（Zn）

锌常用于制合金、白铁、干电池、烟火、锌板、化学制剂等。锌粉为强还原剂，可用于有机合成，染料制备以及金、银的冶炼等。常以硫化物形式与铅、镉共存于矿产中。

锌是生物必需元素，是脱氢酶的结构成分及各种酶系的辅助因子。人体摄锌量不足，会抑制或停止生长发育，并发生食欲不振，皮肤、毛发、指甲损伤，生育功能不健全。农作物缺锌，生长、发育均受阻，产量低。人体摄入过量锌可导致锌中毒，食入锌及其无机盐可引起以肠胃道刺激症状为主的中毒，最常见的是由于镀锌容器或工具的锌混入食物所致。锌中毒呈急性发病，有恶心、持续性呕吐、腹绞痛、腹泻、口腔烧灼感，并伴有眩晕，严重者可因剧烈呕吐和腹泻导致虚脱。

由锌及其化合物所引起的环境污染，常由锌矿开采、冶炼加工、机械制造以及镀锌、仪器仪表、有机合成和造纸等工业排放引起。锌可在土壤中富集，会使植物体中富集而导致食用这种植物的人和动物受害。

5. 砷（As）

砷具有金属性，主要以硫化物矿形式存在，如雄黄（As_4S_4）、雌黄（As_2S_3）等，主要用于农药、木材防腐剂、玻璃、颜料等生产。砷污染主要源于含砷矿物的开采、冶炼及砷制剂工厂的废气、废水和废渣排放。

环境中大多以三价和五价砷的氧化物及化合物形态存在,三氧化二砷(As_2O_3)俗称砒霜,是剧毒物质,有致突变性和致癌性。三价砷毒性大于五价砷,吸入或摄入都可引起中毒,其对生物巯基酶产生阻滞作用,使细胞代谢失调,危害神经系统和毛细血管,出现皮炎和龟裂性溃疡,可恶化为皮肤原位癌。长期暴露在低砷污染环境下,会导致慢性砷中毒,造成癌变。对儿童而言,过量的砷会对儿童智力和神经系统发育造成严重影响。

2006 年 9 月,湖南岳阳县城饮用水源地新墙河发生水污染事件,砷超标 10 倍左右,8 万居民的饮用水安全受到威胁和影响。污染发生的原因为河流上游 3 家化工厂的工业废水"日常性排放",致使大量高浓度含砷废水流入新墙河。

6. 铊(TI)

铊的毒性高于铅和汞,其化合物广泛应用于工业生产中,常以微量共存于铅、锌、汞矿中,在生产鞭炮(花炮)的原料中往往也含有高量的铊。铊污染主要来源于采矿工业废渣和冶炼工业废气。铊及其化合物有剧毒,可在人体内蓄积,职业中毒者通过呼吸、胃肠和皮肤途径暴露染毒。慢性中毒症状有:食欲减退、头晕、头痛、下肢麻木疼痛、视力减退、脱发、短期内斑秃或全秃。急性中毒症状有:恶心、吐泻、胃肠道出血、胸痛、呼吸困难、震颤、多发性神经炎和精神障碍,直至死亡。死亡例可见肝细胞和肾小管病变,脑神经严重损伤,大脑大范围血管损伤。

2017 年 5 月,嘉陵江广元段发生铊污染事件,由于汉中锌业铜矿有限责任公司违规排放污染物,导致西湾水厂饮用水水源地水质铊浓度超标 4.6 倍;2021 年 1 月,嘉陵江干流巨亭水库下游发生铊污染事件,由成州锌冶炼厂处理的废水中铊浓度不达标排放引起。

7. 铜(Cu)

天然铜常以硫化物和氧化物(有时以单质)存在,用于制药、导线、电极、开关、电铸板、铜盐和铜合金等,也用于电镀行业。环境中铜污染主要由冶炼、金属加工、机械制造、钢铁生产及铜矿开采等工业生产过程所造成。铜对生物毒性较大,其质量浓度超过 0.01 mg/L 能抑制水体自净,从 0.0002 mg/L 开始对鱼类产生毒性反应。铜可以在土壤中积累,阻碍农作物根系发育,抑制养分吸收,阻碍作物生长。

铜是人体必需元素,主要分布在肝、肾、心、脑中,铜以蛋白质形式存在,具有多种生物功能,是生化反应的催化剂,促进血红蛋白的生成和红细胞的成熟,维持心血管完整。但铜含量高也会引起中毒症状,包括血压降低、呕吐、黑便、黄疸、肝小叶中心坏死、溶血性贫血等,饮用水含铜量高的地区,心血管病死亡率也相应较高。20 世纪印度曾发生大面积儿童肝硬化,有报道称是与印度儿童摄铜过量有关,源于当地习惯用铜水壶烧饮用水和煮牛奶。

四、物理性污染对人体健康的影响

人类生活在物理环境里,也影响着物理环境。20 世纪 50 年代以后,物理性污染日益严重,对人类造成越来越严重的危害,促进了声学、热学、光学、电磁学等学科对物理环境的研究。

物理性污染同化学性污染、生物性污染是不同的。化学性污染和生物性污染是环境中有了有毒有害的物质和生物，或者是环境中的某些物质超过了正常含量。而引起物理性污染的声、光、电磁场等在环境中是永远存在的，它们本身对人无害，只是在环境中的量过高或过低时，就会造成污染或异常。与化学性污染和生物性污染相比，物理性污染具有以下两个方面特点：一是其局部性，区域性或全球性污染现象十分少见；二是其本质是一种能量的污染，污染源停止运转后，污染也立即消失，在环境中不会有残余物质存在。

（一）噪声污染对人体健康的危害

随着工业生产、交通运输、城市建设的高度发展和城镇人口的迅速增加，噪声污染日趋严重。噪声的危害主要表现在以下几个方面。

1. 噪声对人听力的影响

强的噪声可引起耳部不适，如耳鸣、耳痛、听力损伤。在噪声长期作用下，听觉器官的听觉灵敏度显著减低，产生"听觉疲劳"，进一步发展便是听力损伤，甚至完全丧失听觉能力。据报道，在环境噪声重污染区人群听力平均下降 20 分贝左右。根据工矿企业大范围、长时间监测数据得知：在声级 80 分贝环境中工作 10 年以上，耳聋危险率为 3%；在声级 90 分贝环境中长期工作，耳聋危险率为 10%；在声级 95 分贝环境中工作，耳聋危险率为 20%～60%；在声级 115 分贝环境中工作，耳聋危险率为 71%。在机械工厂中，冲压工、锻压工一般多为轻、中度耳聋患者。

2. 噪声对神经系统的影响

对长期在噪声环境中工作的人来说，神经系统症状是主要症状。噪声会使大脑皮质的兴奋和压抑失去平衡，引起头晕、头痛、脑胀、耳鸣、失眠多梦、嗜睡、心慌、记忆力减退、注意力不集中等症状，即"神经衰弱症"，也会影响心血管功能。有研究表明，噪声对儿童的短时记忆力、心理运动稳定度、手工操作速度及眼手协调性均产生不良影响。

3. 噪声对内分泌系统的影响

噪声作用于机体，对内分泌系统表现为甲状腺机能亢进、肾上腺皮质机能增强（中等噪声 70～80 分贝）或减弱（大强度噪声 100 分贝以上）、性机能紊乱、月经失调等。据报道，有专家组曾在哈尔滨、北京和长春等 7 个地区进行为期 3 年的系统调查，发现噪声不仅使女工患有不同程度的耳聋疾病，还会导致女性月经周期紊乱、痛经比例增高、流产率增加和畸胎等。

4. 噪声对视力、消化系统的影响

噪声作用于听觉器官时，通过传入神经的相互作用，可使视觉功能发生变化，从而影响视力，造成眼疼、视力减退、眼花、视野范围缩小等症状。噪声还会使人的肠胃功能紊乱，出现食欲不振、恶心、消瘦、体质减弱等症状。

（二）辐射污染对人体健康的危害

环境中的电磁辐射包括非电离辐射和电离辐射，前者包括可见光、紫外线、红外线及电磁辐射；后者主要有 X 射线、γ 射线及各种微观粒子辐射。随着工业现代化和生活的现代化，人们接触到各种环境辐射的机会越来越多。一方面，大功率的电磁辐射能力

可以作为一种能源，适当剂量的电磁辐射可以用来治疗某些疾病（如放射性治疗）；另一方面，大功率的电磁辐射对人体有明显的伤害和破坏作用，甚至引起死亡（如高压线、变电站、雷达站、电磁波发射塔等）。辐射对人体的危害与波长有关，长波对人体几乎没有危害作用，随着波长的缩短，对人体的危害逐渐加强（如放射性矿物或水），我们更应警惕由短波或微波引起的电离辐射危害。

综合各种理论和相关研究，辐射对人体造成的伤害表现如下：一是辐射极有可能是造成儿童患白血病的原因之一，长期处于高电磁辐射的环境中，会使血液、淋巴液和细胞原生质发生改变；二是辐射影响人体的循环系统、免疫、生殖和代谢功能，能诱发癌症并加速人体的癌细胞增殖；三是辐射会引起血液动力失调，血管通透性和张力降低，容易出现血压波动、迷走神经过敏、房室传导不良，长期受电磁辐射作用的人会更早更易发生心血管系统疾病；四是辐射会影响人的生殖系统，表现为男子精子质量降低，孕妇发生自然流产和胎儿畸形等；五是辐射对人们的视觉系统产生不良影响，眼组织属于人体对电磁辐射比较敏感的器官，过高的电磁辐射污染会导致视力下降、视觉疲劳和视觉障碍，也是产生白内障的原因之一。

（三）光污染对人体健康的危害

光污染对人的影响主要有眩光对视觉和视力的影响、彩光对健康的影响和夜间逸散光对健康的影响，也有人将之分别称作眩光污染、彩光污染和人工白昼。

1. 眩光污染对人体健康的危害

眩光是指亮度较高而超过人眼的舒适接受范围的直射或反射光。来源主要有两方面：一是光源发光强度过高，如高瓦数照明灯、电焊产生的弧光等；二是由反射系数较大的反射面引起，如建筑物玻璃幕墙。眩光对人体的危害主要包括：① 降低视野内物体的对比度，降低人眼的分辨率，如夜晚车辆的高瓦数远光灯发光，进入人眼后，会掩盖视野内物体传递来的光，让人丧失对物体分辨能力，从而导致事故发生；道路两旁的玻璃幕墙反射光会干扰驾车司机视线，从而导致交通事故。② 过强的眩光具有极高的能量，如电焊弧光，可以直接灼伤视网膜，造成永久的视觉损伤。③ 室内局部视环境中的眩光影响人们工作和学习效率，包括室内因纸张、墙壁的反射而造成的照度过高的眩光。

2. 彩光污染对人体健康的危害

彩光污染主要由歌舞厅、夜总会、酒吧等娱乐场所中颜色和照亮区域都在迅速变化的黑光灯产生。迅速变换的光超过人眼的适应能力，干扰大脑中枢神经，让人产生眩晕不适甚至恶心、失眠的感觉。黑光灯还会产生大量的紫外线，对人的免疫系统造成影响。

3. 人工白昼对人体健康的危害

城市中夜间大量利用人工光源而不限制光向非目标照明区的发散，造成了夜间的光逸散。这种逸散使私人居室内的睡眠环境无法保持一定的暗度，逸散出来的光被人体内分泌系统和生物钟系统的光感受器接受，改变人体多种激素的分泌相对比重，干扰人体生物钟调节，从而影响人体健康。在人体对光敏感的内分泌激素中，褪黑激素是迄今为止对人体健康影响最大且研究最多的，而光污染对生物钟调节的影响也是现在相关领域最为关注的课题之一。

五、病原微生物与人体健康

病原微生物是能使人、禽畜与植物致病的一类微生物，包括致病细菌、病虫卵和病毒，空气、水体、土壤、食品等均可作为病原微生物驻留的场所与传播疾病的媒介，从而对人类健康形成重要威胁。一些病原微生物也可以通过人与人的直接接触或喷嚏飞沫等直接方式在人群中传播。

（一）空气中病原微生物

人类生活和生产活动使空气中可存在某些病原微生物，它们可通过空气引起疾病的传播。空气中病原微生物多以寄生方式生活，不能在空气中繁殖，容易受到空气稀释、空气流动和日光照射等因素的影响。在通风不良、人员拥挤的室内环境中，可能有较多的微生物存在，也可能存在来自人体的某些病原体，如结核杆菌、白喉杆菌、金色葡萄球菌、脑膜炎球菌、流感病毒、麻疹病毒等。

1. 空气中病原微生物的传播

室内空气中病原微生物主要通过三种不同途径传播疾病。

(1) 附着于空气颗粒物（尘埃）上

来源于人类活动过程所产生的各类尘埃粒子上，往往附着多种病原微生物。因重力关系，颗粒较大的尘埃可迅速落到地面，随清扫或通风移动而传播；而那些较小的尘埃（如 PM_{10} 和 $PM_{2.5}$），则可较长时间悬浮于空气中。

(2) 附着于飞沫液滴上

在人们咳嗽与喷嚏时，可有百万个细小飞沫喷出，其直径小于 $5\mu m$ 占 90% 以上，长期飘浮空气中，飞沫液滴中的病原体可从人传染到人。飞沫在空气中蒸发后，形成飞沫核，颗粒更小，所含病原体数量可能较少，但可扩散更远的距离，并通过呼吸进入人体。

(3) 附着于污水喷灌产生的气溶胶上

如果污水中存在病原微生物，在污水喷灌时所形成的气溶胶中可以携带病原体，污染空气，传播疾病。

2. 空气微生物污染的防治措施

防治空气污染传播疾病，除应注意隔离病人和戴口罩等措施外，还可采用下列措施：

(1) 加强通风换气

由于空气的流通稀释，室内空气中的病原微生物数量可以显著降低，对于人口密集的公共场所，采用此种方法简便易行，可收到良好的效果。

(2) 空气过滤

对空气清洁度较高的场所，如手术室、无菌操作室、婴儿室等，可利用各类空气过滤器，使空气中含有病原体的颗粒物除去后，再通入室内或在室内循环。

(3) 空气消毒

常用的空气消毒方法有两类：一类是物理法，如紫外线照射；另一类是化学法，如采用臭氧、过氧乙酸、次氯酸钠等化学消毒剂。

（二）水中的病原微生物

某些病原微生物污染水体后，可能引起传染病的暴发流行，对人体健康造成极大的影响。

1．水中病原微生物的传播

水中微生物绝大多数是水中天然的寄居者，它们对人体一般无致病作用。但当某些病原微生物随垃圾、人畜粪便以及某些工农业废水废物进入水体时，便易对周围生活的动植物和人类产生影响，特别是人畜粪便，可能含有多种病原体，如伤寒菌、痢疾杆菌、鼠疫杆菌、霍乱弧菌、脊髓灰质炎病毒、甲型肝炎病毒等。

2．水中微生物污染的防治措施

为防治通过水体传播疾病，应做好以下方面工作：①做好水源卫生防护。围绕水源地确定防护地带，建立相应的卫生制度，使水源、水处理措施、输水总管等不受污染，保证良好的生活饮用水。②污水处理达标。排放前污水应进行消毒，或进行深度处理，可去除大部分病原微生物。③生活饮用水的消毒。一般自来水处理厂通过混凝沉淀再结合砂滤可除去 90%的病原微生物，此外还必须进行消毒，以消灭病原微生物，杜绝传染病。

（三）土壤中的病原微生物

土壤是多种微生物的居住场所，是微生物在自然界中最大的贮藏场所。土壤中绝大部分微生物是自然存在的，对物质的分解、代谢、转化起着极其重要的作用，但也有一部分是来自人畜粪便和垃圾，其中往往带有各种致病微生物和寄生虫卵。

1．土壤中病原微生物的传播

造成土壤病原微生物的传播，主要有以下几个方面：①用未经充分堆肥处理或彻底无害化处理的人畜粪便施肥，导致土壤和农作物污染；②用未经妥善处理的生活污水、医院废水和含有病原体的工业废水进行农业灌溉或利用其污泥进行不当施肥；③生病或死亡畜禽尸体处理不当，引起病原微生物在土壤中扩散。

2．土壤生物性污染的预防

防治土壤的病原微生物污染的主要措施，是将人畜粪便及污泥经无害化的灭菌处理后，再施加于农田或土壤中。其中，粪便及污泥的无害化处理方法主要包括：密封发酵法、药物灭卵法、高温堆肥法、沼气发酵法等。

六、环境激素对人体健康的影响

（一）环境激素类物质的概念与来源

1．环境激素的概念

"激素"一词起源于 20 世纪初，也称为"荷尔蒙"，源于希腊语"hormao"，意为"刺激"。其定义为由体内特定器官所产生的、通过血液输送到其他器官的、以极其微小的量来产生调节生物体代谢、平衡作用的生理性化学物质的总称。可见激素不是对生物体产生直接作用，而是一种在体内起到调节作用的物质。激素分泌得太多或太少，都会引发疾病，为治疗一些疾病或缓解症状，可通过药物改变生物和人体荷尔蒙的分泌，或采用人工荷尔蒙代替人自然分泌的荷尔蒙。

环境激素指的是由于人类的生产和生活活动而释放到环境中的，对人体内和动物体内原本营造的正常激素功能施加影响，从而影响内分泌系统的化学物质，也称为"环境荷尔蒙"或"外源性内分泌干扰物"。它是一类有害的化学物质，具有类似雌性激素的作用，暴露于环境中可导致生物与人体的性激素分泌量及活性下降、精子数量减少、生殖器官异常、癌症等发病率增加，并降低生殖能力，后代的健康与成活率下降，还可能影响各种生物的免疫系统和神经系统。

环境激素的污染问题已引起人们的高度重视，它正在严重威胁着全球环境和人类健康，日益成为 21 世纪人类关注的全球环境问题。

2．环境激素的来源

环境激素类物质种类繁多，其主要是各种农药、除藻剂、各色染料、涂料、除污剂、洗涤剂、表面活性剂的使用，以及各种塑料制品、食品、药物、化妆品中添加剂的释放、扩散，均存在环境激素的污染。此外，动植物性激素的分泌、挥发，垃圾焚烧产生的二噁英类物质，均是环境激素类物质的主要来源。

根据环境激素对生物和人类的侵害途径，其主要来源包括如下三个方面：

（1）空气中来源

空气中环境激素来源主要包括：①焚烧垃圾和塑料制品，释放出二噁英等多种环境激素；②化学产品尤其是环境激素类物质的排放也是侵入人体的环境激素的重要来源；③建筑材料、家具、日用品中的塑料制品里所含的聚碳酸酯、环氧树脂、聚酚氧树脂等原料，也是环境激素的来源，尤其是婴幼儿的塑料用品。塑料中的增塑剂、微波炉餐具与薄膜中的肽酸酯类，一次性餐具、方便面中所含的聚苯烯类，这些都是环境激素类物质。

（2）水体中来源

水体中环境激素来源主要包括：①含有环境激素的生物体死亡后，经过腐败分解进入土壤和水体，并通过多种渠道进入人体；②人们在日常生活中大量使用洗涤剂、消毒剂以及口服避孕药，通过代谢排出体外污染水体，工厂排出的含有环境激素污染物的污水污染地表水和地下水；③垃圾填埋场渗滤液的渗出，垃圾中的环境激素由此渗入地下溶入地下水；④医院医务用水的排放，含有某些带有激素性的药物；⑤自来水管为了防止铁管生锈，涂环氧树脂作为保护层，环氧树脂的原料联苯酚 A 则是环境激素类物质。

（3）食品中来源

食品中环境激素来源主要包括：①蔬菜、水果、谷物类生产过程残留的农药，水产品养殖时加入的生长激素和防止疾病的药物，含有环境激素的饲料和生长素被禽畜食用，进而向人类提供含有环境激素的肉蛋奶等；②食品加工和包装中的环境激素，包括薄膜食品袋涂层、婴儿奶瓶、一次性碗筷餐具等。

（二）环境激素对人体的危害

环境激素通过环境介质和食物链进入人体或野生动物体内，干扰其内分泌系统和生殖系统，影响后代的生存和繁衍，其主要危害表现为：

1．环境激素类物质对人体形态上的影响

环境激素遍布自然界各个角落，痕量的激素物质即会对生物造成巨大的影响，生物

受到环境激素危害后，会表现在生物个体的形态变大或变小上。作为干扰生物体内分泌的物质，环境激素或促进或抑制生物体内其他激素的分泌，无形之中使人的形体发生变化，有些可能变得异常肥胖高大（如"巨人症"），有些则因为缺少某些激素而出现形体瘦小（如"袖珍人"）。此外，育龄妇女长期受到环境激素的污染，会导致怀孕胎儿畸形的可能性大大增加。

2．环境激素类物质对人体生殖系统的影响

由于环境激素对食品的污染，人类的生殖机能逐渐发生异常并日趋雌化，促进幼童性器官提早发育成熟，引起女性的性早熟。同时，营养保健品和运动员违规服用的兴奋剂中，也是激素类物质，长期服用会阻碍发育，损害肝脏，甚至引发癌症。环境激素也正在造成男性精子数减少或畸形，雄性退化，乃至男性不育症的高发。环境激素也可能引起男婴出生率下降。

3．环境激素类物质对人体免疫系统的影响

环境激素容易导致神经系统功能障碍，智力低下，严重的还会引发某些器官的癌症（如卵巢、乳腺、精巢、甲状腺等）。

第三节

居室环境与健康

居室是人们日常生活中的重要场所，它不仅包括居住环境，还包括办公环境、交通工具内环境、休闲娱乐健身等室内环境。现代人平均有 90%的时间生活和工作在室内。居室环境的好坏直接影响到人们的生活和健康。

一、居室环境污染来源与特点

居室污染主要指室内空气污染，包括住宅、学校、办公室、公共建筑物，以及各种公共场所的化学、物理和生物性因素污染。长期在有污染物存在的室内环境中生活，就会对人体健康造成伤害。

（一）居室污染来源

1．按污染源性质分类

以住宅居室为例，居室污染源从其性质上，可分为三大类：一是化学类污染，主要来自装修、家具、玩具、煤气热水器、杀虫喷雾剂、化妆品、抽烟、厨房油烟等，主要是挥发性有机物，如甲苯、二甲苯、醋酸乙酯、甲醛等，无机化合物有氨、一氧化碳、二氧化碳等；二是物理性污染，主要来自室外及室内的电器设备，主要是噪声、电磁辐射、光污染等；三是生物性污染，主要来自地毯、毛绒玩具、被褥等，主要有螨虫和其他细菌等。如果室内环境发生变化，一些污染源也会发生相应变化，如办公设备的复印机、打印机等也会带来一定的环境污染。

2. 按污染物来源分类

居室污染按污染物来源分为室内和室外两种污染源，室内污染来源主要是消费品和化学品的使用、建筑和装饰材料以及个人活动。主要包括五方面：①各种燃料燃烧、烹调油烟及吸烟产生的一氧化碳、二氧化氮、二氧化硫、可吸入颗粒物、甲醛、多环芳烃等；②建筑、装修材料、家具和家用化学品释放的甲醛和挥发性有机化合物（VOCs）、氡及其子体等；③家用电器和某些办公用品导致的电磁辐射等物理污染和臭氧等化学污染；④通过人体呼出气、汗液、大小便排出的二氧化碳、氨类化合物、硫化氢等内源性化学污染物，呼出气中排出的苯、甲苯、苯乙烯等外源性污染物，以及通过咳嗽、打喷嚏等排出的流感病毒、结核杆菌、链球菌等生物污染物；⑤室内用具产生的生物性污染，如在床褥、地毯中滋生的尘螨等。

室外污染源主要包括室外空气中的各种污染物（包括工业废气和汽车尾气通过门窗、孔隙进入室内）和人为带入室内的污染物，如干洗后带回家的衣服，可释放出残留的干洗剂四氯乙烯和三氯乙烯；将工作服带回家中，可使工作环境中的苯进入室内等。

（二）居室污染特点

室内环境污染物来源广泛、种类繁多且各种污染物对人体的危害程度不同，居室环境污染呈现以下几个特点：

1. 污染影响范围广

室内环境污染不同于特定的工矿企业环境，它包括居室环境、办公环境、交通工具内环境、娱乐场所环境和医院疗养院环境等，所涉及的人群数量大、范围广，几乎包括了整个年龄组。

2. 污染接触时间长

人一生中至少有一半的时间是完全在室内度过的，当人们长期暴露在有污染的室内环境时，污染物对人体的作用时间相应地也很长，即使浓度很低的污染物，在长期作用于人体后，也会影响人体健康。

3. 污染接触浓度高

刚刚装修完的室内环境，从各种装修材料中释放出来的污染物浓度均很大，在通风换气不充分的条件下，大量的污染物会长期滞留在室内，使得室内污染物浓度很高，严重时室内污染物浓度可超过室外的几十倍之多。

4. 污染复杂、种类多

污染物种类有物理污染、化学污染、生物污染、放射性污染等，特别是化学污染，其中不仅有无机污染物（如氮氧化物、硫氧化物、碳氧化物等），还有更为复杂的有机污染物，其种类可达上千种，且这些污染物又可以重新发生作用产生新的污染物。

5. 污染排放周期长

从装修材料中排放出来的污染物（如甲醛），即使在通风充分的条件下，它仍能不停地从材料孔隙中释放出来。有研究表明，甲醛的释放可达十几年之久，而一些放射性污染的危害时间可能更长。

6. 污染危害潜伏深

有的污染物在短期内就可对人体产生极大的危害，而有的污染物（如放射性污染物）潜伏期则很长，可达几十年之久。

7．发病时间不一，症状也不一

二、典型居室污染类型及对健康的影响

（一）建筑和装饰材料污染与人体健康

现代建筑使用的建筑和装饰材料中，大量使用了多种化学品，其中大部分都含有有机污染物。另外，从节能方面考虑，现代办公场所也多采用密闭的结构，室内新风量不足和空气交换率低等原因导致室内污染物增加、空气负离子浓度减少。这些污染物的毒性、刺激性、致癌作用和特殊的气味，能导致人体呈现各种不适反应。据世界卫生组织公布的消息，现在室内环境污染已经与高血压、胆固醇过高症、肥胖症等共同被列入人类健康的十大杀手行列。

1．建筑与装饰材料中的主要污染物

建筑与装饰材料除了最基本的钢筋水泥、砖头、砂石外，主要还有建筑涂料、油漆、胶黏剂、木板材制品、塑料制品、石材制品、陶瓷制品、贴面材料、功能装饰板、蜡纸织物及玻璃、金属制品等。这些建筑、装饰材料中，对人体健康危害最大的几种污染物是甲醛、苯系物、氨、氡、镭等。

（1）甲醛

甲醛是高毒性物质，主要来自室内装修和装饰材料。用作室内装饰的胶合板、细木工板、中密度纤维板和刨花板等，在加工生产中使用脲醛树脂和酚醛树脂等为黏合剂，其主要原料为甲醛、尿素、苯酚和其他辅料。板材中残留的未完全反应的甲醛逐渐向周围环境释放，成为室内空气中甲醛的主体。此外，如使用劣质板材和劣质胶水，其甲醛和其他挥发性有机物含量极高。含有甲醛成分的其他各类装饰材料，如壁纸、化纤地毯、泡沫塑料、油漆和涂料等，也会向外释放甲醛。人造板材中甲醛的释放期为3～15年。

（2）苯系物

苯系物在各种建筑材料中的有机溶剂中大量存在，如各种油漆和涂料的添加剂、稀释剂和一些防水涂料等。劣质家具也会释放苯系物等挥发性有机物，壁纸、地板革、胶合板等也是室内空气中芳香烃化合物污染的重要来源。这些建筑装饰材料在室内会不断释放苯系物等有害气体，特别是一些水包油类的涂料，释放时间可达1年以上。

（3）氨

氨是一种碱性物质，对所接触的组织有腐蚀和刺激作用。它主要来自建筑物本身，即建筑施工中使用的混凝土外加剂和以氨水为主要原料的混凝土防冻剂。含有氨的外加剂，在墙体中随着温度、湿度等环境因素的变化还原成氨气，从墙体中缓慢释放，使室内空气中氨的浓度大幅增加。

（4）氡和镭

氡和镭主要来自建筑施工材料中的某些混凝土和某些天然石材。氡和镭是放射性元素，这些混凝土和天然石材中含有的氡和镭会在衰变中产生放射性物质。这些放射性物质对人体的危害，主要是通过体内辐射和体外辐射的形式，使人体神经、生殖、

心血管、免疫系统及眼睛等产生危害。氡还被国际癌症研究机构（IARC）确认为人体致癌物。

（5）石棉

一些旧住宅的天花板和管路的绝热、隔间材料大多是石棉制品。一些建材、家装材料也是石棉材料，例如石棉水泥、乙烯基塑胶地板等。当这些石棉材料被拆修、切割、重塑时，会有大量的细小石棉纤维飘散在空气中。

2．建筑和装饰材料室内污染对人体的危害

甲醛和苯系物对人体的伤害原理基本相同，它们被人体组织吸收，然后通过血液循环扩散到全身各处，时间一长便会造成人的免疫功能失调，使人体组织产生病变而引出多种疾病。氨是一种弱碱性物质，会对所接触的组织产生腐蚀和刺激作用，还可以吸收组织中的水分，使组织蛋白变性，破坏细胞膜结构。氡和镭对人体的伤害主要是通过辐射，包括体内辐射和体外辐射。据美国环境保护署（EPA）估计，美国每年大约有 2000 名肺癌死亡者与建筑和装饰材料中含有的氡辐射有关。石棉本身并无毒害，它最大的危害来自它的细小的纤维。这些细小纤维被吸入人体后会附着并沉积在肺部，造成石棉肺、胸膜和腹膜皮间瘤等疾病。这些肺部疾病往往会有很长的潜伏期，因此，石棉已被国际癌症研究机构确定为致癌物。

2001 年，国家质量监督检验检疫总局和国家标准化管理委员会联合发布了《室内装饰装修有害物质限量》10 项强制性国家标准；2020 年，我国住房和城乡建设部批准发布了《民用建筑工程室内环境污染控制标准》（GB 50325—2020），要求验收时必须进行室内环境污染物浓度检测；2022 年，国家市场监督管理总局批准发布了《室内空气质量标准》（GB/T 18883—2022）；三者构成了我国现行的室内环境污染控制和评价体系。

（二）吸烟与人体健康

1．烟雾中的有害物质

吸烟过程是烟草在不完全燃烧过程中发生的一系列化学反应的过程，产生烟气。烟气中的成分可达 4 万种之多，目前能鉴定出来的单体化学成分就达 4200 种之多。烟气可看作是一种胶体，由气相、液相和颗粒相三部分组成，其中 92%为气体，主要有氨、二氧化碳、一氧化碳、氰化氢类、挥发性亚硝胺、烃类、氮化物、挥发性硫化物、腈类、酚类、醛类等；另外 8%为颗粒物，主要有烟焦油和尼古丁等。除此之外，研究人员还在烟草烟雾中发现了重金属和放射性物质。

2．吸烟对人体健康的危害

目前，吸烟已成为严重危害健康、危害人类生存环境、缩短人类寿命的紧迫问题。吸烟对人体健康的危害主要体现在以下方面：

（1）吸烟引起呼吸系统疾病

吸烟刺激呼吸系统，烟雾中的有害物质如醛类、氮化物、烯烃类等对呼吸道有强烈的刺激作用。烟雾中有害物质胺类、氰化物和重金属会破坏支气管和肺黏膜。长期吸烟将引起多咳多痰、慢性支气管炎等常见病，也是引起肺水肿和肺癌的重要病因。

（2）吸烟引起心脑血管疾病

吸烟造成血压升高、心跳加快。烟雾中的尼古丁类，是一种神经毒素，主要侵害人的神经系统，可刺激交感神经，引起血管内膜损伤，造成血压升高、心跳加快并诱发心脏病。烟雾中的烟焦油、一氧化碳会抑制卵磷脂胆固醇脂肪酰基转移酶的形成，使得动脉壁上多余的胆固醇不能及时清除，形成动脉硬化粥样斑块，还会降低高密度蛋白，使血液中多余的胆固醇不能代谢、消除。

（3）吸烟具有致癌作用

烟雾中的有害物质如苯并 (a) 芘、砷、镉、甲基肼、氨基酚和其他放射性物质均对人体具有一定的致癌作用。其中酚类化合物和甲醛等具有加速癌变的作用。吸烟是肺癌发病率第一要素，约80%的肺癌与吸烟或被动吸烟有关。

（4）吸烟引起大脑缺氧

烟气中的一氧化碳能降低红细胞将氧输送到全身的能力，造成组织和器官缺氧，进而使大脑、心脏等多种器官产生损伤。

3. 二手烟的危害

吸烟不仅有害自身，也给周围的人带来严重影响。吸烟者在吸烟时吐出的烟草烟雾，以及卷烟燃烧时产生的烟草烟雾弥散在空气中，即形成二手烟。中国疾控中心控烟办发布的数据显示，我国有7.4亿非吸烟者遭受二手烟危害，公共场所中最严重的是餐厅，其次为政府办公楼。

二手烟中同样含有大量有害物质及致癌物，不吸烟者暴露于二手烟环境下同样会增加多种与吸烟相关的疾病的发病风险。其中，二手烟对孕妇及儿童健康造成的危害尤为严重。研究证实，孕妇暴露于二手烟可导致婴儿出生体重降低和婴儿猝死综合征；孕妇还可导致早产、新生儿神经管畸形和唇腭裂。儿童暴露于二手烟会导致呼吸道疾病、支气管哮喘、肺功能下降、中耳炎和中耳积液等疾病，还会导致多种儿童癌症，加重哮喘患儿的病情。

（三）厨房油烟污染与人体健康

1. 油烟中的有害物质

烹调油烟是食用油和食物在高温加热条件下，经过一系列复杂变化产生的热氧化分解产物，其中部分分解产物以烟雾的形式散发到空气中，形成油烟。主要成分含有醛、酮、烃、脂肪酸、醇、芳香族化合物、内酯、杂环化合物等有机化合物，还含有一氧化碳、二氧化碳、氮氧化物等无机化合物。油烟往往带有食物特殊的香味，但其中往往有许多对人体健康有危害的物质。油烟中的苯并 (a) 芘、挥发性亚硝胺、杂环胺类化合物等都是高致癌性化合物。

2. 厨房油烟对人体健康的危害

世界卫生组织指出，家居厨房油烟污染已经成为威胁人类健康的一大隐患。主要体现为：①油烟中含有大量的胆固醇可引起心脑血管疾病；②油烟中的致癌物[苯并 (a) 芘、挥发性亚硝胺、杂环胺类化合物等]使人体细胞组织发生突变，甚至直接攻击DNA，使DNA单、双链断裂或形成DNA-蛋白交联，该损伤如不能及时修复，将随细胞分裂遗传给下一代细胞而产生突变，在其他致癌因子和促癌因子的共同作用下，最终发展为癌细胞；③油烟损害呼吸道和皮肤，油烟进入呼吸道后，其主要成分丙烯醛可引起慢性咽炎、鼻炎、气管炎等呼吸系统疾病，油烟颗粒附着在皮肤上，可加速皮肤组织老化，出现皱纹、黑色素增多并转变为色斑；④油烟破坏生殖系统，厨房油烟中含有的多种物质可以干扰精子的发育与成熟，并可能对子代产生不良影响，甚至导致不育。

做饭时使用精制食用油、减少油炸和高温油炒、充分使用排烟机、经常开窗通风等可以预防和缓解厨房油烟污染。

（四）室内生物污染与人体健康

生物污染包括细菌、真菌、病毒和过敏原物质（花粉、尘螨、动物毛屑等）。军团菌是室内空气微生物污染中广泛存在的一种致病菌，生存能力很强，多隐藏在空调制冷装置中，随风吹出浮游在空气中，吸入人体后会出现上呼吸道感染及发热的症状，严重者可致呼吸衰竭和肾衰竭，因此应加强空调机的供水系统、湿润器和喷雾器等的卫生管理与消毒。真菌污染主要由真菌的孢子、菌丝和代谢产物引起，其中最主要的是真菌孢子，真菌能引起呼吸道的过敏等症状。尘螨是家庭尘害的主要来源，其通常生长在潮湿温暖的环境中，地毯、床褥、床单枕套及装有垫套的家具等都是它的寄居场所，以吃人脱落的皮屑为生，需要加强通风换气，勤于清扫，就能有效控制尘螨的繁殖生长。

室内微生物污染程度与周围环境、居住密度和室内空气温度、湿度、灰尘含量及采光通风等因素有关。环境不洁、通风不良、居住拥挤的室内微生物污染比较严重，而居民在室内饲养的猫、狗等宠物也会使微生物大量繁殖。我国《室内空气质量标准》（GB/T 18883—2022）中规定，室内空气中菌落总数不能超过 1500CFU/m^3。

 拓展阅读

地方病

1. 地方性克汀病

世界上流行最广泛的一种地方病，其症状主要是以甲状腺肿大为病症。该病的产生主要是由自然环境缺碘、人体摄入碘量不足而引起。婴幼儿及青年在生长发育期间缺碘，会导致大脑发育不全，智力低下。我国陕西秦巴地区曾因缺碘引起的痴、呆、傻患者达 20 万人。当地流传的一首民谣说："一代甲、二代傻、三代四代断根芽。"缺碘性甲状腺肿最严重的并发症就是地方性克汀病。根据《2020 年我国卫生健康事业发展统计公报》统计，我国碘缺乏病县数 2799 个，消除县数 2799 个。

2. 克山病

一种以心肌坏死为主要症状的地方病，因 1935 年最早在我国黑龙江省克山县发现而得此名。患者发病急，心肌受损，引起肌体血液循环障碍、心律失常、心力衰竭，死亡率较高。克山病区居民的头发和血液中硒的含量均显著低于非病区。该病曾在我国 15 个省区流行，从兴安岭、太行山、六盘山到云贵高原的山地和丘陵一带。据 2008 年《中国环境状况公报》统计，至 2008 年底，克山病病区县 327 个，病区人口 1.32 亿，患者 4.12 万。据《2020 年我国卫生健康事业发展统计公报》称，2020 年底，全国克山病病区县数 330 个，已消除县 330 个，现症病人 0.45 万人。

3．大骨节病

一种地方性、变形性骨关节病，表现为骨节增大、个子矮小等缺硒导致。大骨节病在国外主要分布于西伯利亚东部和朝鲜北部，在我国分布范围大，从东北到西南的广大地区均有发病，主要发生于黑、吉、辽、陕、晋等省的山区和半山区，平原少见。各个年龄组都可发病，以儿童和青少年多发，成人很少发病，性别无明显差异。据 2008 年《中国环境状况公报》统计，至 2008 年底，大骨节病病区县 366 个，病区人口 1.05 亿，现症患者 71.48 万，累计控制（消灭）县数 208 个。据《2020 年我国卫生健康事业发展统计公报》称，大骨节病病区县数 379 个，已消除县 379 个，现症病人 17.8 万人。

4．地方性氟中毒

氟中毒的患病率与饮水中含氟量有密切关系。饮用水中含氟量高于 1.0 mg/L 以上，氟斑牙患病率就会上升。因为摄入过量的氟，在体内与钙结合成氟化钙，沉积于骨骼与软组织中，使血钙降低。氟化钙的形成会影响牙齿的钙化，使牙釉质受损。如果饮用水中的氟含量高于 4.0 mg/L，则出现氟骨病，表现为关节痛，重度患者会关节畸形，造成残废。我国氟骨病曾主要流行于贵州、内蒙古、山西、陕西、甘肃等地。据《2020 年我国卫生健康事业发展统计公报》称，地方性氟中毒（饮水型）病区县数 1041 个，控制县数 953 个，病区村数 73696 个，8~12 周岁氟斑牙病人 29.9 万人，氟骨症病人 6.8 万人。

5．地方性砷中毒

砷作为一种类金属元素，在地壳中的含量约为 0.0005%，主要以硫化物的形式存在。地方性砷中毒是由于长期自饮用水中摄入过量的砷而引起的一种生物地球化学性疾病。主要表现为末梢神经炎、皮肤色素异常、掌跖部位皮肤角化、肢端缺血坏疽、皮肤癌变，是一种伴有多种系统、多脏器受损的慢性全身性疾病。据 2008 年《中国环境状况公报》统计，至 2008 年底，饮水型地方性砷中毒病区县 41 个，病区村数 628 个，病区村人口数 58.7 万，患病数 1.7 万人，累计饮水型地方性砷中毒改水村数 523 个，受益人口 37.7 万。另据《2020 年度全国饮水型地方性砷中毒监测报告》显示，2020 年度，在 14 个省（自治区）的 2559 个饮水型砷中毒病区村和高砷村进行了砷中毒病情调查，总检查人数 930517 人，检出病例总数 4887 人。

❓ 思考题

1. 人体的化学元素组成有哪些？
2. 自然环境因子对人体的作用体现在哪些方面？
3. 简述环境污染对人体健康的作用特点。
4. 环境中污染物如何分类？
5. 环境污染物对人体健康的影响因素有哪些？
6. 物理性污染对人体健康的影响体现在哪些方面？
7. 简述室内空气中病原微生物主要传播途径和防治措施。
8. 造成土壤病原微生物传播的原因有哪些？主要防治措施是什么？
9. 环境激素对生物和人类的侵害有哪些途径？
10. 居室环境污染呈现哪些特点？

参考文献

[1] 贾振邦. 环境与健康[M]. 2版. 北京: 北京大学出版社, 2009.

[2] 刘春光, 莫训强. 环境与健康[M]. 北京: 化学工业出版社, 2014.

[3] 石碧青, 赵育, 闻晨华. 环境污染与人体健康[M]. 北京: 中国环境科学出版社, 2006.

[4] 崔宝秋. 环境与健康[M]. 北京: 化学工业出版社, 2012.

[5] 蔡宏道, 鲁生业. 环境医学[M]. 北京: 中国环境出版社, 1990.

[6] 陈静生. 环境地球化学[M]. 北京: 海洋出版社, 1990.

[7] 陈亢利, 钱先友, 许浩瀚. 物理性污染与防治[M]. 北京: 化学工业出版社, 2006.

[8] California Environmental Protection Agency, Air Resources Board, Office of Environmental Health Hazard Assessment. Technical Support Document for "Proposed Identification of Environmental Tobacco Smoke as a Toxic Air Contaminant"[R]. California, 2003.

[9] Stephen M. Panuley. Lighting for the Human Circadian Clock: Recent Research Indicates that Lighting has become a Public Health Issue[J]. Medical Hypotheses, 2004(63): 588-596.

[10] 邓兴明. 光污染对眼睛的危害[J]. 中国眼镜科技杂志, 2005(07).

[11] 陈宝胜. 建筑装饰材料[M]. 北京: 中国建筑工业出版社, 1995.

[12] 冯芳, 张占恩, 张丽君. 建筑和装饰材料导致室内污染的研究[J]. 新建筑材料, 2001, 249(12): 39-40.

[13] 刘芳, 聂晓娟. 室内空气污染对人体健康的危害[J]. 中国卫生工程学, 2006, 5(1): 58-59.

[14] 庞素艳, 于彩莲, 解磊. 环境保护与可持续发展[M]. 北京: 科学出版社, 2015.

[15] 顾翼东. 化学词典[M]. 上海: 上海辞书出版社, 2003.

[16] 任仁. 化学与环境[M]. 北京: 化学工业出版社, 2002.

[17] 常元勋. 环境中有害因素与人体健康[M]. 北京: 化学工业出版社, 2004.

[18] 惠秀娟. 环境毒理学[M]. 北京: 化学工业出版社, 2003.

[19] 李云芬. 室内环境污染控制与检测[M]. 昆明: 云南大学出版社, 2012.

第四章
水污染与防治

第一节
水环境中的主要污染物

一、水污染概念、来源与危害

（一）水的水文循环与人为循环

水资源是环境中最活跃的要素，它与其他固体资源的本质区别在于其所具有的流动性，是在循环中形成的一种动态资源。水循环系统是一个庞大的天然水资源系统，处在不断地开采、补给和消耗、恢复的循环之中，可以不断地供给人类利用和满足生态平衡的需要。水资源的循环主要体现为水文大循环和人为循环两个方面。

水文大循环指的是水在大气圈、水圈、岩石圈之间的循环，其主要循环过程在第一章和第二章中已有讲述。具体体现为水的蒸发→降水→径流的过程周而复始，形成了自然界的水文循环。

如图 4-1 所示，在水文循环之外，由于人类生产与生活活动的作用与影响，还会发生水的人为循环，主要指人类为了生活和生产需要，从天然水体取水，使用后再将水排放至天然水体的过程。随着人类生产生活用水的需要不断增加，水的人为循环过程对天然水资源产生剧烈影响，其中，回归水（包括工业废水与生活污水排放、农田灌溉回归等）的质量状况直接或间接地影响天然水体，由此引发了严重的水资源短缺和水污染问题。

显然，水的人为循环过程是造成水污染的根本原因，关注水的人为循环，对回归水进行必要的处理，防治水环境污染，对实现自然界水资源良性循环和社会可持续发展是至关重要的。

（二）水污染的概念

水污染是指排入天然水体的污染物，在数量上超过了该物质在水体中的本底含量和

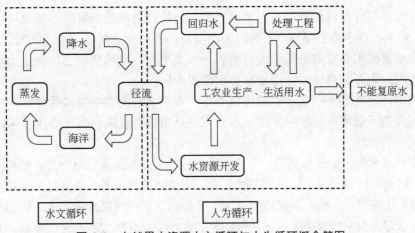

图 4-1　自然界水资源水文循环与人为循环概念简图

水体环境容量从而导致了水体的物理特征和化学特征发生不良变化,破坏了水中固有的生态系统,破坏了水体的功能及其在经济发展和人民生活中的作用。

对于天然水体而言,水中的悬浮物、溶解物、水底淤泥和水生生物构成了完整的生态系统,具有一定的缓冲能力和自然调节能力。有时,有些污染物(如重金属)易于从水中进入到水底淤泥之中,只着眼于水中时,污染物含量看似不高,但从整个水体系统上看,却受到了较严重的污染。因此,评价水体污染程度,往往不仅通过水的感官指标和各项理化指标,还可以通过水体中生物组成和底质性质等指标进行综合评价。

水体污染是污染物进入水体后的迁移、转化,是通过污染物与水体之间产生物理、化学、生物、生物化学等作用或综合作用的结果。其中:①物理作用是指污染物进入水体后,通过在水中的稀释扩散、升温等作用,使水体发生物理变化而影响水质的污染方式;②化学作用是指污染物进入水体后,通过氧化、还原、分解、化合等化学作用,使水体的化学性质发生改变的污染方式;③生物和生物化学污染是指藻类、细菌和病毒等生物进入水体后,直接导致水体的水质发生变化,影响水体的使用功能;或是大量有机污染物进入水体后,水中生物体在对其降解过程中,所进行的生物化学作用对水体水质产生的不良影响。

(三)水中污染物来源与水污染分类

1. 水中污染物来源

水体中污染物主要源于以下五个方面:①向水体排放未经妥善处理的生活污水和工业废水(对应点源污染);②含有化肥、农药的农田径流进入水体(对应面源污染);③城市地面的污染物被雨水冲刷随地面径流而进入水体;④随大气扩散的有毒物质通过重力沉降或降水过程而进入水体;⑤固体废物或其浸出液进入到水体中等。

2. 水污染分类

根据水污染性质可分为:物理性污染、化学性污染和生物性污染。物理性污染主要指水中的悬浮物、放射性物质和热污染等;化学性污染主要指引起水中环境因子变化的一系列化学物质,主要有耗氧有机物、氮磷等植物性营养物质、酸碱及一般无机盐、重金属、有毒物质以及石油类;生物性污染主要指病原微生物。

水体污染源可分为自然源和人为源两大类，自然污染源是指自然界自发向环境排放有害物质、造成有害影响的场所；人为污染源则是指人类社会经济活动所形成的污染源。随着人类活动范围和强度的不断扩大与增强，人类生产、生活活动已成为水体污染的主要来源。人为污染源又可以分为点源污染和面源污染。

点源的排污形式是集中在一点或可以当作一点的小范围。主要包括生活污水和工业废水，这些人类活动场所排放的各类污水废水多是由管道收集后集中排出，因此称为点源污染。

工业废水是水体污染最重要的一个大点源，随着工业的迅速发展，工业废水的排放量与日俱增，同时其污染范围广，排放方式复杂，污染物种类繁多，成分复杂，在水中不易净化，处理也比较困难。根据其来源可分为工艺废水、原料或成品洗涤水、场地冲洗水以及设备冷却水等。根据废水中主要污染物的性质，可分为有机废水、无机废水、兼有有机物和无机物的混合废水、重金属废水、放射性废水等；根据产生废水的行业性质，又可分为造纸废水、印染废水、焦化废水、农药废水、电镀废水等。不同工业排放废水的性质差异很大，即使是同一种工业，由于原料工艺路线、设备条件、操作管理水平的差异，废水的数量和性质也会不同。表 4-1 给出了一些工业废水中所含的主要污染物及废水特点。

表 4-1 一些工业废水中主要污染物及废水特点

工业部门	排放废水中主要污染物	废水特点
化学工业	各种无机盐类、Hg、As、Cd、氰化物、苯系物、酚类、醇类、油脂类、多环芳香烃化合物等	有机物含量高、pH 变化大、含盐量高、成分复杂、难以生物降解、毒性强
石油化学工业	油类、有机物、硫化物	有机物含量高、成分复杂、排水量大、毒性较强
冶金工业	酸、重金属 Cu、Pb、Zn、Hg、Cd、As 等	有机物含量高、酸性强、水量大、有放射性、有毒性
纺织印染工业	染料、酸、碱、硫化物、各种纤维素悬浮物	带色、pH 变化大、有毒性
制革工业	Cr、硫化物、盐、硫酸、有机物	有机物含量高、含盐量高、水量大、有恶臭
造纸工业	碱、木质素、酸、悬浮物等	碱性强、有机物含量高、水量大、有恶臭
动力工业	冷却水的热污染、悬浮物、放射性物质、无机盐	高温、酸性、悬浮物多、水量大、有放射性
食品加工工业	有机物、细菌、病毒	有机物含量高、致病菌多、水量大、有恶臭
制药工业	有机物、抗生素、悬浮物	成分复杂、有毒性、带色、难以生物降解

城市生活污水是另一个大点源，主要来自家庭、商业、学校、旅游、服务行业及其他城市公用设施，主要包括厕所冲洗水、厨房洗涤水、洗衣机排水、沐浴排水及其他排水等。生活污水中物质组成不同于工业废水，固体物质小于 0.1%，污水中主要含有悬浮态或溶解态有机物质（如淀粉、脂肪、糖类、蛋白质、纤维素等），还含有氮、磷、硫、金属离子等无机盐类、泥沙和各种微生物。其中的有机物质在厌氧细菌的作用下易产生

恶臭物质（如硫化氢、硫醇等）。此外，生活污水中还有多种致病菌、病毒和寄生虫卵等。近年来，针对氮、磷污染物引起的水体富营养化问题，我国对城市污水处理厂脱氮除磷的要求也逐步提高。

面源污染又称非点源污染，按来源不同，可细分为农业面源污染和城市面源污染。其中农业面源污染是最主要的污染形式，指农业生产过程中所产生的氮、磷、有机质等营养物质和有毒农药，在降雨和地形的共同驱动下，以地表、地下径流和土壤侵蚀为载体，在土壤中过量累积或进入受纳水体，对生态环境造成的污染。主要产生形式包括：化肥、农药、地膜等化学品不合理使用；畜禽水产养殖废弃物；农村中无组织排放的废水及其他污水废水、农作物秸秆等处理不及时或不当等。

农业面源污染具有以下特点：

① 分散性　固定污染源通常具有明确的坐标和排污口，而农业面源污染来源分散、多样，没有明确的排污口，地理边界和位置难以识别和确定，无法开展有效的监测。

② 不确定性　固定源污染物的排放通常具有明确的时间规律，容易确定排放量和组分，而农业面源污染的发生受自然地理条件、水文气候特征等因素影响，污染物向土壤和受纳水体运移过程中，呈现时间上的随机性和空间上的不确定性。

③ 滞后性　固定污染源通过管道直排进入环境，能够对环境质量产生直接影响，而农业面源污染受到生物地球化学转化和水文传输过程的共同影响，农业生产残留的氮磷等营养元素通常会在土壤中累积，并缓慢地向外环境释放，对受纳水体环境质量的影响存在滞后性。

④ 双重性　固定源污染物成分复杂，常含有重金属、持久性有机污染物等有害物质，往往直接对人体和环境造成严重损坏，而农业面源污染物以氮、磷营养物质为主，利用好了对农业生产是一种资源，但进入受纳水体或在土壤中过量累积，便是污染物。

大气中含有的污染物随降雨进入地表水体，也可认为是面源污染，如酸雨。此外，天然性的污染源，如水与土壤之间的物质交换，风刮起泥沙、粉尘进入水体等，也是一种面源污染。对面源污染的控制，要比对点源污染难得多。值得注意的是，对于某些地区和某些污染物来说，面源污染所占的比重往往不小。例如，对于湖泊的富营养化，面源污染的贡献率常会超过50%。

（四）水污染的危害

水污染主要从以下几方面产生影响。

1. 危害人体健康

水污染直接影响饮用水水源的水质，世界卫生组织报道，人类80%疾病与水有关，不洁饮水为人类健康的十大威胁之一。受到污染时，原有的水处理厂不能保证饮用水的安全可靠，将会导致一系列的疾病（腹泻、肠道线虫、肝炎、胃癌、肝癌等），与不洁的水接触也会染上如皮肤病、沙眼、血吸虫、钩虫病等疾病。

2. 降低农作物产量与质量

由于能提供水量和肥分，很多地区的农民有采用污水灌溉农田的习惯。但惨痛的教训表明，含有毒有害物质的废水、污水污染了农田土壤，造成作物枯萎死亡，农民损失极大。一些污水灌溉区生长的蔬菜或粮食作物中，可以检出部分有毒有害的痕量有机物，它们必将危及消费者的健康。

3．影响渔业产业和质量

渔业生产的产量和质量与水质直接紧密相关。淡水渔场由于水污染而造成鱼类大面积死亡事故，已经不是个别事例，还有很多天然水体中的鱼类和水生物正濒临灭绝或已经灭绝。海水养殖事业也受到了水污染的威胁和破坏。水污染除了造成鱼类死亡影响产量外，还会使鱼类和水生生物发生变异。此外，有害物质在鱼类和水生生物体内的积累，使它们的食用价值大大降低。

4．制约工业发展

大多数工业均需要利用水作为原料或洗涤产品而直接参加产品的加工过程，水质的恶化将直接影响产品的质量，提高工业生产成本。工业冷却水的用量最大，水质恶化会造成冷却水循环系统的堵塞、腐蚀和结垢问题，水硬度的增高还会影响锅炉的寿命和安全。

5．加速生态环境恶化

水污染造成的水质恶化，对于生态环境的影响更是十分严峻。"黑臭水体"和富营养化水体的产生是水环境恶化的主要表现形式。水污染不但对水体中天然鱼类和水生物造成危害，还对水体周围生态环境产生深远影响。同时，污染物在水体中形成的沉积物，长期附着于水体的底床和淤泥层中，对水体的生态环境产生长期的影响。

6．造成经济损失

水污染对人体健康、农业生产、渔业生产、工业生产以及生态环境的负面影响，都可以表现为经济损失。例如，人体健康受到危害将减少劳动力，降低劳动生产率，疾病多发需要支付更多医药费；对工农业、渔业产量质量的影响更有直接的经济损失；对生态环境的破坏意味着对污染治理和环境修复费用的需求将大幅度增加。

二、水中污染物类型

造成水体污染的物质来源不同，成分和性质也比较复杂，主要可概括为以下几类。

（一）悬浮物

悬浮物主要指悬浮在水中的污染物质，包括无机悬浮物和有机悬浮物。无机悬浮物包括无机的泥沙、炉渣、铁屑等，一般无毒害作用，但能够降低光的穿透率，减弱水的光合作用且妨碍水体的自净作用。有机悬浮物包括有机纸屑、植物残体、大分子有机物或聚合物等。含有大量有机悬浮物的水体，由于微生物的呼吸作用，会使溶解氧含量大为降低，也可能影响鱼类的生存。水中存在悬浮物，可能堵塞鱼鳃，导致鱼的死亡，制浆废水中的纸浆产生此类危害最为明显。同时，水中的悬浮物又可能是各种污染物的载体，它可能吸附一部分水中的污染物（如营养物、有机物、致病微生物、重金属、农药等）并随水流迁移，并容易形成危害更大的复合污染物。

（二）耗氧有机物

生活污水和某些工业废水中含有糖类、蛋白质、脂肪、氨基酸、纤维素等有机物质，这些物质以悬浮状态或溶解状态存在于水中，排入水体后能在微生物作用下分解为简单的无机物，在分解过程中消耗氧气，使水体中的溶解氧减少，严重影响鱼类和水生生物的生存。当溶解氧降至零时，水中厌氧微生物占据优势，造成水体变黑发臭，将不能被用作饮用水源和其他用途。耗氧有机物的污染是当前我国最普遍的一种水污染。由于有机物成分复杂、种类繁多，一般用综合指标包括五日生化需氧量（BOD$_5$）、化学需氧量（COD）或总有机碳（TOC）等表示耗氧有机物的含量。

（三）植物性营养物

植物性营养物主要指含有氮、磷等植物所需营养物的无机、有机化合物，如氨氮、硝酸盐、亚硝酸盐、磷酸盐和含氮、磷的有机化合物。这些污染物排入水体，特别是流动缓慢的湖泊、海湾，容易引起水中藻类及其他浮游生物的大量繁殖。过量的藻类和其他微生物的增殖，在水面上聚集成大片的水华（湖泊）或赤潮（海洋），还将大量消耗水体中的溶解氧，使水体处于缺氧状态，水质迅速恶化，形成富营养化污染。水中藻类增多会使自来水处理厂运行困难，造成饮用水的异味，此外，富营养化水体中有毒藻类（如微囊藻类）会分泌毒性很强的生物毒素，如微囊藻毒素，这些毒素是很强的致癌毒素，而且在净水处理过程中很难去除，对饮用水安全构成了严重的威胁。

富营养化是湖泊分类和演化的一种概念，是湖泊水体老化的一种自然现象。当水体中氮和磷的浓度超过 0.2mg/L 和 0.02mg/L 时，就会造成水体富营养化。

（四）重金属

重金属污染是危害最大的水污染问题之一。重金属通过矿山开采、金属冶炼、金属加工及化工生产废水，化石燃料的燃烧，施用农药化肥和生活垃圾等人为污染源，以及地质侵蚀、风化等天然源形式进入水体。水中的重金属离子主要有汞、镉、铅、铬、锌、铜、镍、锡等。通常可以通过食物链在动物或人体内富集，不但污染水环境，也严重威胁人类和水生生物的生存，特别是对于我国的饮水安全构成巨大的危害。

重金属物质污染水体有以下特点：①天然水体中微量浓度的重金属物质即可使水体具有毒性；②天然水体中的重金属物质可长期稳定地存在于自然界中，且无法在微生物的作用下降解，某些重金属物质在微生物的作用下甚至可转化为毒性更强的化合物；③重金属物质在生物体内很难排泄，以致在生物体内富集，通过食物链将毒性放大，对人体造成危害；④重金属物质进入人体后往往在某些器官中逐渐蓄积，造成慢性中毒。

（五）难降解有机物

难降解有机物是指那些难以被微生物利用和降解的有机物，它们多是人工合成的有机物，包括有机农药、化工产品等，农药中有机氯农药和有机磷农药危害很大。有机氯农药（如 DDT、六六六等）毒性大、难降解，并会在自然界积累，造成二次污染，已禁止生产与使用。现在普遍采用有机磷农药，如敌百虫、乐果、敌敌畏、甲基对硫磷等，这类物质毒性大，对微生物有毒害和抑制作用。人工合成的高分子有机化合物种类繁多，成分复杂，使城市污水的净化难度大大增加。在这类物质中已被查明具有三致作用（致癌、致突变、致畸形）的物质有：聚氯联苯、联苯胺、稠环芳烃等多达 20 余种，疑致癌物质也超过 20 种。

（六）酸碱及一般无机盐

酸性废水主要来自矿山排水、冶金、金属加工酸洗废水和酸雨等。碱性废水主要来自碱法造纸、人造纤维、制碱、制革等废水。酸、碱废水可彼此中和，产生各种盐类，它们进入环境中分别与地表物质反应也能生成一般无机盐类，所以酸和碱的污染，也伴随着无机盐类的污染。

酸碱污染物排入水体会使水体的 pH 值发生变化，破坏水体的自然缓冲作用。当水体 pH 值小于 6.5 或大于 8.5 时，水中微生物的生长会受到抑制，致使水体自净能力减弱，并影响渔业生产，严重时还会腐蚀船只、桥梁及其他水上建筑。用酸化或碱化的水浇灌农田，会破坏土壤的物化性质，影响农作物的生长。酸碱物质还会使水的无机盐含量增加，提高水的硬度，对工业、农业、渔业和生活用水都会产生不良的影响。对于鱼类来说，水体 pH 一般为 6.0～9.2，当 pH 为 5.5 时，一些鱼类就不能生存或生殖率下降，甚至死亡。

（七）石油类

水体中石油类污染物质主要来源于船舶排水、工业废水、石油开采与炼化、大气石油烃沉降等。水体中石油污染的危害是多方面的，含有石油类产品的废水进入水体后会漂浮在水面并迅速扩散，形成一层油膜，每滴石油能在水面形成 0.25 m^2 的油膜，每吨石油可能覆盖 $5×10^6$ m^2 的水面，油膜隔绝大气与水面，阻止大气中的氧进入水中，妨碍水生植物的光合作用。石油在微生物作用下的降解也需要耗氧，造成水体缺氧。石油还能堵塞鱼鳃，使鱼类呼吸困难直至死亡，同时，食用在含有石油的水中生长的鱼类，还会危害人身健康。当水中含有的石油浓度达到 0.3～0.5mg/L 时，就会产生石油气味，不适于饮用。

（八）放射性物质

放射性物质主要来自于核工业和使用放射性物质的工业或民用部门。放射性物质能从水中或土壤中转移到生物、蔬菜或其他植物中，并发生浓缩和富集进入人体，放射性物质的射线会使人的健康受损，最常见的放射病就是血癌，即白血病。核电厂所排放的放射性流出物（即"核废水"）也含有放射性物质，排放前需要达到国家标准，满足放射性物质排放总量和排放浓度的双重要求。

（九）热污染

废水排放引起水体的温度升高，被称为热污染。热污染会影响水生生物的生存及水资源的利用价值。水温升高还会使水中溶解氧减少，同时加速微生物的代谢速率，使溶解氧的下降更快，最后导致水体的自净能力降低，破坏水体生态系统。热污染主要来源于热电厂、核电站、金属冶炼厂、石油化工厂等冷却系统排出的高温废水，以及石油、化工、造纸等工厂排出的含有大量废热的生产性废水。

（十）病原微生物

生活污水、医院污水和屠宰、制革、洗毛、生物制品等工业废水，常含有病原体，会传播霍乱、伤寒、肠胃炎、痢疾以及其他病毒传染的疾病和寄生虫病。水中常见的病原微生物包括致病细菌、病虫卵和病毒。肠道传染病，包括霍乱、伤寒、痢疾等病菌；寄生虫病包括血吸虫病、阿米巴病、鞭虫病、蛔虫病、蛲虫病及干吸虫病等；病毒有传染性肝炎等病毒。病原微生物污染具有数量大、分布范围广、存活时间长、难于彻底清除的特点。水介传播是病原微生物疾病传染的主要方式之一，基于水中病原微生物的特点，其极易导致大范围人群感染，因此各国对病原微生物的污染都高度重视，各个国家都加强了针对旨在控制病原微生物的环境标准的制定，以保障供水水质的卫生学安全。

第二节

我国水环境质量标准与分类

一、地表水环境质量标准与分类

为保障供水水质和良好的水生态系统，我国制定了《地表水环境质量标准》（GB 3838—2002），依据地表水水域环境功能和保护目标，按功能高低依次划分为五类：

Ⅰ类水体：主要适用于源头水、国家自然保护区。

Ⅱ类水体：主要适用于集中式生活饮用水地表水源地一级保护区、珍稀水生生物栖息地、鱼虾类产卵场、仔幼鱼的索饵场等。

Ⅲ类水体：主要适用于集中式生活饮用水地表水源地二级保护区、鱼虾类越冬场、洄游通道、水产养殖区等渔业水域及游泳区。

Ⅳ类水体：主要适用于一般工业用水区及人体非直接接触的娱乐用水区。

Ⅴ类水体：主要适用于农业用水区及一般景观要求水域。

对应上述五类地表水水域功能，选取 24 个常规指标作为判定地表水环境质量标准的基本项目，各项目标准值分为五类，不同功能类别分别执行相应类别的标准值，具体标准限值如表 4-2 所示。

表 4-2　地表水环境质量标准基本项目标准限值

序号	项目	分类				
		Ⅰ类	Ⅱ类	Ⅲ类	Ⅳ类	Ⅴ类
1	水温/℃	人为造成的水温变化应控制在： 周平均最大温升≤1；周平均最大温降≤2				
2	pH 值（无量纲）	6～9				
3	溶解氧/(mg/L)≥	饱和率 90%（或 7.5）	6	5	3	2
4	高锰酸盐指数/(mg/L)≤	2	4	6	10	15
5	化学需氧量 COD/(mg/L)≤	15	15	20	30	40

序号	项目	分类				
		Ⅰ类	Ⅱ类	Ⅲ类	Ⅳ类	Ⅴ类
6	五日生化需氧量 BOD$_5$/(mg/L)≤	3	3	4	6	10
7	氨氮/(mg/L)≤	0.15	0.5	1	1.5	2
8	总磷/(mg/L)≤	0.02（湖、库0.01）	0.1（湖、库0.025）	0.2（湖、库0.05）	0.3（湖、库0.1）	0.4（湖、库0.2）
9	总氮/(mg/L)≤	0.2	0.5	1.0	1.5	2.0
10	铜/(mg/L)≤	0.01	1.0	1.0	1.0	1.0
11	锌/(mg/L)≤	0.05	1.0	1.0	2.0	2.0
12	氟化物（以F计）/(mg/L)≤	1.0	1.0	1.0	1.5	1.5
13	硒/(mg/L)≤	0.01	0.01	0.01	0.02	0.02
14	砷/(mg/L)≤	0.05	0.05	0.05	0.1	0.1
15	汞/(mg/L)≤	0.00005	0.00005	0.0001	0.0001	0.0001
16	镉/(mg/L)≤	0.001	0.005	0.005	0.005	0.01
17	铬（六价）/(mg/L)≤	0.01	0.05	0.05	0.05	0.1
18	铅/(mg/L)≤	0.01	0.01	0.05	0.05	0.1
19	氰化物/(mg/L)≤	0.005	0.05	0.2	0.2	0.2
20	挥发酚/(mg/L)≤	0.002	0.002	0.005	0.01	0.1
21	石油类/(mg/L)≤	0.05	0.05	0.05	0.5	1.0
22	阴离子表面活性剂/(mg/L)≤	0.2	0.2	0.2	0.3	0.3
23	硫化物/(mg/L)≤	0.05	0.1	0.2	0.5	1.0
24	粪大肠菌群/（个/L）≤	200	2000	10000	20000	40000

由表 4-2 可以看出，水域环境类别高的标准值严于水域环境类别低的标准值。当同一水域兼有多类使用功能时，执行最高功能类别对应的标准值。当上述指标中含有一项或几项超过Ⅴ类标准限值时（即污染程度已超过Ⅴ类），称为劣Ⅴ类水体。

除表 4-2 外，本标准还包括集中式生活饮用水地表水源地补充项目 5 项和集中式生活饮用水地表水源地特定项目 80 项。

二、地下水环境质量标准与分类

地下水水质遵循《地下水质量标准》（GB/T 14848—2017），依据我国地下水水质现状、人体健康基准值及地下水质量保护目标，并参照生活饮用水，工业、农业用水水质最高要求，《地下水质量标准》将地下水质量划分为五类，分别为：

Ⅰ类主要反映地下水化学组分的天然低背景含量，适用于各种用途；

Ⅱ类主要反映地下水化学组分的天然背景含量，适用于各种用途；

Ⅲ类以人体健康基准值为依据，主要适用于集中式生活饮用水水源及工、农业用水；

Ⅳ类以农业和工业用水要求为依据，除适用于农业和部分工业用水外，适当处理后可作生活饮用水；

Ⅴ类不宜饮用，其他用水可根据使用目的选用。

地下水质量指标分为常规指标和非常规指标，共 93 项。其中，常规指标包括感官性状及一般化学指标、微生物指标、常见毒理学指标和放射性指标，对应上述五类地下水水域功能，各常规指标及限值如表 4-3 所示。

表 4-3 地下水质量常规指标及限值

序号	指标	分类				
		Ⅰ类	Ⅱ类	Ⅲ类	Ⅳ类	Ⅴ类
感官性状及一般化学指标						
1	色（铂钴色度单位）	≤5	≤5	≤15	≤25	>25
2	臭和味	无	无	无	无	有
3	浑浊度/NTU[①]	≤3	≤3	≤3	≤10	>10
4	肉眼可见物	无	无	无	无	有
5	pH	6.5≤pH≤8.5			5.5≤pH<6.5 8.5<pH≤9	pH<5.5 或 pH>9.0
6	总硬度（以 $CaCO_3$ 计）/（mg/L）	≤150	≤300	≤450	≤650	>650
7	溶解性总固体/（mg/L）	≤300	≤500	≤1000	≤2000	>2000
8	硫酸盐/（mg/L）	≤50	≤150	≤250	≤350	>350
9	氯化物/（mg/L）	≤50	≤150	≤250	≤350	>350
10	铁/（mg/L）	≤0.1	≤0.2	≤0.3	≤2.0	>2.0
11	锰/（mg/L）	≤0.05	≤0.05	≤0.10	≤1.50	>1.50
12	铜/（mg/L）	≤0.01	≤0.05	≤1.00	≤1.50	>1.50
13	锌/（mg/L）	≤0.05	≤0.5	≤1.00	≤5.00	>5.00
14	钼/（mg/L）	≤0.01	≤0.05	≤0.20	≤0.50	>0.50
15	挥发性酚类（以苯酚计）/（mg/L）	≤0.001	≤0.001	≤0.002	≤0.01	>0.01
16	阴离子表面活性剂/（mg/L）	不得检出	≤0.1	≤0.3	≤0.3	>0.3
17	耗氧量（COD_{Mn}法，以 O_2 计）/（mg/L）	≤1.0	≤2.0	≤3.0	≤10.0	>10.0
18	氨氮（以 N 计）/（mg/L）	≤0.02	≤0.10	≤0.50	≤1.50	>1.50
19	硫化物/（mg/L）	≤0.005	≤0.01	≤0.02	≤0.10	>0.10
20	钠/（mg/L）	≤100	≤150	≤200	≤400	>400
微生物指标						
21	总大肠菌群/（MPN[②]/100 mL）或（CFU[③]/100 mL）	≤3.0	≤3.0	≤3.0	≤100	>100
22	菌落总数/（CFU/mL）	≤100	≤100	≤100	≤1000	>1000

序号	指标	分类				
		Ⅰ类	Ⅱ类	Ⅲ类	Ⅳ类	Ⅴ类
毒理学指标						
23	亚硝酸盐（以 N 计）/（mg/L）	≤0.01	≤0.1	≤1.0	≤4.80	>4.80
24	硝酸盐（以 N 计）/（mg/L）	≤2.0	≤5.0	≤20	≤30	>30
25	氰化物/（mg/L）	≤0.001	≤0.01	≤0.05	≤0.1	>0.1
26	氟化物/（mg/L）	≤1.0	≤1.0	≤1.0	≤2.0	>2.0
27	碘化物/（mg/L）	≤0.04	≤0.04	≤0.08	≤0.50	>0.50
28	汞/（mg/L）	≤0.0001	≤0.0001	≤0.001	≤0.002	>0.002
29	砷/（mg/L）	≤0.001	≤0.001	≤0.01	≤0.05	>0.05
30	硒/（mg/L）	≤0.01	≤0.01	≤0.01	≤0.1	>0.10
31	镉/（mg/L）	≤0.0001	≤0.001	≤0.005	≤0.01	>0.01
32	铬（六价）/（mg/L）	≤0.005	≤0.01	≤0.05	≤0.10	>0.10
33	铅/（mg/L）	≤0.005	≤0.005	≤0.01	≤0.10	>0.10
34	三氯甲烷/（μg/L）	≤0.5	≤6	≤60	≤300	>300
35	四氯化碳/（μg/L）	≤0.5	≤0.5	≤2	≤50	>50
36	苯/（μg/L）	≤0.5	≤1.0	≤10	≤120	>120
37	甲苯/（μg/L）	≤0.5	≤140	≤700	≤1400	>1400
放射性指标[④]						
38	总 α 放射性/（Bq/L）	≤0.1	≤0.1	≤0.5	>0.5	>0.5
39	总 β 放射性/（Bq/L）	≤0.1	≤1.0	≤1.0	>1.0	>1.0

① NTU 为散射浊度单位。
② MPN 表示最可能数。
③ CFU 表示菌落形成单位。
④ 放射性指标超过指导数，应进行核素分析和评价。

　　类似地表水质量标准，地下水环境类别高的标准值严于环境类别低的标准值。当上述指标中含有一项或几项超过Ⅴ类标准限值时（即污染程度已超过Ⅴ类），称为劣Ⅴ类水。

三、海洋环境质量标准与分类

　　根据海洋环境标准组织体系，针对海洋水质制定《海水水质标准》(GB 3097—1997)，其中，按照海域的不同使用功能和保护目标，将海水水质分为四类：

　　Ⅰ类适用于海洋渔业水域、海上自然保护区和珍稀濒危海洋生物保护区。

　　Ⅱ类适用于水产养殖区、海水浴场、人体直接接触海水的海上运动或娱乐区，以及与人类食用直接有关的工业用水区。

　　Ⅲ类适用于一般工业用水区、滨海风景旅游区。

　　Ⅳ类适用于海洋港口水域、海洋开发作业区。

各类海水水质标准列于表4-4。

表4-4　各类海水水质标准

序号	项目	分类			
		Ⅰ类	Ⅱ类	Ⅲ类	Ⅳ类
1	漂浮物质	海面不得出现油膜、浮沫和其他漂浮物质			海面无明显油膜、浮沫和其他漂浮物质
2	色、臭、味	海水不得有异色、异臭、异味			海水不得有令人厌恶和感到不快的色、臭、味
3	悬浮物质/（mg/L）	人为增加的量≤10		人为增加的量≤100	人为增加的量≤150
4	大肠菌群/（个/L）≤	10000 供人生食的贝类增养殖水质≤700			—
5	粪大肠菌群/（个/L）≤	2000 供人生食的贝类增养殖水质≤140			
6	病原体	供人生食的贝类养殖水质不得含有病原体			
7	水温/℃	人为造成的海水温升夏季不超过当时当地1℃，其他季节不超过2℃		人为造成的海水温升不超过当时当地4℃	
8	pH	7.8～8.5 同时不超过该海域正常变动范围的0.2pH单位		6.8～8.8 同时不超出该海域正常变动范围的0.5pH单位	
9	溶解氧/（mg/L）＞	6	5	4	3
10	化学需氧量（COD）/（mg/L）≤	2	3	4	5
11	生化需氧量（BOD₅）/（mg/L）≤	1	3	4	5
12	无机氮（以N计）/（mg/L）≤	0.20	0.30	0.40	0.50
13	非离子氨（以N计）/（mg/L）≤	0.02			
14	活性磷酸盐（以P计）/（mg/L）≤	0.015	0.030		0.045
15	汞/（mg/L）≤	0.00005	0.0002		0.0005
16	镉/（mg/L）≤	0.001	0.005		0.010
17	铅/（mg/L）≤	0.001	0.005	0.010	0.050
18	六价铬/（mg/L）≤	0.005	0.010	0.020	0.050
19	总铬/（mg/L）≤	0.05	0.10	0.20	0.50
20	砷/（mg/L）≤	0.020	0.030	0.050	
21	铜/（mg/L）≤	0.005	0.010	0.050	
22	锌/（mg/L）≤	0.020	0.050	0.10	0.50
23	硒/（mg/L）≤	0.010	0.020		0.050
24	镍/（mg/L）≤	0.005	0.010	0.020	0.050

序号	项目	分类			
		I 类	II 类	III 类	IV 类
25	氰化物/（mg/L）≤	0.005		0.10	0.20
26	硫化物（以 S 计）/（mg/L）≤	0.02	0.05	0.10	0.25
27	挥发性酚/（mg/L）≤	0.005		0.010	0.050
28	石油类/（mg/L）≤	0.05		0.30	0.50
29	六六六/（mg/L）≤	0.001	0.002	0.003	0.005
30	滴滴涕/（mg/L）≤	0.00005		0.0001	
31	马拉硫磷/（mg/L）≤	0.0005		0.001	
32	甲基对硫磷/（mg/L）≤	0.0005		0.001	
33	苯并（a）芘/（μg/L）≤	0.0025			
34	阴离子表面活性剂（以 LAS 计）/（mg/L）≤	0.03		0.10	
35	放射性核素/（Bq/L）≤	^{60}Co	0.03		
		^{90}Sr	4		
		^{106}Rn	0.2		
		^{134}Cs	0.6		
		^{137}Cs	0.7		

类似地表水质量标准，海水环境类别高的标准值严于环境类别低的标准值。当上述指标中含有一项或几项超过IV类标准限值时（即污染程度已超过IV类），称为劣IV类水。

第三节

中国水环境状况

自 20 世纪 80 年代以来，中国经历了一个经济快速发展的过程，同时也经历了一个对水的需求量不断增大、水污染不断加重的过程。2015 年 4 月国务院发布实施《水污染防治行动计划》，在党中央、国务院坚强领导下，我国加快推进水污染治理，水环境得到明显改善。党的十八大以来，我国积极推动水生态环境保护行动，由以"污染防治为主"转变为"水资源、水环境、水生态"协同治理的科学理念。

党的二十大报告强调："统筹水资源、水环境、水生态治理，推动重要江河湖库生态保护治理"，水是生态系统中最活跃、最基础的因子，是实现中华民族永续发展的战略资源。近十年来，我国水生态环境得到了显著的改善，主要水污染物排放量持续下降；主要流域优良水质断面比例持续提高；近 300 个地级及以上城市黑臭水体基本消除，有力促进了人居环境的改善。未来需进一步巩固碧水保卫战成果，进一步解决水资源短缺、水环境污染、水生态损害等问题。

我国水环境质量状况主要依据生态环境部每年颁布的生态环境状况公告，主要内容包括地表水水质、主要河流流域水质、湖泊（水库）水质、地下水水质、重点水利工程水质和海洋水质情况。根据《2020 中国生态环境状况公告》，主要内容总结如下：

一、地表水总体水质状况

2020 年，全国地表水监测的 1937 个水质断面（点位）中，Ⅰ～Ⅲ类水质占 83.4%，比 2019 年上升 8.5 个百分点；劣Ⅴ类占 0.6%，比 2019 年下降 2.8 个百分点。主要污染指标为化学需氧量、总磷和高锰酸盐指数。各类水质占比如表 4-5。

表 4-5　2020 年全国地表水总体水质状况

水质分类	Ⅰ类	Ⅱ类	Ⅲ类	Ⅳ类	Ⅴ类	劣Ⅴ类
占比/%	7.3	47.0	29.2	13.6	2.4	0.6

注：引自生态环境部发布的《2020 年中国生态环境质量公告》。

二、河流流域水质状况

河流流域水质状况主要针对长江、黄河、珠江、松花江、淮河、海河、辽河七大流域和浙闽片河流、西北诸河、西南诸河主要江河进行。2020 年，这些主要江河的 1614 个水质断面中，Ⅰ～Ⅲ类水质占 87.4%，比 2019 年上升 8.3 个百分点；劣Ⅴ类占 0.2%，比 2019 年下降 2.8 个百分点。主要污染指标为化学需氧量、高锰酸盐指数和五日生化需氧量。西北诸河、浙闽片河流、长江流域、西南诸河和珠江流域水质为优，黄河流域、松花江流域和淮河流域水质良好，辽河流域和海河流域为轻度污染。各流域水质状况见表 4-6。

表 4-6　2020 年全国主要河流流域水质状况

河流流域	整体水质状况	干流、支流水质状况
长江流域	水质为优。Ⅰ～Ⅲ类水质占 96.7%，比 2019 年上升 5.0 个百分点；无劣Ⅴ类，比 2019 年下降 0.6 个百分点	干流和主要支流水质均为优
黄河流域	水质为良好。Ⅰ～Ⅲ类水质占 84.7%，比 2019 年上升 11.7 个百分点；无劣Ⅴ类，比 2019 年下降 8.8 个百分点	干流水质为优，主要支流水质良好。省界断面Ⅴ类比例达 5.1%
珠江流域	水质为优。Ⅰ～Ⅲ类水质占 92.7%，比 2019 年上升 6.6 个百分点；无劣Ⅴ类，比 2019 年下降 3.0 个百分点	干流、主要支流和海南岛内河流水质均为优
松花江流域	水质为良好。Ⅰ～Ⅲ类水质占 82.4%，比 2019 年上升 16.0 个百分点；无劣Ⅴ类，比 2019 年下降 2.8 个百分点	干流水质为优，主要支流、图们江水系、乌苏里江水系和绥芬河水质良好，黑龙江水系为轻度污染，Ⅳ类水质比例为 33.3%

河流流域	整体水质状况	干流、支流水质状况
淮河流域	水质为良好。 Ⅰ～Ⅲ类水质占 78.9%，比 2019 年上升 15.2 个百分点；无劣Ⅴ类，比 2019 年下降 0.6 个百分点	干流和沂沭泗水系水质为优，主要支流水质良好，山东半岛独流入海河流为轻度污染
海河流域	轻度污染。 主要污染指标为化学需氧量、高锰酸盐指数和五日生化需氧量。 Ⅰ～Ⅲ类水质占 64.0%，比 2019 年上升 12.1 个百分点；劣Ⅴ类占 0.6%，比 2019 年下降 6.9 个百分点	干流两个断面、三岔口为Ⅱ类水质，海河大闸为Ⅴ类水质；滦河水系水质为优；主要支流、徒骇马颊河水系和冀东沿海诸河水系为轻度污染
辽河流域	轻度污染。 主要污染指标为化学需氧量、高锰酸盐指数和五日生化需氧量。 Ⅰ～Ⅲ类水质占 70.9%，比 2019 年上升 14.6 个百分点；无劣Ⅴ类，比 2019 年下降 8.7 个百分点	大凌河水系和鸭绿江水系水质为优，大辽河水系水质良好，干流和主要支流为轻度污染
浙闽片河流	水质为优。 Ⅰ～Ⅲ类水质占 96.8%，比 2019 年上升 1.6 个百分点；无劣Ⅴ类，比 2019 年下降 0.8 个百分点	—
西北诸河	水质为优。 Ⅰ～Ⅲ类水质占 98.4%，比 2019 年上升 1.6 个百分点；无劣Ⅴ类，与 2019 年持平	—
西南诸河	水质为优。 Ⅰ～Ⅲ类水质占 95.2%，比 2019 年上升 1.5 个百分点；劣Ⅴ类占 3.2%，与 2019 年持平	—

2020 年，在长江、黄河、淮河、海河、珠江、松花江和辽河等七大流域开展水生态状况调查监测试点工作，调查指标包括水质理化指标、水生生物指标和物理生境指标。

三、湖泊（水库）水质状况

2020 年，开展水质监测的 112 个重要湖泊（水库）中，Ⅰ～Ⅲ类湖泊（水库）占 76.8%，比 2019 年下降 1.9 个百分点。主要污染指标为总磷、化学需氧量和高锰酸盐指数。

在众多湖泊水库中，太湖、巢湖、滇池为重点监测湖泊，其蓝藻水华居高不下，成为社会关注的热点和治理难点，是我国历年水环境治理的重中之重。2020 年，"三湖"总体水质仍为轻度污染，具体数据指标如表 4-7 所示。

表 4-7 2020 年我国"三湖"水质状况

湖泊	整体水质状况	环湖河流水质
太湖	轻度污染。主要污染物为总磷；其中东部沿岸区水质良好，湖心区和北部沿岸区为轻度污染，西部沿岸区为中度污染。全湖和各湖区均为轻度富营养状态	环湖河流水质为优。Ⅱ类水质断面占 23.6%，Ⅲ类占 70.9%，Ⅳ类占 5.5%，无其他类。与 2019 年相比，Ⅱ类水质断面下降 3.7 个百分点，Ⅲ类上升 7.3 个百分点，Ⅳ类下降 3.6 个百分点，其他类持平
巢湖	轻度污染。主要污染物为总磷；其中东半湖和西半湖均为轻度污染。全湖、东半湖和西半湖均为轻度富营养状态	环湖河流为轻度污染。Ⅱ类水质断面占 21.4%，Ⅲ类占 64.4%，Ⅳ类占 7.1%，Ⅴ类占 7.1%，无Ⅰ类和劣Ⅴ类。与 2019 年相比，Ⅰ类水质断面比例持平，Ⅱ类水质断面下降 7.2 个百分点，Ⅲ类上升 35.7 个百分点，Ⅳ类下降 7.2 个百分点，Ⅴ类下降 7.2 个百分点，劣Ⅴ类下降 14.3 个百分点
滇池	轻度污染。主要污染物为化学需氧量和总磷；其中，草海为轻度污染，外海为中度污染。全湖、草海和外海均为中度富营养状态	环湖河流为轻度污染。Ⅱ类水质断面占 25%，Ⅲ类占 66.7%，Ⅳ类占 8.3%，无其他类。与 2019 年相比，Ⅱ类水质断面下降 8.3 个百分点，Ⅲ类上升 33.4 个百分点，Ⅳ类下降 25.0 个百分点，其他类持平

四、地下水水质状况

各年数据显示，全国地下水水质均受到不同程度的污染。2020 年，自然资源部门 10171 个地下水水质监测点中，Ⅰ～Ⅲ类水质监测点占 13.6%，Ⅳ类占 68.8%，Ⅴ类占 17.6%，水利部门 10242 个地下水监测点中，Ⅰ～Ⅲ类水质监测点占 22.7%，Ⅳ类占 33.7%，Ⅴ类占 43.6%，主要超标指标为锰、总硬度和溶解性固体。

五、重点水利工程水体

重点水利工程水体主要包括三峡库区和南水北调工程取水口水体和输水河段，2020 年整体水质状况如下：

① 三峡库区 水质为优。汇入三峡库区的 38 条主要河流水质为优，监测的 77 个水质断面中，Ⅰ～Ⅲ类水质断面占 98.7%，Ⅳ类占 1.3%，无Ⅴ类和劣Ⅴ类，均与 2019 年持平。贫营养状态断面占 1.3%，中营养状态占 75.3%，富营养状态占 23.4%。

② 南水北调（东线） 长江取水口水质为优。疏水干线京杭运河里运河段、宝应运河段、宿迁运河段和梁济运河段水质均为优良。南四湖为中营养状态，东平湖、洪泽湖和骆马湖为轻度富营养状态。

③ 南水北调（中线） 取水口水质为优。输水干线水质为优，入丹江口水库的 9 条主要河流水质均为优。丹江口水库为中营养状态。

六、海洋水质

海洋水质状况主要包括管辖海域、近岸海域、海洋沉积物、典型海洋生态系统、入海河流、直排海污染源和海洋渔业水域的监测和评估结果。2020 年，全国近岸海域有 8 个海湾，春、夏、秋三期监测均出现劣Ⅴ类水质，水质改善成效还不稳固。以下列举部分 2020 年海洋水质数据。

① 管辖海域　Ⅰ类水质海域面积占管辖海域面积的 96.8%，与 2019 年基本持平；劣Ⅴ类水质海域面积为 30070km^2，比 2019 年增加 1730km^2。主要超标指标为无机氮和活性磷酸盐。未达到第Ⅰ类水质标准的海域面积如表 4-8。

表 4-8　2020 年中国管辖海域未达到第Ⅰ类海水水质标准的各类海域面积

海区	海域面积/km^2				
	Ⅱ类	Ⅲ类	Ⅴ类	劣Ⅴ类	合计
渤海	9170	2300	1020	1000	13490
黄海	7430	8300	4550	5080	25360
东海	10800	8910	6810	21480	48000
南海	3330	1140	1100	2510	8080
管辖海域	30730	20650	13480	30070	94930

② 近岸海域　全国近岸海域水质总体稳中向好，优良（Ⅰ、Ⅱ类）水质海域面积比例为 77.4%，比 2019 年上升 0.8 个百分点；劣Ⅴ类为 9.4%，比 2019 年下降 2.3 个百分点。主要超标指标为无机氮和活性磷酸盐。辽宁、河北、山东、广西和海南近岸海域水质为优，福建和广东近岸海域水质良好，天津近岸海域水质一般，江苏和浙江近岸海域水质差，上海近岸海域水质极差。面积大于 100km^2 的 44 个海湾中，8 个海湾春、夏、秋三期监测均出现劣Ⅴ类水质，比 2019 年减少 5 个。主要超标指标为无机氮和活性磷酸盐。

③ 海洋沉积物　2020 年，管辖海域沉积物质量良好的监测点位比例为 96.5%，其中，渤海和黄海沉积物质量良好的点位比例均为 100%，东海和南海分别为 97.1% 和 91.7%。近岸海域沉积物中铜含量符合第Ⅰ类海洋沉积物质量标准的点位比例为 89.2%，其他监测指标符合第Ⅰ类海洋沉积物质量标准的比例均在 95% 以上。

④ 典型海洋生态系统　2020 年，监测的 24 个典型海洋生态系统中，7 个呈健康状态，16 个呈亚健康状态，1 个呈不健康状态。其中，鸭绿江口、双台子河口、滦河口-北戴河、黄河口、长江口、闽江口和珠江口等 7 个河口生态系统均呈亚健康状态；渤海湾、莱州湾、胶州湾、乐清湾、闽东沿岸、大亚湾和北部湾等 7 个海湾生态系统呈亚健康状态；杭州湾呈不健康状态；苏北浅滩滩涂湿地生态系统呈亚健康状态；雷州半岛西南沿岸、广西北海、海南东海岸和西沙等 4 个珊瑚礁生态系统呈健康状态；广西北海和北仑河口红树林生态系统呈健康状态；广西北海海草床生态系统呈健康状态，海南东海岸海草床生态系统呈亚健康状态。

⑤ 入海河流　监测的 193 个入海河流水质断面中，无Ⅰ类水质断面，Ⅱ类占 22.3%，Ⅲ类占 45.6%，Ⅳ类占 24.9%，Ⅴ类占 6.7%，劣Ⅴ类占 0.5%。主要超标指标为化学需氧量、高锰酸盐指数、五日生化需氧量、总磷和氨氮。与 2019 年相比，Ⅰ类水质断面比例持平，Ⅱ类上升 2.8%，Ⅲ类上升 10.9%，Ⅳ类下降 7.7%，Ⅴ类下降 2.2%，劣Ⅴ类下降 3.7%。

⑥ 直排海污染源　监测结果显示，442 个日排污量大于 100t 的直排海污染源污水排放总量约 712993 万吨，综合污染源排放量最大，其次为工业污染源，生活污染源排放量

最小。除铅外，各项污染物中，综合污染源排放量均最大。

⑦ 海洋渔业水域 2020 年，海洋重要渔业资源的产卵场、索饵场、洄游通道及水生生物自然保护区水体中主要超标指标为无机氮和活性磷酸盐。与 2019 年相比，无机氮、活性磷酸盐和石油类超标面积比例有所上升，化学需氧量超标面积比例有所下降。海水重点增养殖区水体中主要超标指标为无机氮。与 2019 年相比，石油类超标面积比例有所上升，无机氮、活性磷酸盐和化学需氧量超标面积比例有所下降。7 个国家级水产种质资源保护区（海洋）水体中主要超标指标为无机氮。26 个海洋重要渔业水域沉积物状况良好。

第四节

水污染防治政策与措施

一、水污染防治目标、任务与原则

水污染问题已成为人类面临的重要环境问题，它不仅严重威胁着人类的生命健康，阻碍着经济建设发展，还制约着可持续发展战略的实施。因此，必须重视并积极进行水污染防治，保护人类赖以生存的环境。

（一）水污染防治目标

① 保护各类饮用水源地的水质，使供给居民的饮用水安全可靠；

② 恢复各类水体的使用功能，如自然保护区、珍稀濒危水生动植物保护区、水产养殖区、公共浴泳区、水上娱乐体育活动区、工业用水取水区及盐场等，为经济建设提供水资源；

③ 改善地表水体的水质。

（二）水污染防治的主要任务

① 进行区域、流域或城镇的水污染防治规划，在调查分析现有水环境质量及水资源利用需求的基础上，明确水污染防治的具体任务，制定应采取的防治措施；

② 加强对污染源的控制，包括工业污染源、城市居民区污染源、畜禽养殖业污染源以及农田径流等，采取有效措施减少污染源排放的污染物量；

③ 对各类废水进行妥善的收集和处理，建立完善的排水系统及污（废）水处理系统，使污（废）水排入水体前达到排放标准；

④ 加强对水资源的保护，通过法律、行政、技术等一系列措施，使水环境免受污染。

（三）水污染防治原则

进行水污染防治的根本原则是将"防""治""管"三者结合起来。"防"是指对污染源的控制，通过有效控制使污染源排放的污染物减少到最小量。对工业污染源，最有效的控制方法是推行清洁生产。对生活污染源，可以通过推广使用节水器具，提高民众节约意识，降低用水量等措施来减少生活污水排放量。对农业污染源，提倡农田的科学施肥和农药的合理使用，可以大大减少农田中残留的化肥和农药，进而减少农田径流中所含氮、磷和农药的量。"治"是水污染防治中不可缺少的一环。通过各种预防措施，污染源虽然可以得到一定程度的控制，但要确保排入水体前达到国家或地方规定的排放标准，还必须对污（废）水进行妥善的处理，采取各种水污染控制方法和环境工程措施，治理水污染。"管"是指对污染源、水体及处理设施等的管理。"管"在水污染防治中也占据十分重要的地位。科学的管理包括对污染源的经常监测和管理，对污水处理厂的监测和管理，以及对水环境质量的监测和管理。

二、中国水污染防治行动计划

2015年2月，中央政治局常务委员会会议审议通过《水污染防治行动计划》，简称"水十条"，"水十条"于2015年4月2日成文，2015年4月16日发布，自起实施，是为切实加大水污染防治力度、保障国家水安全而制定的法规。

"水十条"在推进生态文明建设的总体要求下，提出了"节水优先、空间均衡、系统治理、两手发力"的原则和"安全、清洁、健康"的方针，要求各方落实，全民参与，形成"政府统领、企业施治、市场驱动、公众参与"的水污染防治新机制，实现环境效益、经济效益与社会效益多赢。其工作目标是：到2020年，全国水环境质量得到阶段性改善，污染严重水体较大幅度减少，饮用水安全保障水平持续提升，地下水超采得到严格控制，地下水污染加剧趋势得到初步遏制，近岸海域环境质量稳中趋好，京津冀、长三角、珠三角等区域水生态环境状况有所好转。到2030年，力争全国水环境质量总体改善，水生态系统功能初步恢复。到21世纪中叶，生态环境质量全面改善，生态系统实现良性循环。主要考核指标为：到2020年，长江、黄河、珠江、松花江、淮河、海河、辽河等七大重点流域水质优良（达到或优于Ⅲ类）比例总体达到70%以上，地级及以上城市建成区黑臭水体均控制在10%以内，地级及以上城市集中式饮用水水源水质达到或优于Ⅲ类比例总体高于93%，全国地下水质量极差的比例控制在15%左右，近岸海域水质优良（Ⅰ、Ⅱ类）比例达到70%左右。京津冀区域丧失使用功能（劣于Ⅴ类）的水体断面比例下降15个百分点左右，长三角、珠三角区域力争消除丧失使用功能的水体；到2030年，全国七大重点流域水质优良比例总体达到75%以上，城市建成区黑臭水体总体得到消除，城市集中式饮用水水源水质达到或优于Ⅲ类比例总体为95%左右。

"水十条"共10条、35款、238项措施，全方位涉及水污染治理、水生态安全保护及全民节水等内容。"水十条"内容主要包括：①全面控制污染物排放；②推动经济结构转型升级；③着力节约保护水资源；④强化科技支撑；⑤充分发挥市场机制作用；⑥严格环境执法监管；⑦切实加强水环境管理；⑧全力保障水生态环境安全；⑨明确和落实各方责任；⑩强化公众参与和社会监督。其中，多数措施为"可量化、可考核、可追责"的，为我国水环境改善提供持续动力。"水十条"实施后，全国水环境质量总体持续改善。2020年5月，生态环境部发布2019年度《水污染防治行动计划》的实施情况，从全面控制水污染排放、全力保障水生态环境安全、强化流域水环境管理三个方面总结了水环境治理的成果，同时提出了水生态环境保护不平衡、不协调，城乡环境基础设施建设仍有一些短板，农村面源污染问题突出等亟需进一步推动解决的问题。

三、"河长制"

"河长制"，即由中国各级党政主要负责人担任"河长"，负责组织领导相应河湖的管理和保护工作。"河长制"工作的主要任务包括六个方面：一是加强水资源保护，全面落实最严格水资源管理制度，严守"三条红线"；二是加强河湖水域岸线管理保护，严格水域、岸线等水生态空间管控，严禁侵占河道、围垦湖泊；三是加强水污染防治，统筹水上、岸上污染治理，排查入河湖污染源，优化入河排污口布局；四是加强水环境治理，保障饮用水水源安全，加大黑臭水体治理力度，实现河湖环境整洁优美、水清岸绿；五是加强水生态修复，依法划定河湖管理范围，强化山水林田湖系统治理；六是加强执法监管，严厉打击涉河湖违法行为。

2003年10月，浙江省长兴县委办下发文件，在全国率先对城区河流试行"河长制"，由时任水利局、环卫处负责人担任河长，对水系开展清淤、保洁等整治行动，水污染治理效果非常明显。随后，"河长制"经验向农村延伸，由行政村干部担任河长。2008年，长兴县委下发文件，由四位副县长分别担任四条入太湖河道的河长，所有乡镇班子成员担任辖区内的河道河长，由此县、镇、村三级"河长制"管理体系初步形成。同年，浙江省很多地区，如湖州、衢州、嘉兴、温州等地陆续试点推行"河长制"。2013年，浙江出台了《关于全面实施"河长制"进一步加强水环境治理工作的意见》，明确了各级河长是包干河道的第一负责人，承担河道的"管、治、保"职责。从此，肇始于长兴的"河长制"，走出湖州，走向浙江全境，逐渐形成了省、市、县、乡、村五级河长构架。2008年，江苏在太湖流域全面推行"河长制"，2008年至2016年末，江苏各级党政主要负责人担任的河长，已经遍布全省727条骨干河道1212个河段。

"河长制"的推行带来明显的效果：2011~2016年江苏省79个"河长制"管理断面水质综合判定达标率基本维持在70%以上，水质较为稳定。其中，2011年无锡12个国控断面水质达标率100%，主要饮用水水源地水质达标率100%，2012年主要饮用水水源地水质达标率100%。

2016年年底，中央下发《关于全面推行河长制的意见》，明确提出在2018年底全面建立"河长制"。2016年12月13日，中国水利部、环境保护部、发展改革委、财政部、国土资源部、住建部、交通运输部、农业部、卫计委、林业局等十部委在北京召开视频会议，部署全面推行"河长制"各项工作，确保如期实现到2018年年底前全面建立"河长制"的目标任务。强化落实"河长制"，从突击式治水向制度化治水转变。加强后续监管，完善考核机制；加快建章立制，促进"河长制"体系化；狠抓截污纳管，强化源头治理，堵疏结合，标本兼治。

第五节

水处理技术与典型工艺流程

水处理过程主要是利用各种技术措施将各种形态的污染物从废水中分离出来，或将其分解、转化为无害和稳定的物质，从而使废水得以净化的过程。按处理过程所用的技术主要分为三大类：物理处理法、化学处理法和生物处理法。这些方法可针对水中不同类型的污染物质，各有其适应范围，在实际工程应用中，往往需要通过由不同方法的几个处理单元共同组成，才能够达到所需的水质要求。不同的处理技术取长补短，相互补充，形成目前常用的给水处理流程和废水处理流程。

一、物理处理法

物理处理法是利用物理作用来进行废水处理的方法，主要用于分离去除废水中不溶性的悬浮污染物，在处理过程中废水的化学性质不发生改变。主要方法有筛滤截留、沉淀法（重力分离）、气浮法、过滤法等，不同的方法对应有不同的处理设备和处理构筑物，如格栅、沉砂池、沉淀池、气浮池、过滤池等。物理处理法最大的特点是设备简单、操作易行、处理成本低等。

（一）筛滤截留（格栅和筛网）

格栅是截留废水中粗大污物的处理设施，由一组（或多组）平行金属棒或栅条组成，栅条间形成缝隙。格栅设置在废水处理系统的前端，安装在废水渠道、泵房及水井的进口处，以截留废水中粗大的悬浮物及其他杂质，以防堵塞水泵、管道和处理设备。格栅的截留效率取决于缝隙宽度，按缝隙宽度可分为粗格栅、中格栅和细格栅，可截留不同尺寸的杂质污物。格栅截留的物质称为栅渣，如草木、塑料制品、纤维及其他生活垃圾等，栅渣的含水率约为 80%，容重约为 960 kg/m³，有机成分高达 85%，极易腐败，污染环境，易招引蚊蝇，应及时进行脱水和妥善处理。栅渣的处置方法包括填埋、焚烧以及堆肥等，也可将栅渣粉碎后再返回废水中，作为可沉固体进入初沉池。

筛网是由穿孔滤板或金属网构成的过滤设备，用于去除较细的悬浮物，一般废水先经过格栅截留大尺寸杂物后再用筛网过滤，收集的筛余物运至处置区填埋或与城市垃圾一起处理，当有回收利用价值时，可送至粉碎机或破碎机磨碎后再用。筛网按网眼尺寸可分为粗筛网（≥1 mm）、中筛网（0.05～1 mm）和微筛网（≤0.05 mm）。

（二）沉淀法

沉淀法的基本原理是利用重力作用使废水中重于水的固体物质下沉，从而达到与废水分离的目的，这种工艺在废水处理中应用广泛，主要应用于：在沉砂池去除无机砂粒；在初次沉淀池去除重于水的悬浮物；在二次沉淀池去除生物处理出水中的生物污泥；在混凝工艺之后去除混凝形成的絮凝体；在污泥浓缩池中分离污泥中的水分，浓缩污泥。

进入沉淀池的水通过进水槽和孔口流入池内，在池子澄清区的半高处均匀地分布在整个宽度上。水在澄清区内缓缓流动，水中悬浮物逐渐沉向池底。沉淀池末端设有溢流堰和出水槽，澄清水溢过堰口，通过出水槽排出池外。如水中有浮渣，堰口前需设挡板及浮渣收集设备。在沉淀池底部设有污泥斗，池底污泥在刮泥机的缓慢推动下刮入污泥斗内。污泥斗内设有排泥管，开启排泥阀时，泥渣便由排泥管排出池外。按水流方向划分，沉淀池可以分为平流式、辐流式、竖流式、斜板式 4 种，它们各具特点，可适用于不同的场合。

（三）气浮法

当水中杂质密度较小，不易于沉淀时，可以借助于水的浮力，使水中污染物浮出水面，然后用机械加以刮除，从水中去除。其原理是通过某种方法使水中产生大量的微气泡，使其与废水中密度接近于水的固体或液体污染物微粒黏附，形成密度小于水的气浮体，在浮力的作用下，上浮至水面形成浮渣，进行污染物的分离。气浮法是一种常用的固-液分离或液-液分离的技术，在水处理中，用于从水中去除相对密度小于1的悬浮物、油类和脂肪。

气浮法的去除效果与水中污染物微粒和气泡的黏附作用密切相关，如果污染物质是乳化油或是弱亲水性悬浮物，直接在水中进行微气泡气浮就可得到很好的去除效果。如果污染物质是强亲水性物质，就必须先投加浮选药剂，将粒子表面转变为疏水性，然后再进行气浮，处理效果会更明显。

气浮法产生气泡的方法一般分两种：一是溶气法，将气体压入盛有废水的溶气罐中，在水-气充分接触下，使气在水中溶解并达到饱和，故又称加压溶气气浮；二是散气法，主要采用多孔的扩散板曝气和叶轮搅拌产生气泡。在废水处理中，多采用溶气法。

（四）过滤法

过滤是去除悬浮物，特别是去除浓度比较低的悬浊液中微小颗粒的一种有效方法。过滤时，含悬浮物的水流过具有一定孔隙率的过滤介质（滤料），水中悬浮物被截留在滤料表面和滤料孔隙内，从而达到水中污染物去除的目的。按过滤速度的不同，过滤过程分为慢滤和快滤，慢滤单位时间处理水量少，效率低，但出水水质较高；快滤过程效率高，为常用的水处理设备。

滤池主要包括进出水系统（进出水的管路和阀门）、过滤系统（滤料层和承托层）和反冲洗系统（反冲洗配水系统和冲洗水排出系统）。过滤池内容纳滤料的部分称为滤床，滤料堆积在滤床内，滤料颗粒之间存在空隙，滤料颗粒尺寸越大，滤料之间的空隙越大。在过滤过程中发现，不但大颗粒污染物可以被滤床截留，颗粒小于滤料之间空隙的污染物，也可以被滤床截留，说明过滤过程不仅仅包括机械筛分作用，还存在水中悬浮物颗粒和滤料颗粒之间的黏附作用。

随着过滤过程逐渐进行，滤床内容纳的污染物越来越多，滤料之间空隙受到截留污染物的堵塞作用越来越明显，过滤水量和滤速逐渐降低，此时应该对滤池进行反向冲洗，其目的是清除滤床中所截留的污染物，使滤池恢复过滤能力。快滤池的冲洗方法包括高速水流反冲洗、气-水联合反冲洗和表面助冲加高速水流反冲洗。

过滤设备主要包括普通快滤池、虹吸滤池、V形滤池、无阀滤池等。

二、化学处理法

化学处理法是利用化学反应的原理及方法来分离或回收水中的污染物，或是改变污染物的性质，使其无害化的一种处理方法。化学法处理的对象主要是废水中可溶解的无机物和难以生物降解的有机物或胶体物质。主要方法有中和、混凝、化学沉淀、氧化还原等。

（一）中和法

中和法是利用化学酸碱中和的原理消除废水中过量的酸和碱，使其 pH 值达到中性或接近中性的过程。处理含酸废水时通常以碱或碱性氧化物为中和剂，而处理碱性废水时则以酸或酸性氧化物作中和剂。对于中和处理，首先应当考虑以废治废的原则，例如，将酸性废水与碱性废水相互中和，或者利用废碱渣（电石渣、碳酸钙碱渣等）中和酸性废水。在没有这些条件时，才采用药剂（中和剂）中和处理法。

中和处理方法因废水的酸碱性不同而不同。对酸性废水，主要有酸性废水和碱性废水相互中和、药剂中和和过滤中和三种方法；而对碱性废水，主要有碱性废水和酸性废水相互中和、药剂中和、烟道气中和三种。在废水中和时，如将 pH 值由中性或酸性调至碱性，称为碱化；如将 pH 值由中性或碱性调至酸性，称为酸化。

（二）混凝法

混凝是在废水中预先投加化学药剂来破坏胶体的稳定性，使废水中的胶体和细小悬浮物聚焦成可分离性的絮凝体，再加以分离除去的过程。常用的混凝剂、助凝剂有硫酸铝、氯化铝、铝酸钠、聚合氯化铝、聚合硫酸铝等。

混凝包括两个阶段：混合和絮凝。混合过程往往需要剧烈搅拌，需要将废水和药剂快速混合，同时保证药剂充分水解，得以发挥作用；絮凝过程是水中悬浮物和胶体受到药剂作用而聚集，进而形成肉眼可见絮体的过程。

混凝过程往往受到原水水质（如悬浮物浓度、pH 值、受有机物污染程度等）和温度的影响，有时受到低温影响，添加混凝剂处理效果不明显时，可以添加一些高分子助凝剂提高处理效果，如活化硅酸、聚丙烯酰胺等。

（三）化学沉淀法

化学沉淀法是向水中投加某些化学药剂（沉淀剂），使之与水中溶解性物质发生化学反应，生成难溶化合物，再进行固液分离，从而去除废水中污染物的方法。利用此法可在废水处理中去除重金属（如 Hg、Zn、Cd、Cr、Pb、Cu 等）和某些非金属离子态污染物，对于危害性极大的重金属废水，虽然有许多处理方法，但是化学沉淀法仍然是最为重要的一种。根据使用的沉淀剂的不同和生成的难溶盐的种类，化学沉淀法可分为氢氧化物沉淀法、硫化物沉淀法和钡盐沉淀法等。

针对污染水体中磷的去除，也常采用化学沉淀法，通过向污水中投加化学药剂，使水中溶解态磷酸盐发生化学反应，生成不溶性固体沉淀物，再从污水中分离去除。化学除磷的方法主要包括：混凝剂除磷（包括铝盐除磷和铁盐除磷）和石灰除磷等。

（四）氧化还原法

利用某些溶解于废水中的有毒有害物质在氧化还原反应中能被氧化或被还原的性质，把它们转化成无毒无害或微毒的新物质，或者转化成容易从水中分离排除的形态（气体或固体），从而达到处理的目的，这种方法称为氧化还原法。

废水的氧化还原法分为氧化法和还原法两大类。化学氧化法就是向废水中投加氧化剂，将废水中的有毒、有害物质氧化成无毒或毒性小的新物质，或者氧化成容易从水中分离和排除的形态（固态或气态），从而达到处理的目的。废水中的有机物（如色、臭、味、COD）及还原性无机离子（CN^-、S^{2-}、Fe^{2+}、Mn^{2+}）都可通过氧化法消除其危害。常用的氧化剂有氯类和氧类两种：前者包括液氯、次氯酸钠、次氯酸钙（漂白粉）、二氧化氯等；后者中有氧、臭氧、过氧化氢、高锰酸钾等。还原法是向废水中投加还原剂，将废水中的有毒有害物质还原成无毒或毒性小的新物质的方法。目前，还原法主要用于去除废水中的 Cr^{6+}、Hg^{2+} 等重金属离子。常用的还原剂有硫酸亚铁、氯化亚铁、铁屑、锌粉、二氧化硫、硼氢化钠等。

消毒过程是氧化处理法的一种特殊应用，为落实饮用水的安全保障，在生活饮用水处理过程中，消毒是必不可少的过程。消毒并非要把水中微生物全部消灭，而是要消除水中致病微生物的致病作用。水处理中常用的消毒剂往往都是强氧化剂，利用其氧化性将病原微生物灭活或氧化。液氯消毒经济有效，使用方便，应用最为广泛。但自 20 世纪 70 年代发现，受污染水经氯消毒后往往会产生一些有害健康的副产物，如三卤甲烷，此后人们便重视了其他消毒剂或消毒方法的使用，如二氧化氯消毒、臭氧消毒等。

三、生物处理法

自然界中，栖息着巨量的微生物，这些微生物具有氧化分解有机物的能力，并将其转化成稳定无害的物质。生物处理法就是利用微生物氧化分解有机物的这一功能，并采取一定的人工措施，创造有利于微生物生长、繁殖的环境，使微生物大量增殖，以提高其氧化分解有机物效率的一种废水处理方法，使废水得以净化。根据采用的微生物的呼吸特性，生物处理可分为好氧生物处理和厌氧生物处理两大类；根据微生物的生长状态，生物处理法主要分为悬浮生长型（如活性污泥法）和附着生长型（如生物膜法）。

（一）好氧处理

是利用好氧微生物在有氧环境下，把污水中的有机物分解为简单的无机物。其处理方法有活性污泥法、生物膜法（生物滤池、生物转盘和生物接触氧化）。好氧生物处理法处理效率高，使用广泛，是废水生物处理中的主要方法。

1. 活性污泥法

活性污泥法是以活性污泥为主体的污水生物处理技术，活性污泥的本质是具有强大生命力的微生物群体（包括细菌类、真菌类、原生动物、后生动物等多种微生物群体，可形成相对稳定的小型生态系统），在微生物群体新陈代谢功能作用下，能将有机污染物转化为稳定无机物质，同时消耗水中氧气，从而使污水得到净化。活性污泥反应不仅使污水中有机污染物得到降解和去除，由于微生物的繁衍增殖，活性污泥本身也得到增长。

人工的活性污泥处理系统，实质上是自然界水体自净的人工模拟，不是简单的模拟，而是一种人工强化的模拟，该系统以曝气池作为核心处理设备，同时配有二次沉淀池、污泥回流系统和曝气系统。其基本流程如图 4-2 所示，经过初次沉淀或水解酸化的污水进入曝气池，与池内活性污泥发生反应，此外，从空压机站送来的压缩空气经过曝气系统，以细小气泡的形式向污水充氧，并使活性污泥与污水充分混合。经过活性污泥净化的混合液（污水、活性污泥与空气相互混合形成的液体）由曝气池流出进入二次沉淀池，通过沉淀将活性污泥与水分离，澄清后的污水作为处理水排出系统，经过沉淀浓缩的污泥从沉淀池底部排出，其中一部分回流曝气池，多余的一部分则作为剩余污泥排出系统。

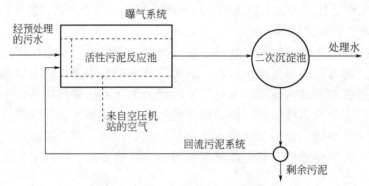

图 4-2　活性污泥法系统基本流程

2．生物膜法

生物膜法处理的实质是使细菌等微生物附着在滤料或某些载体上生长繁殖，并在其上形成膜状生物污泥。污水与生物膜接触，污水中的有机污染物作为营养物质，被生物膜上的微生物所摄取，从而使污水得到净化，微生物自身也得到繁衍增殖。生物膜是高度亲水的物质，在污水不断在其表面更新的条件下，其外侧总是存在着一层附着水层。生物膜又是微生物高度密集的物质，在膜的表面和一定深度的内部生长繁殖着大量的各种类型的微生物和微型动物，并形成有机污染物—细菌—原生动物（后生动物）的食物链，也是一个相对稳定的小型生态系统。

目前属于生物膜法的处理工艺主要有生物滤池（包括生物滴滤池、曝气生物滤池等）、生物转盘、生物接触氧化设备和生物流化床等。

（二）厌氧处理

利用厌氧菌在无氧条件下，将有机污染物降解为甲烷、小分子挥发酸、二氧化碳等，多用于有机污泥、高浓度有机工业废水等的处理，如啤酒废水、屠宰场废水等的处理，也可用于低浓度城市污水的处理。当处理城市污水厂产生的剩余污泥时，厌氧构筑物多采用消化池，最近几十年来，研究者开发出一系列新型高效的厌氧处理构筑物，如厌氧滤池（AF）、升流式厌氧污泥床（UASB）、厌氧流化床（AFB）等。与好氧生物处理技术相比，厌氧生物处理具有有机负荷高、污泥产量低、能耗低、营养物需要量少、应用范围广等优势，但厌氧处理设备启动时间长、微生物增殖缓慢、出水水质难以达标，往往在厌氧处理后需要串联好氧处理。

四、其他处理方法

（一）吸附法

吸附法是利用多孔性的固体物质，利用固、液相界面上的物质传递，使水中一种或多种物质被吸附在固体表面，从而使之从废水中分离去除的方法。具有吸附能力的多孔固体物质称为吸附剂，根据吸附剂表面吸附力的不同，可以分为物理吸附、化学吸附和离子交换性吸附，在废水处理中所发生的吸附过程往往是几种吸附作用的综合表现。废水常用的吸附剂有活性炭、沸石等。

吸附剂可以吸附去除多种污染物质，同时吸附剂存在吸附容量，当吸附达到饱和后，需要将吸附剂排出吸附设备后进行再生。因此常用于污染物浓度不高，或含有难降解有机物的废水，当废水中污染物浓度较高时，常将吸附法配合其他处理方法一起使用。

（二）离子交换法

离子交换法是指在固体颗粒和液体的界面上发生的离子交换过程，离子交换水处理法即利用离子交换剂对物质的选择性交换能力去除水和废水中的杂质和有害物质的方法。水处理用的离子交换剂主要有离子交换树脂和磺化煤两类。离子交换树脂是由空间网状结构骨架（即母体）与附属在骨架上的许多活性基团所构成的不溶性高分子化合物。其中，活性基团遇水电离，分成固定部分和活动部分，固定部分仍与骨架牢固结合，不能自由移动，成为固定离子；而活动部分能在一定空间内自由移动，称为可交换离子或反离子。根据可交换离子的符号，离子交换树脂分为阳离子交换树脂和阴离子交换树脂。

离子交换的实质是可交换离子与溶液中的其他同性离子之间的交换反应，是一种特殊的吸附过程，也称可逆性化学吸附。广泛应用于水的软化、水中重金属的去除（如铬、汞、锌、镍、铜的去除）以及电镀含氰废水，处理废水同时可对废水中的有价值的物质进行回收。

（三）膜分离法

可使溶液中某些成分不能透过，而其他成分能透过的膜，称为半透膜。膜分离是利用特殊的半透膜的选择性透过作用，将废水中的颗粒、分子或离子与水分离的方法，根据所需分离物质的尺寸大小，需要膜表面具有不同的孔径，按膜孔径大小，膜分离过程主要包括微滤、超滤、纳滤和反渗透。膜分离过程需要外加压力作为驱动力，来完成水的过膜过程，由于膜的截留作用，废水中的杂质截留在膜表面，水透过膜孔，从而得到处理。膜分离过程的本质是一种表面过滤过程，随着过滤的进行，膜表面杂质不断积累，膜孔的堵塞作用也越来越明显，此时需要对膜表面进行清洗恢复。

五、典型给水处理和废水处理流程

水中的污染物是多种多样的，只用一种方法把水中所有的污染物质去除干净是不现实的，在实际生产生活中，需要把几种不同的处理方法组成处理系统和处理流程，才能达到处理要求。

水的处理流程主要分为给水处理流程和废水处理流程。给水处理流程主要针对天然水体，人们从自然界取水，通过必要的方法，将水中的杂质去除，使之满足生活饮用或工业使用要求。而废水处理流程主要针对城市污水或工业废水，将这些污水和废水排放到自然环境之前，需要进行一系列的处理，以达到环境保护的标准和要求。给水处理和废水处理水源不同，水中所含的污染物质不同，涉及的处理方法和流程也有所不同。

（一）典型给水处理流程

在给水处理中，处理对象主要是水中悬浮物和胶体杂质，同时需要对水中致病微生物进行灭活。有的处理方法除了具有某一特定的处理效果外，往往也直接或间接地兼收其他处理效果。

我国以地表水为水源的水厂，主要采用"混凝—沉淀—过滤—消毒"的生活饮用水常规处理工艺（图4-3）。可根据水源水质不同，增加或减少某些处理构筑物，如当原水中臭和味严重时，常规工艺无法达到水质要求，此时可增加一些特殊处理方法进行深度处理，如果是水中有机物所产生的臭和味，可采用活性炭吸附或氧化法去除；对溶解性气体或挥发性有机物产生的臭和味，可采用曝气法去除；因藻类繁殖而产生的臭和味，可采用微滤或气浮的方法去除藻类；因溶解盐类所产生的臭和味，可采用膜分离或离子交换等除盐方法等。对污染水源的水处理过程，往往采用不同方法的组合，从而取得一定的协同作用效果，如常用的臭氧-生物活性炭工艺（图4-4）。

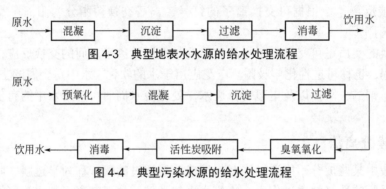

图4-3　典型地表水水源的给水处理流程

图4-4　典型污染水源的给水处理流程

（二）典型废水处理流程

按照废水处理程度的不同，废水处理可以分为一级处理、二级处理和三级处理或深度处理。

一级处理主要是预处理，多采用物理方法或简单的化学方法（如初步中和酸碱度），主要分离水中的悬浮固体物、胶状物、浮油或重油等，一级处理的处理程度低，一般达不到规定的排放要求，尚须进行二级处理。

二级处理主要是大幅去除可生物降解的有机溶解物和部分胶状物的污染，通常采用活性污泥法、生物膜法等生物处理方法，废水经过二级处理之后，一般可达到排放标准，但可能会残存有微生物以及不能降解的有机物和氮、磷等无机盐类。

三级处理是在一级、二级处理后，进一步处理难降解有机物和含氮、磷等能够导致水体富营养化的污染物。主要方法有生物脱氮除磷法、混凝沉淀法、砂滤法、活性炭吸附法、膜分离等。三级处理是深度处理的同义语，但二者目的不完全相同，三级处理常用于二级处理之后，以满足排放标准，而深度处理则以污水回收再利用为目的，是在一级或二级处理后增加的工艺，以满足不同的回用需求。污水再利用的范围很广，从工业上的重复利用、水体的补给水源到成为生活用水等。

城市污水处理的典型流程如图 4-5 所示。

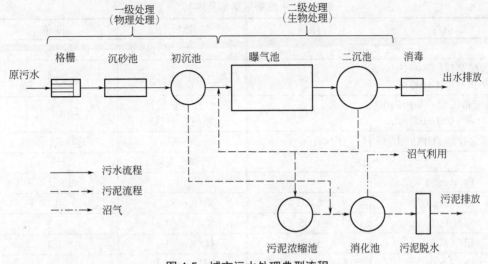

图 4-5　城市污水处理典型流程

六、水处理所达到的标准

水质标准是评价水处理过程的重要依据，水处理所要达到的标准主要包括用水水质标准和污水排放标准。

用水水质标准是用水对象（包括饮用和工业用水对象等）所要求的各项水质参数应达到的限制，各种用户都对水质有特定的要求，就产生了各种用水的水质标准，主要可分为国际标准、国家标准、地区标准、行业标准和企业标准等不同等级。

污水排放标准制定的目标是对排放的污染物进行控制，当污染物排放量低于受纳水体的自净能力，则水体质量不会下降，这是制定污水排放标准的基本出发点。因此，水污染排放标准制定的基础是我国《地表水环境质量标准》（GB 3838—2002），其主要内容参见本章第二节。受纳水体功能区不同，执行不同的排放标准，高功能区执行高标准，低功能区执行低标准，保证受纳水体生态平衡，保证污染物降解，水体自净。

本节主要介绍我国国家生活饮用水卫生标准和城镇污水处理厂污染物排放标准。

（一）生活饮用水卫生标准

生活饮用水一般指人类引用和日常生活用水，包括个人卫生用水，但不包括水生物用水和特殊用途的水，它是由一系列的水质参数和相应的限制值组成。生活饮用水水质标准的制定主要根据人们终生用水的安全来考虑，主要基于三个方面来保障饮用水的卫生和安全，即水中不得含有病原微生物，水中所含化学物质及放射性物质不得危害人体健康，水的感官性状良好。从上述要求出发，可以将生活饮用水标准的水质指标分为微生物学指标、水的感官性状指标和一般化学指标、毒理学指标和放射性指标四大类。

我国采用的生活饮用水水质标准为 2022 年由国家市场监督管理总局与国家标准化管理委员会发布的《生活饮用水卫生标准》（GB 5749—2022，该标准为强制标准，由水质常规指标、饮用水中消毒剂常规指标、水质扩展指标与水质参考指标组成。表 4-9 给出了《生活饮用水卫生标准》（GB 5749—2022）中水质常规指标及限制。

表 4-9　水质常规指标及限制

指标	限值	指标	限值
1. 微生物指标①		3. 感官性状和一般化学指标	
总大肠菌群/（MPN/100 mL）或（CFU/100 mL）	不得检出	色度（铂钴色度单位）	15
大肠埃希氏菌/（MPN/100 mL）或（CFU/100 mL）	不得检出	浑浊度②（散射浊度单位）/NTU	1
菌落总数②/（CFU/mL）	100	臭和味	无异臭、异味
2. 毒理指标		肉眼可见物	无
砷/（mg/L）	0.01	pH	不小于6.5且不大于8.5
镉/（mg/L）	0.005	铝/（mg/L）	0.2
铬（六价）/（mg/L）	0.05	铁/（mg/L）	0.3
铅/（mg/L）	0.01	锰/（mg/L）	0.1
汞/（mg/L）	0.001	铜/（mg/L）	1.0
氰化物/（mg/L）	0.05	锌/（mg/L）	1.0
氟化物②/（mg/L）	1.0	氯化物/（mg/L）	250
硝酸盐（以 N 计）②/（mg/L）	10	硫酸盐/（mg/L）	250
三氯甲烷/（mg/L）	0.06	溶解性总固体/（mg/L）	1000
一氯二溴甲烷/（mg/L）	0.1	总硬度（以 $CaCO_3$ 计）/（mg/L）	450
二氯一溴甲烷/（mg/L）	0.06	高锰酸盐指数（以 O_2 计）/（mg/L）	3
三溴甲烷/（mg/L）	0.1	氨（以 N 计）/（mg/L）	0.5
三卤甲烷（三氯甲烷、一氯二溴甲烷、二氯一溴甲烷、三溴甲烷的总和）	该类化合物中各种化合物的实测浓度与其各自限制的比值之和不超过 1	4. 放射性指标③	指导值
二氯乙酸/（mg/L）	0.05	总 α 放射性/（Bq/L）	0.5
三氯乙酸/（mg/L）	0.1	总 β 放射性/（Bq/L）	1
溴酸盐（使用臭氧时）/（mg/L）	0.01		
亚氯酸盐（使用二氧化氯消毒时）/（mg/L）	0.7		
氯酸盐（使用二氧化氯消毒时）/（mg/L）	0.7		

① MPN 表示最可能数，CFU 表示菌落形成单位。当水样检出总大肠菌群时，应进一步检验大肠埃希氏菌或耐热大肠菌群，水样未检出总大肠菌群，不必检验大肠埃希氏菌。

② 小型集中式供水和分散式供水因水源与净水技术受限时，菌落总数指标限制按 500 MPN/mL 或 500 CFU/mL 执行，氟化物指标限制按 1.2 mg/L 执行，硝酸盐（以 N 计）指标限制按 20 mg/L 执行，浑浊度指标限制按 3 NTU 执行。

③ 放射性指标超过指导值，应进行核素分析和评价，判定能否饮用。

（二）城镇污水处理厂污染物排放标准

2002 年，我国颁布了《城镇污水处理厂污染物排放标准》（GB 18918—2002），标准根据污染物的来源及性质，将污染物控制项目分为基本控制项目和选择控制项目两类。基本控制项目主要包括影响水环境和城镇污水处理厂一般处理工艺可以去除的常规污染物，以及部分一类污染物，共 19 项。选择控制项目包括对环境有较长期影响或毒性较大的污染物，共计 43 项。基本项目必须执行，选择控制项目由地方环境保护行政主管部门根据污水处理厂接纳的工业污染物的类别和水环境质量要求选择控制。

根据城镇污水处理厂排入地表水域环境工程和保护目标，以及污水处理厂的处理工艺，将基本控制项目的常规污染物标准值分为一级标准、二级标准和三级标准，一级标准又分为 A 标准和 B 标准。目前我国多数城镇污水处理厂均采用或超过一级 A 标准。基本控制项目最高允许排放浓度见表 4-10,部分一类污染物最高允许排放浓度见表 4-11。

表 4-10　基本控制项目最高允许排放浓度（日均值）

序号	基本控制项目		一级标准		二级标准	三级标准
			A 标准	B 标准		
1	化学需氧量（COD）/（mg/L）		50	60	100	120
2	生化需氧量（BOD_5）/（mg/L）		10	20	30	60
3	悬浮物（SS）/（mg/L）		10	20	30	50
4	动植物油/（mg/L）		1	3	5	20
5	石油类/（mg/L）		1	3	5	15
6	阴离子表面活性剂/（mg/L）		0.5	1	2	5
7	总氮（以 N 计）/（mg/L）		15	20		
8	氨氮（以 N 计）/（mg/L）		5（8）	8（15）	25（30）	
9	总磷（以 P 计）/（mg/L）	2005 年 12 月 31 日前建设	1	1.5	3	5
		2006 年 1 月 1 日起建设的	0.5	1	3	5
10	色度（稀释倍数）		30	30	40	50
11	pH 值		6~9			
12	粪大肠菌群数/（个/L）		10^3	10^4	10^4	

表 4-11　部分一类污染物最高允许排放浓度（日均值）　　　　单位：mg/L

序号	项目	标准值	序号	项目	标准值
1	总汞	0.001	5	六价铬	0.05
2	烷基汞	不得检出	6	总砷	0.1
3	总镉	0.01	7	总铅	0.1
4	总铬	0.1			

（三）其他水质标准与要求

除生活饮用水水质标准和城市污水处理厂排放标准外，还存在其他不同的水质标准，主要包括不同产业行业的用水标准、不同行业的排放标准以及不同区域的地方标准等。

1．其他用水的水质标准

《城市污水再生利用 城市杂用水水质》（GB/T 18920—2020），用于厕所冲洗、城市绿化、洗车、建筑施工等；游泳池用水水质标准。

各种工业种类繁多，对用水要求也不尽相同，例如电子工业对水质要求极为严格，要求使用超纯水，而一般工业冷却用水对水质要求则十分宽松。因此各工业行业从保证产品质量和保障生产正常运行的角度，制定相应的水质标准，表 4-12 列出的是一些工业用水的主要水质要求。

表 4-12　部分工业用水水质要求

项目	单位	工业名称				
		造纸（高级纸）	合成橡胶	制糖	纺织	胶片
浊度	mg/L①	5	5	5	5	2
色度	度	5	—	10	10～12	2
硫化氢	mg/L	—	—	—	—	—
总硬度	（CaO）mg/L	30	10	50	20	30
高锰酸盐指数	mg/L	10	—	10	—	—
铁	mg/L	0.05～0.1	0.05	0.1	0.25	0.07
锰	mg/L	0.1	—	—	0.1	—
硅酸	mg/L	20	—	—	—	25
氯化物	mg/L	75	20	20	100	10
pH		7	6.5～7.5	6～7	—	6～8
总含盐量	mg/L	100	100	—	400	100

① 较早期标准中采用的浊度单位。

2．其他排放标准

我国于 1996 年推出了新的《污水综合排放标准》（GB 8978—1996），包含了控制工业污染源和生活污水的所有污染源，适用于现有单位水污染物的排放管理、一级建设项目的环境影响评价、建设项目环境保护设施设计、竣工验收及其投产后的排放管理。

随着我国新的环保政策不断推出，污染相对较重的工业企业相继推出了国家行业水污染排放标准，如造纸工业、纺织和印染工业、肉类加工工业、钢铁工业等，行业标准内的相关指标会高于《污水综合排放标准》，此时应按行业标准执行。当工业企业产生的废水无法就近排入受纳水体时，需要将废水排入城市污水管道，此时需要遵循《污水排入城镇下水道水质标准》（GB/T 31962—2015）。

此外，根据不同区域水环境质量、受纳水体功能和地方实际经济状况，不同区域往往存在不同的地方标准，地方标准中污染物排放的最高限值不应高于国家《污水综合排放标准》和《城镇污水处理厂污染物排放标准》。不同地区的排污企业，应按照有关法律法规，对涉及的排污项目执行相对严格的指标限值。

水体修复技术

一、水体污染生态修复技术

20 世纪 60 年代初期，美国生态学家奥德姆首次提出"生态工程"的概念，并定义为："人类用少量附加能量去控制那些仍然以自然资源为主要动力的环境系统。"生态工程技术主要的原理是应用生态系统的结构与功能协调，应用系统工程方法，生态工程建设与治污工程并举，对物质分解、转化、富集与再生等，达到资源多层次和循环利用效果。目前，生态工程技术常用于水体污染控制、流域生态修复、强化物质循环，是一种实用且有效的污染控制方法。根据国内外水体污染生物-生态治理修复技术调研分析，目前主要的水体污染生态修复技术有滨岸缓冲带技术、人工湿地技术、生态浮床技术、生态稳定塘技术等。

（一）滨岸缓冲带技术

缓冲带全称为保护缓冲带，是指靠近河边植物群落包括其组成、植物种类及土壤湿度等同高地植被明显不同的地带，也就是直接受河溪影响的植被地带（图 4-6）。

图 4-6　滨岸缓冲带示意图

滨岸缓冲带是陆地生态系统和水生生态系统交错带的一种类型，是湿地的组成部分之一，在滨岸生态系统中发挥着重要的作用，具有较高的生态、社会和经济价值。滨岸缓冲带以植被作为其存在的主要标志，通过缓冲带上的植物、土壤、微生物的协同作用，对农田地表径流、排放废水、地下径流中携带的营养物质、沉积物、有机质等污染物质，在进入水体之前发生净化、过滤的缓冲作用，降低了污染源与受纳水体之间的联系，形成一个截留、阻碍污染物质进入水体的生物和物理屏障，从而减少径流污染物进入地表水体，并且可以截留固体颗粒物进入河流、湖泊等接纳水体，从而达到改善水质的目的。

植被缓冲带的建设一般只需要对河岸湿生陆生区域进行简单改造，种植草本、灌木、乔木等植物，其建设、运行和维护管理成本较低，而且对当地原有生态系统和环境基本不造成破坏。尽管滨岸缓冲带有很多的优点，但其管理常会干预到农民的私人用地，可能会产生不被农民接受的情况，主要原因在于，推广缓冲带技术将会占用相当部分农田，从而减少农民收入。

（二）人工湿地技术

人工湿地作为湿地的一种，被广泛关注并应用于水体污染控制，其主要依据的是土地处理系统和水生植物处理污水的原理，利用自然生态系统中的物理、化学和生物三种协同作用，通过人工种植水生植物，使水生植物和土壤微生物之间形成一种具有湿地性质的、近自然的污水处理生态系统，从而实现污水的净化（图4-7）。

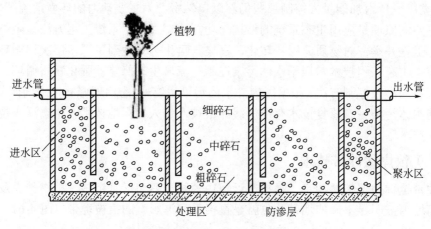

图 4-7 人工湿地示意图

人工湿地通常在一定的填料上种植特定的湿地植物，从而建立起一个人工湿地生态系统，当污水通过该系统时，其中的污染物质和营养物质被微生物等吸收或分解，使水质得到净化。此外，湿地水生植物根系也可吸附水体中富营养化物质，并通过根系过滤拦截水中的泥沙等颗粒物质，从而起到净化水质、控制污染、修复水生生态系统的作用。良好的生态环境也可以为鸟类、昆虫、两栖动物等提供生存空间，以此来形成一个完整而稳定的接近自然的水体生态净化系统。人工湿地可有效去除多种污染物，包括有机物（BOD、COD）、悬浮物、氮、磷、微量金属和病原体等。其污染物去除效率与季节、污染负荷、湿地系统类型、水停留时间、溶解氧、pH 值等条件有关。

人工湿地具有水污染处理效果好、氮磷去除能力强、运转维护管理较为简单、工程基建和运行费用较低、对负荷变化适应能力强等特点，在处理污水的同时，也具有一定景观效应。人工湿地是一个完整的生态系统，它形成了内部良好的循环并具有较好的经济效益和生态效益。其缺点是：建设占地面积大，建设时需要开挖并填充基质，会对当地原有生态系统造成破坏和影响；而且运行中需要有前处理系统去除较大粒径颗粒物和漂浮物，否则易产生堵塞现象，影响其生命周期。

（三）生态浮床技术

生态浮床（图4-8），也称为生态浮岛，它以人工浮岛为载体，移植水生植物或陆生植物到载体上，植物上部漂浮于水面，根部在水中。其内涵是运用无土栽培技术原理，以可漂浮材料为基质或载体，采用现代农艺和生态工程措施综合集成的水面无土种植植物技术，可将原来只能在陆地种植的高等陆生植物种植到自然水域水面，并能获得与陆地种植相仿甚至更高的收获量和景观效果。依据此概念，"人工生物浮床""人工浮岛""浮床无土栽培"等都属于生态浮床的范畴。生态浮床的构建一般要满足抗风浪、耐老化、轻便及可拆卸等特点。

图 4-8　生态浮床示意图

生态浮床具有净化水体、美化环境、保护生物多样性，以及在特定浮床植物配置下创造经济收益等功能，目前被广泛认为是一种水环境治理和水生态修复兼顾的实用技术。植物的存在是浮床系统水质净化作用的关键，其净化过程主要通过植物对水体内污染物的吸收转化、根系周围微生物降解、物理截留过滤等作用来实现。同时，它还通过根部吸附水体中的污染物质并传输氧气进入水体，从而达到净化水质的目的。

生态浮床的优点在于：可以有效净化水体中的污染物质；可以节约土地面积，灵活地增加水体植物量；还可以针对具体的水环境，调节浮岛深度，以提升不同植物的适应性。国内外很多人工景观水体运用了该技术，不仅增加了景观效果，也达到了净化水体的目的。生态浮床的缺点在于：不能进行标准化的推广，需要对特定的物理情况和环境因素制定相匹配的浮床和浮床上的移栽植物。生态浮床需要人工进行操作，很难进行机械化的维护和处理，在大面积的水域上，人工很难进行及时操作。而且生态浮岛上的植物大多数不能过冬，需要及时对枯萎的植物进行收割以免植物腐败之后营养物质重新进入水体。

（四）生态稳定塘

生态稳定塘（图 4-9）又称为氧化塘、生物塘或生态调蓄塘，是指利用天然或人工开挖的一定体积的池塘，用于收集降雨和灌溉之后产生的地表径流，并利用其中生长的植物-微生物生态系统，对径流水体的水量和水质进行稳定和处理。是一种利用天然净化能力对排水污染物进行生物-生态处理的池塘系统的总称。其净化过程与自然水体的自净过程相似，通常是利用已有的池塘、鱼塘，或将土地进行适当的人工修整而新建的池塘等，种植挺水、沉水、浮叶和漂浮等全系列水生植物，构建稳定的池塘水生态系统，依靠物理沉降过滤、水生植物吸收、微生物降解等协同作用来达到去除水体氮、磷等污染物的目的。

在平原河网地区，农田和河流、湖泊附近，有众多的小型池塘、洼地和鱼塘，可以适当改造收集、滞留农田径流和沟渠排水，在规模化种植和农业园区，可以依据地形并配合生态沟渠建设一个或多个生态稳定塘。生态稳定塘的深度一般为 1～2m，从浅水区向深水区过渡，依次种植挺水植物、沉水植物，并依靠水生植物和微生物的作用，综合净化接纳的农田排水中氮、磷等污染物质。一般农田排水生态稳定塘的面积可以为服务农田面积的 3%～4%，其对氮、磷的吸收效果因雨季和非雨季以及停留时间的差异而不同，不同季节、不同停留时间下，总氮的去除率为 15%～55%，总磷的去除率为 12%～60%。

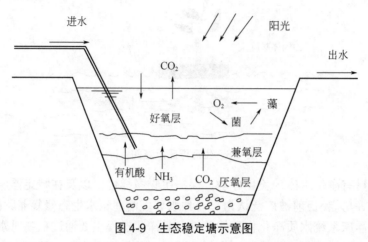

图 4-9　生态稳定塘示意图

生态稳定塘技术具有基建投资和运转费用较低，维护和维修简单，便于操作，能有效去除污水中的有机物和病原体，实现污水资源化，无需污泥处理，且能暂时储存径流水等优点，方便用于周边农田和植被的灌溉。其缺点是：稳定塘污水处理效果受气候影响大，且自然沟塘基本无法满足全部收集地表径流的要求，人工开挖的生态稳定塘如要更多收集降雨和灌溉径流水、提高污染物净化效果，必须延长水力停留时间，如此就需要较大的开挖工程量，且会对当地生态系统造成一定破坏，恢复和重新构建稳定生态系统需要一定的周期。

二、地下水修复技术

当前，我国地下水污染主要呈现盐渍化、酸化程度高，微量有机污染、重金属污染严重超标的特点，且多地出现复合型污染。我国地下水污染防治及其研究起步较晚，污染范围较大，需要根据污染水体的实际情况，科学合理地运用各修复技术，开展积极防治。

地下水污染往往与土壤污染密切相关，故土壤-地下水常采用协同技术共同修复和治理。

（一）地下水原位修复

原位修复即是直接在污染场地就地修复，主要包括气相抽提技术、渗透反应墙技术、电动修复技术、原位化学修复、微生物修复技术等。

1. 气相抽提技术

利用真空泵和井，在受污染区域利用负压诱导或正压产生气流，将吸附态、溶解态或自由相的污染物转变为气相，抽提到地面，然后再进行收集和处理。典型的气提系统包括抽提井、真空泵、湿度分离装置、气体收集装置、气体净化处理装置和附属设备等。

气提技术的主要优点包括：①能够原位操作，比较简单，对周围干扰小；②有效去除挥发性有机物；③在可接受的成本范围内，能够处理较多的受污染地下水；④系统容易安装和转移；⑤容易与其他技术组合使用。在美国，气提技术几乎已经成为修复受加油站污染的地下水和土层的"标准"技术。气提技术适用于渗透性均质较好的地层。

2. 渗透反应墙技术

渗透反应墙（PRB）技术是在污染地下水流的方向上，挖开一条狭长的槽，设置一道填充有反应性材料的可渗透反应屏障来拦截和净化污染羽流。当含有污染物的地下水在天然水力坡度下通过预先设计好的介质时，溶解的有机物、金属、核素等污染物能被降解、吸附、沉淀或去除。零价铁、活性炭和微生物填料是最常见的反应墙填充物质。近年来，国内外学者对渗透反应墙技术进行了广泛研究。与传统的地下水处理技术相比较，PRB技术是一个无需外加动力的被动系统。特别是该处理系统的运转在地下进行，不占地面空间，比原来的泵抽取技术要经济、便捷。PRB一旦安装完毕，除某些情况下需要更换墙体反应材料外，几乎不需要其他运行和维护费用。实践表明，与传统的地下水抽出再处理方式相比，该技术操作费用至少节约30%以上。

3. 电动修复技术

电动修复是指在污染地区上施加直流电，目标污染物在施加电场的影响下，通过电迁移、电渗流和电泳等过程移动至电极附近，最终在电极附近由溶液导出并进行适当的物理或化学处理，达到修复污染场地的目的，是一种绿色修复技术。电极的材料、形状、结构摆放位置、安装方式都会影响电动修复的最终结果。电极应具有导电性好、耐腐蚀、安装方便等优点，因此石墨、铂、钛、不锈钢等就成为常用的电极材料。电动修复技术可以用来清除一些有机污染物和重金属离子，具有环境相容性、多功能适用性、高选择性、适于自动化控制、运行费用低等特点。

4. 原位化学修复

原位化学修复技术是利用化学还原剂将污染环境中的污染物质还原从而去除的方法，多用于地下水的污染治理，是在欧美等发达国家和地区新兴起来的用于原位去除污染水中有害组分的方法，主要修复地下水中对还原作用敏感的污染物，如铬酸盐、硝酸盐和一些氯代试剂，通常反应区设在污染土壤的下方或污染源附近的含水土层中。根据采用的还原剂不同，原位化学修复法可以分为活泼金属还原法和催化还原法。前者以铁、铝、锌等金属单质为还原剂，后者以氢气及甲酸、甲醇等为还原剂，一般都必须有催化剂存在才能使反应进行。

5. 微生物修复技术

微生物修复技术是指利用土著微生物、基因工程菌、外来微生物等将污染物转化为水、二氧化碳或其他无毒化学物质的工程技术手段。地下水中溶解氧含量低、营养物质少，实际修复过程中往往需要提供营养物质和氧源以提高效率。微生物修复技术具有高效低耗等优点，对待修复场地有水力变化梯度小、含水层渗透系数高和岩土分布较均匀等要求。该方法的局限性体现在：微生物分解速率慢、含水层易被堵塞、达到修复目标所需时间长。

（二）地下水异位修复

异位修复是指将受污染的地下水或土壤从发生污染的位置挖掘出来，在原场址范围内或经过运输后再进行治理的技术，主要包括抽出处理技术和多相抽提技术等。

1. 抽出处理技术

抽出处理是采用水泵将地下水抽出来，在地面得到合理的净化处理，并将处理后的水重新注入地下或排入地表水体。抽出处理技术在较均质的地层条件下，对溶解性好的污染物且含量较高的区域，可起到十分优越的处理效果。这种处理方式对抽取出来的水中污染物能够进行高效去除，但不能保证全部地下水尤其是岩层中的污染物得到有效去除。同时，随着抽提的进行，污染物从含水层固相介质向水中的转化速率越来越小，将出现"拖尾"效应；停止抽水修复后，地下水中污染物含量会缓缓上升，产生"反弹"效应。这两种效应，使得地下水水质在短时间内难以到达修复标准，是该技术目前所面临的难题之一。

2. 多相抽提技术

多相抽提技术是将土壤气相技术与地下水提取技术结合后的改良产物，由多相抽提系统、多相分离系统和污染物处理系统组成。其工作原理是利用真空或真空辅助下，将地下污染区域内的气体、地下水和地下非水相液体以气-水混合物的形式抽提至地面储存单元，经处理设施集中处理后排放或做下一步的处置，特别适用于存在非水相液体情形的污染场地修复。多相抽提技术修复效果也受到很多因素的影响，包括场地的渗透系数、土壤含水率、有机质含量、土壤结构以及污染物的生物可降解性等。与其他地下水修复技术相比，多相抽提技术具有可同时处理气相、液相、固相和非水相的污染物，且抽提半径大，修复范围更广等优点，不足之处是不适用于地下水位变化大的区域，应用深度有所限制，所抽提出污染物需要进行分类后才可进行处理。

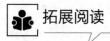 拓展阅读

海绵城市

海绵城市，顾名思义，是指城市能够像海绵一样，在适应环境变化和应对自然灾害等方面具有良好的"弹性"，下雨时吸水、蓄水、渗水、净水，需要时将蓄存的水"释放"并加以利用。通过加强城市规划建设管理，保护和恢复城市海绵体，充分发挥建筑小区、道路广场、公园绿地、河湖水系等生态系统对雨水进行吸纳、蓄渗和缓释作用，从而有效控制雨水径流，实现自然积存、自然渗透、自然净化的城市建设发展模式，进而实现城市水生态、涵养城市水资源、改善城市水环境、提高城市水安全、复兴城市水文化的多重目标。

传统的城市排水系统基本是以末端治理为导向，市政排水设施的建设规模较大，由于种种原因，地下设施的建设总是跟不上地面建设的需求，带来了设施不足、雨污混接等问题。海绵城市建设的技术路线是将传统的"末端治理"转变为"源头减排、过程控制、系统治理"，其技术措施也由原来的单一"快排"转化为"渗、滞、蓄、净、用、排"的耦合作用。

海绵城市建设的总原则是规划引领、生态优先、安全为重、因地制宜、统筹建设。将自然途径与人工措施相结合，在确保城市排水防涝安全的前提下，最大限度地实现雨水在城市区域的积存、渗透和净化，促进雨水资源的利用和生态环境的保护，同时考虑其复杂性和长期性。海绵城市的建设途径主要包括以下方面：

① 对城市原有生态系统的保护 最大限度地保护原有的河流、湖泊、湿地、坑塘、沟渠等水生态敏感区，留有足够涵养水源，应对较大强度降雨的林地、草地、湖泊、湿地，维持城市开发前的自然水文特征，这是海绵城市建设的基本要求；

② 生态恢复和修复 对传统粗放城市建设模式下已经受到破坏的水体和其他自然环境，运用生态的手段进行恢复和修复，并维持一定比例的生态空间；

③ 低影响开发 按照对城市生态环境影响最低的开发建设理念，合理控制开发强度，在城市中保留足够的生态用地，控制城市不透水面积比例，最大限度减少对城市原有水生态环境的破坏，同时，根据需求适当开挖河湖沟渠，增加水域面积，促进雨水的积存、渗透和净化。

低影响开发雨水系统、城市雨水管渠系统和超标雨水径流排放系统是海绵城市建设的重要基础系统。低影响开发雨水系统可以通过对雨水的渗透、储存、调节、转输与截污净化等功能，有效控制径流总量、径流峰值和径流污染；城市雨水管渠系统即传统排水系统，应与低影响开发雨水系统共同组织径流雨水的收集、转输与排放；超标雨水径流排放系统用来应对超过雨水管渠系统设计标准的雨水径流，一般通过综合选择自然水体、多功能调蓄水体、行泄通道、调蓄池、深层隧道等自然途径或人工设施构建。三个系统并不孤立，没有严格的界限，三者相互补充、相互依存。

？ 思考题

1. 水中污染物来源有哪些？
2. 何为点源污染？点源污染包括哪些污染源？
3. 何为面源污染？农业面源污染难以治理的主要原因是什么？
4. 水污染的危害有哪些？
5. 说明水中污染物的类型。
6. 进入"十二五"以来，我国城镇污水处理厂建设速度明显加快，水环境质量得到明显改善，但水环境污染的问题仍十分突出，试分析目前中国水环境污染的主要原因。
7. 针对水中不同类型污染物，列举几种常用的物理处理法和化学处理法。
8. 说明典型的给水处理流程和废水处理流程。
9. 简述水体污染生态修复技术类型。

参考文献

[1] 李广贺. 水资源利用与保护[M]. 北京：中国建筑工业出版社，2002.

[2] 严煦世，范瑾初. 给水工程[M]. 4版. 北京：中国建筑工业出版社，1999.

[3] 庞素艳，于彩莲，解磊．环境保护与可持续发展[M]．北京：科学出版社，2015．

[4] 曲向荣．环境保护与可持续发展[M]．北京：清华大学出版社，2010．

[5] 钱易，唐孝炎．环境保护与可持续发展[M]．2版．北京：高等教育出版社，2010．

[6] 朗铁柱，钟定胜．环境保护与可持续发展[M]．天津：天津大学出版社，2005．

[7] 住房和城乡建设部，国家质量监督检验检疫总局．室外给水设计规范：GB 50013—2006[S]．

[8] 住房和城乡建设部，国家质量监督检验检疫总局．室外排水设计规范（2016年版）：GB 50014—2006[S]．

[9] 2002年世界卫生报告：减少威胁促进健康生活[R]．国外医学：卫生经济分册，2004(1)：48．

[10] 张统，李志颖，董春宏，等．我国工业废水处理现状及污染防治对策[J]．给水排水，2020，56(10)：1-3,18．

[11] 查洪南，李晓红，罗余维．三部门联合挂牌督办"环卫公司非法运输并排放工业废水"污染环境案[N]．检察日报，2021-04-06．

[12] 孙永利．城镇污水处理提质增效的内涵与思路[J]．中国给水排水，2020，36(2)：1-6．

[13] 2020年中国污水处理行业发展概况及市场发展前景分析[N]．中商情报网，2020-06-07．

[14] 陈玮，程彩霞，徐慧纬，等．合流制管网截流雨水对城镇污水处理厂处理效能影响分析[J]．给水排水，2017，43(10)：36-40．

[15] 孙斌．黑臭水体治理中对支涌及初雨污染的解决措施探讨[J]．节能环保，2017(2)：3-4．

[16] 陆敏博，朱伟锋，刘畅，等．初期雨水径流管控现状与展望[J]．水资源保护，2021，38(04)．

[17] 于法稳．高质量推动农业面源污染治理[N]．中国环境报，2021-04-09．

[18] 国家环境保护总局，国家质量监督检验检疫总局.地表水环境质量标准：GB 3838—2002[S]．

[19] 国家质量监督检验检疫总局，国家标准化管理委员会．地下水环境质量标准：GB/T 14848—2017[S]．

[20] 国家环境保护总局，国家海洋局．海水水质标准：GB 3097—1997[S]．

[21] 张子杰，林荣忱，金儒霖．排水工程下册[M]．4版．北京：中国建筑工业出版社，2000．

[22] 李圭白，张杰．水质工程学[M]．2版．北京：中国建筑工业出版社，2013．

[23] 吴建强，黄沈发，王敏，等．水体污染生态工程控制修复技术与实践[M]．北京：中国环境出版集团，2019．

[24] 贾海峰．城市河流环境修复技术原理及实践[M]．北京：化学工业出版社，2016．

[25] 周启星，林海芳.污染土壤及地下水修复的PRB技术及展望[J].环境污染治理技术与设备，2001(05)：48-53．

[26] 纪录，张晖．原位化学氧化法在土壤和地下水修复中的研究进展[J]．环境污染治理技术与设备，2003(06)：37-42．

[27] 黄文建，陈芳，么强，等.地下水污染现状及其修复技术研究进展[J].水处理技术，2021，47(7)：12-17．

[28] 住房城乡建设部．海绵城市建设技术指南：低影响开发雨水系统构建（试行）[R]．2014．

[29] 章林伟，牛璋彬，张全，等．浅析海绵城市建设的顶层设计[J]．给水排水，2017，43(9)：1-5．

[30] 章林伟．海绵城市建设典型案例[M]．北京：中国建筑工业出版社，2017．

第五章

大气污染与防治

随着国民经济的高速发展、人们生活水平的迅速提高和环保意识的增强，对环境质量的要求也越来越严格。大气是人类生存环境的重要组成部分，因此大气污染现象和防治政策措施也引起了人们广泛重视。

第一节

大气污染

一、大气污染的定义

大气污染系指由于人类活动或自然过程引起某些物质进入大气中，达到一定浓度，持续足够长的时间，并因此而危害了人们的舒适、健康和福利或危害了生态环境。人类活动不仅包括生产活动，也包括生活活动，如做饭、取暖、交通等。自然过程包括火山活动、森林火灾、海啸、土壤和岩石的风化及大气圈中的空气运动等。一般说来，自然环境所具有的物理、化学和生物机能（即自然环境的自净作用）会使自然过程造成的大气污染经过一定时间后消除，使生态平衡自动恢复。因此，可以认为大气污染主要是由人类活动造成的。

从定义中可以知道大气形成污染的必要条件，是人类活动或自然过程排放的污染物在大气中要有足够的浓度，并在此浓度下对受体作用足够的时间；产生的结果是对人体的舒适、健康的危害，包括对人体正常的生活环境和生理机能的影响，引起慢性疾病、急性疾病以致死亡等；而所谓福利，则认为是与人类协调共存的生物、自然资源以及财产、器物等。

按照影响范围，大气污染大致可分为四类：

① 局部地区污染　局限于小范围的大气污染，如受到某些烟囱排气的直接影响。

② 地区性污染　涉及一个地区的大气污染，如工业区及其附近地区或整个城市大气受到污染。

③ 广域污染　涉及比一个地区或大城市更广泛地区的大气污染，如京津冀区域大气污染。

④ 全球性污染 涉及全球范围的大气污染，如臭氧层破坏以及温室效应等。

目前国内空气污染和大气污染往往被当作同一个词使用，而在国际文献中，空气污染的概念有别于大气污染。空气污染是指地表边界层内的污染，如 SO_2、NO_x 等污染物引起的污染。而大气污染是指整个大气圈的污染，如温室气体、臭氧层耗竭等。本章的大气污染定义涵盖了上述两方面内容。

二、大气污染物

大气污染物是指由于人类活动或自然过程，排放到大气中或在大气中新转化生成的对人或环境产生有害影响的物质。大气污染物种类很多，按形成过程可分为一次污染物和二次污染物；按存在状态又可分为气溶胶状态污染物和气体状态污染物两大类。

（一）按形成过程分类

1．一次污染物

是直接从污染源排放进入到大气中的各种气体、蒸气和颗粒物。一次污染物根据其化学稳定性又可分为反应性污染物和非反应性污染物两类，反应性污染物的性质不稳定，在大气中常与某些物质产生化学反应，或作为催化剂促进其他污染物产生化学反应，如 SO_2 和 NO_2 等；非反应性污染物的性质较为稳定，它不发生化学反应，或反应速率很慢，如 CO 等。

2．二次污染物

是指由一次污染物与空气中已有成分或几种污染物之间，经过一系列的化学或光化学反应而生成的与一次污染物的物理化学性质不同的新污染物，又称为继发性污染物。如一次污染物 SO_2 在环境中氧化生成的硫酸盐气溶胶；氮氧化物、碳氢化合物等在日光紫外线辐射下生成的臭氧、过氧化硝酸乙酰酯、醛等，一般情况下二次污染物对环境的危害要高于一次污染物。

一次污染物在大气中转化为二次污染物的作用有以下几种类型：①气体污染物之间的化学反应，可在有催化剂或无催化剂作用下发生；②空气中颗粒状污染物与气体污染物的吸附作用，或颗粒表面上吸附的化学物质与气体污染物之间的化学反应；③气体污染物在气溶胶中的溶解作用；④气体污染物在太阳光作用下的光化学反应。

（二）按存在状态分类

1．气溶胶状态污染物

气体介质和悬浮在其中的分散粒子所组成的系统称为气溶胶。在大气污染中，气溶胶粒子系指沉降速度可以忽略的固体粒子、液体粒子或固液混合粒子，这些粒子常常也被称作大气颗粒物。气溶胶状态污染物的分类可根据气溶胶粒子的来源和物理性质，以及颗粒大小分类。

（1）根据气溶胶粒子的来源和物理性质分类

从大气污染控制的角度，按照气溶胶粒子的来源和物理性质，可将其分为以下几种。

① 粉尘 粉尘系指悬浮于气体介质中的固体颗粒，受重力作用能发生沉降，但在一段时间内能保持悬浮状态。粉尘通常因固体物质的破碎、研磨、分级和输送等机械过程，

或土壤、岩石的风化等自然过程而形成。颗粒的形状往往是不规则的。颗粒的尺寸范围一般为 1～200μm。属于粉尘类的大气污染物种类很多，如黏土粉尘、石英粉尘、煤粉、各种金属粉尘等。

② 烟 烟一般系指由冶金过程形成的固体颗粒。它是由熔融物质挥发生成的气态物质的冷凝物，在生成过程中总是伴有诸如氧化之类的化学反应。烟颗粒的尺寸很小，一般为 0.01～1μm。产生烟是一种较为普遍的现象，如有色金属冶炼过程中产生的氧化铅烟、氧化锌烟。

③ 飞灰 飞灰系指由燃料燃烧产生的烟气排出的分散得较细的灰分。

④ 黑烟 黑烟一般系指由燃料燃烧产生的可见气溶胶。

一般可将冶金和化工过程形成的固体颗粒称为烟尘；将燃料燃烧过程产生的飞灰和黑烟，在不需仔细区分时，也称为烟尘。在其他情况下，或泛指固体小颗粒时，则通称为粉尘。

⑤ 霾 霾天气是大气中悬浮的大量微小颗粒使空气浑浊、能见度降低到 10km 以下的天气现象，易出现在逆温、静风、相对湿度较大等气象条件下，也称为灰霾。

⑥ 雾 雾是大气中的大量微细水滴（或冰晶）的可见集合体。在气象中指造成能见度小于 1km 的小水滴悬浮体。

雾和霾的区别主要在于水分含量的大小：水分含量达到 90% 以上的叫雾，水分含量低于 80% 的叫霾，80%～90% 之间的，是雾和霾的混合物，但主要成分是霾。另外，霾和雾还有一些肉眼看得见的"不一样"：雾的厚度只有几十米至 200m，霾则有 1～3km；雾的颜色是乳白色、青白色，霾则是黄色、橙灰色；雾的边界很清晰，过了"雾区"可能就是晴空万里，但是霾则与周围环境边界不明显；雾一般在午夜至清晨最易出现，霾的日变化特征不明显。由于雾和霾两种天气现象常常相伴发生，互相影响，不容易清楚地分辨开，故媒体常用雾霾这个词来形容这一类能见度低的天气。

(2) 根据颗粒大小分类

在我国现行环境空气质量标准中，根据颗粒大小，气溶胶状态污染物一般可分为总悬浮颗粒物（TSP）、可吸入颗粒物（PM_{10}）、细颗粒物（$PM_{2.5}$）和超细颗粒物（$PM_{0.1}$）几类，详见表 5-1。元素碳（EC）、矿物成分（如硅酸盐）、一次有机气溶胶（POA）属于一次颗粒物，这些组分在环境中经过化学反应或光化学反应而形成的硫酸盐、硝酸盐和铵盐，以及二次有机气溶胶（SOA）等污染物属于二次颗粒物。

表 5-1 依据颗粒大小气溶胶状态污染物分类

类型	性质
总悬浮颗粒物	指能悬浮在空气中，空气动力学当量直径≤100μm 的所有液体和固体颗粒物
可吸入颗粒物	指空气动力学当量直径≤10μm 的颗粒物，因其能进入人体呼吸道而命名之，又因其能够长期飘浮在空气中，也被称为飘尘
细颗粒物	指空气动力学当量直径≤2.5μm 的细颗粒。它在空气中悬浮的时间更长，易于滞留在终末细支气管和肺泡中，对健康的危害极大
超细颗粒物	指空气动力学当量直径≤0.1μm 的大气颗粒物。城市环境中，人为来源的 $PM_{0.1}$ 主要来自汽车尾气

2．气体状态污染物

气体状态污染物是以分子状态存在的污染物，简称气态污染物。气态污染物包括气体和蒸气。气体是某些物质在常温、常压下所形成的气态形式。蒸气是某些固态或液态物质受热后，引起固体升华或液体挥发而形成的气态物质，如汞蒸气等。气态污染物的种类很多，一般可以分为五大类：含硫化合物、含氮化合物、碳氧化合物、挥发性有机化合物以及卤素化合物等。大气环境中常见的气态污染物见表 5-2 所示。

表 5-2　大气环境中常见的气态污染物

项目	一次污染物	来源	二次污染物	来源
含硫化合物	SO_2、H_2S	含硫煤和石油的燃烧、石油炼制以及有色金属冶炼、硫酸制造和细菌活动等	SO_3、H_2SO_4、MSO_4	SO_2 在相对湿度较大，以及有催化剂存在时，发生催化氧化反应得到
含氮化合物	NO、NH_3	土壤和海洋中有机物的分解；各种炉窑和机动车船排气；化石燃料的燃烧以及生产和使用硝酸的过程	NO_2、HNO_3、MNO_3	NO 在湿度较大，有催化剂存在时易转化成二次污染物
挥发性有机化合物（VOCs）	甲烷到长链聚合物烃类	燃料的不完全燃烧以及在输送、储存和分配过程中发生的泄漏等	O_3、醛、酮、过氧乙酰硝酸酯	在活泼的氧化物作用下，碳氢化合物发生光化学反应生成二次污染物
碳氧化合物	CO、CO_2	含碳物质不完全燃烧	无	—
卤素化合物	HF、HCl、氟利昂、哈龙	制冷剂和灭火剂的使用	无	—

大气中的 SO_2 来源很广，几乎所有的工业企业都可能产生，但主要来自化石燃料的燃烧过程，硫酸厂、炼油厂等化工企业生产过程。其中煤一直被认为是最大的 SO_2 源，从电力设施中排放的 SO_2 占大气中 SO_2 总量的一半以上。

含氮化合物种类很多，是 NO、N_2O、NO_2、NO_3、N_2O_3、N_2O_4、N_2O_5 等的总称，造成大气污染的 NO_x 主要是 NO 和 NO_2，NO_2 的毒性约为 NO 的 5 倍。NO 生成方式有三种，根据产生机理的不同分别称之为热力型 NO、燃料型 NO 以及瞬发型 NO。

热力型 NO 主要是在火焰温度下，大气中的氮被氧化而成，当燃烧温度下降时，高温 NO 的生成反应会停止，即 NO 会被"冻结"，主要来源是诸如发动机等大多数燃烧设备；燃料型 NO 是含氮燃料在较低温度释放出的氮所形成；瞬发型 NO 主要是由于燃料产生的原子团与氮气发生反应所产生。燃烧产生的 NO 进入大气后可缓慢地氧化成 NO_2，大气中存在 O_3 等强氧化剂，或在催化剂作用下，使 NO 氧化成 NO_2 的速度加快。

碳氧化物主要是指 CO 和 CO_2。CO 是低层大气中最重要的污染物之一，其中汽车是最大的排放源，约占到人为源的 55%。CO_2 是动植物生命循环的基本要素，在自然界它主要来自海洋的释放、动物的呼吸、植物体的燃烧和生物体腐烂分解过程，人为大气污染源主要是燃料燃烧。

三、大气污染源

大气污染源包括天然源和人为源，天然源主要来自于火山爆发、森林火灾和自然界的风尘等。人为源主要来自工农业生产、生活和交通运输过程。人为大气污染源类型见图 5-1。

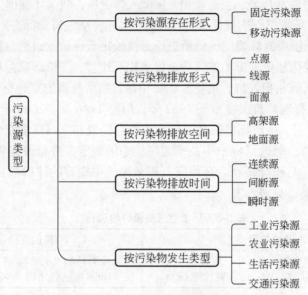

图 5-1　人为大气污染源类型

1．按污染源存在形式

固定污染源：排放污染物的装置所处位置固定，如火力发电厂、烟囱、炉灶等。

移动污染源：排放污染物的装置所处位置不固定，如汽车、火车、轮船等。

2．按污染物的排放形式

点源：集中在一点或在可当做一点的小范围内排放污染物，如烟囱。

线源：沿着一条线排放的污染物，如汽车、火车等的排气。

面源：在一个大的范围内排放污染物，如成片的民用炉灶、工业炉窑等。

3．按污染物排放空间

高架源：在距地面一定高度上排放污染物，如烟囱。

地面源：在地面上排放污染物。

4．按污染物排放时间

连续源：连续排放污染物，如火力发电厂的排烟。

间断源：间歇排放污染物，如某些间歇生产过程的排气。

瞬时源：无规律地短时间排放污染物，如事故排放。

5．按污染物发生类型

工业污染源：主要包括工业燃料燃烧排放的废气及工业生产过程的排气等。

农业污染源：农业燃料燃烧的废气，某些有机氯农药对大气的污染，施用的氮肥分解产生的氮氧化物。

生活污染源：民用炉灶及取暖锅炉燃煤排放的污染物，焚烧城市垃圾的废气，城市垃圾堆放过程中由于厌氧分解排出的有害污染物。

交通污染源：交通运输工具燃烧燃料排放的污染物。

四、环境空气质量评价

为了保护和改善生活环境、生态环境，保障人体健康，我国环保部门定期对城市环境空气质量进行评价。环境空气质量评价是以现行的《环境空气质量标准》（GB 3095—2012）为依据，对某空间范围内的环境空气质量进行定性或定量评价的过程，包括环境空气质量的达标情况判断、变化趋势分析和空气质量优劣相互比较，评价结果为环境管理服务。评价所提到的某空间区域是指人群、植物、动物和建筑物所暴露的室外空气。

《环境空气质量标准》首次发布于 1982 年，历经 1996 年、2000 年和 2012 年三次修订。2018 年 7 月 31 日，生态环境部会同市场监管总局发布了《环境空气质量标准》（GB 3095—2012）修改单，修改了标准中关于监测状态的规定，并修改完善了相应的配套监测方法标准，实现了与国际接轨。环境空气质量评价中规定的评价项目为基本评价项目和其他评价项目两类，见表 5-3。

表 5-3　环境空气质量评价项目

基本评价项目	其他评价项目
二氧化硫（SO_2）、二氧化氮（NO_2）、一氧化碳（CO）、臭氧（O_3）、可吸入颗粒物（PM_{10}）、细颗粒物（$PM_{2.5}$）	总悬浮颗粒物（TSP）、铅（Pb）、苯并（a）芘（BaP）、氮氧化物（NO_x）

进行评价的地区需要进行功能分区，环境空气功能区分为一类区和二类区两类：一类区为自然保护区、风景名胜区和其他需要特殊保护的区域；二类区为居民区、商业交通居民混合区、文化区、工业区和农村地区。一类区适用一级浓度限值，二类区适用二级浓度限值。一、二类环境空气功能区质量要求见表 5-4。

表 5-4　环境空气污染物项目浓度限值

序号	污染物项目	平均时间	浓度限值		单位
			一级	二级	
1	二氧化硫（SO_2）	年平均	20	60	$\mu g/m^3$
		24h 平均	50	150	
		1h 平均	150	500	
2	二氧化氮（NO_2）	年平均	40	40	
		24h 平均	80	80	
		1h 平均	200	200	
3	一氧化碳（CO）	24h 平均	4	4	mg/m^3
		1h 平均	10	10	
4	臭氧（O_3）	日最大 8h 平均	100	160	$\mu g/m^3$
		1h 平均	160	200	
5	可吸入颗粒物（PM_{10}）	年平均	40	70	
		24h 平均	50	150	
6	细颗粒物（$PM_{2.5}$）	年平均	15	35	
		24h 平均	35	75	

序号	污染物项目	平均时间	浓度限值		单位
			一级	二级	
7	总悬浮颗粒物（TSP）	年平均	80	200	
		24h 平均	120	300	
8	氮氧化物（NO$_x$）	年平均	50	50	
		24h 平均	100	100	
		1h 平均	250	250	$\mu g/m^3$
9	铅（Pb）	年平均	0.5	0.5	
		季平均	1	1	
10	苯并（a）芘（BaP）	年平均	0.001	0.001	
		24h 平均	0.0025	0.0025	

各省市环境保护部门发布的城市空气质量日报、实时报和预报中，常采用环境空气质量指数（Air Quality Index，AQI）来定量描述空气质量状况。AQI 是无量纲指数，通过 SO_2、NO_2、CO、O_3、PM_{10} 和 $PM_{2.5}$ 等六项污染物项目的浓度值进行计算获得。AQI的计算方法可查阅《环境空气质量指数（AQI）技术规定（试行)》（HJ 633—2012）。计算得出的 AQI 的数值越大、级别越高，说明空气污染状况越严重，对人体的健康危害就越大。AQI 在 0～100 之间的天数为优良天数，又称达标天数。AQI 大于 100 的天数为超标天数。AQI 在 100～150 之间为轻度污染，在 151～200 之间为中度污染，在 201～300之间为重度污染，大于 300 为严重污染。看 AQI 时，不需要记住 AQI 的具体数值和级别，只需注意优（绿色）、良（黄色）、轻度污染（橙色）、中度污染（红色）、重度污染（紫色）、严重污染（褐红色）6 种评价类别和表征颜色。

五、几种典型的大气污染现象

大气污染类型不仅取决于所用能源和污染物的化学反应特性，也取决于气象条件。目前存在光化学烟雾、煤烟型烟雾、混合型污染和特殊型污染等几种典型的大气污染现象。

1. 光化学烟雾

由于交通运输业、能源工业和石油化学工业的高速发展，将大量的氮氧化物和碳氢化合物排入大气，这些一次污染物在强日光、强逆温、低风速、低湿度等稳定的天气条件下，发生一系列复杂的光化学反应，生成以 O_3 为主，包括醛、酮类、PAN、H_2O_2、HNO_3、多种自由基（如 $RO_2·$、$HO_2·$、$RCO·$、$HO·$ 等）和细粒子气溶胶等污染物的强氧化性气团。这种由参与光化学反应过程的一次污染物和二次污染物的混合物所形成的大气烟雾污染现象称为光化学烟雾。

光化学烟雾一般呈浅蓝色（有时呈白色雾状，或带紫色或黄褐色），使大气能见度降低，妨碍交通；具有强氧化性，刺激人的眼睛和呼吸道黏膜，导致头痛、呼吸道疾病恶化，严重的还会造成死亡；加速橡胶老化、脆裂，使染料褪色，并损害油漆涂料、纺织纤维、金属和塑料制品等；伤害植物叶片，使其变黄以致枯死，降低植物对病虫害的抵抗力、农作物严重减产。如1959年美国加利福尼亚州由于光化学烟雾污染造成农作物减产损失达800万美元，大片树木死亡，葡萄减产60%，柑橘也严重减少；1970年日本东京发生光化学烟雾污染期间，20000人得红眼病。

光化学烟雾主要发生在强日光及大气相对湿度较低的夏季晴天；具有循环性，白天形成，夜间消失，污染高峰期出现在中午或午后；污染具有区域性，污染影响的范围可达下风向几百到上千公里。这种污染首次出现于美国洛杉矶，所以又称洛杉矶烟雾。

2. 煤烟型烟雾

燃煤排放到大气中的 SO_2 在大气中会氧化而生成硫酸雾或硫酸盐气溶胶，是环境酸化的重要前体物，也是大气污染的主要酸性污染物。当一次污染物 SO_2 和煤烟排放到大气中，在相对湿度比较高、气温比较低、无风或静风的天气条件下，SO_2 易被氧化成 SO_3，SO_3 再与水分子结合生成 H_2SO_4，经过均相和非均相成核作用，形成二次污染物硫酸烟雾和硫酸盐，其氧化反应受大气温度、大气中颗粒物的种类及组成、光强和其他污染物的影响。硫酸烟雾的毒性比 SO_2 更大，它能使植物组织受到损伤，对人的主要影响是刺激其上呼吸道，附在细微颗粒上时也会影响下呼吸道。硫酸烟雾污染一般多发生在冬季，尤以清晨最为严重，有时可连续数日。1930年发生在比利时马斯河谷工业区的马斯河谷事件，1952年发生的伦敦烟雾事件，都属于燃煤排放的污染物引起的煤烟型污染事件。

煤烟型烟雾与光化学烟雾具有不同的特征，对比结果见表5-5。

表5-5　煤烟型烟雾与光化学烟雾的比较

项目		煤烟型烟雾	光化学烟雾
污染物		颗粒物、SO_2、硫酸雾等	HC、NO_x、O_3、PAN、醛类
燃料		煤	汽油、煤、石油
气象条件	风速	低（基本无风）	低（2～3m/s 以下）
	季节	冬	秋、夏
	气温	低（4℃以下）	高（24℃以上）
	湿度/%	85 以上	70 以下
	日光	弱	强
O_3 浓度		低	高
出现时间		白天夜间连续	白天
毒性		对呼吸道有刺激作用，严重时导致死亡	对眼和呼吸道有强刺激作用，O_3 等氧化剂有强氧化破坏作用，严重时可导致死亡

3. 混合型污染

混合型污染包括以煤炭和石油为燃料的污染源排放的污染物，以及从各类工厂企业排出的各种化学物质结合在一起所造成的空气污染现象。1955～1972年，日本东部海岸的四日市发生的哮喘病事件，可归属为混合型大气污染。四日市1955年以来发展了100多个中小企业，使这里成了占日本石油工业四分之一的"石油联合企业城"。石油冶炼和工作燃油（高硫重油）产生大量的重金属微粒、硫氧化物、碳氢化合物、氮氧化物和飘尘等污染物，使整个城市终年黄烟弥漫，到 1972 年为止，日本全国四日市哮喘病患者超过 6000 人。当前我国城市机动车拥有量迅速增加，汽车尾气污染源已逐渐成为城市大气污染的主要来源，大气污染呈现出煤烟型污染与光化学烟雾型污染共存的混合型污染现象。

4．特殊型污染

特殊型污染是指某些工厂企业排放的特殊气体所造成的严重污染。如生产磷肥造成的氟污染、氯碱工厂周围形成的氯气污染、垃圾填埋场产生的恶臭污染等，这类污染常限于局部范围。如果工业企业有污染事故发生，这种特殊型污染现象会造成严重的环境公害。如 1984 年印度博帕尔的一家农药厂的化学品贮槽出现毒气泄漏事故，形成了一个方圆 25mile（1mile=1609.344m，下同）的毒雾笼罩区，最终导致 2500 人死亡、数万人受到污染的危害。

第二节

大气污染治理技术

为了降低排放到环境中的污染物总量，采用多种手段对大气污染进行从源头到末端的综合治理，本节主要介绍大气污染物控制常用的技术手段，包括针对气溶胶污染物的除尘技术，针对气态污染物的硫氧化物污染控制、氮氧化物污染控制、挥发性有机污染物控制以及碳氧化物的污染控制。

一、除尘技术

将固态颗粒或液态颗粒从气体中分离或捕集的过程称为除尘，也称为颗粒物控制，除尘所使用的设备称为除尘装置或除尘器。除尘设备自 19 世纪中叶发明及使用以来，已经过了 100 多年的历史，最早用于粉料的回收，20 世纪 50 年代后期，由于相继出现一系列烟气污染公害事件，引起人们对保护大气环境高度重视，除尘器的研制和使用得到快速发展。目前使用的除尘装置根据工作原理一般可分为四大类型：

① 机械式除尘器，包括重力沉降室、惯性除尘器和旋风除尘器等；
② 过滤式除尘器，包括袋式除尘器和颗粒层除尘器等；
③ 电除尘器，包括多电场高效除尘器、交流电除尘器等；
④ 湿式除尘器，包括文丘里除尘器、水膜除尘器和自激式除尘器等。

这几大类除尘器中电除尘器和过滤除尘器属于高效除尘装置，旋风除尘器和湿式除尘器属于中效除尘装置，重力沉降室和惯性除尘器属于低效除尘装置，单独使用较少。

（一）机械式除尘器

它是利用重力、惯性、离心力等机械力将颗粒物从气流中分离出来，达到净化的目的。根据三种作用力的不同，机械除尘器分为重力沉降、惯性分离和离心分离等除尘装置。

1. 重力沉降室

重力沉降室是一种最简单的除尘器，它主要是依靠颗粒物本身具有的重力作用使尘粒从气流中分离出来。沉降室通常是一个断面较大的空室，含尘气流由断面较小的风管进入沉降室后，气流速度大大降低，粉尘便在重力作用下缓慢向灰斗沉降。重力沉降室结构见图 5-2。重力沉降室一般除尘效率在 40%～60%，适用于粒径在

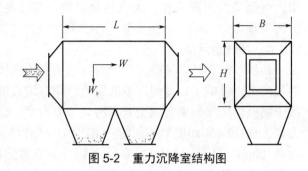

图 5-2　重力沉降室结构图

50μm 以上的粉尘，设备阻力小，但除尘效率较低，多作为初级除尘器使用。

2. 惯性除尘器

惯性除尘器是依靠惯性力的作用将粉尘颗粒从气流中分离出来。为了改善重力沉降室的除尘效果，可在除尘室内设置各种形式的挡板，使含尘气流冲击在挡板等障碍物上，由于粉尘颗粒与气体的密度不同，因而受到惯性力不同，使得粉尘颗粒运动轨迹与气流运动轨迹发生偏离，从而把粉尘颗粒从含尘气流中分离出来。

惯性除尘器一般分为惯性碰撞式和气流折转式两种结构。惯性碰撞式除尘器如图 5-3 所示。除尘器中在气流流动的通道上安置有数排挡板条，板条形状为凹形，包括"V"字形、迷宫形等。当含尘气流经挡板时，粉尘在惯性力的作用下撞击到挡板上，失去动能后，在重力作用下沿挡板下落，掉入灰斗内。挡板层数越多、排列越密，其除尘效率越高，阻力也越大。

气流折转式惯性除尘器结构如图 5-4。气流在除尘器内急剧转弯，由于固体粉尘与气体具有不同惯性力的特征，使粉尘在折转处从气流中分离出来，粉尘颗粒抛向底部的灰斗，从而达到气固分离的目的。惯性碰撞式和气流折转式惯性除尘器适用于初级除尘，以减轻后续除尘器的粉尘负荷，其后需连接其他高效除尘器一同使用。

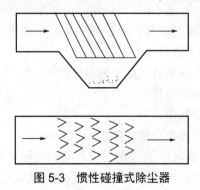

图 5-3　惯性碰撞式除尘器

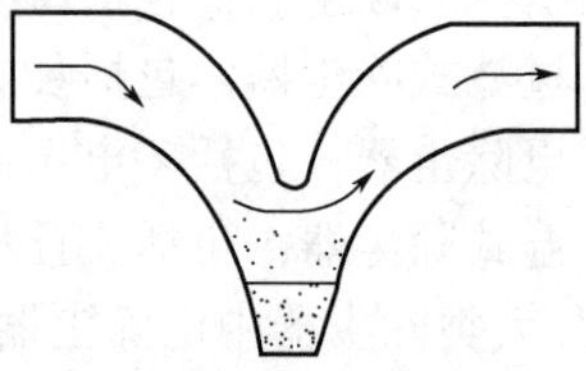

图 5-4　气流折转式惯性除尘器

3. 旋风除尘器

旋风除尘器是利用旋转的含尘气体所产生的离心力，将粉尘从气流中分离出来的除

尘装置。目前使用的旋风除尘器多数是气流切向进入、轴向排出的类型，该除尘器由外筒体、锥体、排出管和灰斗组成，如图5-5。

含尘气流由入口沿切向进入除尘器后，气流沿外层自上而下作旋转运动，这股旋转的气流称为外涡旋。进入锥体后由于筒体直径逐渐减小，旋转速度也越来越快，达到锥体底部后，转而沿轴心向上旋转，这股旋转的气流称为内涡旋，达到顶部后排出。含尘气流作旋转运动时，粉尘颗粒在离心力的作用下移向外筒壁，并在重力的作用下沿外壁滑落入灰斗，之后通过专用卸灰阀排出。净化后的气体进入内涡旋气流由顶部排出。

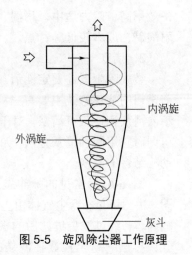

图 5-5　旋风除尘器工作原理

为提高处理风量，一般由多个旋风除尘器单元并联而成，除尘后的气体进入排气室，从排气口排出。各旋风除尘器单元排出的灰尘进入总灰斗，由总排灰口排出。

（二）过滤式除尘器

过滤式除尘器分为袋式过滤除尘器和颗粒层过滤式除尘器。袋式除尘器以纤维织物等材质作为过滤介质，而颗粒层过滤除尘器以石英砂等颗粒物作为过滤介质。通常使用的过滤式除尘器多为袋式除尘器，而后者使用极少，因此本节只介绍袋式除尘器。

1. 袋式除尘器除尘过程

袋式除尘器是含尘气流通过人造纤维、棉、玻璃纤维等过滤材料，利用过滤材料的筛分、惯性碰撞、扩散和静电等几种除尘机理的综合作用而将粉尘捕集下来，从而达到气固分离的目的。

对于新滤布由于本身的孔隙较大，因此除尘效率较低。随着滤料使用时间的延长，滤布表面积聚了一层粉尘层，除尘效率有所提高。新滤袋在运行初期主要捕集 1μm 以上的粉尘，粉尘的一次黏附层在滤布面上形成后，也可以捕集 1μm 以下的微粒，并且可以控制扩散。这些作用力受粉尘粒子的大小、密度、纤维直径和过滤速度的影响。

袋式除尘器处理空气的粉尘浓度为 0.5～100g（粉尘）/m³（气体），在开始过滤的几分钟内，就在滤布的表面和内部形成一层粉尘的黏附层，这层黏附层可起到过滤捕集的作用。原因在于粉尘层内形成许多微孔，这些微孔产生筛分效果。除尘效率在很大程度上依赖于过滤速度，但气速过高，通过滤布的气量也增大，气流会从滤布薄弱处穿破，造成除尘效率降低。

2. 滤料

袋式除尘器布袋滤料的材料有棉、毛、化纤（如尼龙、涤纶等），另外根据实际需求，特别是处理高温烟气的需要，又开发出了玻璃纤维滤料、石棉材质滤料、金属丝纤维，甚至纳米级金属丝纤维的滤料以及改性的无机材质制作的滤料等。但单从使用寿命及成本考虑，目前烟气过滤式除尘器使用较多的滤料依然是布袋纺织材质。

滤料的性能对袋式除尘的工作状况产生巨大的影响，选择滤料时首先应测试含尘气体的性能指标，如粉尘浓度、气体温度、湿度、粉尘粒径分布等，性能优良的滤料应具备效率高、阻力适中、耐温、耐磨、使用寿命长、耐酸碱、成本较低等特点。

3．清灰

袋式除尘器需要定期清灰以保持除尘效率。目前常用的清灰方式主要有三种，即机械清灰、脉冲喷吹清灰和逆气流清灰。对于难以清除的粉尘，也可同时并用两种清灰方法，如采用逆气流和机械振动相结合的清灰。

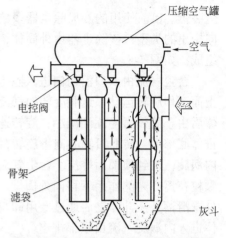

图 5-6 脉冲袋式除尘器的结构示意图

图 5-6 为常见的脉冲袋式除尘器的结构示意图。由图可见，含尘气体由上部进入装有若干滤袋的厢体，经过滤袋过滤后的气体进入上厢体，从排气口排出。粉尘拦截在滤袋的外表面及壳体内层中，经过一定过滤周期需进行脉冲喷吹清灰。每个滤袋上部都对应一根高压空气喷嘴，由控制器定期发出脉冲喷吹信号，使各喷嘴按顺序依次喷吹每排布袋，高速气流通过布袋上部的文丘里管喷吹每个布袋时，在高速气流周围形成一个比喷吹气流大5～7倍的诱导气流，使滤袋急剧膨胀，由于是脉冲喷吹引起振动，反吹气流将滤袋外表面上及滤袋缝隙内的粉尘吹落下来，落入灰斗，并经底部排灰阀排出。袋式除尘器的缺点是除尘设备阻力较大，而且对于黏性粉尘、含有焦油成分烟气处理则不适用。

（三）电除尘器

电除尘器是利用静电力将气体中的悬浮粒子（粉尘或液滴）分离出来的一种除尘设备，也称为静电除尘器。静电除尘器的工作原理见图 5-7。除尘器内，电晕线接高压直流电源的负极，集尘极筒体接地为正极，通过高压直流电形成一个足以使气体发生电离的电场。含尘气流在电晕极周围强电场作用下发生电离，形成气体离子和电子使粒子带有电荷，带电粒子在电场力的作用下向集尘极运动并在集尘极上沉

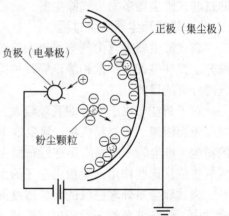

图 5-7 静电除尘器工作原理图

积，当集尘到一定厚度后，借助振打等清灰方式，使粉尘落入灰斗，净化后的气体从排放口排放。

电除尘过程与其他除尘过程的根本区别在于：分离力（主要是静电力）直接作用在粒子上，而不是作用在整个气流上，这就决定了它具有分离粒子耗能小、气流阻力也小的特点。由于作用在粒子上的静电力相对较大，所以即使对亚微米级的粒子，电除尘器也能有效地捕集。

静电除尘器的最大特点是除尘效率极高，随着电场极板数的增加，除尘效率也有所提高，三个电场静电除尘器（三组极板电场），除尘效率可以达到99.0%以上，而四个电场静电除尘器，其除尘效率可以达到 99.8%以上。随着环境保护工作的力度加大，烟尘

排放允许浓度越来越小，火力发电厂往往采用五电场静电除尘器，其除尘效率可以达到99.99%以上。由于烟尘和水泥熟料等粉尘的比电阻均能满足静电除尘器的要求，因此广泛应用于火力发电厂、供热站、水泥厂等行业。

（四）湿式除尘器

湿式除尘器是使含尘气体与液体（通常用水）相接触，利用重力、惯性碰撞、滞留、扩散、静电等作用而把粉尘颗粒从含尘气流中分离的净化装置。

湿式除尘可分为液滴洗涤器和液膜洗涤器两大类型。液滴洗涤器主要是利用除尘器中喷洒的、自激产生的液滴与粉尘颗粒接触而凝聚成大颗粒，在重力作用下沉入底部液体中，从而达到粉尘颗粒从含尘气体中分离出来的目的。如：文丘里管除尘器、自激除尘器、喷雾除尘器等。液膜洗涤器主要是利用除尘器中存在的液膜，粉尘颗粒通过与液膜惯性碰撞，将粉尘颗粒黏附在液膜表面，使粉尘颗粒进入液相，从而达到除尘的目的。如：麻石水膜除尘器、填料洗涤塔、湍球塔等。

文丘里除尘器是一种常见的湿式除尘装置，主要由喷头、收缩管、喉管和扩散管四部分组成，一般与旋风分离器或脱水设备相连接，其结构见图5-8。当烟气进入收缩管后，逐渐加

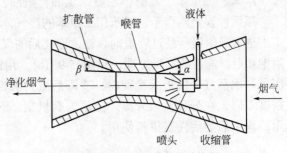

图 5-8　文丘里除尘器结构图

速，到喉管处以高速通过。在喉管处，由喷头喷出碱液，高速气流把吸收液冲击粉碎成无数细小液滴（粒径在几百微米以下），这些细小液滴有极大的接触表面积、强烈的湍流作用和巨大的表面积，有利于烟尘颗粒的吸附。

湿式除尘器往往与有害气体净化相结合，在除尘的同时也能吸收有害成分，因此应用极为广泛。但在使用过程中也存在着排放气体含水量高、洗涤水处理不好会造成二次污染、设备易腐蚀等弊端。

二、气态污染物的控制

气态污染物净化的方法主要有吸收法、吸附法、催化转化法、燃烧法和微生物法等，其中吸收法和吸附法是应用最广泛的两种方法。

（一）吸收法

使废气与液体紧密接触，气体混合物中的一种或多种组分溶解于液体中，或者与液体中的组分进行选择性化学反应，从而分离气体混合物的过程称为吸收。吸收过程中所用的液体称为吸收剂（吸收液）或溶剂，被吸收的气体组分称为吸收质或溶质。

吸收分为物理吸收和化学吸收。若在吸收过程中，不发生化学反应，仅仅是气态吸收质溶于液体吸收剂中称为物理吸收。例如，水吸收氨气等；若吸收过程中发生化学反应称为化学吸收。如氢氧化钙溶液吸收二氧化硫气体，最终氧化生成硫酸钙等。在大气污染治理工程中，由于化学吸收具有吸收生成的产物不易分解、吸收效率高、处理后的

气体容易达到国家或地方规定的排放标准等优势而采用较多。

石灰/石灰石湿式洗涤是一种常用的 SO₂ 吸收法，分为吸收和氧化两个工序。烟气中的二氧化硫（SO₂）气体在吸收塔内与氧化钙吸收液（氢氧化钙）进行接触后，形成亚硫酸钙（CaSO₃），亚硫酸钙进一步氧化形成硫酸钙（CaSO₄），经沉淀与水分离。氨法、亚硫酸钠法、氧化镁法和海水脱硫等也属于吸收法烟气脱硫。

（二）吸附法

吸附是依靠多孔性材料表面上未平衡或未饱和的分子间力，把混合气体中的一种或几种组分结合在固体表面，使其分离出来的过程。吸附法是一种固体表面现象，具有吸附特性的固体称为吸附剂，被吸附在固体表面的物质称为吸附质。常用的固体吸附剂有骨炭、硅胶、矾土、沸石、焦炭和活性炭等，其中应用最为广泛的是活性炭。活性炭对苯、甲苯、二甲苯、乙醇、乙醚、煤油、汽油、苯乙烯、氯乙烯等物质具有吸附功能。

用活性炭吸附含苯、甲苯和二甲苯的废气，活性炭放到固定床吸附器中，污染气体由下部进入吸附器，经过吸附剂颗粒，净化后的气体由上部排出。见图 5-9（a）。活性炭吸附饱和后，需进行解吸处理，见图 5-9（b）。用饱和水蒸气通过吸附器，解吸的"三苯"废气与水蒸气一同进入冷凝器，冷凝后成为液相进入分离器，由于"三苯"物质与水的密度不同，在分离器中分离。上层为有机相，下层为水相，水加热后成为水蒸气重复利用，再生后的活性炭重新使用。

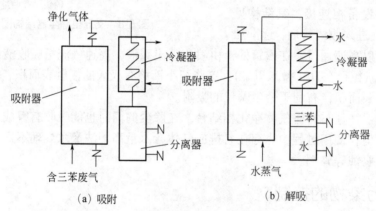

（a）吸附　　　　　　　　　　　（b）解吸

图 5-9　活性炭吸附及解吸操作原理图

（三）催化转化法

催化转化法是利用催化剂的催化作用，使废气中的有害组分发生化学反应并转化为无害物或易于去除物质的一种方法。催化转化法净化效率较高，净化效率受废气中污染物浓度影响较小，而且在治理过程中，无需将污染物与主气流分离，可直接将主气流中的有害物转化为无害物，避免了二次污染，但所用催化剂价格较贵，操作上要求较高。

催化转化法可分为催化氧化和催化还原两大类。催化氧化法是使废气中的污染物在催化剂的作用下被氧化，如尾气中 SO₂ 在五氧化二钒作用下转化成 SO₃。催化还原法是使废气中的污染物在催化剂的作用下，与还原性气体发生反应而转化为无害物质的净化过程。催化还原法在电厂及大型工业锅炉烟气脱硝上有着广泛的应用，在一定温度和催化剂的作用下将 NOₓ 还原为无害的氮气和水。

（四）燃烧法

燃烧法是对含有可燃有害组分的混合气体进行氧化燃烧或高温分解，从而使这些有害组分转化为无害物质的方法。燃烧法主要应用于碳氢化合物、CO、恶臭、沥青烟、黑烟等有害物质的净化治理。如，含高浓度 H_2S 的恶臭废气就可以用燃烧法处理。燃烧法工艺比较简单，操作方便，可回收燃烧后的热量，但不能回收有用物质，并容易造成二次污染，酸性废气燃烧时还可造成设备的腐蚀。

（五）生物法

在适宜的环境条件下，微生物不断吸收营养物质，并按照自己的代谢方式进行新陈代谢活动。废气的生物处理正是利用微生物新陈代谢过程中需要营养物质这一特点，把废气中的有害物质转化成微生物的细胞物质和简单的无机物如二氧化碳、水等过程。

第三节

室内空气污染控制

在我国《室内空气质量标准》（GB/T 18883—2022）中，要求室内空气应无毒、无害、无异常臭味，室内空气质量采用多个与人体健康有关的物理、化学、生物和放射性参数进行综合评价，能够充分反映室内的空气状况。

室内空气污染通常分为物理性污染、化学性污染和生物性污染。20 世纪 80 年代以前，我国室内污染物主要是燃煤产生的二氧化碳、一氧化碳、二氧化硫、氮氧化物；90年代初期，我国室内污染物主要是燃煤、吸烟、烹调以及人体呼出的二氧化碳等；20 世纪 90 年代末期，随着住房改革和国民生活水平的提高，特别是建材业的高度发展和装修热的兴起，由建筑材料和装饰材料造成的污染成了室内污染的主要来源之一。室内污染物质可以连续缓慢地释放到空气中，同时因为建筑节能的需要，建筑物的密闭性增强，室内自然通风减少，导致室内污染物聚集，室内洁净度急剧降低，人们在室内污染空气中的暴露机会大大增加，许多人因此出现了头疼、呼吸道感染、恶心、过敏、皮炎等症状。室内空气污染物对人体健康的影响见第三章。

室内空气污染控制措施主要包括源控制、通风、空气净化和生态效应四个方面。

一、源控制

污染源控制是指从源头着手避免或者减少污染物的产生；或利用屏障设施隔离污染物，不让其进入室内环境，即从源头上对影响室内空气质量的污染源加以控制。包括使用不含污染或低污染的材料，建筑设计应遵循生态环境设计原理，考虑建筑总平面合理规划、城市微气候的改善、建筑材料满足室内空气质量标准，尽可能利用自然能源或用最少的能源来达到人们生活、工作所需的舒适环境，结构设计应重视考虑住宅的日照时间、采光、净高等影响室内环境质量的因素。

二、通风

通风则是借助自然作用力或者机械作用力将不符合卫生标准的污浊空气排至室外或排至空气净化系统，同时，将新鲜的空气或经过净化的空气送入室内，是一种简捷、经济、有效的污染物控制措施，适用于污染程度较轻的室内、外环境。但通风在应用中受到季节和天气形势以及室外空气质量的限制，尤其在寒冷地区，其长达半年的采暖期间很难有效实施通风措施。伴随着室内空气污染的加剧，人们更加重视发挥新风（指建筑物外的空气或在进入建筑物前未被空调通风系统循环过的空气）效应，既注重新风的量，也注重新风的质，探索通风与室内空气污染的关系以及合理的通风方式，以改善室内环境空气污染。目前用于住房和商业建筑的通风方式有四种：室内外空气渗透、自然通风、机械通风和局部通风。

三、空气净化器

空气净化器是借助于专门的系统分离或转化室内空气污染物，使污染物从室内空气中分离出来或转化为无害物质。它能在不增大空气交换率的情况下，改善室内空气质量，改善效果取决于污染物的性质、浓度和空气净化器的性能。早期的净化器基于过滤或吸附原理，采用合成玻璃或纤维素纤维作滤料，或采用颗粒和纤维活性炭作吸附材料，进行室内空气中悬浮颗粒物、香烟烟雾等的去除，但效率并不高。从 20 世纪 80 年代初期开始，国内外主要采取了低温等离子净化、负离子净化、臭氧净化和催化转化及其组合技术等方法来治理室内污染物，以期降低室内空气污染物浓度。臭氧空气净化器既可灭菌消毒，对有机物又有氧化能力，在室内空气净化的应用中受到了人们的普遍关注，近些年光催化氧化技术控制室内空气污染是研究的热点。

四、生态效应

采用生态学原理利用花草植物可以长期和持续地净化室内空气污染物。如吊兰、芦荟等绿色植物可将其转化为糖类、氨基酸等物质；有些植物还可以作为室内空气污染物的指示物。例如，贴梗海棠放在 $0.5×10^{-6}$ 的臭氧环境中暴露半个小时就会有受害反应；香石竹、番茄放在浓度为 $(0.05～0.1)×10^{-6}$ 的乙烯环境中几个小时，花萼就会发生异常现象。

第四节

汽车尾气污染与控制

汽车的普及提高了我们的生活质量，让出行变得更加便捷。但是这些舒适的现代化交通工具，也成为了移动的污染源，污染我们时时刻刻呼吸着的空气，交通拥堵造成的汽车低速行驶更加剧了这种污染现象。

一、汽车尾气排放的污染物

尾气排放是汽车最主要的大气污染源，排放物包含有许多种成分，并且随发动机类型及运行条件的改变而变化。图 5-10 为汽车排放尾气的成分组成及所占比例。

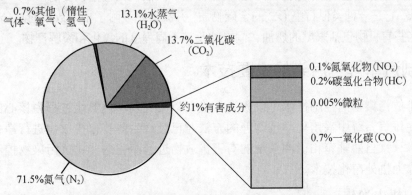

图 5-10　汽车排放尾气的成分组成及所占比例

若燃料和空气完全燃烧时，其发动机排气的基本成分是二氧化碳、水蒸气、过剩的氧气以及残余的氮气等，这些物质均是无毒的。排气中除了上述基本成分外，还有不完全燃烧和燃烧反应的中间产物，包括一氧化碳（CO）、碳氢化合物（HC）、氮氧化物（NO_x）、颗粒物（炭烟、油雾等）、二氧化硫（SO_2）以及臭气（甲醛、丙烯醛）等。这些污染物基本上都是有害成分，约占汽车尾气排放的 1%左右，而且它们的排放量随汽车运行工况的不同变化较大。在有害成分中，CO、HC 和 NO_x 对人体的危害是最大的，主要来源于三方面：①从排气管排出的废气，成分主要是 CO、HC 和 NO_x，其他还有 SO_2、铅化合物和炭烟等；②曲轴箱窜气，即从活塞与气缸之间的间隙漏出的，再自曲轴箱经通气管排出的燃烧气体，其主要成分是 HC；③从油箱盖挥发、油泵接头挥发、油泵与油箱的连接处挥发出的汽油蒸气，成分是 HC。

（一）一氧化碳

CO 是燃料不完全燃烧产物，是汽车内燃机排气中有害成分浓度最大的物质，现代城市空气污染中 80%左右的 CO 来自于汽车排放。每天城市中 CO 含量的变化随城市交通量和车辆的技术状况而异，早晚交通高峰期 CO 含量出现峰值；车速越高，CO 排出量越少，因此，良好的交通管理，有助于降低城市空气中 CO 的含量。

（二）碳氢化合物

汽车排出的 HC 是由于燃料未完全燃烧或部分被高温分解而生成，主要有烷烃、环烷烃、烯烃、芳香族化合物等，HC 的最主要危害是与氮氧化物发生光化学反应而形成光化学烟雾。

（三）氮氧化物

汽车排入大气的 NO_x，有 95%是 NO，3%~4%NO_2，排入大气后 NO 会逐渐生成 NO_2。燃烧过程中，汽油机燃烧中 NO 生成主要为热力型 NO。

（四）颗粒物

汽车排放的颗粒物主要以气溶胶、烟雾、尘埃等状态存在于大气中。汽油机和柴油机所排入的微粒是不同的，汽油机主要是铅化物、硫酸盐以及一些低分子物质，只有当燃烧不充分时，才有大量炭烟排出。与汽油机相比较，柴油机微粒排放要高出 30～60 倍，成分也更复杂，它是一种类似石墨形式的含碳物质，并凝聚和吸附了相当数量的高分子可溶性有机物，这些有机物包括未燃的燃油、润滑油及其不同程度的氧化和裂解产物。

二、控制汽车排气污染的主要技术

汽车排放污染物的控制技术可以分为 3 类：以改进发动机燃烧过程为核心的机内净化技术；在排气系统中采用化学或物理的方法对已经产生的有害排放物进行净化的排放后处理技术；来自曲轴箱和供油系统的有害排放物进行净化的非排气污染物控制技术。后两类统称为机外净化技术。

（一）机内净化

机内净化主要是从发动机有害污染物的生成机理及影响因素出发，通过对发动机进行调整或改进，达到控制燃烧、减少和抑制污染物生成的各种技术。简单地说就是降低污染物生成量的技术，如改善燃烧室设计和进气系统、采用电控燃油喷射和电控点火技术、采用废气再循环技术等。

（二）机外净化

在汽车发动机燃烧生成的废气排出发动机排气门，但还未排入到大气环境之前，进一步采取净化措施，以减少最终汽车污染物排放的技术，被称为机外净化技术。简单地说就是对排出发动机排气口的污染物进行进一步处理和净化的技术。可以分为两大类：排气后处理净化技术（如二次空气喷射技术、热反应器技术、氧化催化转化技术、三效催化净化技术）、非排气污染物净化技术（如曲轴箱密闭技术、燃油蒸发排放控制技术等）。目前，应用最多的机外净化技术是在汽油车上所采用的三效催化净化技术。

1．二次空气喷射技术

二次空气喷射是指将新鲜的空气喷射到排气门附近，使高温废气和空气混合，使没有充分燃烧的 HC、CO 进一步燃烧，降低污染排放的方法。

2．热反应器技术

热反应器技术是在高排气温度、足够的氧气及增加排气停留时间的条件下，促使 HC 和 CO 在热反应器中高度氧化，从而降低 HC、CO 的排放。热反应器安装在发动机排气管的出口处，一般与二次空气喷射一起使用，净化效率达 50% 以上，但对 NO_x 无净化效果。

3．氧化催化转化技术

氧化催化转化装置是一种内部装有氧化催化剂的装置，安装在发动机的排气管中，通过氧化催化剂的作用，将 HC、CO 氧化成 H_2O、CO_2，以减少尾气排放。

4．三效催化净化技术

三效催化转化器一般由催化剂（铂、铑、钯等贵金属）、助催化剂（CeO_2 等稀土氧化物）和载体$\gamma\text{-}Al_2O_3$组成。

净化基本原理： $$2CO+2NO \longrightarrow 2CO_2+N_2$$
$$4HC+10NO \longrightarrow 4CO+2H_2O+5N_2$$

目前市场上已有三效贵金属催化剂、贵金属稀土催化剂及稀土催化剂等产品。其中三效贵金属催化剂催化活性高，净化效果好，使用寿命长，但由于使用贵金属，所以价格较昂贵；贵金属稀土催化剂除具有三效贵金属催化剂的特性以外，还可提高催化剂的稳定性及抗毒性，特别是仅用少量的贵金属钯使其价格降低，有利于更好地推广应用；稀土催化剂热稳定性和化学稳定性更好，特别是抗中毒能力更高，且价格最低，实用性和推广性更好。

第五节

大气污染综合防治

大气污染综合防治的基本思想是将大气环境作为统一整体，充分考虑环境问题的区域性、系统性和整体性，立足防与治的结合，综合利用各种措施，实现大气污染物的减排，从而有效改善大气环境质量。

一、综合防治措施

国家行动计划在法制框架体系下，确立的综合防治措施主要包括以下四项内容：

1. 提高科学支撑能力，精准治理

中国建设了"天地空"一体化大气环境质量监测体系，不仅可进行大气环境常规监测，还发展了地面颗粒物组分、挥发性有机物地基遥感在线监测技术，同时利用卫星数据，实时获得多种污染物的监测结果，实现卫星遥感与地面环境监测数据的相互印证。建成的环境空气质量监测质控体系，由国家统一监测、统一评价，并交由第三方运维单位运营，保证了监测数据的真实性和可靠性，使治理决策更加精准和合理。

2. 调整优化产业结构，推动产业转型升级

推进工业企业升级改造，大力推进工业企业污染物排放控制，不断修订加严水泥、石化、冶金等重点行业排放标准，全面实施这些重点行业污染治理设施提标改造工程；加快调整产业结构，通过大气污染治理，倒逼企业转型升级，加快淘汰落后产能，化解过剩产能，推动产业结构不断优化。

3. 深化改革管理体制机制，依法加严环境管理

实施生态环境保护"党政同责、一岗双责"，对全国各省级行政区开展生态环境保护督察，对大气污染重点防治区域建立联防联控协作机制，开展大气污染综合治理攻坚行动，着力削减污染物排放量，降低重污染天气的不利影响；创新执法手段，开展重点区域大气污染强化监督帮扶工作，强化责任落实，明确大气污染防治目标管理的责任与考核，建立包括空气质量改善目标和重点任务措施完成情况的双重指标评分体系，制定了

一系列环境经济政策，全面主动公开环境信息，更好地满足人民群众的环境知情权、参与权和监督权。

4．明确政府、企业和社会的责任，动员全民参与环境保护

地方各级人民政府对本行政区域内的大气环境质量负总责，确定工作重点任务和年度控制指标；企业是大气污染治理的责任主体，要自觉履行环境保护的社会责任，接受社会监督；环保社会组织在促进公众参与环保、提升公众环境意识、监督企业环境行为等方面做出了积极贡献；公众环境意识不断提高，主动向绿色低碳生活方式转变。

二、综合防治行动计划

国家各部门先后提出了《大气污染防治行动计划》（简称《大气十条》），《打赢蓝天保卫战三年行动计划》《推进运输结构调整三年行动计划（2018～2020 年)》《柴油货车污染治理攻坚战行动计划》和《"十三五"挥发性有机物污染防治工作方案》等。这些方案完善了大气污染防治攻坚战顶层设计，为我们国家大气质量的持续改善提供切实有效的行动计划。

1．《大气污染防治行动计划》

为了改善空气质量，2013 年 6 月 14 日，国务院确定了大气污染防治的十条措施，2013 年 9 月 10 日又将十条进行细化，提出了《大气污染防治行动计划》（简称《大气十条》）。其奋斗目标是：经过五年努力，全国空气质量总体改善，重污染天气较大幅度减少；京津冀、长三角、珠三角等区域空气质量明显好转。力争再用五年或更长时间，逐步消除重污染天气，全国空气质量明显改善。十条的具体内容及其细化的 35 项条款，见表 5-6。

表 5-6 《大气污染防治行动计划》具体内容

条款	具体内容
一、加大综合治理力度，减少多污染物排放	（一）加强工业企业大气污染综合治理
	（二）深化面源污染治理
	（三）强化移动源污染防治
二、调整优化产业结构，推动产业转型升级	（四）严控"两高"行业新增产能
	（五）加快淘汰落后产能
	（六）压缩过剩产能
	（七）坚决停建产能严重过剩行业违规在建项目
三、加快企业技术改造，提高科技创新能力	（八）强化科技研发和推广
	（九）全面推行清洁生产
	（十）大力发展循环经济
	（十一）大力培育节能环保产业
四、加快调整能源结构，增加清洁能源供应	（十二）控制煤炭消费总量
	（十三）加快清洁能源替代利用
	（十四）推进煤炭清洁利用
	（十五）提高能源使用效率

条款	具体内容
五、严格节能环保准入，优化产业空间布局	（十六）调整产业布局
	（十七）强化节能环保指标约束
	（十八）优化空间格局
六、发挥市场机制作用，完善环境经济政策	（十九）发挥市场机制调节作用
	（二十）完善价格税收政策
	（二十一）拓宽投融资渠道
七、健全法律法规体系，严格依法监督管理	（二十二）完善法律法规标准
	（二十三）提高环境监管能力
	（二十四）加大环保执法力度
	（二十五）实行环境信息公开
八、建立区域协作机制，统筹区域环境治理	（二十六）建立区域协作机制
	（二十七）分解目标任务
	（二十八）实行严格责任追究
九、建立监测预警应急体系，妥善应对重污染天气	（二十九）建立监测预警体系
	（三十）制定完善应急预案
	（三十一）及时采取应急措施
十、明确政府企业和社会的责任，动员全民参与环境保护	（三十二）明确地方政府统领责任
	（三十三）加强部门协调联动
	（三十四）强化企业施治
	（三十五）广泛动员社会参与

《大气十条》是我国政府推进生态文明建设、坚决向污染宣战、系统开展污染治理的重大战略部署，体现了以改善大气环境质量为核心、全面规划标本兼治的战略，是针对环境突出问题开展综合整治的首个国家行动计划。该行动计划有力推动了产业、能源和交通运输等重点领域结构优化，大气污染防治的新机制基本形成。

2.《打赢蓝天保卫战三年行动计划》

《大气十条》如期完成之后，2018 年 7 月 3 日，《打赢蓝天保卫战三年行动计划》（简称《行动计划》），由国务院公开发布。《行动计划》延续《大气十条》以颗粒物浓度降低为主要目标同时降低重污染天数的思路，促进环境空气质量的总体改善。

《行动计划》提出，经过 3 年努力，大幅减少主要大气污染物排放总量，协同减少温室气体排放，进一步明显降低细颗粒物（$PM_{2.5}$）浓度，明显减少重污染天数，明显改善环境空气质量，明显增强人民的蓝天幸福感。

《行动计划》提出六方面任务措施，并明确量化指标和完成时限。一是调整优化产业结构，推进产业绿色发展。优化产业布局，严控"两高"行业产能，强化"散乱污"企业综合整治，深化工业污染治理，大力培育绿色环保产业。二是加快调整能源结构，构建清洁低碳高效能源体系。有效推进北方地区清洁取暖，重点区域继续实施煤炭消费总量控制，开展燃煤锅炉综合整治，提高能源利用效率，加快发展清洁能源和新能源。三是积极调整运输结构，发展绿色交通体系。大幅提升铁路货运比例，加快车船结构升级，加快油品质量升级，强化移动源污染防治。四是优化调整用地结构，推进面源污染治理。实施防风固沙绿化工程，推进露天矿山综合整治，加强扬尘综合治理，加强秸秆综合利用和氨排放控制。五是实施重大专项行动，大幅降低污染物排放。开展重点区域秋冬季攻坚行动，打好柴油货车污染治理攻坚战，开展工业炉窑治理专项行动，实施挥发性有机物专项整治。六是强化区域联防联控，有效应对重污染天气。建立完善区域大气污染防治协作机制，加强重污染天气应急联动，夯实应急减排措施。

《行动计划》要求，加快完善相关政策，为大气污染治理提供有力保障。完善法律法规标准体系，拓宽投融资渠道，加大经济政策支持力度。完善环境监测监控网络，强化科技基础支撑，加大环境执法力度，深入开展环境保护督察。加强组织领导，明确落实各方责任，严格考核问责，加强环境信息公开，构建全民行动格局。

监测数据显示，2020 年，全国地级及以上城市优良天数比率为 87%，比 2015 年上升 5.8 个百分点；全国 $PM_{2.5}$ 平均浓度为 $33\mu g/m^3$，$PM_{2.5}$ 未达标城市平均浓度比 2015 年下降 28.8%，均超额完成"十三五"目标要求。《打赢蓝天保卫战三年行动计划》圆满收官。

3．其他工作

（1）《推进运输结构调整三年行动计划（2018～2020 年）》

为了实施《打赢蓝天保卫战三年行动计划》，国务院办公厅 2018 年 9 月 17 日公开发布了《推进运输结构调整三年行动计划（2018～2020 年）》。为实现工作目标，该计划提出实施六大行动：

一是铁路运能提升行动　提升既有铁路综合利用效率，加快铁路专用线建设。建立健全灵活的运价调整机制，完善短距离大宗货物运价浮动机制；

二是水运系统升级行动　完善内河水运网络，推进集疏港铁路建设；

三是公路货运治理行动　强化公路货运车辆超限超载治理，到 2020 年底，各省（区、市）高速公路货运车辆平均违法超限超载率不超过 0.5%。大力推进货运车型标准化，推动道路货运行业集约高效发展；

四是多式联运提速行动　推进具有多式联运功能的物流园区建设，加强不同运输方式间的有效衔接。支持各地开展集装箱运输、商品车滚装运输、全程冷链运输、电商快递班列等多式联运试点示范创建；

五是城市绿色配送行动　推进城市绿色货运配送示范工程建设。制定新能源城市配送车辆便利通行等政策，并加大推广应用力度。推进城市生产生活物资公铁联运，打造"轨道+仓储配送"的铁路城市物流配送新模式；

六是信息资源整合行动　加快建设多式联运公共信息平台，提升物流信息服务水平。建立运输结构调整信息运行监测和报送机制。

（2）《柴油货车污染治理攻坚战行动计划》

重型车、非道路移动机械等移动源是氮氧化物排放的重要来源，加大移动源氮氧化物排放治理与监控，对大幅削减氮氧化物排放总量、促进区域环境空气质量改善具有重要意义。2018 年 12 月，11 部门联合印发《柴油货车污染治理攻坚战行动计划》，明确提出推进重型柴油车远程在线监控系统建设，重点区域具备条件的重型柴油车安装远程在线监控并与生态环境部门联网，并要求将未安装远程在线监控系统的营运车辆列入重点监管对象。

（3）VOCs 排放总量控制

VOCs 和 NO_x 是 O_3 的主要前体物，为强化 $PM_{2.5}$ 和 O_3 协同控制，我国重点行业、重点区域推进 VOCs 排放总量控制。"十三五"期间生态环境部先后发布了《"十三五"挥发性有机物污染防治工作方案》、《重点行业挥发性有机物综合治理方案》和《2020 年挥发性有机物治理攻坚方案》等一系列文件，对 VOCs 相关行业按产品制造类和使用类实行排污许可的差别化管理，组织重点区域城市开展 VOCs 排放清单编制与动态更新工作，在第二次全国污染源普查工作中对部分行业和领域 VOCs 进行了尝试性调查；为推进环境空气质量持续改善，将细颗粒物（$PM_{2.5}$）和臭氧（O_3）协同控制作为"十四五"大气污染防治重点工作，将 VOCs 作为重要管控因子，坚持精准施策和科学管控相结合，强化源头、过程、末端全流程控制，全面推进 VOCs 减排，有效推动 $PM_{2.5}$ 和 O_3 污染协同控制，促进区域大气环境质量改善。

（4）室内空气污染防治

在室内空气污染治理方面，《室内空气质量标准》（GB/T 18883—2022）明确了住宅、办公等场所的物理、化学、生物以及放射性参数标准；卫生健康部门依据《公共场所卫生管理条例》和《公共场所卫生管理规范》，对规定范围内的公共场所开展卫生监督和管理工作。在室内装修方面，通过制定实施《室内装饰装修材料 人造板及其制品中甲醛释放限量》（GB 18580—2017），明确了室内人造板材的甲醛释放标准，并通过制定推荐性国家标准和行业协会团体标准，进一步加严有害物质释放限值，引导企业改进生产工艺，推广使用新型低毒或无毒环保胶黏剂，推动人造板及其制品产业向低醛、无醛方向发展；住建部门发布《民用建筑工程室内环境污染控制标准》（GB 50325—2020），通过严格控制建筑工程中的主体材料和装修装饰材料污染物释放要求，加强对新建、改建、扩建建筑工程室内空气污染的源头控制。

 拓展阅读

发达国家的大气治理经验

西方发达国家在工业化过程中也曾经历过严重的大气污染事件，通过大量的科学探索和持续的治理实践，这些污染问题逐步得到了有效控制，为我国开展大气污染治理和加快空气质量改善提供了借鉴。

1. 发达国家经历了漫长而艰巨的大气污染防治历程，从污染高峰到空气质量达标需要大约 30～40 年的艰苦努力。

从发达国家大气污染的历史来看，严重的污染事件直接加快了大气污染治理的进程。

欧洲大气污染治理始于 1952 年发生在英国的伦敦烟雾事件，此后从煤烟型污染到酸雨与污染物跨界传输问题，欧洲采取能源替代、总量削减控制等策略，直到 20 世纪 80 年代，传统的大气污染才基本得到治理。

美国大气污染治理源于20世纪50年代发生的洛杉矶光化学烟雾事件，先后颁布了《空气污染控制法》《清洁空气法》以及为解决近地面O_3和$PM_{2.5}$污染问题而发布的"清洁空气州际法规"。经过40多年的综合治理，美国O_3和$PM_{2.5}$污染已大幅降低，但是仍有部分地区不能达到国家空气质量标准。

日本大气污染治理源于1960年石化工厂附近患哮喘类疾病的病人数量激增事件。从1968年政府颁布《大气污染控制法》起，经过30多年的努力，日本空气质量才得到明显改善，但在大城市的中心城区，$PM_{2.5}$浓度达标存在较大困难。

2. 环境空气质量标准和污染物排放标准是大气污染防治体系的核心，保护公众健康是标准逐步升级的主要考虑。

国际上普遍重视对颗粒物等污染物的研究与防治，并基于对人体健康的影响逐步调整和加严标准中污染物的浓度限值。美国于1987年和1997年先后制定了PM_{10}和$PM_{2.5}$的国家空气质量标准。欧盟从1980年起，逐步颁布了一些污染物的浓度限制和建议值标准，并不断修订和更新。

3. 实施多污染物和多污染源协调控制是降低空气中颗粒物浓度、全面改善空气质量的有效途径。

大气中$PM_{2.5}$来源既包括直接排放的烟尘、扬尘和土壤尘，又包括由各前体物生成的二次颗粒物。欧美等发达国家经验表明，有效降低环境空气中$PM_{2.5}$浓度需要同时控制二氧化硫、氮氧化物、挥发性有机物、氨等污染物的排放。

4. 建立区域空气质量综合管理和区域污染联防联控协调机制是改善区域大气环境质量的重要保障。

欧美日的大气污染防治均经历了"企业污染—局域污染—城市污染—区域污染"这一治理历程。其经验表明，区域空气质量的改善，必须依赖于强大的区域大气污染协调控制能力。欧盟一体化的污染控制框架以及美国的系列相关法规或计划，都是区域空气质量管理的成功模式。

5. 能源结构调整和经济结构调整是降低污染物排放最直接有效和最根本的途径，煤炭"退出"城市是实现城市清洁空气的必要条件。

发达国家空气污染治理的历史本身就是一部能源清洁化的历史。为减少燃煤引起的煤烟型污染，欧洲国家采取以气代煤的措施，一次颗粒物排放显著下降。美国通过调整能源结构，减少煤炭使用，增加天然气消费，PM_{10}和$PM_{2.5}$排放量大幅度下降。

6. 交通运输污染控制在促进空气质量达标中起到关键作用，通过加严排放标准促进机动车技术换代和燃料清洁化。

机动车尾气排放是目前增长最快的大气污染源。欧盟通过制定机动车排放标准和燃料质量指令、发展可持续交通体系、利用经济手段等措施显著减少机动车尾气排放量。美国制定了全面的机动车污染控制计划，包括定期更新以健康为基础的空气质量标准、严格的技术要求、油品质量控制，且实施燃料管理标准先于车辆管理标准措施，从而实现减排幅度的最大化。日本于2002年将颗粒物浓度限值加入到机动车尾气排放标准中。加拿大于2001年起制定了一系列法律法规来治理运输业造成的污染。

1. 什么是大气污染？分析大气污染产生的原因。

2. 大气中主要污染物有哪些？简述其来源。

3. 根据全国城市空气质量实时数据，如何对城市环境空气质量进行评价？评价结果具有什么意义？

4. 试述煤烟型污染和光化学烟雾型污染的定义。两种污染类型怎样进行区分？

5. 除尘装置可以分为哪几类？简述其作用原理。

6. 简述对各类气态污染物的控制技术。

7. 试述室内空气污染的控制措施。

8. 汽车尾气中的污染物是如何被净化的？

9. 怎么理解大气污染综合防治？总结近些年我们国家颁布的大气污染综合防治行动计划。

10. 分析我国城市大气污染现状，思考我国大气污染应采用的有效控制措施。

参考文献

[1] 郭新彪，杨旭. 空气污染与健康[M]. 武汉：湖北科学技术出版社，2015.

[2] 卢昌义. 现代环境科学概论[M]. 厦门：厦门大学出版社，2014.

[3] （日）社团法人日本空气净化协会编. 室内空气净化原理与实用技术[M]. 杨小阳译. 北京：机械工业出版社，2016.

[4] 李云芬. 室内环境污染控制与检测[M]. 昆明：云南大学出版社，2012.

[5] 徐伟，刘志坚. 现代建筑室内空气检测技术[M]. 天津：天津大学出版社，2016.

[6] 生态环保部对十三届全国人大三次会议第 3591 号提案答复的函[Z].

[7] 生态环保部关于政协十三届全国委员会第三次会议第 3652 号提案答复的函[Z].

[8] 李英娟. 机动车污染控制技术[M]. 上海：上海交通大学出版社，2014.

[9] 姜安玺. 空气污染控制[M]. 北京：化学工业出版社，2010.

[10] 张远航，王金南. 发达国家有哪些大气治理经验值得我们借鉴？[N]. 中国环境报，2017-03-03(1).

[11] 郝吉明，马广大，王书肖. 大气污染控制工程[M]. 4 版. 北京：高等教育出版社，2021.

第六章
固体废物污染与防治

人类在生产过程、经济活动与日常生活中会产生大量的固体废物，且固体废物的数量在不断地增加，其组成和性质也日趋复杂。同时多种固体废物中蕴含着大量可供利用和开发的有价成分。如果对固体废物不加处理直接排入到环境中，会造成严重的环境污染及资源、能源的浪费。因此实现固体废物的减量化、资源化和无害化是环境保护和资源保护的主要问题之一。

第一节

固体废物的概述

一、固体废物的概念

固体废物在不同国家、不同场合、不同时期有着不同的含义。因此，在对固体废物进行分类、处理、处置时，应对固体废物给予准确的定义。我国经第五次修订的、自 2020 年 9 月 1 日起施行的《中华人民共和国固体废物污染环境防治法》（以下简称《固体法》）中对固体废物进行了明确的定义：固体废物是指在生产、生活和其他活动中产生的丧失原有利用价值或者虽未丧失利用价值但被抛弃或者放弃的固态、半固态和置于容器中的气态的物品、物质以及法律、行政法规规定纳入固体废物管理的物品、物质。经无害化加工处理，并且符合强制性国家产品质量标准，不会危害公众健康和生态安全，或者根据固体废物鉴别标准和鉴别程序认定为不属于固体废物的除外。

液态废物的污染防治适用《固体法》，参照固体废物进行相应的处理处置。但是，排入水体的废水的污染防治适用有关法律，不适用《固体法》。固体废物污染海洋环境的防治和放射性固体废物污染环境的防治不适用《固体法》。

二、固体废物的来源

固体废物来源于人类生产和生活的很多环节，随着我国城市化、工业化进程的高速发展和人口的迅速增长，固体废物产生量逐日递增，种类繁多，且其性质更趋复杂。

固体废物来源于各类生产过程：基本建设、工农业、矿山、交通运输、邮政、电信等各种工矿企业的生产建设活动；同时也来自于居民日常生活的多种活动过程，以及为保障居民生活所提供的各种社会服务及设施，包括商业、医疗、园林等；国家各级事业单位、管理机关、学校、各种研究机构等非生产性单位的日常活动。表 6-1 列出了各类发生源产生的主要固体废物，可见不同来源的固体废物性质也不同。

表 6-1　各类发生源产生的主要固体废物

发生源	产生的主要固体废物
矿业	矿石、尾矿、金属、废木、砖瓦、砂石等
冶金、金属加工、交通、机械等工业	金属、砂石、模型、芯、陶瓷、涂料、管道、绝热和绝缘材料、黏结剂、废木、塑料、橡胶、纸、各种建筑材料、烟尘等
建筑材料工业	金属、水泥、黏土、陶瓷、石膏、石棉、砂、石、纸、纤维等
食品加工业	肉、谷物、蔬菜、硬果壳、水果、烟草等
石油化工工业	化学药剂、金属、塑料、橡胶、陶瓷、沥青、污泥油毡、石棉、涂料等
电器、仪器仪表等工业	金属、木、玻璃、橡胶、陶瓷、化学药剂、研磨料、绝缘材料等
纺织服装工业	布头、纤维、塑料、橡胶、金属等
造纸、木材、印刷等工业	刨花、锯末、碎木、化学药剂、金属、填料、塑料等
居民生活	食物、垃圾、纸、木、布、庭院植物、修建物、金属、玻璃、塑料、陶瓷、燃料灰渣、脏土、碎砖瓦、废器具、粪便、杂品等
商业机关	同居民生活源，另有管道，沥青，其他建筑材料，含有易爆易燃、腐蚀性、放射性废物，以及非汽车废电器、废器具等
市政维护	脏土、碎砖瓦、树叶、死禽畜、金属、锅炉灰渣、污泥等
农业	秸秆、蔬菜、水果、果树枝皮、禽畜粪便、农药、糠秕等
核工业和放射性医疗单位	金属、含放射性废渣、粉尘、污泥、器具和建筑材料等

三、固体废物的分类

固体废物的种类众多，性质各异，为了便于管理、处理及处置，需要对固体废物进行分类。固体废物的分类方式有多种，目前主要的分类方法有：

① 按化学性质，可分为有机废物和无机废物。

② 按危害程度，可分为危险废物与一般废物。

③ 按产生源，可分为生活垃圾、工业固体废物、矿业固体废物、农业固体废物，如表 6-2 所描述。

表 6-2　按产生源分类的固体废物

生活垃圾	是指在日常生活中或者为日常生活提供服务的活动中产生的固体废物，以及法律、行政法规规定视为生活垃圾的固体废物
工业固体废物	指工业生产过程和工业加工过程产生的废渣、废屑、粉尘、污泥等
矿业固体废物	主要包括采矿废石和尾矿。废石是指各种金属、非金属和煤矿开采过程中剥离下来的围岩。尾矿是指各种金属、非金属和煤矿石在选矿过程中产生的废弃物
农业固体废物	主要指农、林、牧、渔各业在生产及农民日常生活过程中产生的固体废物，包括植物秸秆、人性畜的粪便等

④ 按其存在状态，分为固态废物和液态废物；液态废物及置于容器中的气态废物均

属于固体废物的范畴，但是一旦该液态废物排入到水体中，则将不再属于《固体法》的管辖范畴。

⑤ 依据《固体法》，从管理的角度将固体废物分类为生活垃圾、工业固体废物和危险废物。

1. 生活垃圾

生活垃圾是指在日常生活中或者为日常生活提供服务的活动中产生的固体废物，以及法律、行政法规规定视为生活垃圾的固体废物。

在该定义中包括了城市生活垃圾和农村生活垃圾。《固体法》规定：生活垃圾应当按照环境卫生行政主管部门的规定，在指定的地点放置，不得随意倾倒、抛撒或者堆放。

根据目前我国环卫部门的工作范围，生活垃圾包括：居民生活垃圾、园林废物、机关单位排放的办公垃圾、街道清扫废物、公共场所（如公园、车站、机场、码头等）产生的废物等。在实际收集到的城市生活垃圾中，还可能包括有部分小型企业产生的工业固体废物和少量危险废物（如废打火机、废漆、废电池、废日光灯管等等），由于后者具有潜在危害，需要在相应的法规特别是管理工作中逐步制定和采取有效措施对之进行分类收集和进行适当的处理处置。此外，在城市的维护和建设过程中会产生大量的建筑垃圾和余土，由于这类废物性质较为稳定，一般由环卫部门的淤泥渣土（或建筑垃圾）办公室按相关规定单独收运和处置。从上述分析可以看出，城市生活垃圾包括的废物种类很多。我国推行生活垃圾分类制度，生活垃圾分类坚持政府推动、全民参与、城乡统筹、因地制宜、简便易行的原则。

2. 工业固体废物

工业固体废物是指在各种工矿业企业生产活动中产生的固体废物。工业固体废物主要来自各工业部门的生产环节和生产废弃物，由于一些行业产生的废弃物往往具有毒性，破坏整个生态系统并对人体健康产生危害，因而越来越引起人们的重视。其中很多废物被划入到危险废物一类进行谨慎处理。工业固体废物按行业主要包括以下几类，如表 6-3 所示。

表 6-3　工业固体废物的种类及主要组成

工业固体废物种类	废物中主要组成物
矿冶固体废物	主要包括矿山开采、选矿、冶炼、成型等加工过程所排出的固体废物，如尾矿、废矿石、废渣、剥离物等
能源工业固体废物	主要包括燃煤电厂产生的粉煤灰、炉渣、烟道灰、采煤及洗煤过程中产生的煤矸石等
钢铁工业固体废物	主要包括黑色冶金工业等部门在钢铁冶炼、粗铁坯、轧钢、精炼、铁合金、烧结等加工过程所排出的固体废物，如炉渣、废金属、废建材、废模具、废橡胶等
石油化学工业固体废物	化学工业废物主要包括无机盐、氯碱、磷肥、纯碱、硫酸、有机合成、染料、感光等原料的材料生产过程中所产生的固体废物，主要包括废催化剂、废化学药品、废酸碱、废三泥（底泥、浮渣、污泥）、废纤维丝等； 石油化学工业固体废物主要包括石油炼制、石油化工、石油化纤等生产过程所产生的固体废物，如废化学药剂、废催化剂、废三泥、废酸碱、废丝、聚合单体废块等

工业固体废物种类	废物中主要组成物
有色金属工业固体废物	主要包括冶炼、稀有金属、轻金属等在生产过程中所产生的固体废物，如浸出渣、净化渣、炉渣、阳极泥、金属废渣、熔炼渣、赤泥、残极、浮渣等
电子工业固体废物	主要包括绝缘材料、金属、陶瓷、研磨料、玻璃、木材、塑料、化学药剂等
轻工业固体废物	木质素、木料、金属填料、化学药剂、纸类、塑料、陶瓷等
食品加工工业固体废物	油脂、果蔬、五谷、蛋类、玻璃、纸类、塑料、烟草等
其他工业固体废物	如纺织工业、建筑材料工业、军工、核工业、机械、交通运输行业等产生的固体废物

3. 危险废物

危险废物是指列入《国家危险废物名录》或者根据国家规定的危险废物鉴别标准和鉴别方法认定的具有危险特性的固体废物。危险特性是指对生态环境和人体健康具有有害影响的毒性、腐蚀性、易燃性、反应性和感染性。

由于危险废物是通常包括毒性、易燃性、反应性、腐蚀性和感染性等一种或几种危险特性的固体废物，根据这些性质，各国均制定了自己的危险废物鉴别标准和危险废物名录。联合国环境规划署《控制危险废物越境转移及其处置巴塞尔公约》列出了"应加控制的废物类别"共45类，"须加特别考虑的废物类别"共2类，同时列出了危险废物"危险特性的清单"共14种特性。我国危险废物与非危险废物的划分通常采用以下两种方法。

（1）名录法

名录法是根据经验与实验，将有害废物的品名列成一览表，将非危险废物列成排除表，用以表明某种废物属于危险废物或非危险废物，再由国家管理部门以立法形式予以公布。此法一目了然，方便使用。1998年1月4日由国家环境保护总局、国家经济贸易委员会、对外贸易经济合作部和公安部联合颁布《国家危险废物名录》（以下简称《名录》），并于1998年7月1日实施。1998年版的《国家危险废物名录》，将危险废物共分为47大类。《国家危险废物名录》后续经历了三次修订（原1998版、2008版、2016年版），现行版本为2021年1月1日施行新版名录。国家规定："凡《名录》所列废物类别高于鉴别标准的属危险废物，列入国家危险废物管理范围；低于鉴别标准的，不列入国家危险废物管理"。新版调整了危险废物名录，《危险废物豁免管理清单》也进行了修改及豁免条件的细化等，将危险废物调整为50大类别。

（2）鉴别法

鉴别法是在专门立法中对危险废物的特性及其鉴别分析方法以"标准"的形式予以规定，依据鉴别分析方法测定废物的特性，由于危险特性种类较多，从实用的角度，通常主要鉴别废物的腐蚀性、可燃性、反应性、毒性这四种性质，进而判定其属于危险废物或非危险废物。如与《国家危险废物名录》同时制定的《危险废物鉴别标准》（以下简称《鉴别标准》）就属于此类。因此，我国危险废物的鉴别、分类分为两个步骤：第一步，将《名录》中所列废物纳入危险废物管理体系；第二步，通过《鉴别标准》将危险性低于一定程度的废物排除到危险废物之外，即加以豁免。我国已制定的危险废物鉴别标准中包括浸出毒性、急性毒性初筛和腐蚀性三类。

危险废物主要来源是工业固体废物，据估计我国工业危险废物的产生量约占工业固体废物产生量的 3%～5%，主要分布在化学原料和化学制造业、采掘业、黑色金属冶炼及压延加工业、石油加工业及炼焦业、造纸等工业部门。城市生活垃圾中危险废物主要是含汞温度计及血压计、过期药物、某些种类废旧电池、废日光灯及其他等。农业固体废物中主要是喷洒的残余药物。

危险废物中的有害成分能通过环境媒介，使人引起严重的、难以治愈的疾病，导致死亡率增高，如果对其管理、运输、贮存、处置和处理不善，可能导致环境质量恶化，对人体健康造成明显的或潜在的危害。由于危险废物对环境和人体产生极大的危害，因而国内外均将其作为废物管理的重点，我国对危险废物实行分类单独管理，采取一切措施保证其妥善处理。

另外，放射性废物虽然不属于《固体法》管理范围，但因其特殊性，自成体系，进行专门管理。

四、固体废物的特点

固体废物一般具有如下特点。

（一）成分复杂，具有分散性

固体废物所含的成分及其性质千差万别；被丢弃后分散在各处，需要收集后集中进行后续的处理与处置。

（二）资源与废物的相对性

固体废物具有鲜明的时间和空间特征，从时间方面讲，它仅仅是在目前的科学技术和经济条件下无法加以利用，但随着时间的推移，科学技术的发展，以及人们的要求变化，今天的废物可能成为明天的资源。从空间角度看，废物仅仅相对于某一过程或某一方面没有使用价值，而并非在一切过程或一切方面都没有使用价值。一种过程的废物，往往可以成为另一种过程的原料。固体废物一般具有某些工业原材料所具有的化学、物理特性，且较废水、废气容易收集、运输、加工处理，因而可以回收利用。因此，一个时空领域的废物在另一时空领域可以是宝贵的资源，所以固体废物被称为是放错了位置的资源。

（三）富集终态和污染源头的双重特性

固体废物往往是许多污染成分的终态，例如，在大气污染治理过程中，污染物中的颗粒物和一些气态污染物通过治理后最终均可富集成为固体废物；水体污染物中的一些有害物质和悬浮物，通过治理最终被分离出来成为污泥或残渣；一些含重金属的可燃固体废物，通过焚烧处理，大量重金属富集于灰烬中。但是，这些"终态"物质中的有害成分若不加以妥善处理处置，长期在自然因素作用下，又会转入大气、水体和土壤，成为大气、水和土壤环境的污染"源头"。

（四）固体废物的危害具有迟滞性、长期性和灾难性

固体废物对环境的影响不同于废水、废气和噪声。固体废物呆滞性大、扩散性小，它对环境的影响主要是通过水、气和土壤进行的。其中污染成分的迁移转化，如浸出液在土壤中的迁移，是一个比较缓慢的过程，其危害可能在数年以至数十年后才能发现。从某种意义上讲，固体废物，特别是有害废物对环境造成的危害可能要比废水、废气造成的危害严重得多。如下案例充分说明了固体废物危害的迟滞性、长期性和灾难性。

美国的拉夫运河（Love Canal）事件是典型的固体废物污染事件，拉夫运河位于美国纽约州，靠近尼亚加拉大瀑布，是一个世纪前为修建水电站挖成的一条运河，20世纪40年代干涸被废弃。1942年，美国一家电化学公司购买了这条大约1000米长的废弃运河，当作垃圾仓库来倾倒大量工业废弃物，持续了11年。1953年，这条充满各种有毒废弃物的运河被公司填埋覆盖好后转赠给当地的教育机构。此后，纽约市政府在这片土地上陆续开发了房地产，盖起了大量的住宅和一所学校。从1977年开始，这里的居民不断发生各种怪病，孕妇流产，儿童夭折，婴儿畸形，癫痫、直肠出血等病症也频频发生。大雨和融化的雪水造成有害固体废物外溢，这里的地面开始渗出含有多种有毒物质的黑色液体。并陆续发现该地区井水变臭，大气中有害物质浓度超标500多倍，测出有毒物质82种，其中11种能致癌，包括有剧毒的二噁英。1978年，美国政府颁布法令，封闭住宅，关闭学校，710多户居民全部迁出，并拨款2700万美元进行治理。

第二节

固体废物的环境影响

伴随工业化与城市化进展的加快，经济不断增长，生产规模不断扩大，以及人们消费需求的不断提高，固体废物产生量也在不断增加。在一定条件下，固体废物会发生物理、化学或生物的转化，对周围环境造成一定的影响。如果处理、处置不当，污染成分就会通过水、气、土壤、食物链等途径污染环境，危害人体健康。通常，工业、矿业等废物所含的化学成分会形成化学物质型污染，人畜粪便和有机垃圾是各种病原微生物的滋生地和繁殖场，形成病原体型污染，危害人体健康和自然生态系统。固体废物对环境的影响是多方面的、多环节的。主要的环境影响有以下几个方面：

一、侵占土地，影响土壤环境

由于大量固体废物的产生与积累，已有大片土地被堆占。固体废物的露天堆放和填埋处置，需占用大量宝贵的土地资源，破坏地貌和植被，据估算，每堆积1×10^4t废渣约占地667m^2。而受污染的土壤面积往往比堆存面积大1～2倍。随着时间的延续，固体废物的堆积量还将不断地增加，所需的面积也越大。我国许多城市利用城郊设置的垃圾堆

放场，也侵占了大量农田。这对人口众多、可耕地面积较少的我国而言，将是极大威胁。如此一来势必使可耕地面积短缺的矛盾加剧。

土壤是很多细菌、真菌等微生物聚居的场所。这些微生物在大自然的物质循环中担负着碳循环、氮循环等重要任务。固体废物是多种污染物的集合体，在露天条件下大量堆置，经长期降水的淋溶、地表径流的渗沥，其所含有的各类污染物质随水流扩散至土壤、地下水与地表水源中，其含有的有毒有害成分也会渗入到土壤中，改变土壤的性质和土壤的理化结构，使土壤盐碱化、酸化、毒化、破坏土壤中微生物的生存条件，影响土壤中微生物的生命活动产生影响。影响动植物的生长发育。许多有毒有害成分不仅有碍植物根系的发育与生长，而且还会在植物有机体内蓄积，还会经过动植物进入人的食物链，危害人体健康。

在固体废物污染的危害中，最为严重的是危险废物的污染，其中的剧毒性废物会对土壤造成持续性、永久性的危害。

二、对大气环境的影响

固体废物在自然环境中堆置，其中的细微颗粒和粉尘能够随风飞扬，对空气造成污染。据研究表明：当风力在 4 级以上时，在粉煤灰或尾矿堆表层的粒径小于 1.5cm 的粉末将出现剥离，其飘扬的高度可达 20～50m 以上，在风季期间可使平均视程降低 30%～70%。由于固体废物中一些有机物质的生物分解与化学反应，能够不同程度地产生毒气或恶臭，造成局部空气的严重污染。例如：煤矸石自燃会释放大量的二氧化硫等大气污染物。

在生活固体废物的填埋场，会逸出一定量沼气，也会对大气造成影响，它会在一定程度上消耗填埋场空间的氧气，影响附近植物的正常生长。当废物中含有重金属时，会更大程度地给附近植物生长产生抑制。此外，废物的堆置亦为蚊、蝇与寄生虫的滋生提供了有利的场所，有导致传染疾病的潜在威胁。

三、对水体环境的影响

固体废物对水环境的影响可通过直接污染和间接污染的方式进行，固体废物随自然降水或地表径流等途径进入河流湖泊，或随风飘落进水体导致地表水污染，随渗滤液进入土壤则使地下水污染；固体废物任意向水体直接投放，会使水体直接受到严重的污染；或是在大气中的细小颗粒通过降雨的冲洗沉积及重力沉降或自然沉降而落入地表水系，水体都可以溶解出有害成分毒害生物，造成水体严重缺氧、富营养化，导致水生生物死亡。

未经处理的垃圾填埋场或简易堆放的垃圾，经雨水的淋洗作用，或生物的生化作用产生的渗滤液，含有高浓度的悬浮固态物和各种有机和无机成分以及大量有毒物质，毒害性非常强。其将使附近的包括地下水在内的水体受到污染。因为地下水更新的速度比较慢，一旦地下水受到污染，地下水中污染物的稀释和清除过程比地表水慢很多，问题就变得难以控制，可能会导致地下水在不远的将来就变得不能饮用，使得某一个地区将不再适于居住。

四、对人体健康的影响

大气污染、水污染及土壤污染均对人体健康有危害。固体废物，特别是危险废物，在露天存放、处理处置过程中，其中的有害成分在物理、化学及生物作用下会发生浸出，危险废物特殊性质（毒性、易燃性、反应性、腐蚀性和感染性）表现在对人们的短期和长期危险性上。就短期危害而言，人体是通过摄入、吸入、皮肤吸收和眼睛接触等而引起毒害，或危险废物发生燃烧、爆炸等危险性事件；长期危害包括人体重复接触导致的长期中毒、致癌、致畸、致突变等。图 6-1 表示出固体废物进入环境的途径，以及其中化学物质对人类造成感染并导致疾病的途径。

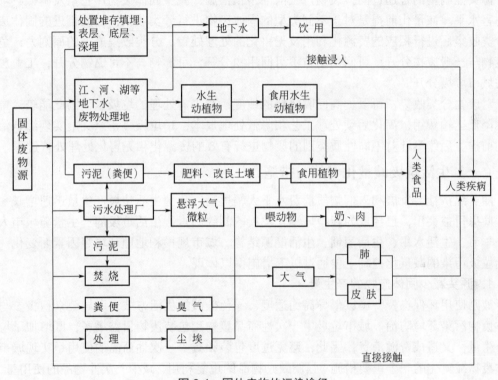

图 6-1　固体废物的污染途径

第三节

固体废物的环境污染防控途径及技术措施

固体废物呆滞性大、扩散性小，固体废物对环境的污染不同于废水、废气和噪声，它对环境的影响也主要通过水、空气和农田土壤为介质进行的，固体废物既是水体、土壤和农业环境的污染源，又是接受水体、大气、土壤等所含污染物的环境，固体废物往往是环境污染治理过程中许多污染成分的终态物；同时大量的固体废物也被称为是"放错了位置的资源"，因此对固体废物正确的处理与处置过程可以实现固体废物的资源化利用，缓解我国资源紧缺的现状。基于上述，控制"源头"与处理好"终态物"是实现固体废物污染控制的关键。主要从以下三方面入手：一是从源头上减少固体废物的产生量，即源头减量化控制；二是固体废物的资源化综合利用；三是对产生的固体废物进行相应的无害化处理与处置。

因为危险废物更多来源于人们的日常生产生活过程及工业生产过程，因此本节内容主要针对生活垃圾及工业固体废物的污染控制过程进行阐述。

一、源头减量化控制

源头控制指的是通过固体废物产生前的干预措施，减少固体废物产生量及降低其环境危害水平。减量化前提是对于不同类型的固体废物进行分类收集，性质相近的固体废物分类收集后进行相应的资源化利用及无害化的处理处置。分类收集遵循的原则为：危险废物与一般废物分开；可回用物与不可回用物分开；可燃物与不可燃物分开；工业废物与城市垃圾分开。

对废物分类收集，可以提高回收物料的纯度，减少需处理的垃圾量，因此能较大幅度地降低运输费用，简化后续处理工艺和降低处理成本，是垃圾真正意义上实现综合治理的前提。后续再针对不同性质类别的废物进行有效的资源化和无害化处理处置过程。

（一）生活垃圾减量化对策与措施

随着经济社会发展和人们物质消费水平大幅提高，我国生活垃圾产生量迅速增长，环境隐患日益突出，已经成为新型城镇化发展的制约因素。生活垃圾的产生量随城市人口、季节、生活水平、生活习惯、生活能源结构、城市规模和地理环境等因素而变化。生活垃圾污染的减量化控制主要通过以下措施得以体现。

1. 源头减少固体废物的产生量

鼓励使用环保物资，国家倡导简约适度、绿色低碳的生活方式，引导公众积极参与固体废物污染环境防治。城市垃圾中一次性商品废物和包装废物日益增多，既增加了垃圾产生量，又造成资源浪费，因此，避免过度包装和减少一次性商品的使用是实现城市固体废物减量化的一个重要措施。强调鼓励物品的重复利用，减少一次性物品的使用量，从源头上减少生活垃圾的产生量，这样不但可以减轻企业生产成本，还可以减轻对环境的压力，减少环境污染。

《固体法》第六十八条规定：产品和包装物的设计、制造，应当遵守国家有关清洁生产的规定。国务院标准化主管部门应当根据国家经济和技术条件、固体废物污染环境防治状况以及产品的技术要求，组织制定有关标准，防止过度包装造成环境污染。

生产、销售、进口依法被列入强制回收目录的产品和包装物的企业，应当按照国家有关规定对该产品和包装物进行回收。电子商务、快递、外卖等行业应当优先采用可重复使用、易回收利用的包装物，优化物品包装，减少包装物的使用，并积极回收利用包装物。县级以上地方人民政府商务、邮政等主管部门应当加强监督管理。

2. 推行生活垃圾分类收集

现行的城市生活垃圾收集方式主要分为混合收集和分类收集两种类型。

混合收集是对不同产生源的垃圾不作任何处理或管理的简单收集方式，简单易行，收集费用低，一直以来在我国广泛应用，但混合收集降低了可回用物资的资源化价值，同时使大量有害物质如干电池、废油等进入垃圾中，增大了垃圾无害化处理的难度，造成了严重的环境污染。混合收集也造成了极大的资源浪费和能源浪费，多种废物相互混杂、黏结，降低了废物中有用物质的纯度和再利用价值，降低了可用于生化处理和焚烧处理的有机物资源化和能源化的价值。混合收集后再进行分选利用又浪费人力、物力、财力，因此，混合收集被分类收集取代是收集方式发展的趋势。

分类收集是按垃圾的特点、组分、处理和处置的要求进行单独收集。与混合收集比较，虽然收集成本较高，操作复杂，但是通过分类收集提高了可回收物质的回收率和回收物纯度，促进资源化，减少后续处理的垃圾量，便于有害物单独处理，有利于废物的进一步处理和利用，可以减少生活垃圾的运输、处理与处置费用，降低对环境的潜在危害。同时实现经济效益、社会效益和环境效益。

(1) 城市生活垃圾分类收集的必要性

生活垃圾分类收集是实施可持续发展的重要内容，也是法律法规赋予城市政府的责任。《固体法》第六条规定，国家推行生活垃圾分类制度。生活垃圾分类坚持政府推动、全民参与、城乡统筹、因地制宜、简便易行的原则。

分类收集是实现生活垃圾减量化、资源化、无害化目标的最有效途径。世界发达国家把垃圾中的可利用部分看作是一种资源，通过分类收集，实现生活垃圾再利用的比例已高达 45%以上，有些国家甚至达 60%。据研究，如果实行垃圾分类收集和废弃物的有效回收，垃圾量可望减少 40%~50%。减少生活垃圾的产生量就意味着减少了从资源开采、生产加工，到使用或消费、最终处置各环节能源、人力、物资等资源的消耗，同类垃圾后续的无害化处理的难度也相对降低。

分类收集以后，可回收物资的纯度提高，同类垃圾成分比较单一，性质相近，因此处理过程技术复杂程度降低，处理技术相对专一，处理效率大大提高，资源化利用的比例也随之提升。例如垃圾目前的热值不高，而分类收集后将适合于燃烧的部分进行燃烧，热值将大大提高，垃圾焚烧后不仅可减量 80%~90%左右，燃烧所得能量可用于发电、取暖等，产生经济效益，而且还可避免或减轻由于焚烧废塑料等产生的废气对环境的不良影响。

实行生活垃圾分类收集，防止可回收利用物进入收集、运输、处理的物质流中，促进资源回收利用，缓解资源紧缺的现状，节约包括土地在内的多种资源。中国是人均资源短缺的国家，随着人民生活水平的提高，城市生活垃圾的成分有了很大的变化，可以再利用的成分在不断增加，为了提高生活垃圾中有用物的利用率，分类收集应该在我国城市生活垃圾管理中处于最优先的地位，将逐步成为一种贯穿全社会生产和生活的行动。

(2) 国内外城市生活垃圾分类收集的概况

国外一些发达国家的生活垃圾管理是从源头治理，限制过度包装。在实行生活垃圾分类收集时，考虑较多的也是包装物的再用。德国在包装物的再生利用领域是国际开拓者。1991 年 6 月，德国颁布了世界上首例针对所有包装废物进行回收利用的条例——《包装条例》。日本从 20 世纪 90 年代以来，颁布了几部与包装废物回收利用有关的法规，如《促进再生资源利用法》《节能和促进再生利用法》《促进包装容器回收及再商品化法》（简称《包装容器回收法》）等。除此之外，还有许多国家和组织颁布了包装条例或者与包装废物再生利用有关的法律法规。

日本根据不同城市的具体情况，采取不同的垃圾分类收集方式。以北九州市为例，对废旧家具、废家电制品、棉被等大型垃圾，采用有偿上门收集的方法，即排放者按每件废物所规定的价格付给收购公司，请收购公司上门搬走废物。收购公司将其中一些尚可使用的家具、家电等进行修理和翻新后，放在废旧物质展示中心让居民们挑选，以抽签的形式和极低的价格再卖给居民。在街道、车站、商店、饭店等公共场所，各处都设有可燃垃圾（纸屑、废报纸、杂志等）和不可燃垃圾（隔成三格，分别回收饮料瓶、玻璃瓶、易拉罐）的收集箱。对人们经常出入的超级市场门口，设有分类更细的垃圾箱，分别收集牛奶盒、餐盒、瓶罐、废纸、废电池等，市民们随时都可将可回收类垃圾放入各收集箱中，由指定的回收公司清运。对于各家庭排出的生活垃圾，纸类废物按报纸、杂志、纸包装盒分类打捆后，随时放入各居民自治会指定的箱子里，由自治会的人员定期收集；饮料瓶（PET 瓶）和玻璃瓶分别装入透明塑料垃圾袋中，并按所要求的日子放到附近指定地点（由环卫车隔周分别收集），易拉罐等瓶罐混合装入袋中，每周收集一次，由环卫车运往瓶罐资源化中心进行细分类和加工；其余垃圾每周收集两次，运往垃圾焚烧场焚烧。

我国的垃圾分类收集工作起步较晚，城市生活垃圾一直以来是以混合收集为主的。我国在 2000 年开始垃圾分类收集试点工作，2000 年建设部下发《关于公布生活垃圾分类收集试点城市的通知》（建城环[2000]12 号），确定了我国第一轮生活垃圾分类收集八个试点城市，分别为北京、上海、广州、深圳、杭州、南京、厦门、桂林，由此拉开了我国城市生活垃圾分类收集试点工作的序幕。在我国随后颁布的相关法律和政策文件中多次涉及开展生活垃圾分类收集、建立合理的生活垃圾收运处理处置体系、优化配置综合处理技术和设施、提高生活垃圾处理无害化水平、推进城市生活垃圾处理向资源化发展等方面内容，为生活垃圾分类收集、生活垃圾无害化处理工作的开展给予了法律和政策支持。例如：在那一时期，《中华人民共和国清洁生产促进法》（2003 年 1 月 1日起实行）、《中华人民共和国固体废物污染环境防治法》（2005 年 4 月 1 日起执行）、《中华人民共和国循环经济促进法》（2009 年 1 月 1 日起实行）、《国家发改委关于印发"十二五"资源综合利用指导意见和大宗固体废物利用实施方案的通知》等法律法规陆续出台并实施。

2017 年 3 月 18 日，我国《生活垃圾分类制度实施方案》法案颁布执行。《生活垃圾分类制度实施方案》明确在直辖市、省会城市、计划单列市和第一批生活垃圾分类试点城市等 46 个重点城市的城区范围内先行实施生活垃圾强制分类。此方案在前期工作的基础上，以生活垃圾分类收集、分类转运设施建设为着力点，以 46 个重点城市为突破口，要求 46 个重点城市到 2023 年全面建成生活垃圾分类收集和分类运输体系，推动京津冀及周边、长三角、粤港澳大湾区、长江经济带、黄河流域、生态文明试验区深入开展生活垃圾分类处理，鼓励具备条件的地级以上城市基本建成与生活垃圾清运量相匹配的生活垃圾分类收集和分类运输体系，逐步提高城镇生活垃圾收运能力，并向农村地区延伸。目前，这 46 个重点城市生活垃圾分类工作已经取得了一定的进展。2022 年 7 月住建部、国家发改委印发了《"十四五"全国城市基础设施建设规划》（以下简称《规划》），《规划》提出一系列主要发展指标，其中包括，到 2025 年，城市生活垃圾回收利用率将不低于

35%，城市生活垃圾资源化利用率不低于 60%。超大特大城市"城市病"将得到有效缓解，基础设施运行更加高效。

《生活垃圾分类制度实施方案》中要求必须将有害垃圾作为生活垃圾强制分类的类别之一，同时参照生活垃圾分类及其评价标准，再选择确定厨余垃圾、可回收物等强制分类的类别。未纳入分类的其他垃圾按现行办法处理。我国各类生活垃圾的基本分类及要求如表 6-4 所示。

表 6-4　生活垃圾基本分类及要求

项目	主要品种	投放暂存	收运处置
有害垃圾	废电池（镉镍电池、氧化汞电池、铅蓄电池等），废荧光灯管（日光灯管、节能灯等），废温度计，废血压计，废药品及其包装物，废油漆、溶剂及其包装物，废杀虫剂、消毒剂及其包装物，废胶片及废相纸等	按照便利、快捷、安全原则，设立专门场所或容器，对不同品种的有害垃圾进行分类投放、收集、暂存，并在醒目位置设置有害垃圾标志。对列入《国家危险废物名录》的品种，应按要求设置临时贮存场所	根据有害垃圾的品种和产生数量，合理确定或约定收运频率。危险废物运、处置应符合国家有关规定。鼓励骨干环保企业全过程统筹实施垃圾分类、收集、运输和处置；尚无终端处置设施的城市，应尽快建设完善
厨余垃圾	相关单位食堂、宾馆、饭店等产生的餐厨垃圾，农贸市场、农产品批发市场产生的蔬菜瓜果垃圾、腐肉、肉碎骨、蛋壳、畜禽产品内脏等	设置专门容器单独投放，除农贸市场、农产品批发市场可设置敞开式容器外，其他场所原则上应采用密闭容器存放。厨余垃圾可由专人清理，避免混入废餐具、塑料、饮料瓶罐、废纸等不利于后续处理的杂质，并做到"日产日清"。按规定建立台账制度（农贸市场、农产品批发市场除外），记录易腐垃圾的种类、数量、去向等	厨余垃圾应采用密闭专用车辆运送至专业处理场所，运输过程中应加强对泄漏、遗撒和臭气的控制。相关部门要加强对餐厨垃圾运输、处理的监控
可回收物	废纸、废塑料、废金属、废包装物、废旧纺织物、废弃电器电子产品、废玻璃、废纸塑铝复合包装等	根据可回收物的种类及产生数量，设置容器或临时存储空间、定点投放，必要时可设专人分拣打包	可回收物产生的主体可自行运送，也可联系再生资源回收利用企业上门收集，进行资源化处理
其他垃圾	以上各分类之外的被抛弃或放弃的生活垃圾	根据可回收物的产生数量，设置容器或临时存储空间	采用专用车辆运送至处理场所或最终处置场所

3. 改进城市燃料结构

改进城市能源结构、推广清洁燃料是防治城市大气污染及减少固体废物产量的重要途径。大气污染防治重点城市人民政府可以在本辖区内划定禁止销售、使用国务院环境保护行政主管部门规定的高污染燃料的区域。该区域内的单位和个人应当在当地人民政府规定的期限内停止燃用高污染燃料，改用城市煤气、天然气、液化石油气、电或者其他清洁能源。对未划定为禁止使用高污染燃料区域的大、中城市市区内的其他民用炉灶，限期改用固硫型煤或者使用其他清洁能源。

此外，促进生活垃圾源头减量化还包括一些非技术性措施，包括各种教育和法规手段，主要通过引导人们的消费行为以达到实现废物减量化的目的。例如，通过宣传与教育提高公众环保意识，少购买少使用一次性消费品，尽量做到一物多用。消费过程中，应当倡导绿色消费，减少对物品的过度需求，理性消费。

（二）工业固体废物减量化对策与措施

1. 推广清洁生产，完善和改造生产工艺

工业企业的发展为经济腾飞创造了条件，但是由于生产原料及能源的使用，企业人员素质不高，技术、设备、工艺水平落后等多种因素使得产品产量低、质量差，资源和能源使用不合理，生产过程中物料的流失较大，同时产生大量废水、废气和固体废物，对环境造成严重污染。因此工业生产过程应当从企业生产的全过程着手，推进清洁生产，才能真正达到污染物的减量化及原料和能源效率最大化。对于工业生产而言，一个生产和服务过程可以被抽象成八个方面，即原材料和能源、技术工艺、设备、过程控制、管理、员工等六个方面的输入，产品和废物两个方面的输出。这八个方面是影响固体废物排放量的主要因素。其中六个输入方面的因素直接影响着产品的质量和废物的产生量。从源头减少生产过程工业固体废物导致的污染，可采取以下主要控制措施：①在企业内部推行清洁生产审核，限期淘汰落后的生产工艺和设备；②采取改进设计、采用先进的工艺技术与设备；③使用清洁的能源和原料；④改善管理、提高生产过程控制和加强员工环保意识的培养；⑤综合利用及发展物质循环利用工艺；⑥对产生的废物进行无害化处理与处置。

从源头削减污染，以减轻或者消除污染物对人类健康和环境的危害，提高资源、能源的利用效率，减少或者避免生产、服务和产品使用过程中污染物的产生和排放。

2. 建立生态工业园区，发展物质循环利用工艺

企业在生产过程中会产生一定量的废物，由于固体废物具有废物与资源的双重属性，往往每个进行单个产品生产的企业所产生的废物可以作为下一个企业生产的原料。因此可以通过在企业单元内部推进清洁生产过程及各企业单元之间依据产业生态学的原理建立生态工业园区（详见第十章第三节）等途径发展多级物质循环工艺。通过生态工业园的建立使不同企业之间形成共享资源和互换副产品的产业共生组合，使上游生产过程中产生的废物成为下游生产的原料，达到相互间资源的最优化配置。这样最后整个生产过程只剩下少量废物进入环境，实现了废物减量化及资源化，减少企业生产过程对环境的影响，同时实现了资源、能源利用效率最大化，最终达到经济、环境和社会的综合效应。

广西贵港国家生态示范工业园是中国第一个工业共生体。该园区是以上市公司贵糖（集团）股份有限公司为核心，以蔗田系统、制糖系统、酒精系统、造纸系统、热电联产系统、环境综合处理系统为框架建设的生态工业（制糖）示范园区（如图6-2示意）。

该示范园区的6个系统分别有产品产出，各系统之间通过中间产品和废弃物的相互交换而相互衔接，形成一个较完整和闭合的物质循环网络。园区内资源得到最佳配置，废弃物得到有效利用，环境污染减少到最低水平。园区内主要生态链有两条：一是甘蔗→制糖→废糖蜜→制酒精→酒精废液制复合肥→回到蔗田；二是甘蔗→制糖→蔗渣造纸→制浆黑液碱回收；此外还有制糖业（有机糖）低聚果糖；制糖滤泥（白泥）→水泥等较小的生态链。这些生态链相互构成横向偶合关系，并在一定程度上形成网状结构。物流中没有废物概念，只有资源概念，各环节实现了充分的资源共享，变污染负效益为资

源正效益，真正从源头减少了废物向环境中的排放量，形成了经济发展与环境保护的良性循环。

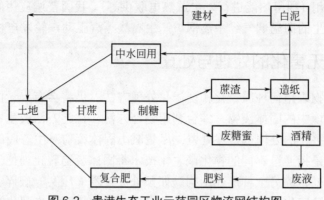

图 6-2　贵港生态工业示范园区物流网结构图

二、固体废物的资源化利用

固体废物的资源化利用是指针对产生的固体废物进行各种转化或加工手段，使其具备某种使用价值，同时消除其在特定使用环境中的污染危害，并通过一定途径实现综合再利用的过程。

固体废物综合利用的途径一是产品回用，这种资源化方法的特征是以废弃产品或部件为对象，仅通过清洁、修补、质量甄别等手段，对废物进行简单处理后，即可将其再次用于新的生产或消费。最具代表性的例子是玻璃饮料瓶或啤酒瓶的再灌装使用。废橡胶轮胎在游乐设施中的整体利用等。

固体废物综合利用的途径二是材料再生，此方法的特征是通过物理和化学的分离、混合或提纯等过程使废物的构成材料由纯化和复合等途径，恢复原有的性状或功能，再次被用作生产原料。如废纸的回收造纸的普遍应用；废旧金属的再冶炼；废旧塑料的材料再生利用；资源化再利用的同时保护了我国的宝贵自然资源。几乎所有的金属、纸类、玻璃、混凝土、无机酸等无机及天然纤维原料及部分种类的人工聚合物均可能通过处理实现材料再生。但是，再生制品和一次材料产品相比质量会有差异，这与废旧材料的种类有很大相关性。纸类、金属及玻璃的再生制品与一次材料几乎无质量差别，而混凝土和部分人工聚合物的再生产品与一次材料相比有明显的质量衰减，只能应用于特定的场合。

固体废物综合利用的途径三是物料转化，这种方法的特点是通过物理、化学和生物的分离、分解和聚合等过程，使废物的构成物料转化为具有使用价值的材料或可储存的能源。可通过物料转化方法实现资源化的固体废物种类广泛，覆盖的资源化技术途径众多。例如，煤燃烧后的粉煤灰和炉渣及高炉炼铁产生的高炉渣、钢铁行业的废渣——钢渣等已经成为建筑用砖和水泥等的重要原料，也为保护我国的表土资源提供了重要的替代途径；农业废物和生活垃圾中的可降解废物可以通过生物降解转化为农用堆肥，厌氧生物降解过程还可以获得沼气作为气体燃料，还可以通过热分解途径回收可作为燃料使用的燃料气；多种通过生物质转化的资源、能源性产物的利用等。

固体废物综合利用的途径四是热能转化，此方法适用于可燃或者可燃组分为主的固体废物的资源化利用，是通过燃烧过程将废物可燃组分的化学能转化为热能，再通过热能转化过程进行利用（利用热能进行发电或热电联供等）。我国普遍应用的是生活垃圾焚烧发电，即焚烧产生的高温烟气经余热锅炉产生高热蒸汽驱动汽轮发电机进行发电。

三、固体废物无害化的处理与处置

无论对固体废物采用何种减量化和资源化处理方法，仍将会有大量固体废物残留。针对最后进入到环境中的固体废物，综合利用物理方法、化学方法及生物法等处理方法对固体废物进行无害化的处理或最终处置，尽量减小固体废物对生态圈的影响。

固体废物处理是指通过不同的物化或生化技术将固体废物转化为便于运输、贮存、资源化利用及最终处置的另一种形体结构。如预处理技术：压实、破碎、分选、溶剂浸出、脱水、固化（稳定化）处理等，处理技术包括焚烧、热解、堆肥化等。

固体废物处置是指对已无回收利用价值的和确属不能再利用的固体废物（包括对自然界及人身健康危害性极大的危险废物），采取将固体废物最终长期置于与生物圈相隔离的地带，使固体废物最大限度地与生物圈隔离，以保证其中的有毒有害物质在现在和将来都不对人类及环境造成不可接受的危害，也是解决固体废物最终归宿的手段。

第四节

固体废物的处理与处置技术

一、固体废物的处理技术与方法

固体废物处理方法可以分为物理处理、化学处理、生物处理、固化处理以及热处理等方法。

物理处理：是通过浓缩或相变化等过程改变固体废物的结构。目的是将固体废物转变成为便于运输、贮存、利用或无害化处理与处置的形态。通常作为预处理的手段。包括：压实、破碎、分选、高湿物料的浓缩与脱水等。

化学处理：采用化学方法破坏固体废物中的有害成分从而达到无害化，或将其转变成为适于进一步处理、处置的形态。包括：氧化、还原、中和、化学沉淀和化学溶出等。有些有害废物经化学处理后的残渣可能具有毒性，因此需要对残渣进行解毒或安全处置。

生物处理：利用生物分解固体废物中可降解的有机物或通过微生物的作用浸出固体废物中的目的组分，从而达到无害化或综合利用。固体废物经过生物处理，在容积、形态、组成等方面均发生了重大变化，因而便于运输、储存、利用和处置。生物处理技术包括有机废物的堆肥化、生物浸出、蚯蚓床技术等。

热处理：通过高温破坏和改变固体废物组成和结构，同时达到减容、无害化或综合利用的目的。热处理方法包括：焚烧、热解、焙烧及烧结等。

（一）预处理技术

固体废物纷繁复杂，其形状、大小、结构和性质各异，为了使固体废物转变为更方便于后续运输、贮存、资源化、减量化和无害化处理与处置操作的状态，往往需要预先对其进行一些前期准备加工工序，即预处理。固体废物的预处理技术以机械处理为主，涉及废物中某些组分的简易分离与浓集的废物处理方法，主要包括压实、破碎、分选、脱水、固化（稳定化）处理等。

1. 固体废物的压实

压实是通过外力加压于松散的固体废物，以提高固体废物的堆积密度和减小固体废物体积，使固体废物变得密实的操作，又称为压缩。如采用高压压实，除减少空隙外，在分子之间可能产生晶格的破坏使物质变性。

当对固体废物实施压实操作时，随着压力增大，固体颗粒间的空隙体积减小，固体废物的表观体积也随之减小，而容重（固体废物的干密度）增大。当固体废物受到外界压力时，各颗粒间相互挤压、变形或破碎，从而达到重新组合的效果。

经过压实处理，一方面可增大容重、减少固体废物体积以便于装卸和运输，确保运输安全与卫生，降低运输成本；另一方面可制取高密度惰性块料，便于贮存、填埋或作为建筑材料使用。

固体废物的压实主要应用于压缩性大而压缩后恢复性小的固体废物的预处理。如冰箱、洗衣机、纸箱等。但类似木材、金属、玻璃、塑料块等本身已经很密实的固体或焦油、污泥等半固态废物不宜作压实处理。

2. 固体废物的破碎

对固体废物的破碎是一个主要的预处理过程，是后续多种处理与处置方法前期都需要经历的过程。破碎是在外力作用下破坏固体废物质点间的内聚力使大块的固体废物分裂为小块的过程；使小块物料颗粒形成细粉的过程称为磨碎。

固体废物的主要特点之一就是其堆积密度小，所占有的体积大。经过破碎过程减小了固体废物的颗粒尺寸，降低空隙率，增大容重，减小了废物所占体积，便于运输和存储，有利于后续处理与资源化利用。固体废物破碎后颗粒尺寸减小，粒度相对均匀，比表面积增加，有利于提高固体废物后续焚烧、热分解、堆肥化等资源化处理过程的处理效果和处理效率；如利用煤矸石制砖、制水泥等过程，都要求先将煤矸石破碎或磨碎到一定粒度，以便于后续进一步加工制备使用。另外破碎处理后还可以防止粗大、锋利的废物损坏分选、焚烧等后续处理的工艺设备。

3. 固体废物的分选

固体废物的分选是将固体废物中各种可回收利用的废物或不利于后续处理工艺要求的废物组分采用适当技术分离出来的过程。分选后的不同性质物料再分别进行后续的综合利用等过程。

固体废物的分选方法可概括为人工分选和机械分选两大类。人工分选是最早采用的分选方法，适用于废物发生源、收集站、处理中心、转运站或处置场。人工分选识别能力强，可以分离机械分选无法分开的固体废物。但此方法人工劳动强度大，卫生条件差。机械分选依据被分选物料各组分间的理化性质不同，可被分为筛选、重力分选、磁力分选、电力分选、光电分选、浮选等。如筛选（筛分）是依据被分选物料间的粒度差异；重力分选是依据被分选物料间的密度差异；磁力分选是依据被分选物料间的磁性差异；电力分选（静电分选）是依据被分选物料间的导电性差异；摩擦分选是依据被分选物料间的摩擦性差异等进行分选的。

4．高湿物料的浓缩与脱水

含水率高的固体废物，必须借助重力、浮力、离心力等浓缩手段及机械过滤、加热干燥等方式先对该固体废物脱水减容，才能够便于后续的包装、运输与资源化利用。如污泥的浓缩与脱水过程。

5．固体废物的固化处理

固化处理最早被用来处理放射性污泥和蒸发浓缩液。随着固化技术的快速发展，固化处理作为一种预处理手段，现被广泛应用于处理重金属废物、其他非金属危险废物和放射性废物等有毒有害的危险废物。危险废物在处理处置之前，必须进行固化处理。固化处理属于物理化学处理方法。固化处理是在危险废物中添加固化剂将其从流体或颗粒物形态转化成满足一定工程特性的不可流动的固体或形成紧密固化体，使危险废物中的有毒有害物固定或包容在惰性固化基材中的一种无害化处理过程。固化形成的固化体是结构完整的整块密实固体。理想的固化体应具有良好的抗渗透性、良好的机械特性以及较好的抗浸出性、抗干湿性、抗冻融特性。通过固化处理将有毒有害污染物转变为低溶解性、低迁移性及低毒性，降低其对环境的危害，因而能较安全地进行运输和后续处置过程。

根据固化处理所使用的固化剂及固化过程，固化方法常可以分为水泥固化、沥青固化、玻璃固化、自胶结固化、塑性材料固化等。

（二）热处理技术

固体废物处理所利用的热处理技术，包括高温下的焚烧、热解（裂解）、焙烧、煅烧、烧结等，本节主要介绍焚烧和热解。

1．焚烧处理

固体废物的焚烧处理是将可燃性固体废物与空气中的氧在高温下发生燃烧反应，使其氧化分解，达到减容、解毒、除害并回收能源的高温处理过程。焚烧处理过程是实现减量化、资源化和无害化的最有效途径之一。焚烧处理早已成为城市生活垃圾和危险废物处理的基本方法之一。同时在对其他固体废物的处理中，也得到了越来越广泛的应用。焚烧法不但可以处理固体废物，还可以处理液体废物和气体废物；某些特定的有机固体废物只适合于焚烧法处理，如医院带菌性废弃物，石油化工厂和塑料厂的含毒性中间副产物，多氯联苯等高稳定性的毒性物质，目前最适宜的处理方法就是高温焚烧法。

一个固体废物焚烧厂包括诸多系统（设备），主要有：废物贮存及进料系统、焚烧系统、余热回收系统、发电系统、给水处理系统、废水处理系统、灰渣收集与处理系统、烟气处理系统等。这些系统各自独立，又相互关联成为统一主体（生活垃圾焚烧电厂的工艺流程如图6-3所示）。所以焚烧厂具有建设投资高、运行费用高、过程复杂、操作要求高等特点。垃圾焚烧处理厂建设资金短缺是许多城市面临的问题，加之我国的生活垃圾曾一直主要是混杂收集的状态，垃圾性质复杂，混杂程度高，对焚烧设备和烟气净化技术要求高，焚烧处理过程控制不当就会产生大量有害气体、烟尘、灰渣、废水等，易造成二次污染，影响周围的居民生活及身体健康，公众反应比较大。这些因素也曾一度制约了我国生活垃圾焚烧处理的发展。

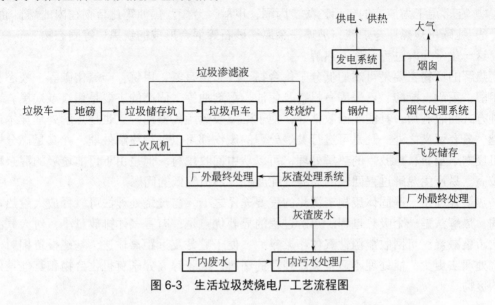

图 6-3　生活垃圾焚烧电厂工艺流程图

固体废物焚烧处理与其他固体废物处理处置方法相比具有以下独特优点：

① 无害化程度彻底。废物中有害组分在高温下氧化、分解直至破坏，垃圾中病原体破坏十分彻底，增强了卫生条件。

② 减量化效果更明显。利用焚烧过程对垃圾进行高温处理，废物可减重 80%以上，减容 90%以上，减容效果好，可节约大量的填埋占地。

③ 有利于实现固体废物资源化。固体废物含有潜在的能量，通过焚烧释放的能量可以回收热能用于发电和供热或热电联供。

④ 处理效率高。垃圾焚烧的处理量大，垃圾的处理速度快，储存期短。

⑤ 不受气候影响。焚烧可以实现全天候操作，处理过程不受气候影响。

⑥ 垃圾焚烧电厂占用土地面积小，节约了宝贵的土地资源；并且可在城区就近建厂，城市生活垃圾可以实现就地燃烧，不需要长距离运输，节约了远距离运输的费用。

随着城市人口密度的增大、地价不断提升及固体废物填埋法的环境污染要求的日益严格，填埋费用也随之剧增，焚烧处理法的费用渴望与填埋法媲美。同时，经济的发展造成的能源紧缺，而可燃固体废物量有增无减，通过焚烧处理不失为一种新的能源途径。20 世纪 90 年代以来，我国的焚烧设备及焚烧污染物的处理技术有了很大程度的提升。随着焚烧技术和设备的发展、我国垃圾焚烧的烟气排放标准的提高、城市生活垃圾分类收集过程的不断完善、土地资源的短缺等诸多因素，焚烧处理法将逐渐替代土地填埋法成为城市生活垃圾处理的主要处理方式。

2. 热解

热解是一种古老的工业化生产技术，工业上也称为干馏。该技术最早应用于煤的干馏。20 世纪 70 年代初期，世界性石油危机对工业化国家经济的冲击，使得人们逐渐意识到开发再生能源的重要性，热解技术开始用于固体废物的资源化处理。热解是利用有机物的不稳定性，在无氧或缺氧状态下对其加热，使有机物发生热裂解，并分解为：

① 以氢气、一氧化碳、甲烷、二氧化碳等低分子碳氢化合物为主的可燃性气体；

② 在常温下为液态的包括乙酸、丙酮、甲醇、芳烃及焦油等化合物在内的燃料油；

③ 纯碳（炭黑）与炉渣（玻璃、金属、砂石等混合形成的炭黑）等固态物。

这一化学分解过程，称为热解。

热解的产物主要是可燃的低分子化合物：气态物有氢、甲烷、一氧化碳等，液态物有甲醇、丙酮、醋酸、乙醛等有机物及焦油、溶剂油等，固态的主要是焦炭或炭黑。可多种方式回收利用，其能源回收性好，便于贮藏及远距离输送，这也是热解处理技术最优越、最有意义之处。凡是可进行焚烧处理的废物都可以进行热解处理，尤其是高分子有机废物（塑料、橡胶）的热解处理，可以从中回收燃料。但是由于目前垃圾的混杂程度较高，易产生热解过程回收的燃料气纯度低、热值较低的问题。

热解处理是一些固体废物资源化的重要途径之一。与焚烧处理法可以释放大量热量不同，热解法是一个吸热过程。热解过程的显著优点是：有害气体排放量小，对大气的二次污染减轻；可回收能源性气体和燃料油，便于贮藏及远距离输送；基建投资相对于焚烧处理法更少；能处理不适宜焚烧处理的塑料、橡胶等高分子有机化合物和其他难处理的废物。

（三）堆肥化生物处理技术

堆肥化生物处理技术是在人工控制的条件下，依靠自然界中广泛分布的细菌、放线菌、真菌等微生物，人为地促进可生物降解的有机物向稳定的腐殖质转化的微生物学过程。此过程被称为堆肥化。堆肥化产物被称为堆肥。其体积是原来的50%～70%。有机固体废物的堆肥化技术是一种最常用的固体废物生物转换技术，是对固体废物进行稳定化、无害化处理的重要方式之一，也是实现固体废物资源化、能源化的主要技术之一。

根据堆肥化过程中氧气的供应情况及微生物对氧气的需求情况，堆肥过程可被分为两大类：好氧堆肥和厌氧堆肥。

1. 好氧堆肥（高温堆肥）

好氧微生物在与空气充分接触的条件下，使堆肥原料中的有机物发生一系列放热分解反应，最终使有机物转化为简单而稳定的腐殖质的过程。堆肥过程如图6-4所示。

特点：一般在55～60℃时比较好，有时可高达80～90℃，堆制周期短，也称为高温堆肥或高温快速堆肥。

2. 厌氧堆肥

在氧气不足的条件下借助厌氧微生物对固体废物进行降解。

特点：堆制温度低，工艺较简单，成品堆肥中氮素保留比较多，但堆制周期过长，需3～12个月，异味浓烈，分解不够充分。

堆肥化生物处理技术在农林废物、厨余垃圾等有机质含量较高的固废资源化处理过程是比较适宜的方式。常用的堆肥化原料包括生活垃圾、有机污泥、人和禽畜粪便及农林废物等可生化降解的有机物料。有机质含量要求在20%～80%。这些物质中含有堆肥微生物所需要的各种营养基质——碳水化合物、脂类、蛋白质。可以满足微生物的生命活动的需求。城市生活垃圾经分类收集后，那些有机质含量高且易于生物降解的生活垃圾可以通过堆肥化等生物处理方法实现资源化利用。

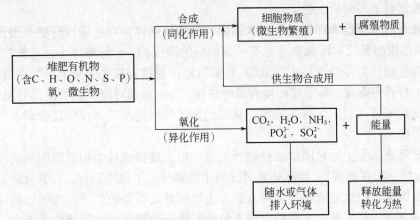

图 6-4　堆肥有机物分解过程图

产生的堆肥可以在农业生产过程中作为农肥使用，可以增加土壤有机质（特别是对多用化肥的土地）；改善土壤结构，使黏土质土壤松散、砂质土壤结成团粒；补充土地养分，增加各种离子；促进植物根系发育，因为堆肥本身就是腐殖质。但堆肥的设备投资大，成品成本高（比不上化肥），但是有较好的社会效益。堆肥可能造成土壤中有部分重金属含量增高现象，有不同程度的重金属离子污染。因此堆肥用作肥料使用要符合相应的标准才可以进入农田。

二、固体废物的最终处置技术

固体废物的处置是指最终处置或安全处置，是解决固体废物的归宿问题。固体废物的处置主要目的是针对已无回收价值或确属不能再利用的固体废物采取最终置于符合环境保护场所或者设施中，使固体废物最大限度地与生物圈隔离，以保证其中的有毒有害物质在现在和将来都不对人类及环境造成不可接受的危害。因此，处置场所要安全可靠，通过天然或人工屏障使固体废物被有效隔离，使污染物质不会对附近生态环境造成危害，更不能对人类活动造成影响。处置场所要设有必需的环境保护监测设备，要便于管理和维护，被处置的固体废物中有害组分含量要尽可能少，体积要尽量小，以方便安全处理，并减少处置成本，处置方法要尽量简便、经济，既要符合现有的经济水准和环保要求，也要考虑长远的环境效益。

根据处置场所可将最终处置分为海洋处置和陆地处置两大类。

海洋处置是基于海洋对固体废物进行处置的方法，它可以分为海洋倾倒和远洋焚烧两种处置方式。海洋倾倒实际上是先要根据相关法律法规，选择距离和深度适宜的处置场所，随后再根据处置区的海洋学特点、海洋保护水质、处置固体废物的种类及倾倒方法完成技术可行性和经济运行分析，最终根据设计的倾倒方案将废物直接投弃入海洋。海洋倾倒在 20 世纪 60 年代是美国高放射性废物的主要处置方式。远洋焚烧是 20 世纪

60年代发展起来的一项海洋处置方法，该法是运用焚烧船在远洋对废物进行焚烧破坏，将固体废物完成船里焚烧的处置方法。废物焚烧后形成的废气经过净化设备与冷凝器，冷凝液排入海中，气体排入大气，沉渣倾入海洋。这类技术适合处置易燃性的有毒有害废物，如多氯联苯等有机废物。

海洋处置的依据是海洋是一个庞大的固体废物接纳体，对污染成分能有很大的稀释能力。但海洋生态系统对污染物也是有一定的容纳限度的。一旦海洋生态系统遭到破坏，将会对所有生物的生存造成极大的威胁。目前对海洋处置方法在国际上尚存在很大争议，我国基本上持否定态度。基于对环境问题的关注，为了加强对固体废物海洋处置的管理，许多工业发达国家都制定了有关法规，我国制定了严格的有关海洋倾废管理条例，并加入了国际公约。

陆地处置是基于土地对固体废物进行处置，根据废物的种类和处置的地层层位（地上、地表、地下和深地层），陆地处置可分为土地耕作、工程库贮存、深井灌注、浅地层埋藏、深地层掩埋和土地填埋等多种方式。土地填埋处置是被广泛应用的处置固体废物的主要方法之一，其具有工艺简单、成本较低、适于处理多种类型废物的优点。依据所处置的固体废物类别不同，土地填埋法主要分为卫生土地填埋和安全土地填埋两类。卫生土地填埋用于处置一般城市生活垃圾与无毒害的工业废渣等。目前，我国城市生活垃圾的处置方法是以卫生填埋法为主。安全土地填埋主要是针对有毒有害固体废物的处置方法，适用于不能回收利用其组分和能量的危险废物。

第五节

生活垃圾的处理与处置

生活垃圾是指在日常生活中或者为日常生活提供服务的活动中产生的固体废物，以及法律、行政法规规定视为生活垃圾的固体废物。随着人民生活水平的提高，生活垃圾的产生量与日俱增，且生活垃圾种类繁多、组成及性质复杂。最初，人们采取的处理方式就是把垃圾简单堆放在一起，几乎不需要成本。但这种简单的堆放不但占用土地，还对周围土壤及附近的自然水体、大气等环境造成严重污染。针对垃圾堆放法存在的严重弊端，英国和美国等国家率先采用卫生填埋法处理垃圾。目前，国内外广泛采用的城市生活垃圾的处理及处置方式主要有卫生填埋、焚烧和高温堆肥。这三种主要生活垃圾处理方式的应用比例，因地理环境、垃圾成分、经济发展水平、人口密度等因素的不同而有所区别，适用性及建设规模也不一样。表6-5简述了生活垃圾的三种主要处理处置方式。

表6-5　生活垃圾三种主要处理处置方式的比较

内容	卫生填埋法	焚烧法	高温堆肥法
操作安全性	较好，需注意防水	好	好
技术可靠性	可靠，属传统处理方法	可靠，国外属成熟技术	可靠，国内有相当经验

内容	卫生填埋法	焚烧法	高温堆肥法
选址难易程度	较困难	有一定困难	有一定困难
管理水平	一般	很高	较高
适用条件	无机物含量大于60%，含水率小于30%，密度大于0.5t/d	垃圾低位发热值大于3300kJ/kg时不需要辅助燃料	从无害化角度看，垃圾中可生化降解有机物含量大于10%，从肥效出发含量应大于40%
最终处置	无	仅残渣需填埋处理，体积为垃圾初始量的10%	无需对废物做填埋处理，体积为初始量的20%~25%
资源利用	封场后恢复土地利用或再生土地资源	垃圾分选可回收部分物质，焚烧残渣可综合利用	堆肥用于农业种植和园林绿化，并回收部分物质
产品市场	可回收沼气发电	能产生热能或电能	建立稳定的堆肥市场较困难
稳定化时间	20~50年	2h	15~60d
建设投资	较低	较高	适中
地下水污染	需有防渗措施，但可能渗漏	可能性较小	可能性较小
地表水污染	有可能	可能性较小	有可能
大气污染	有可能，但可用覆盖压实等措施控制	可以控制，但二噁英等微量剧毒物需采取措施控制	有轻微气味，污染可能性不大
土壤污染	限于填埋场区域	无	需控制堆肥中的重金属含量和pH值

焚烧法及高温堆肥化处理方法在本章第四节中已做介绍。我国已建有若干个具有示范作用的卫生填埋场、高温堆肥场和垃圾焚烧厂，与此同时技术人员和管理人员也积累了一些经验，为生活垃圾处理技术及生活垃圾的资源化技术的进一步发展打下了良好的基础。目前，我国的垃圾分类收集工作正处于发展过程中，现在垃圾收集方式更多主要还是进行混合收集。因此，虽然生活垃圾的焚烧处理是未来发展的主要趋势，我国目前也有多座垃圾焚烧电厂在建。但在短期内，卫生填埋处置方法仍将是我国城市生活垃圾处理处置的主要方法。卫生填埋也是世界范围内城市生活垃圾处理处置的主要方式。

卫生填埋又称卫生土地填埋，卫生土地填埋是利用工程手段，采取有效技术措施，防止渗滤液及有害气体对水体和大气的污染，并将垃圾压实减容至最小，填埋占地面积也最小。在每天操作结束或每隔一定时间用土覆盖。使整个过程对公共卫生安全及环境均无危害的一种土地处理垃圾方法。卫生填埋技术成熟，作业相对简单，对处理对象的要求较低，可以接受各种类型的生活垃圾而不需要对其进行分类收集；有充分的适应性，能处理因人口和卫生设施增多而加大产量的生活垃圾；边缘土地可重新用作停车处、游乐场、高尔夫球场、航空站等。在不考虑土地成本和后期维护的前提下，建设投资和运行成本相对较低。生活垃圾卫生填埋的工艺流程如图6-5所示，垃圾卫生填埋场的组成及功能简图如图6-6所示。

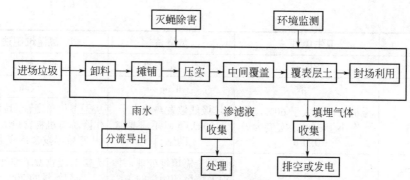

图 6-5　生活垃圾卫生填埋典型工艺流程图

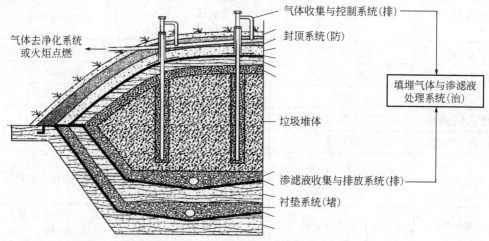

图 6-6　垃圾卫生填埋场的组成及功能简图　（防、堵、排、治）

但是这种方法也有很大的局限性，生活垃圾卫生填埋占用大量土地，垃圾填埋过程会产生大量渗滤液及大量填埋气。渗滤液水质、水量波动较大，处理难度大；渗滤液污染强度高，二次污染严重；填埋产气的产气期滞后且历时较长，产气量小，资源化率低。生活垃圾稳定化周期较长，环境风险影响时间长。场区封场后，环境监测及维护监管期长、风险大、费用高，不利于场地及时复用。后续大量生活垃圾进行填埋需要重新选址和占用新的土地。近年来，我国城市垃圾填埋场渗漏污染地下水的现象屡屡发生，已成为各界密切关注而又感到束手无策的难题。尤其是地处城市地下水上游方向的填埋场的渗漏，它直接影响到城市民众的饮用水源。如北京上游方向的阿苏卫垃圾填埋场，已经引起整个城区居民的高度重视和关心。

城市持续有大量的生活垃圾需要处理。目前国外工业发达国家，特别是日本和西欧一些国家，采用焚烧技术作为城市生活垃圾处理的主要手段。同时焚烧垃圾发电又解决了本地缺少生产电能的问题，因此从这方面考虑，焚烧处理过程是实现减量化、资源化和无害化的最有效途径之一。焚烧由于具有处理设施节省占地、稳定化迅速、减量效果明显、生活垃圾臭味控制相对容易、焚烧余热可以利用等优点，成为世界各国广泛采用的城市垃圾处理技术。大型的配备有热能回收与利用装置的垃圾处理系统由于顺应了回收能源的要求，正逐渐上升为垃圾处理的主流。目前多国主要致力于改进原有的各种焚烧装置以及开发新技术，使焚烧技术朝着高效、节能、低污染的方向发展，减少焚烧烟气特别是二噁英等有毒物质的产生。焚烧的烧渣和飞灰可以填埋处置或以其他方式进行妥善处置。

第六节

固体废物管理

一、我国固体废物管理的法律法规

防治固体废物污染环境是环境保护的一项重要内容。但由于固体废物污染环境的滞后性与复杂性，人们对固体废物污染防治的重视程度尚不如对废水和废气那样深刻，我国固体废物污染控制工作起步较晚。随着固体废物对环境污染程度的加重，以及人们环境意识的不断加强，社会对固体废物污染环境问题越来越关注，如媒体对"洋垃圾入境""城市垃圾分类""白色污染"的讨论以及相应的市场反应就说明了这一点。因此建立完整有效的固体废物管理体系就显得日益迫切。1996年4月1日第一部《中华人民共和国固体废物污染环境防治法》（以下简称《固体法》）施行，《固体法》的实施为固体废物管理体系的建立和完善奠定了法律基础。该法历经多次修订，最新修订的《中华人民共和国固体废物污染环境防治法》已于2020年9月1日起实施，至此，这部法律已经历经五次修订，是迄今为止生态环境保护领域的法律中修改次数最多的一部法律。

二、我国固体废物的管理原则

《固体法》总则中第四条规定，固体废物污染环境防治坚持减量化、资源化和无害化的原则。任何单位和个人都应当采取措施，减少固体废物的产生量，促进固体废物的综合利用，降低固体废物的危害性。确立了固体废物污染防治的"三化"原则作为固体废物污染控制的基本原则。

（一）三化原则

1. 减量化原则

减量化是指减少固体废物的产生量和排放量。从"源头"上直接减少或减轻固体废物对环境和人体健康的危害，可以最大限度地合理开发利用资源和能源。减量化的要求，不只是减少固体废物的数量和减少其体积，还包括尽可能地减少其种类、降低危险废物的有害成分的浓度、减轻或清除其危险特性等。减量化是对固体废物的数量、体积、种类、有害性质的全面管理，开展清洁生产。因此减量化是防止固体废物污染环境的优先措施。就国家而言，应当改变粗放经营的发展模式，鼓励和支持开展清洁生产，开发和推广先进的生产技术和设备，充分合理地利用原材料、能源和其他资源。

2. 资源化原则

固体废物资源化是采取工艺技术，从固体废物中回收有用的物质与能源。资源化主要包括 3 个方面：一是物质回收，即处理废物并从中回收指定的二次物质，如纸张、玻璃、金属等；二是物质转换，即利用废物制取新形态的物质，如利用废玻璃和废橡胶生产铺路材料，利用炉渣生产水泥和其他建筑材料，利用有机垃圾生产堆肥等；三是能量转换，即从废物处理过程中回收能量，作为热能和电能，如利用有机废物的焚烧处理回收热量，进一步发电，利用垃圾厌氧消化产生沼气，作为能源向居民和企业供热或发电。

固体废物的"资源化"具有环境效益高、生产成本低、生产效率高、能耗低等特点，如用废铁炼钢代替铁矿石炼钢可节约能耗 74%，减少空气污染 85%，减少矿山垃圾 97%，用铁矿石炼钢 1t 需 8 个工时，而废铁炼钢仅需 2～3 个工时，因此，固体废物"资源化"不仅可获得良好的经济效益，还可节约资源、能源，在"资源化"的同时除去某些潜在的毒性物质，减少废物产生量。

3. 无害化原则

固体废物无害化处理是指对已产生又无法或暂时尚不能综合利用的固体废物，经过物理化学或生物方法，进行对环境无害或低危害的安全处理、处置，达到废物的消毒、解毒或稳定化，以防治并减少固体废物的污染危害。目前，固体废物无害化处理已经发展为一门崭新的工程技术，如垃圾的焚烧，卫生填埋，堆肥，粪便的厌氧发酵，有害废物的热处理和解毒处理等。其中，"高温快速堆肥处理工艺""高温厌氧发酵处理工艺"在我国都已达到实用程度。

对于固体废物实行"三化"的原则，其各个环节是互为因果、相辅相成的。但减量化是基础，根本措施是实行"清洁生产"和提高资源、能源的利用率。实现了减量化就相应实现了资源化和无害化。同时，实现减量化必须以资源化为依托，资源化可以促进减量化、无害化的实现，无害化又可以实现和达到减量化和资源化的目的。因此，在具体措施方面，也不能将它们截然分开。

（二）污染担责的原则

《固体法》总则中第五条规定：固体废物污染环境防治坚持污染担责的原则。

产生、收集、贮存、运输、利用、处置固体废物的单位和个人，应当采取措施，防止或者减少固体废物对环境的污染，对所造成的环境污染依法承担责任。

三、我国固体废物的管理制度

我国固体废物管理工作起步较晚，依据我国国情并借鉴国外的经验和教训，《固体法》制定了一些行之有效的管理制度。列举部分如下。

（一）生活垃圾分类制度

国家推行生活垃圾分类收集、运输和处理。生活垃圾分类坚持政府推动、全民参与、城乡统筹、因地制宜、简便易行的原则。产生生活垃圾的单位、家庭和个人应当依法履行生活垃圾源头减量和分类投放义务，承担生活垃圾产生者责任。任何单位和个人都应当依法在指定的地点分类投放生活垃圾。禁止随意倾倒、抛撒、堆放或者焚烧生活垃圾。机关、事业单位等应当在生活垃圾分类工作中起示范带头作用。已经分类投放的生活垃圾，应当按照规定分类收集、分类运输、分类处理。

（二）生活垃圾收费制度

县级以上地方人民政府应当按照产生者付费原则，建立生活垃圾处理收费制度。县级以上地方人民政府制定生活垃圾处理收费标准，应当根据本地实际，结合生活垃圾分类情况，体现分类计价、计量收费等差别化管理，并充分征求公众意见。生活垃圾处理收费标准应当向社会公布。生活垃圾处理费应当专项用于生活垃圾的收集、运输和处理等，不得挪作他用。

（三）排污许可证制

产生工业固体废物的单位应当取得排污许可证。排污许可的具体办法和实施步骤由国务院规定。产生工业固体废物的单位应当向所在地生态环境主管部门提供工业固体废物的种类、数量、流向、贮存、利用、处置等有关资料，以及减少工业固体废物产生、促进综合利用的具体措施，并执行排污许可管理制度的相关规定。

（四）"三同时"制度

环境影响评价制度及环境污染防治设施的"三同时"制度是我国环境保护法的基本制度。《固体法》进一步重申了"三同时"制度。即建设项目的环境影响评价文件确定需要配套建设的固体废物污染环境防治设施，应当与主体工程同时设计、同时施工、同时投入使用。建设项目的初步设计，应当按照环境保护设计规范的要求，将固体废物污染环境防治内容纳入环境影响评价文件，落实固体废物污染环境和破坏生态的措施以及固体废物污染环境防治设施投资概算。

（五）固体废物转移申请、审批、备案制度

转移固体废物出省、自治区、直辖市行政区域贮存、处置的，应当向固体废物移出地的省、自治区、直辖市人民政府生态环境主管部门提出申请。移出地的省、自治区、直辖市人民政府生态环境主管部门应当及时商经接受地的省、自治区、直辖市人民政府生态环境主管部门同意后，在规定期限内批准转移该固体废物出省、自治区、直辖市行政区域。未经批准的，不得转移。

转移固体废物出省、自治区、直辖市行政区域利用的，应当报固体废物移出地的省、自治区、直辖市人民政府生态环境主管部门备案。移出地的省、自治区、直辖市人民政府生态环境主管部门应当将备案信息通报接受地的省、自治区、直辖市人民政府生态环境主管部门。

（六）生态保护红线

在生态保护红线区域、永久基本农田集中区域和其他需要特别保护的区域内，禁止建设工业固体废物、危险废物集中贮存、利用、处置的设施、场所和生活垃圾填埋场。

（七）建立工业固体废物管理台账制度

产生工业固体废物的单位应当建立健全工业固体废物产生、收集、贮存、运输、利用、处置全过程的污染环境防治责任制度，建立工业固体废物管理台账，如实记录产生

工业固体废物的种类、数量、流向、贮存、利用、处置等信息，实现工业固体废物可追溯、可查询，并采取防治工业固体废物污染环境的措施。

禁止向生活垃圾收集设施中投放工业固体废物。

（八）危险废物许可证制度

《固体法》规定，从事收集、贮存、利用、处置危险废物经营活动的单位，应当按照国家有关规定申请取得许可证。许可证的具体管理办法由国务院制定。

禁止无许可证或者未按照许可证规定从事危险废物收集、贮存、利用、处置的经营活动。禁止将危险废物提供或者委托给无许可证的单位或者其他生产经营者从事收集、贮存、利用、处置活动。

（九）危险废物转移报告单制度

转移危险废物的，应当按照国家有关规定填写运行危险废物电子或者纸质转移联单。跨省、自治区、直辖市转移危险废物的，应当向危险废物移出地省、自治区、直辖市人民政府生态环境主管部门申请。移出地省、自治区、直辖市人民政府生态环境主管部门应当及时商经接受地省、自治区、直辖市人民政府生态环境主管部门同意后，在规定期限内批准转移该危险废物，并将批准信息通报相关省、自治区、直辖市人民政府生态环境主管部门和交通运输主管部门。未经批准的，不得转移。危险废物转移管理应当全程管控、提高效率，具体办法由国务院生态环境主管部门会同国务院交通运输主管部门和公安部门制定。

危险废物转移报告单制度的建立，是为了保证危险废物的运输安全，以及防止危险废物的非法转移和非法处置，保证危险废物的安全监控，防止危险废物污染事故的发生。

（十）电器电子、铅蓄电池、车用动力电池等产品的生产者责任延伸制度

电器电子、铅蓄电池、车用动力电池等产品的生产者应当按照规定以自建或者委托等方式建立与产品销售量相匹配的废旧产品回收体系，并向社会公开，实现有效回收和利用。国家鼓励产品的生产者开展生态设计，促进资源回收利用。

 拓展阅读

工业废渣——铬渣污染事件

2011 年 8 月 12 日，云南信息报报道了当地一起重金属铬污染事件。铬污染事件始于当年 4 月。官方信息显示云南曲靖某化工公司与贵州某燃料有限公司签订合同，交由该燃料公司处理铬废渣，但两名实际承运人为了节约运输成本，多次将铬渣倾倒在曲靖市麒麟区多地的山上，共计 140 余车，累计铬渣倾倒总量为 5222.38 吨。当地环保部门在 6 月 12 日接到群众举报有山羊因饮水中毒死亡，随后多处铬渣废料倾倒点被发现。而具备生产这种铬渣废料的企业，全曲靖市也就只有云南曲靖某化工公司。

在国际上，六价铬被列为对人体危害最大的 8 种化学物质之一，是公认的致癌物质。在

我国，含铬废物被列入《国家危险废物名录》。铬渣因为富含六价铬而毒性超强，且水溶性很好，在雨水的冲刷下，极易流淌至河中，严重污染水源和土壤。由于铬渣的非法丢放，云南省曲靖市麒麟区总量 5000 余吨的重毒化工废料铬渣经雨水冲刷和渗透，对当地的水土造成了严重污染。逐渐当地的水库及其中蓄集的水受到污染，致使水塘中致命六价铬超标 2000 倍。南盘江附近堆有着大量的铬渣，南盘江水质和空气污染情况日益加重。南盘江（其位置如图 6-7 所示）为珠江正源，发源于云南曲靖，流经云南多地后汇入黄泥河后出省境为贵州、广西的界河，经珠江三角洲，于广州附近的磨刀门注入南海。作为珠江下游城市的广州，不少网友发微博表示关注污染及其治理情况的进展。

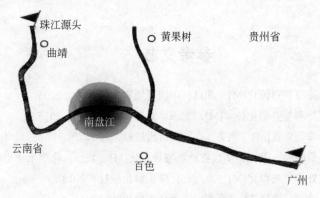

图 6-7　南盘江位置图

随着云南"非法倾倒铬渣"事件的持续发酵，深受铬污染之苦的曲靖市兴隆村进入公众视线。当地居民称很多村民莫名得病，多人得了癌症。牲畜不敢放到江边，只要是喝了江水的牛羊，要么生病要么死亡。当地水田受严重污染，根茎腐烂、秧苗发黄直至死亡。养殖户投放的鱼苗大量死亡，养殖户血本无归。铬渣污染事件给部分群众造成了一定财产损失和生产生活不便，身体健康造成威胁，给珠江流域民众造成了一定的心理担忧，给社会带来了极大的不良影响。

铬渣致污事件发生以来，曲靖市按照环保部和省环保厅的要求，对被污染的非法倾倒场地开展环境风险评估、编制治理修复方案并落实治理责任和资金等各项工作，目前，各项整改工作取得阶段性成效。截止到 2011 年 12 月 14 日，3 个片区 12 个倾倒点及周边村庄累计清运的 7450.76 吨受污染土壤、5222 余吨铬渣、5673.42 立方米受污染水已无害化处理完毕。

2014 年，曲靖市陆良县报送《陆良县（西桥工业片区）重金属污染防治实施方案（2015—2017 年）》参加财政部和环保部联合组织的"中央重金属污染综合防治专项重点区域竞争性评审会"，申报陆良县历史堆存铬渣处置后场地土壤修复治理等 6 个项目，投入了大量专项资金。该方案最终通过评审，项目被确定为 2015 年重金属污染防治专项资金支持对象。

在国家专项资金的支持下，目前铬渣污染治理的主要部分已经完成，14 万吨铬渣山已全部移除。后续将持续消除危险、恢复生态功能、进行补偿性恢复。

 思考题

1. 名词解释：固体废物、危险废物、减量化、资源化、无害化、

2. 如何理解固体废物的"资源与废物的双重特性"及"富集终态与污染源头的双重作用"?

3. 简述固体废物对环境及对人体健康的影响。固体废物污染与水污染、大气污染相比较有什么特点?

4. 简述固体废物污染防治的途径。

5. 固体废物的处理与处置技术都有哪些?固体废物资源化的途径有哪些?

6. 生活垃圾的主要处理方法有哪几种?各自的特点如何?

7. 固体废物污染控制的基本原则是什么?在防治固体废物污染方面,我们应该做哪些努力?

参考文献

[1] 李国学. 固体废物处理与资源化[M]. 北京: 中国环境科学出版社, 2005.

[2] 何品晶. 固体废物处理与资源化技术[M]. 北京: 高等教育出版社, 2015.

[3] 宁平. 固体废物处理与处置[M]. 北京: 高等教育出版社, 2007.

[4] 赵由才, 牛冬杰, 柴晓利, 等. 固体废物处理与资源化[M]. 北京: 化学工业出版社, 2012.

[5] 蒋建国. 固体废物处理与资源化[M]. 北京: 化学工业出版社, 2013.

[6] 李登新. 固体废物处理与处置[M]. 北京: 中国环境出版社, 2014.

[7] 张华, 赵由才. 生活垃圾卫生填埋技术[M]. 北京: 化学工业出版社, 2020.

[8] 陈善平, 赵爱华, 赵由才. 固体废物环境管理丛书: 生活垃圾处理与处置[M]. 郑州: 河南科学技术出版社, 2017.

[9] 郎铁柱, 钟定胜. 环境保护与可持续发展[M]. 天津: 天津大学出版社, 2005.

第七章

土壤污染防治与生态修复

民以食为天，食以土为本，土壤是十分重要的自然资源。地球上95%的食物来源于土壤，同时，土壤为人类提供生存空间和重要的生态系统服务，在水资源的调控、应对全球气候变化、生态多样性保护、文化服务等方面的作用至关重要。但是，由于人口增长、粮食需求增加、土地利用冲突等因素，土壤正承受着压力。全球大约33%的土壤正在退化，而形成2～3cm厚的土壤却可能需要长达1000年的时间，人类赖以生存的土壤正面临着严重的威胁。世界各国决策者正积极寻求机遇，希望通过落实可持续发展目标，获得土壤的可持续发展。

第一节

土壤的基本知识

一、土壤的形成

土壤是指陆地表面具有肥力，能够供植物生长与繁殖，并为动物和微生物提供栖息场所的疏松表层。土壤厚度由几厘米至几米不等，在炎热湿润的热带、亚热带地区，有些土壤的厚度可达几十米。土壤是成土母质在一定水热条件和生物的作用下，经过一系列物理、化学和生物的作用而形成的，并随着时间的进展，形成了土壤腐殖质和黏土矿物发育成层次分明的土壤剖面，变成具有肥力特性的自然体——土壤。

二、土壤的组成

土壤是由固体、液体和气体三类物质组成。固体物质包括土壤矿物质、有机质和微生物等。液体物质主要指土壤水分。气体是存在于土壤孔隙中的空气。土壤中这三类物质构成了一个矛盾的统一体。它们互相联系，互相制约，为作物提供必需的生活条件，是土壤肥力的物质基础。

（一）土壤固体

1. 矿物质

土壤矿物质是岩石经过风化作用形成的不同大小的矿物颗粒，包含砂粒、土粒和胶粒。土壤矿物质种类很多，化学组成复杂，它直接影响土壤的物理、化学性质，是作物养分的重要来源。

2．有机质

有机质含量的多少是衡量土壤肥力高低的一个重要标志，它和矿物质紧密地结合在一起。在一般耕地耕层中有机质含量只占土壤干重的 0.5%～2.5%，耕层以下更少，但它的作用却很大。土壤有机质按其分解程度分为新鲜有机质、半分解有机质和腐殖质。腐殖质是指新鲜有机质经过微生物分解转化所形成的黑色胶体物质，一般占土壤有机质总量的 85%～90%以上。

3．土壤微生物

土壤微生物是土壤中一切肉眼看不见或看不清楚的微小生物的总称，严格意义上应包括细菌、古菌、真菌、病毒、原生动物和显微藻类。其个体微小，一般以微米或纳米来计算，通常 1g 土壤中有几亿到几百亿个，其种类和数量随成土环境及其土层深度的不同而变化。它们在土壤中进行氧化、硝化、氨化、固氮、硫化等过程，促进土壤有机质的分解和养分的转化。

（二）土壤水分

土壤水是植物吸收水分的主要来源（水培植物除外），另外植物也可以直接吸收少量落在叶片上的水分。土壤水的主要来源是降水和灌溉水，参与岩石圈、生物圈、大气圈、水圈的水分大循环。由于水分在土壤中受到重力、毛管引力、水分子引力、土粒表面分子引力等各种力的作用，形成了不同类型的水分并反映出不同的性质。土壤中的矿质元素必须溶解在土壤溶液中才能被植物所吸收利用。

（三）土壤空气

土壤空气是土壤的重要组成部分。它对作物的生长发育、土壤微生物的活动和各种营养物质的转化都有非常重要的，甚至是决定性的作用。

土壤空气主要来源于大气，少量是土壤中生物化学过程所产生的气体。所以土壤空气与大气组成相似，但也存在差异，如表 7-1 所示。

表 7-1　土壤空气与近地面大气组成的比较　　　　　　　　　单位：%

气体成分	氧气	二氧化碳	氮气	惰性气体
近地面大气	20.94	0.03	78.05	0.98
土壤空气	18.00～20.03	0.15～0.65	78.08～80.24	—

三、土壤的生态学意义

（一）土壤是许多生物的栖息场所

土壤的形成从开始就与生物的活动密不可分，所以土壤中总是含有多种多样的生物，如细菌、真菌、放线菌、藻类、原生动物、轮虫、线虫、蚯蚓、软体动物和各种节肢动物等，少数高等动物（如鼹鼠等）终生都生活在土壤中。据统计，在一小勺土壤里就含有亿万个细菌，25g 森林腐殖土中所包含的霉菌如果一个一个排列起来，其长度可达 11km。可见，土壤是生物和非生物环境的一个极为复杂的复合体，土壤的概念总是包括生活在土壤里的大量生物，生物的活动促进了土壤的形成，而众多类型的生物又生活在土壤之中。

（二）土壤是生物进化的过渡环境

土壤中既有空气，又有水分，是生物进化过程中的过渡环境。

（三）土壤是植物生长的基质和营养库

土壤是岩石圈表面能够生长动物、植物的疏松表层，是陆生生物生活的基质，它提供生物生活所必需的矿物质元素和水分。因而，它是生态系统中物质与能量交换的重要场所；同时，它本身又是生态系统中生物部分和无机环境部分相互作用的产物。由于植物根系和土壤之间具有极大的接触面，在植物与土壤之间发生着频繁的物质交换，彼此强烈影响，因而土壤是一个重要的生态因子。

（四）土壤是污染物转化的重要场地

土壤自身通过吸附、分解、迁移和转化过程，土壤中的污染物浓度可以降低，甚至消失。这些过程都是在土壤中完成的，土壤中大量微生物和小型动物，也参与了对污染物的分解作用。

第二节

土壤质量退化与土壤污染

土壤质量，即土壤在生态系统界面内维持生产、保障环境质量、促进动物与人类健康行为的能力，即目前和未来土壤功能正常运行的能力。土壤质量是影响单位面积粮食产量和粮食质量的一个主要因素，然而我国土壤质量的状况不容乐观，由于土壤质量退化对全球食物安全、环境质量及人畜健康的负面影响日益严重，特别是近些年来，这种现象越来越受人们关注。土壤质量退化通常是指由于受各种自然因素及人为因素的影响，尤其是受人为因素的影响而导致的土壤农业生产能力或土地利用和环境调控潜力降低的过程，即土壤质量及土壤可持续性下降（包括暂时性的和永久性的），甚至完全丧失其物理、化学的和生物学特征的过程，包括各种过去的、现在的和将来的退化过程。

当土壤中含有有害物质过多，超过土壤的自净能力时，就会引起土壤的组成、结构和功能发生变化，土壤微生物活动受到抑制，有害物质或其分解产物在土壤中逐渐积累，通过"土壤-植物-人体"，或通过"土壤-水-人体"间接被人体吸收，达到危害人体健康的程度，或者对生态系统造成危害，就形成了土壤污染。

一、土壤退化原因及类型

（一）土壤退化原因

土壤退化虽然是一个非常复杂的问题，但引起其退化的原因是自然因素和人为因素共同作用的结果。自然因素包括破坏性自然灾害和异常的成土因素（如气候、母质、地形等），它是引起土壤自然退化过程（侵蚀、沙化、盐化、酸化等）的基础原因。而人与自然相互作用的不和谐即人为因素是加剧土壤退化的根本原因。人为活动不仅仅直接导致天然土地的被占用等，更危险的是人类盲目地开发利用土、水、气、生物等农业资源（如砍伐森林、过度放牧、不合理农业耕作等），造成生态环境的恶性循环。例如人为因素引起的"温室效应"，导致气候变暖和由此产生的全球性变化，必将造成严重的土壤退化。水资源的短缺也会造成土壤退化。

（二）土壤退化类型

1. 盐渍化

土壤盐渍化是指土壤底层或地下水的盐分随毛管水上升到地表，水分蒸发后，使盐分积累在表层土壤中的过程，又称盐碱化，如图 7-1 所示。受海平面上升、土地管理不善、不当使用化肥、森林砍伐、海水入侵等因素影响，全球有超过 8.33 亿公顷的盐渍土壤，大多分布在非洲、亚洲和拉丁美洲的干旱或半干旱地区。我国盐渍土的分布范围广、面积大、类型多，总面积约 1 亿公顷，主要分布在西北内陆、东北松嫩平原、华北内陆及黄淮海平原。

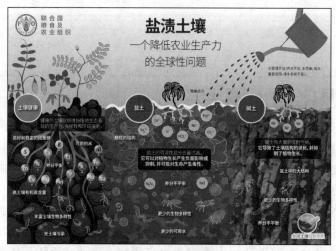

图 7-1　土壤盐渍化

土壤盐渍化的形成致使农作物减产或绝收、影响植被生长并间接造成生态环境恶化，盐渍土还可以侵蚀桥梁、房屋等建筑物基础，引起基础开裂或破坏，有的地方还会因盐渍土被溶蚀，形成地下空洞，导致地基下沉等。在我国表现最为显著的是海水入侵造成的土壤盐渍化对农业水生态环境的影响。由于地下水超采使地下水位持续下降，沿渤海、黄海的沙质和基岩裂隙海岸地带，发生海水入侵，在有咸水分布的地区出现咸水边界向淡水区移动。

2. 土壤酸化

土壤酸化主要是由于酸雨、大量使用化肥、土壤盐基的加速淋溶等过程，对土壤环境产生酸化污染所造成的。土壤酸化是指土壤中氢离子增加的过程，或者说是土壤酸度由低变高的过程，它是一个持续不断的自然过程，是土壤退化的一种表现形式，是土壤物质循环失衡的突出表现，如图 7-2 所示。土壤酸化主要表现为土壤颗粒分散，土壤的水稳性团粒结构遭到破坏，造成土壤板结，土壤中微生物种类及数量减少等，使得土壤中营养的矿化环境条件发生改变，尤其是导致土壤的各元素的矿化释放的比例失调加剧，引起土壤板结，严重影响了农作物的产量及质量，对农业生产造成了严重的负面影响。

此外，土壤退化问题还表现为土壤侵蚀、土壤沙漠化、土壤潜育化、土壤有机质降低等。

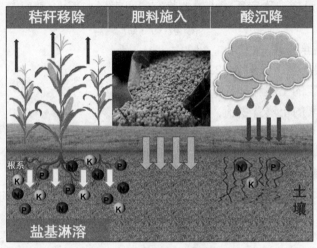

图 7-2　土壤酸化主要因素示意

二、土壤环境背景值与环境容量

（一）土壤环境背景值

土壤环境背景值，是指在没有或很少受到人类活动影响的情况下，土壤环境中化学元素或化合物的固有含量。它是诸成土因素综合作用下成土过程的产物，所以实质上是各自然成土因素（包括时间因素）的函数。由于成土环境条件仍在继续不断地发展和演变，特别是人类社会的不断发展，科学技术和生产水平不断提高，人类对自然环境的影响不断地增强和扩展，目前已难于找到绝对不受人类活动影响的土壤。现在所获得的土壤环境背景值只能来自于受人类活动影响较小的土壤的数值，因而所谓土壤环境背景值只是代表土壤环境发展中一定历史阶段的、相对意义上的数值，并非是确定不变的数值。

（二）土壤环境容量

1. 土壤环境容量定义

土壤环境容量是针对土壤中有害物质而言，指在一定环境单元、一定时限内遵循环境质量标准，既能保证农产品产量和质量，又不对周围环境产生次生污染时土壤所能容纳污染物的最大负荷量。如从土壤圈物质循环角度来考虑，亦可简要地定义为"在保证土壤圈物质良性循环的条件下，土壤所能容纳污染物的最大允许量"。由定义可知，土壤环境容量实际上是土壤污染物的起始值和最大负荷量之差。如果把土壤环境标准作为土壤环境容量的最大允许极限值，则土壤环境容量的计算值是土壤环境标准值减去背景值（或本底值），即为土壤环境的基本容量，或称之为土壤环境静容量。土壤环境的静容量从理论上反映了土壤环境对污染物的最大容量，但没有考虑土壤环境自身的自净作用。因此，土壤环境容量应该是土壤静容量与土壤净化量之和，这才是实际的土壤环境容量或称土壤动态容量。

2. 土壤环境静容量的计算

土壤环境容量的数学计算模式，是土壤环境生态系统与其边界环境中诸参数构成的定量关系，用以表达土壤环境容量范畴的客观规律。

当土壤环境容量标准确定后，土壤的静容量可表示如下：

$$C_{so}=M(C_i-C_{bi})$$

式中　　C_{so}——土壤静容量，kg/hm^2；

　　　　M——耕层土重，一般 $M=2250t/hm^2$；

　　　　C_i——i 元素的土壤环境标准，mg/kg；

　　　　C_{bi}——i 元素的土壤背景值，mg/kg。

静容量表征土壤对某种污染物质的容纳能力，并不是实际的土壤环境容量。实际上，各种元素在土壤中都是处于一个动态的平衡过程，土壤环境容量是一个变动的量值。

3. 生物法土壤环境容量

生物法土壤环境容量是以生物反应状况为基础的污染物在土壤中的临界水平。所以要取得土壤环境容量值必须进行生物实验。对于同一作物，以全量计，土壤临界浓度的含量随土壤类型而有很大差异，对于阳离子而言，土壤呈酸性，其临界浓度低，而石灰性土壤临界浓度较高。因此，土壤一旦酸化，就会导致临界浓度降低，从而使土壤环境容量下降。不同作物的土壤临界浓度也有较大差异。例如，在四川酸性紫色土上，种植水稻土壤铜离子的临界浓度是 700mg/kg，而种植莴笋土壤铜离子的临界浓度只有 20mg/kg。因此，从整个生态系统出发，确定一个区域的土壤环境容量应以最敏感而常见的作物的实验结果为基础而确定。

利用生物实验取得土壤环境容量需要经历较长的时间，而且所得实验的结果是因土、因作物而异。研究发现，用化学容量法代替生物学容量法获取土壤临界浓度是可行的。化学容量法是以有害物质在土壤中达到致害生物时的有效浓度为指标，来确定土壤环境容量。此方法的优点是简便易行，且指标易于统一。该方法不仅是经过大量生物实验证明其有效性，而且是对有害元素在土壤中的形态转化及其危害临界值进行的大量研究中逐渐总结出来的。

三、土壤污染物与污染源

土壤污染是指污染物进入土壤经过长期的积累后，超出土壤自身的净化能力，导致土壤的性状和质量发生变化，对农作物产品和人体健康构成影响和危害的现象。土壤污染具有隐蔽性、滞后性、长期积累性、不可逆性和难治理性等特点。

目前土壤污染已经成为世界性问题。据 2014 年首次全国土壤污染状况调查显示，我国受污染的耕地面积约为 1000 万公顷，污水灌溉的污染耕地面积约为 216 万公顷，固体废物堆积占用土地及毁坏田地面积约为 13.3 万公顷,总共占全国耕地总面积的 10% 以上。《中国生态环境状况公报》显示，至 2021 年，全国土壤环境风险得到基本管控，土壤污染加重趋势得到初步遏制。全国受污染耕地安全利用率稳定在 90% 以上，重点建设用地安全利用得到有效保障。全国农用地土壤环境状况总体稳定。

土壤污染不但直接表现在土壤生产力下降，而且也通过以土壤为起点的土壤、植物、动物、人体之间的链，使某些微量和超微量的有害污染物在农产品中富集起来，其浓度可以成千上万倍地增加，从而会对植物和人类产生严重的危害。同时，土壤污染又会成为水和大气污染的来源。

（一）土壤污染物

土壤污染物是指由人为或自然因素进入土壤并影响土壤的理化性质和组成，导致土壤质量恶化、土壤环境系统自然功能失调的物质。随着工农业迅猛发展，产生污染土壤环境的物质种类越来越多，按其性质可分为以下几类：

1. 重金属

土壤重金属污染是由于人类活动将重金属加入到土壤中，致使土壤中重金属含量明显高于其自然背景含量，并造成生态破坏和环境质量恶化的现象。重金属不能为土壤微生物所分解，而易于积累、转化为毒性更大的甲基化合物，甚至有的通过食物链以有害浓度在人体内蓄积，严重危害人体健康。

土壤中重金属元素主要是指密度大于 $5g/cm^3$ 的微量金属（或类金属）。较常见的一些重金属污染物有汞（Hg）、镉（Cd）、铬（Cr）、铅（Pb）、铜（Cu）、锌（Zn）、钴（Co）、镍（Ni）和类金属砷（As）等。其中，汞（Hg）、镉（Cd）、铬（Cr）、铅（Pb）、砷（As）等元素在环境科学上被称为"五毒元素"，说明这 5 种元素对生物体危害性很大；而铜（Cu）、锌（Zn）等元素是生物生长发育必需的微量元素，过多、过少都会对生物体产生危害。重金属污染物是土壤中最难以治理的一种污染物，其特点为形态稳定，潜伏期长，隐蔽性强，难分解，易富集，危害大，可以通过食物链在动植物体内累积，最终危害人类。例如，"八大公害"中的"痛痛病"事件就是因为人类食用了含有镉的大米所致。如果对重金属污染的土壤不进行人为干预治理，重金属则很难从土壤环境中去除。

2. 有机污染物

土壤中的有机污染物除农药外，还有石油、化工、制药、油漆、染料等行业排放的废弃物，含有石油烃类、多环芳烃、多氯联苯、酚类等，这些有机污染物性质稳定，难以分解，在土壤中长期残留，导致土壤的透气性降低，含氧量减少，影响土壤微生物活性和作物的生长，并在生物体内富集，危害生态系统。

土壤农药污染是重要的土壤环境问题。在农业生产上人们为了追求粮食产量而大量地施用农药，一部分农药经挥发、淋溶、降解后逐渐消失，但仍有一部分残留在土壤中，通过植物根系吸收进入植物体，并逐渐积累，已成为当前重要的土壤环境问题。农药种类繁杂，功能各异，按防治对象分为杀虫剂、杀菌剂、除草剂、杀线虫剂、杀软体动物剂、杀鼠剂和植物生长调节剂等。我国幅员辽阔，各地的自然条件、耕作制度和作物品种差异又很大，因此农药对生态环境影响的因素与表现形式也多种多样，在土壤中可以长期残留且呈现较高毒性，同时有些农药的靶向性较差而对农作物的生长造成影响。农药还可以通过食物链向更高的营养级富集，从而造成更大的危害。尤其一些有机氯类农药在土壤中残留时间较长，危害大。尽管我们在 20 世纪 80 年代已经禁止使用有机氯类农药，由于土壤对这类农药的降解能力很差，在这之前使用的农药在土壤中仍然存在，如除草剂 2,4-D、2,4,5-T、苯氧羧酸类，杀虫剂 DDT、六六六、马拉硫磷等。

3. 酸、碱、盐类污染物

随着工业的发展，工厂向大气中排放的废气不断增加，如二氧化硫、二氧化碳、氮氧化物等酸性气体，这些酸性气体通过干湿沉降进入土壤，使土壤酸化；另外，因碱法造纸、化学纤维、制碱、制革以及炼油等工业废水进入土壤，造成土壤碱化，又如，在石灰产业周边地区，大量碱性气体和烟尘进入土壤，导致土壤 pH 值偏高；酸性废水或碱性废水中和处理后可产生盐，而且这两类废水与地表物质相互反应也能生成无机盐类，所以土壤遭受到酸和碱的污染必然伴随着无机盐类的污染，另外，在蔬菜保护地生产上由于灌溉不合理，加之特殊的生产环境条件，保护地生产土壤盐渍化问题也日渐突出。当前，硝酸盐、硫酸盐、氯化物、可溶性碳酸盐等是常见的且大量存在的无机盐类污染物，这些无机污染物会使土壤板结，改变土壤结构，使土壤盐渍化和影响水质等。

4. 放射性污染物

放射性污染物使得土壤的放射性水平高于自然本底值。放射性元素主要有 Sr、Cs、U 等，主要来自核工业、核爆炸以及核设施泄漏，可通过放射性废水排放、放射性固体埋藏以及放射性飘尘沉降等途径进入土壤环境造成污染。放射性物质与重金属一样不能被微生物分解而残留于土壤，造成潜在威胁，这些射线会对土壤微生物、作物以及人体造成伤害。土壤受到放射性污染是难以排除的。只能靠自然衰变转变成稳定元素而消除其放射性。

5. 病原菌类污染物

土壤中的病原菌污染物，主要包括病原菌和病毒等，主要来源于人畜的粪便、未经处理的生活污水、医疗废水等。直接接触含有病原微生物的土壤或食用种植于被病原微生物污染的土壤上的蔬菜和水果，土壤病原菌能够通过水和食物进入食物链，从而导致牲畜和人患病。

6. 微塑料

塑料污染问题日益严峻，已成为全球性的环境问题（可参见本教材第九章第三节相关内容）。据估计，土壤中微塑料的储量可能已超过海洋，正成为陆地生态系统的一种新威胁。进入农业土壤的大块塑料和微塑料的主要来源包括农用塑料薄膜的使用、污泥的土地利用、有机肥施用、地表径流和污水灌溉以及大气沉降等，如图 7-3 所示。其中地膜残留是近年来土壤微塑料污染最严重的因素之一。微塑料进入土壤环境后改变土壤结构和理化性质，影响土壤生态系统正常运行。微塑料具有疏水性和吸附特性，将环境中污染物吸附在其表面，可成为各种污染物携带载体。另外，微塑料还可沿食物链传递，并在传递过程中将微塑料及其表面所携带的污染物释放到生物体内，对生态系统和人体健康造成危害。

（二）土壤污染源

土壤污染源可以分为天然污染源和人为污染源。天然污染源是指自然界自行向土壤环境排放有害物质或造成有害影响的场所，比如火山爆发、地面尘暴。人为污染源是指人类在生产和生活过程所产生的污染源，如工矿企业三废物质的排放。人为活动是土壤环境中污染物最主要的来源，是土壤污染防治研究关注的重点。根据污染源的性质将其分为以下几类：

图 7-3 土壤中微塑料的来源和去向

1. 工业污染源

工业污染源是指工业生产中对土壤环境造成有害影响的生产设备或生产场所。主要通过排放废气、废水、废渣和废热污染土壤环境。工业生产过程排放的污染物，具有排放量大、成分复杂、对环境危害大等特点。如排出的烟气中含有硫氧化物、氮氧化物、甲醛、氟化物、苯并芘和粉尘等，这些物质通过干湿沉降进入土壤环境；个别地区污水灌溉现象仍然存在，导致土壤中石油烃和重金属类污染物含量超标；工业废渣的任意排放也会造成土壤污染，废渣任意堆放，在雨水作用下会产生含有污染物的渗滤液，渗滤液向深层土壤迁移造成更大的污染。此外，由于化学工业的迅速发展，越来越多的人工合成物质进入环境；矿山和地下矿藏的大量开采，把原来埋在地下的物质带到地上，从而破坏了地球物质循环的平衡。由于工业生产的发展把重金属和各种难降解的有机污染物带到人类生活环境中，对人体健康和生态系统安全构成了危害。

2. 农业污染源

农业污染源是指农业生产过程中对环境造成有害影响的农田和各种农业措施，包括氮素和磷素等营养物质的施用、农药和农膜等农业生产物质的使用。农业生产造成的污染属于面源污染，是继工业点源污染的又一重要污染源。化肥和农药的不合理使用，破坏了土壤结构，危害土壤生态系统，进而破坏自然界的生态平衡，如喷洒农药时有相当一部分直接落于土壤表面，一部分则通过作物落叶、降雨等途径进入土壤。研究表明，大量施用氮肥会造成土壤酸化，长期施用磷肥可造成重金属镉元素在土壤中积累，这是因为磷肥的生产是通过磷矿石酸化制得，从而把磷矿石中的重金属元素带到土壤中。规模化养殖场也是重要的农业污染源，长期施用以规模化养殖场的畜禽粪便为原料做成的有机肥料，也会把饲料添加剂中的重金属元素带到土壤中。另外，当前地膜覆盖技术已被广大农民所接受，由于地膜难降解，残留在土壤中的地膜破坏土壤结构，影响作物生长。

3．生活污染源

生活污染源是指人类生活中产生污染环境物质的发生源，包括生活垃圾、生活污水和电子垃圾等。生活垃圾在土壤表面的堆积，生活污水在土壤表面的溢流，都会导致有机物、营养元素、病原菌等污染土壤。电子信息产品更新换代快，电子垃圾已成为生活污染新来源，这些电子垃圾成分复杂，重金属等有害物质含量多，如果不进行回收再利用或专门处理，可能成为更为严重的土壤污染物的来源。

4．生物污染源

生物污染源是指能够产生细菌和寄生虫等致病微生物引起土壤污染的污染源，包括由人、畜、禽代谢物，屠宰厂和医院排放的污水及产生的垃圾。这些污染源产生的垃圾一旦进入土壤就会带入细菌和寄生虫，引起土壤的生物污染。

5．交通污染源

交通污染源是指交通运输工具排放的尾气中含有的重金属、石油烃类物质通过大气沉降作用和汽车轮胎摩擦产生的含锌粉尘等造成土壤环境的污染。研究表明，交通运输线两侧的土壤中铅等重金属元素含量离公路越近、越靠近地表，其值越高，且沿交通干线呈线状分布。

第三节

污染土壤的修复技术

近年来开发的污染土壤治理方法主要有物理法、化学法和生物修复技术。其中，生物修复技术具有成本低、处理效果好、环境影响小、无二次污染等优点，被认为最有发展前景。但是，由于污染物质的种类繁多、土壤生态系统的复杂性以及环境条件的千变万化，使得生物修复技术的应用受到极大的限制。往往在一个地点有效的修复技术在另一个地点不起作用。因此，这些影响因素的确定和消除成为决定生物修复技术效果的关键。目前，国外在生物修复技术的应用及影响因素方面开展了广泛的研究并取得了一些进展，我国在这方面的研究尚处于起步阶段。

一、土壤重金属的防治技术

（一）土壤重金属污染的特点

1．隐蔽性和滞后性

大气、水和固体废物的污染都比较直观，通过感官即可感知和发现，而土壤污染则完全不同，它往往要通过对土壤样品进行分析化验和对农作物的残留检测，甚至通过研究对人畜健康状况的影响才能确定，更有甚者直至当地居民出现某些群发的疾病症状才引起关注，进而才发现土壤污染问题。土壤重金属从产生污染到出现问题通常会滞后较长时间。因此，土壤污染问题一般都不太容易受到重视，如日本的"痛痛病"10多年之后才被人们所认识。

2．累积性

重金属污染物在大气和水体中一般都比在土壤中更容易迁移，这使得污染物质在土壤中并不像在大气和水体中那样容易扩散和稀释，因此，重金属很容易在土壤中不断积累而超标，同时也使土壤污染具有很强的地域性。

各种生物对重金属都有较大的富集能力，其富集系数有时可高达几十倍至几十万倍，因此，即使微量重金属的存在也可能构成污染。污染物经过食物链的放大作用，逐级到较高级的生物体内成千上万倍地富集起来，然后通过食物进入人体，在人体的某些器官中积累起来，造成慢性中毒，影响人体健康。

3．不可逆转性

重金属对土壤的污染基本上是一个不可逆转的过程，许多有机化学物质的污染也需要较长的时间才能降解。如被某些重金属污染的土壤可能要100～200年才能恢复。

4．难治理性

对于大气和水体污染，切断污染源之后通过稀释和自净作用有可能使污染得以去除，而积累在土壤中的难降解污染物则很难靠稀释作用和自净作用来消除。土壤污染一旦发生，仅仅依靠切断污染源的方法则往往很难恢复，有时要靠换土、淋洗土壤等成本高昂的方法才能得到较快解决。其他治理技术如植物修复技术虽然经济、简单、无二次污染，但需要的周期相对较长，需要几十年甚至上百年的时间。因此，治理污染土壤通常成本较高，或治理周期较长。

（二）土壤重金属污染防治与修复技术

土壤重金属污染的修复和防治是减少重金属从土壤进入水体、大气和生物，并对各生态系统产生胁迫的重要环节，是减少重金属进入食物链对人类健康产生危害的根本。土壤重金属污染的修复和防治途径包括3个方面：

① 污染源的管理和控制：工业三废排放的达标和总量控制、加强污泥农用和污灌的管理、对含重金属的化肥和农药进行严格的控制或禁用。

② 环境容量的评价和改善。

③ 修复技术的研究和应用：土壤重金属污染的修复方向不外乎两方面，一是降低土壤中重金属的总量，即把重金属从土壤中提取出来；二是使活化态的重金属转为固定态。修复技术主要包括物理修复技术、化学修复技术和生物修复技术。通过各种修复技术改善土壤的组成和结构，提高土壤肥力，增加土壤微生物的活性，增加土壤对重金属元素的吸附、固定能力，降低土壤中重金属的活度；改变耕作制度、采取工程措施和修复方法减少土壤表层的重金属含量、降低植物对重金属的吸收和富集、引导重金属在非食用的作物（如花卉、棉花、芒麻、苗木等）累积，以减少重金属向食物链的迁移。

1．物理修复技术

污染土壤的物理修复技术是借助物理手段将污染物从土壤胶体上分离的技术，包括物理分离修复、电动力学修复、蒸汽浸提修复、玻璃化修复、低温冰冻修复、热力学修复和农业工程措施等。而重金属污染的物理修复过程中，主要采用的技术有农业工程措施、物理分离修复、电动力学修复。

（1）农业工程措施

土壤重金属污染的农业工程措施：通过农业工程改土方法，降低土壤中重金属的含量，减少重金属对土壤-植物系统产生的毒害，从而使农产品达到食品卫生标准，包括换土法、覆土法、深耕翻土和稀释法等。换土法适用于土壤重金属重污染区域的修复，覆土法、深耕翻土和稀释法适用于重金属轻度污染的土壤修复。

① 换土法　换土法是利用清洁的土壤置换重金属污染的土壤，并将污染土壤进行异位修复或异地处理的方法。换土法对于小范围的重金属污染严重的区域土壤的修复是比较快速有效的方法，能够彻底解决土壤污染所带来的一系列环境问题。但由于具有较大的工程量，费用较高，在大范围的重金属污染区域土壤的修复上应用具有较大的限制。

② 覆土法或客土法　覆土法或客土法是将清洁的土壤覆盖在污染的土壤之上，使植物的根层生长在清洁土壤中，减少重金属污染物向植物中的迁移和转化。覆盖的清洁土壤可以防止污染物通过地表径流或灰尘进入水体或大气，能快速有效改善地表结构和环境，为土壤微生物的活性提高和植物的生长提供有利的条件。选择清洁土壤时，除考虑土壤的重金属含量外，还需要注意土壤的质地、渗透能力、土壤肥力和覆盖土层的厚度等，同时，可以通过加入一定的其他材料（细燃料灰、矿渣、水泥、石灰等），改善土壤的物理化学性质，促进植被的恢复、植物的生长、污染物的生物修复和其他物理化学修复。

③ 深耕翻土　深耕翻土是将深层污染程度较轻或无污染的土壤通过深翻成为表层土壤，而受到重金属污染的表层土壤进入下层，使植物根系不能达到污染区域而减少对重金属的吸收，降低污染物对植物的危害的目的。深耕翻土的深度取决于重金属污染物的迁移能力、重金属在土壤剖面的分布规律、土壤的质地和地下水位高度等因素。深度越深，所需要花费的劳动力和成本越高。重金属（Cu、Zn、Cr、Pb、Cd、As、Mo 和 Hg等）在土壤剖面上的分布与土壤形成过程、土壤母质、元素的循环特征、土地利用方式、有机质含量、铁的氧化物含量、土壤 pH 值和人类活动有关。重金属主要积累在 $0 \sim 50cm$，Cd 和 Cu 由于容易在剖面向下迁移，可能分布并累积在 60cm 以下。因此，针对不同的重金属污染，深翻的深度需要具体分析。深翻的土壤与表层土壤性质和结构具有一定的差异，需要进行一定的调节，配施合适的肥料，以促进植物的生长和植被的恢复。

④ 稀释法　稀释法是将清洁的土壤与污染的土壤充分混合，降低土壤重金属元素的浓度，从而减少植物对重金属元素的吸收。稀释法一般适宜于轻度污染的土壤的修复，能够快速有效地降低土壤中重金属的浓度，满足环境安全的标准和植物的生长条件。

农业工程措施除了客土法、覆土法、深耕翻土和稀释法等外，还包含其他工程措施，如生态围隔、生态覆盖系统、阻控系统和水力学措施等。尽量减少污染物对植物和生态系统的影响，使生态系统的结构和功能得以恢复，实现重金属污染土壤的修复。

（2）物理分离修复

① 常见修复技术　土壤重金属污染的物理分离修复技术是根据土壤和污染物的粒径、密度、磁性和表面特征等将重金属颗粒从土壤胶体上分离下来，包括粒径分离、水动力学分离、密度分离、泡沫浮选和磁分离等。与选矿和采矿中所使用的物理分离技术相似，如射击场或爆破点的铅污染土壤常采用重力分离方法，把铅和土壤颗粒分离开。该技术是初步的分选过程，不能充分达到土壤修复的目的。

② 特点及应用　土壤重金属污染的物理分离修复技术的优点在于工艺和设备简单、费用低。但是技术的有效性取决于许多影响因素，要求污染物具有较高的浓度，并且存在于具有不同物理特征的介质中，在筛分干污染物时，易于产生粉尘，筛子易于被塞住和损坏。固体基质中的细粒径部分和废液中污染物需要进行再处理，不能彻底修复污染土壤。在射击场，可以通过物理分离修复技术对子弹残留的重金属进行分离，先采用干筛分从土壤中去除以原状或仅小部分缺失的弹头，再采用其他物理方法，如重力分离法、泡沫浮选法等去除较小颗粒的重金属，最后采用化学方法（如酸淋洗技术）等进一步去除土壤中分子/离子态存在的重金属，如图 7-4 所示。

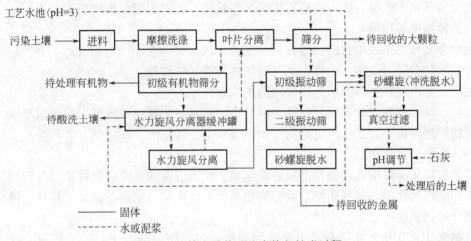

图 7-4　污染土壤物理分离修复技术过程

土壤重金属污染的物理分离修复技术可以作为土壤污染修复的第一步，可以快速减少需要进一步修复土壤的体积，使随后的修复效率大大地提高。因此，物理分离修复技术在重金属污染土壤的修复过程中具有不可替代的重要地位。

（3）土壤重金属污染的电动力学修复技术

土壤重金属污染的电动力学修复技术是指利用插入土壤的电极产生的低强度直流电作用，在土壤中的重金属通过电迁移、电渗析、电泳、自由扩散和酸性迁移等过程穿过土壤移向电极区，富集在电极区的重金属污染物用一定的收集系统收集后进行处理（电镀、沉淀/共沉淀、抽出、吸附、离子交换树脂等）而得以去除的方法。对于低渗透性土壤中 As、Cd、Cr 和 Pb 的去除率可以达到 85%～95%，而对多孔、高渗透性的土壤中重金属的去除率低于 65%。电动力学修复技术对土壤重金属污染的修复已经在美国、日本、德国和中东等国家和地区开展了大量的研究和应用。

2. 植物修复技术

指利用植物及其根际微生物对土壤污染物进行吸收、挥发、转化、降解、固定作用而去除土壤中污染物的修复技术。广义植物修复技术不仅包括污染环境土壤的植物修复，还包括污水植物修复和植物空气的净化等。具有将污染物从土壤中彻底去除、对环境扰动小、提高土壤肥力、成本低、操作简单等优点。植物修复技术包含以下几种类型。

（1）植物提取技术

植物提取指植物根系吸收污染物并将污染物富集于植物体内，而后将植物体收获、集中处置的过程。典型超富集植物应具备如下特征。①植物地上部重金属含量是普通植物在同一生长条件下的 100 倍，广泛采用的富集重金属临界含量参考值：Au 为 1mg/kg，Cd 为 100mg/kg，Sb、Cu、Ni、Pb、Co 和 As 为 1000 mg/kg，Zn 和 Mn 为 10000 mg/kg。②植物地上部分重金属含量大于该植物地下部（根部）重金属含量。③植物地上部富集系数 >1。适用于植物提取技术的污染物包括：金属（Ag、Cd、Co、Cr、Hg、Mo、Ni、Pb、Zn、As、Se）、放射性元素（^{90}Sr、^{137}Cs、^{239}Pu、^{238}U、^{234}U）和非金属（B）等。

植物提取技术应用最广泛的是利用超富集植物进行修复，所谓超富集植物是指能超量富集金属元素的植物。如砷的超富集植物蜈蚣草、锌的超富集植物东南景天等。

（2）植物降解作用

植物降解作用指被吸收的污染物通过植物体内代谢过程而降解的过程，或污染物在植物产生的化合物（如酶）的作用下在植物体外降解的过程。

优点：可出现在生物降解无法处理的土壤条件中。

缺点：可形成有毒的中间产物或降解产物，较难测定植物体内产生的代谢产物。

植物降解对象主要是有机污染物，如含氯溶剂、除草剂、杀虫剂、炸药等。

（3）植物稳定化作用

植物稳定化作用指通过根系的吸收和富集、根系表面的吸附或植物根圈的沉淀作用而产生的稳定化作用；或利用植物或植物根系保护污染物，使其不因风、侵蚀、淋溶以及土壤分散而迁移的稳定化作用。

植物稳定化作用对象主要是重金属，如砷、镉、铬、铜、汞、铅、锌等。优点在于整个过程不需要移动土壤，费用低，对土壤的破坏小，植被恢复还可促进生态系统重建，不要求对有害物质或生物体进行处置。但是稳定化作用并没有将环境中的重金属离子去除，只是暂时将其固定，使其对环境中的生物不产生毒害作用，没有彻底解决环境中的重金属问题。如果环境条件发生变化，金属的生物可利用性可能又会发生改变。

（4）植物挥发作用

植物挥发是利用植物去除环境中的一些挥发性污染物，即植物将污染物吸收到体内后又将其转化为气态物质，释放到大气中。

有人研究了利用植物挥发去除环境中汞，即将细菌体内的汞还原基因转入十字花科拟南芥属 *(Arabidopsis)* 中，这一基因在该植物体内表达，将植物从环境中吸收的汞还原为 HgO，使其成为气体而挥发。

由于这一方法只适用于挥发性污染物，应用范围很小，并且将污染物转移到大气中对人类和生物有一定的风险，因此它的应用受到一定限制。

3. 化学修复技术

污染土壤的化学修复技术是利用加入土壤中的化学修复剂与污染物发生化学反应，使污染物毒性降低或者去除的修复技术，主要包括化学淋洗修复技术、固定/稳定化修复技术、溶剂浸提修复技术、化学还原修复技术、化学还原与还原脱氯修复技术和土壤性能改良修复技术等（表 7-2）。

表 7-2　重金属污染土壤的化学修复技术

方法	修复剂	适用范围	机理
化学淋洗修复技术	酸、碱、络合剂（如EDTA）	Cd、Cu、Zn、Pb、Sn	将重金属转移到淋洗剂中，然后进行进一步的处理
固定/稳定化修复技术	石灰、水泥等	重金属	沉淀、吸附、离子交换、降低重金属的生物有效性
化学还原修复技术	二氧化硫、硫化氢、Fe^0胶体等	Cr	铬酸盐被还原为三价铬，产生沉淀而被固定
土壤性能改良修复技术	石灰、厩肥、污泥、活性炭、离子交换树脂、磷酸盐等	Cd、Cu、Ni、Zn 等	石灰可以使土壤的 pH 值升高，导致土壤颗粒对重金属离子的吸附能力增加，降低植物对重金属离子的吸收；而有机质能对重金属进行吸附和固定
	调节 Eh（土壤氧化还原电位）		减少重金属的生理有效性

（1）化学淋洗修复技术

　　土壤淋洗修复技术是借助能促进土壤环境中污染物溶解或迁移的溶剂，淋洗液可以是清水，也可以是提高溶解效率的淋洗液（酸或碱溶液、螯合剂、还原剂、络合剂以及表面活性剂溶液等）。通过水力压头推动淋洗液，将其注入污染土壤中，再把包含有污染物的液体从土层中抽提出来，进行分离和污染处理的过程。土壤淋洗过程的技术关键是向污染土壤中注射溶剂或"化学助剂"，由此造成污染物溶解和其在液相中可迁移性的提高。可分为原位淋洗技术和异位淋洗技术两种。

　　原位淋洗技术：在田间直接将淋洗剂加入污染土壤中，经过必要的混合，使土壤污染物溶解进入淋洗溶液，而后使淋洗溶液往下渗透或水平排出，最后将含有污染物的淋洗溶液收集、再处理的过程（如图 7-5）。土壤质地和阳离子交换量会影响淋洗效果。

　　异位淋洗技术：指将污染土壤挖掘出来，用水或其他化学溶液进行清洗使污染物从土壤中分离出来的一种化学处理方法。

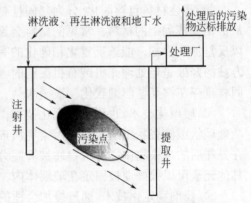

图 7-5　原位淋洗修复示意

　　酸性化合物有助于提高重金属的溶解度，使吸附在土壤颗粒表面的重金属清洗出来。磷酸盐对土壤中铁铝结合态砷的去除具有较好的效果，对土壤中砷的去除率达到 40% 以上。无机淋洗剂对土壤中重金属的去除效果较好，速度快，但对于土壤结构和性质的影响较大，需要加以重视。

　　螯合剂与土壤中重金属发生螯合或络合作用，改变重金属在土壤中的存在形态，使重金属解吸，从而提高淋洗修复效率。螯合剂分为人工螯合剂和天然螯合剂，天然螯合剂相对于人工螯合剂而言，在土壤中易于分解，不易产生二次污染，对于土壤的物理化学性质和结构的影响小，在实际应用中易于分解。

　　表面活性剂具有固定的亲水、亲油基团，通过改变土壤表面性质，增强有机络合体在水中的溶解性，或发生离子交换，促进金属阳离子或络合物从固相转移到液相中，提高淋洗效率。

该技术修复土壤量大，且适合不同形式的污染土壤，影响处理成本的主要因素是土壤物理性质，土壤性质严重影响该技术的应用，质地较轻土壤适合于本技术，黏重土壤处理起来较困难。对重度污染土壤的治理效果较好，费用较低，操作人员不直接接触污染土壤，但易造成地下水的污染，同时也会使土壤中的营养物质淋失和沉淀，造成土壤肥力下降，此外，淋洗技术会产生大量的处理废水，需要现场配备相应的废水处理及回收设备。

(2) 固定/稳定化修复技术

重金属污染土壤的固定/稳定化修复技术，或化学固定修复技术，常用于重金属和放射性污染物污染的土壤的处理，固定/稳定化修复技术是指利用磷酸盐、硫化物、碳酸盐、石灰、有机质、沸石等作为稳定剂加入土壤中，调节和改变重金属在土壤中的物理化学性质，使其产生沉淀、吸附、离子交换、腐殖化和氧化-还原等一系列反应，降低其在土壤环境中的生物有效性和可迁移性，减少重金属对动植物的毒性。

① 水泥的固化　水泥是一种常用和常见的材料。应用水泥在水化过程中可以通过吸附、沉降、钝化和与离子交换等多种物理化学工程去除土壤中污染物质。一起形成氢氧化物或络合物形式停留在水泥形成的硅酸盐中，最大的好处是重金属加入到水泥中后形成了碱性的环境，又可以抑制重金属的渗滤。

② 石灰/火山灰固化　应用各种废弃物焚烧后的飞灰、熔矿炉炉渣和水泥窑灰等具有波索来反应的物质为固化材料，对危险废物进行修复的方法。这些物质都属于硅酸盐或铝硅酸盐体系，当反应发生时，具有凝胶的性质，可以在适当的条件下进行波索来反应，将污染物中的物质吸附在形成的胶体结晶中。

③ 塑性材料包容固化　分为热固性材料和热塑性材料两种。热固性材料是在加热时从液相变成固相的材料，常见的材料有聚酯、酚醛树脂、环氧树脂等。热塑性材料指可以反复加热冷却，能够反复化和硬化的有机材料，如聚乙烯、聚氯乙烯、沥青等。该种方法的好处是当处理无机或有机废物时，固化产物可以防水，并且防止微生物的侵蚀。同样也存在被某些溶剂软化，被硝酸盐、氯酸盐侵蚀的情况。

④ 玻璃化技术　也称熔融固化技术，它的原理是在高温下把固态的污染物加热熔化成玻璃状或陶瓷状物质，使得污染物质形成玻璃体致密的晶体结构，永久地稳定下来。在处理后的污染物中，有机物质被高温分解，并成为气体扩散出去，而其中的重金属和其他元素可以很好地被固定在玻璃体内，这是一种比较无害化的处理技术。

⑤ 药剂稳定化技术　通过投加合适的药剂改变土壤环境的理化性质，比如控制 pH、氧化还原电位、吸附沉淀等改变重金属存在的状态，从而减少重金属的迁移转化。投加的药剂包括有机和无机药剂，具体要根据土壤中污染物的性质来投加。投加的药剂有氢氧化钠、硫化钠、石膏、高分子有机稳定剂等。有机修复剂在处理土壤重金属污染方面有很大的作用，但同时修复剂的投加也会对生物有一定的毒害作用，需要引起注意。

目前，固定和稳定剂中的许多技术措施尚处在实验室研究阶段或中试阶段，应加快这些技术示范、应用和推广。

二、土壤有机污染物的危害与防治技术

（一）有机污染物的危害

有机污染物是指造成环境污染和对生态系统产生有害影响的有机化合物。分为天然有机污染物和人工合成有机污染物两类，前者主要是由生物体的代谢活动及其他化学过程产生的，如布烯类、黄曲霉类等；后者是随现代化学工业的兴起而产生的，如合成橡胶、农药等。有机污染物除污染环境外，还会影响人类健康和动植物的正常生长，干扰或破坏生态平衡。有机污染物种类繁多，但是基本上都属于憎水性化合物，具有较强的亲脂性。这些物质在土壤中残留，被作物和土壤生物吸收后，通过食物链积累、放大，对人体健康危害极大。有机污染物在土壤环境中通过复杂的环境行为进行吸附解吸、降解代谢，可以通过挥发、淋滤、地表径流携带等方式进入其他环境体系中。

（二）有机污染物的防治技术

1. 土壤蒸气提取技术

土壤蒸气提取技术是一种通过布置在不饱和土壤层中的提取片，真空向土壤导入空气，空气流经土壤时，挥发性和半挥发性有机物随空气进入真空井而排出土壤，土壤中污染物浓度因而降低的技术。有时也称为真空提取技术（见图7-6），属于一种原位处理技术，但在必要时也可用于异位修复。

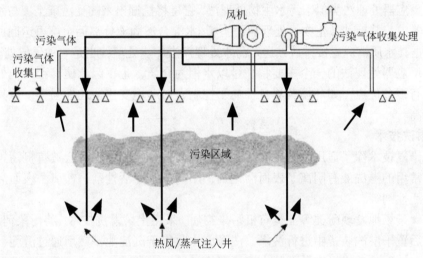

图 7-6　土壤蒸气提取系统示意图

土壤蒸气提取技术适合的目标污染物主要是一些挥发性、半挥发性的有机污染物；也可以用于促进原位生物修复。如，石油的轻产品（汽油）、二氯苯、氯仿等。

土壤蒸气提取技术的优点是可操作性强，设备简单，容易安装，对处理地点的破坏很小；处理时间较短等，在理想条件下，6～24 个月即可；可以处理固定建筑物下的污染土壤；该技术还可与其他技术结合使用。土壤蒸气提取技术的缺点主要是去除率不高，难以获得90%以上的去除率；在低渗透土壤上的有效性不确定；只能处理不饱和带土壤。该提取技术只适用于蒸气压高于 66.661Pa，或者沸点低于 250～300℃，或者亨利常数大于 $1.013×10^7$ Pa 类的有机污染物。

2. 生物堆法

生物堆法是一种用于修复处理受到有机污染的土壤的异位处理方法，通常是将受污染的土壤挖掘出来集中堆置，并结合多种强化措施采用生物强化技术直接添加外源高效降解微生物，补充水分、氧气和营养物质等，为堆体微生物创造适宜的生存环境，从而提高对污染物的去除效率，这个过程中也存在挥发性有机污染物的挥发损失。生物堆法常用于处理污染物浓度高、分解难度大、污染物易迁移等污染修复项目。由于它对土壤的结构和肥力有利，限制污染物的扩散，所以生物堆法已经成为目前处理有机污染最为重要的方法之一。

3. 焚烧法

焚烧法是一种较为常用的去除土壤中石油类、多环芳烃等污染物的修复技术。主要原理是通过挖掘机等设备将受污染的土壤挖出，置于 900~1200℃ 的高温焚烧炉内，通过加热焚烧的方法，让土壤中的有害物质转化或失效，从而达到修复效果。该法适于污染物具有可燃性，且污染物含量较高的土壤。去除效率高达 99% 以上。该方法具有处理效率高、操作简单、处理时间短的优点。但缺点也较为明显：需要消耗较多的能源，处理成本高；在处理过程中可产生有毒有害气体，需防止二次污染；焚烧法处理过的土壤理化性质已发生改变，土壤质地结构遭到破坏，此时的土壤已无法直接进行植被种植。

4. 生物反应器

生物反应器处理法类似于污水生物处理法，它是将挖掘出来的受污染土壤与水混合后置于反应器内，并接种微生物。处理后，土壤-水混合液固液分离后土壤再运回原地，而分离液根据其水质情况直接排放或送至污水处理厂进一步处理，也是一种异位处理技术。

生物反应器处理法的一个主要特征是以水相为介质，也正因此使其和其他处理方法相比较具有很多优点，如环境营养条件易于控制、对环境变化适应性强等，但其工程复杂，费用高。

5. 淋洗技术

淋洗修复技术除了适用于重金属污染土壤的修复外，同样也适合被有机污染物污染的土壤。常用的淋洗液有阴离子表面活性剂、阳离子表面活性剂、非离子表面活性剂和生物表面活性剂等。

加拿大某场地发现酚类等油类有机污染物后，采用土壤淋洗技术，将污染河段砂石、土壤挖出后置于淋洗装备中进行洗涤，洗涤废水收集于沉淀池，然后通过沉淀、过滤、吸附等步骤处理，最终污染砂石及土壤达到修复目标。

6. 化学氧化/还原技术

化学氧化是通过向土壤中注入化学氧化剂/还原剂等物质创造出氧化/还原性条件与污染物发生氧化反应，促进有机物等污染物的降解或转化。化学氧化/还原修复技术处置成本适中，影响该技术处置效果的主要因素是土壤性质、污染物成分，化学氧化处理后可能改变土壤有机质、铁离子、硫酸根离子含量等指标，对修复后土壤利用可能会造成影响。

化学氧化/还原修复技术主要用来修复被油类、有机溶剂、卤代烃类、氯代芳烃等污染物污染的土壤等，是一种广泛的污染物处理方式，在国内外运用极广。浙江某农药化工企业场地土壤和地下水中的主要污染物为邻甲苯胺、1,2-二氯乙烷和对氯甲苯。污染土壤挖掘出来后，进行异位化学氧化技术修复，然后回填；抽提处理的地下水，采用化学氧化技术进行处理，各监测指标达标后纳入当地污水管网排放；地下水原位处理区域，采用药剂注射与抽水-补水循环处置联用工艺，最后场地土壤及地下水均达到治理修复目标。

三、土壤污染防治政策与计划

2016 年国务院发布实施《土壤污染防治行动计划》(简称"土十条"),该文件确定了"十三五"乃至更长一段时期中国土壤污染防治的指导思想、原则和防治任务,对全面加快中国土壤污染防治进程、促进土壤修复产业快速发展创造了历史契机。"土十条"提出了十个方面的任务:一是开展土壤污染调查,掌握土壤环境质量状况;二是推进土壤污染防治立法,建立健全法规标准体系;三是实施农用地分类管理,保障农业生产环境安全;四是实施建设用地准入管理,防范人居环境风险;五是强化未污染土壤保护,严控新增土壤污染;六是加强污染源监管,做好土壤污染预防工作;七是开展污染治理与修复,改善区域土壤环境质量;八是加大科技研发力度,推动环境保护产业发展;九是发挥政府主导作用,构建土壤环境治理体系;十是加强目标考核,严格责任追究。"十三五"期间,中国土壤污染防治工作依据这十条任务为主线开展工作,取得了较好的成效。全国土壤污染调查工作稳步推进,土壤污染状况详查顺利完成。法规标准体系基本建立,出台《中华人民共和国土壤污染防治法》,发布农用地、建设用地、工矿用地等土壤环境管理部门规章,制定农用地、建设用地土壤污染风险管控等系列标准规范。完成耕地土壤环境质量类别划定,实施农用地分类管理。实施建设用地准入管理,发布建设用地土壤污染风险管控和修复名录,有序推进治理修复。公布土壤污染重点监管单位名录,深化土壤污染防治监管。建立全国土壤环境信息化平台,基本建成土壤环境监测网络。实施"场地土壤污染成因与治理技术"和"农业面源和重金属污染农田综合防治与修复技术研发"重点科研专项。推行土壤先行示范区,设定考核目标,提升土壤环境治理体系。2019 年 1 月 1 日,《中华人民共和国土壤污染防治法》(以下简称《土壤污染防治法》)正式实施,确定了中国土壤污染预防、防控、修复的主要制度要求、各级政府和相关部门的法律责任。

第四节

退化土壤的生态修复技术

不同区域和不同类型的土地退化,需要因地制宜采取有针对性的生态修复工程措施。世界各国都对退化土地的生态修复积累了不少成功的经验和案例。本部分针对土地退化分布最为广泛的水土流失、土地沙漠化、土地次生盐渍化和耕地贫瘠化加以介绍。

一、水土流失和土地沙漠化的生态修复

水土流失是指地球陆地表面由水力、重力和风力等外引力引起的水土资源和土地生产力的破坏和损失。而土地沙漠化是指在干旱、半干旱和亚湿润干旱地区由于气候变化和人类活动等因素作用所产生的一种由风沙活动为主要标志的土地退化过程。两种土地退化类型的成因和演化机理都有一定差别,但对于生态修复的工程措施而言,有以下众多相似之处。

（一）工程技术

主要是通过修筑人工建筑物、改造立地条件来防治水土流失、沙漠化、荒漠化等引起的土地退化，包括治坡工程技术、治沟工程技术、小型水利工程技术、沟头防护工程技术、谷坊坝工程技术、各种拦沙坝和淤地坝工程技术、沟道护岸工程技术、修筑梯田工程技术等。

（二）生态技术

指保护和营造植被生态的技术，通过植被冠层和根系对地表的屏障来蓄水、减流和保土、改土、围土的技术。主要种类有封育、种树、种草、针阔混交、乔灌草混交、营造水源林和防护林、建自然保护区、建防护林带等。

（三）农艺技术

指通过改进耕作方法和技术来防治坡耕地流失的技术。其种类主要有调整种植结构和类型，改良土壤，推广免耕法、间作套种、等高耕作、垄作、耕地覆盖等。

（四）材料技术

根据水土流失和土地沙漠化对土壤中原有团粒结构的破坏，通过施用绿色材料增加土壤中有机质和黏性硅酸盐成分，从而增加土壤中这些成分在量和质方面的不足，是水土流失和土地沙漠化生态修复的重要措施。研究表明，土壤生态修复材料含补充土壤团粒结构基质经特殊工艺处理的具有固水、固肥、硅酸胶结特性的硅酸盐复合成分，可从本质上改善土壤的物理特性。以农副产品秸秆材料为主，配备安全的微生物菌剂和已预制好的土壤修复材料及植物生长需要的营养元素，制成不同大小的"种植绳"与植物种子一起播种，修复土壤条件，达到生态修复土壤退化的目标。

重庆交通大学易志坚教授和他的团队利用研制出的一种植物纤维黏合剂，2017年对乌兰布和14000亩沙漠进行试验，目前已让4000亩沙漠成为绿洲。外媒称它"可能终止世界和中国沙漠化的伟大技术"。大大改变了中国治沙的进程，有望使人类彻底战胜沙漠。

二、土壤次生盐渍化的生态修复

土壤次生盐渍化生态修复的工程技术措施，主要包括以下四种。

（一）调整土地利用结构

要在生态经济学原理指导下，通过种植农作物、植树造林、建设绿色生态屏障、种植耐盐和盐生植被、种植绿肥牧草，扩大地表植被覆盖，发挥生物治理盐碱的生态效应。

（二）水利改良措施

主要是采用灌溉淋洗（以水控盐）、排水携盐（带走盐分）两方面措施来调控区域水盐运动，通过井渠结合、深沟与浅沟、暗管排水、深沟河网等井、沟、渠配套模式，修复次生盐渍化。

（三）农业耕作改良措施

主要是采取平整土地、深翻改土、耕作保苗、土壤培肥等农业耕作措施，减少地面蒸发，调节控制土壤水盐动态，使之向有利于土壤脱盐的方向发展。

（四）改良剂施用措施

在修复次生盐渍化土壤过程中，发生次生碱化土地的修复难度是最大的。由于碱性土壤中含有大量的苏打及交换性 Na^+，致使土壤碱性强、土粒分散、物理性质恶化、作物难以正常生长。修复这类土壤，除了消除土壤中多余的盐分措施外，主要还应消除土壤胶体上过多的交换性 Na^+ 和降低碱性。为此，在水利及农业措施实行的同时，很有必要从化学的角度加以改良修复。通常化学改良主要是施用一些改良剂，通过离子交换及化学作用，降低土壤交换性 Na^+ 的饱和度和土壤碱性。改良碱化土壤的化学改良剂一般有 3 类：第一类是含钙物质，如石膏、磷石膏、亚硫酸钙、石灰等，它们多以钙代换 Na^+ 为改良机理；第二类是酸性物质，如硫酸、硫酸亚铁等，它们则是以酸中和碱为改良机理；第三类是有机质类，是通过改善结构，促进淋洗，抑制钠吸附和培肥等起到改良作用。

三、耕地地力贫瘠化的生态修复

重点是加强秸秆还田、增施有机肥、种植绿肥和深松整地，同时加强农田基础设施建设，改善灌溉和排水条件，促进旱涝保收。耕地地力贫瘠化生态修复工程最主要的关键技术如下。

（一）优化农业生态结构

从景观生态学的角度出发，充分利用当地光、热、水、土资源，优化农业生产的空间布局，建立诸如"顶林、腰果、谷农、塘渔"的利用模式，发展利用农林系统，在提高土壤养分含量的同时增加农民的经济收入。

（二）增施有机肥

有机肥经微生物分解合成腐殖质，改善耕地的透水性、蓄水性、通气性和可耕性。新鲜秸秆直接还田，要比将秸秆制作成堆肥后再施入，形成的水稳性土壤团粒结构要高 96.4%；新鲜苜蓿还田比施入堆制苜蓿的土壤的团粒结构要高 76.1%。

（三）客土改良

为了改良土壤的物理和化学性质，可以通过客土改良工程，如客土掺砂，使用粉煤灰和砖瓦窑的炉灰，剥离表土的再利用等，提高耕地的地力。

 拓展阅读一

土壤修复案例

2019 年北京建工环境修复公司对某地土壤和地下水的修复工程案例

该场地位于中国北方某城市一正在运行的公司厂区内，镀铬车间内"跑冒滴漏"的问题导致土壤和地下水受到 Cr（Ⅵ）的污染。项目首先采用化学还原法（D 药剂）原位注入修复区域内浅层地下水，随后对污染土壤进行清挖，并采用化学还原法（E 药剂）原地异位修复清挖的 Cr（Ⅵ）污染土壤，同时对深层地下水进行抽提处理。

污染土壤在与 D 药剂充分反应 30 天后达到了 99%以上的处理效率；后续 10 个月的持续监测数据表明，地下水中 Cr（Ⅵ）同样达到修复目标值。共计修复地下水面积 187 平方米，修复土方量 217.8 立方米。

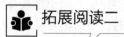
拓展阅读二

美国《超级基金法》

考察发达国家在历史污染场地治理方面的立法和执法，美国《超级基金法》最为著名，已成为世界各国环境立法和环境政策制定的重要借鉴。

1. 环境事件，推动环境立法的动力

拉芙运河是纽约州尼亚加拉瀑布市的一处闲置土地，早在 1942 年到 1953 年间，胡克化学公司经当局批准将一段废弃的拉芙运河当做垃圾填埋场倾倒了 2 万吨有毒有害的化学废物。1954 年，这家公司以一美元的价格将包括填埋场在内的一片土地卖给了当地教育委员会。在那里先是建立了一所小学，而后又有地产公司介入，最终建成一个能容纳 950 多户人家的住宅区。1976 年，有居民开始抱怨室内尤其是地下室有化学异臭味，并有居民出现药物灼伤、产妇流产、婴儿畸形等异常现象，接着在地下室、雨水收集管线及花园里更涌出黑色浓浆状的有害废弃物，甚至装废弃物的铁桶随着地面的沉降也暴露出来。

到了 1978 年，政府仍未拿出切实可行的解决方案。无奈，居民把联邦环保局的代表扣为人质，要求白宫出面解决。居民也曾向法院提起民事诉讼，要求开发商，包括胡克公司赔偿财产和健康损失。遗憾的是，因为缺乏法律依据，受害者的诉求当时并未获得法院支持。

拉芙运河事件的爆发，引发美国各界对历史遗留污染威胁公众健康的关注，也令全社会意识到现行环境法律体系的缺陷。民意认为，若污染者不承担消除污染或环境修复的责任，转而由政府兜底，实则是公众来埋单，那显然是有失公允，因此要求国会必须制定新的环境法律来应对这一挑战。

2.《超级基金法》，打破常规顺应民意

拉芙运河事件的爆发和政府处置不力以及随后政府须承担的数十亿美元的沉重财政压力，迫使国会在 1980 年后半年加速了立法进程，通过了《综合环境反应、赔偿和责任法》，因为该法提出设立"超级基金"来为污染去除或环境修复提供资金，故实践中大家又称该法为《超级基金法》。《超级基金法》的出台很大程度上源于公众的不满和舆论的压力，这也使得该法成为美国乃至全球环境法律中严刑峻法的典型。

3. 溯及既往，实行严格的、无限连带的责任

《超级基金法》的执法对象大多指向多年前已经发生的污染行为或事件，如何设计污染责任的追溯成为《超级基金法》立法的核心。《超级基金法》将危险物质所在设施的当前所有人和经营人、危险物质处置时的设施所有人和经营人、危险物质处置安排人或危险物质产生人以及危险物质运输人均列为潜在责任人，并规定无论潜在责任人的行为有没有过失、是不是故意，或者行为发生之时是否合法，其对危险物质的处置均负有溯及既往的严格、无限连带责任；联邦环保局可以只针对其中一个或几个实力雄厚的潜在责任人提起追偿诉讼，而其他潜在责任人则可能由这些被诉的主体来要求承担连带责任。根据执法需要，历经多次修正，逐渐走向完善。

4. 强力授权，确保法律在联邦政府部门得以顺利实施

《超级基金法》赋予行政机关更为强有力的反应权力，也建立了相应的权力制衡机制。该法授权总统对危险物质的释放或释放威胁进行处理，总统有权（或者说有义务）采取清除行动以及相关的修复行动来保护公众健康和环境安全。总统又将该项权力授予联邦环保局，并敦促其他内阁部门密切配合。

5. 明确资金渠道，为法律的实施提供保障

《超级基金法》为经费来源制定了专门条款，即设立超级基金。超级基金的主要来源先后包括原料税、环境税、财政拨款以及对责任人的追偿费用和罚款。在潜在责任人不能确定、无力或拒绝承担清理费用时，可动用超级基金支付清理费用。

6. 四十余载，成效斐然；他山之石，可以攻玉

《超级基金法》已实施四十余年，取得了一系列成效。通过对污染场地的清理，极大恢复了美国的生态环境。《超级基金法》的实施还产生了诸多不可量化的效益，催生并发展了环境污染责任保险等一系列新型环境治理工具，此外，该法最为显著的一个不可量化的效益在于其对企业的巨大威慑作用，使诸多污染问题在源头得以预防。

？ 思考题

1. 简述土壤生态学意义。
2. 土壤退化问题表现在哪些方面？
3. 土壤常见的污染物与污染源有哪些？
4. 简述土壤重金属污染的特点及修复技术。
5. 简述植物修复技术类型及应用范围。
6. 阐述土壤有机污染物的主要修复技术。
7. 简述退化土壤的生态恢复措施。

参考文献

[1] 崔龙哲，李社锋. 污染土壤修复技术与应用[M]. 北京：化学工业出版社，2016.

[2] 洪坚平. 土壤污染与防治[M]. 北京：中国农业出版社，2011.

[3] 刘冬梅，高大文. 生态修复理论与技术[M]. 哈尔滨：哈尔滨工业大学出版社，2020.

[4] 张佳佳，陈延华，王学霞，等. 土壤环境中微塑料的研究进展[J]. 中国生态农业学报，2021，29(6)：937-952.

[5] 张颖，伍钧主. 土壤污染与防治[M]. 北京：中国林业出版社，2012.

[6] 张文博，孙宁，丁贞玉，等. 中国"十三五"土壤污染防治政策进展评估[J]. 世界环境，2021，192(5)：66-71.

第八章
物理性污染及其控制

在地球表面自然环境系统中存在的重力场、地磁场、电场、辐射场等物理因素的作用下，自然界中各种物质都在以不同的运动形式进行能量的交换和转化。物质能量交换和转化的过程即构成了物理环境。物理环境与大气环境、水环境、土壤环境同样是人类生存环境的重要组成部分。人类生存于物理环境中，人类的活动影响着物理环境。物理环境可以分为天然物理环境和人工物理环境。

第一节
物理环境污染概述

一、物理环境的类型

（一）天然物理环境

天然物理环境即原生物理环境，从地球诞生就存在。风、雨、地震、海啸、火山爆发、台风、雷电等自然现象会产生声和振动，在局部区域内形成自然声环境和振动环境；地球自身是一个大磁体，地球具有地磁场，火山爆发、太阳黑子与耀斑的发生引起的磁爆以及雷电等现象会严重干扰自然电磁环境，地震会引起地磁场的快速变化，并与生物体磁场产生共鸣；在地球表层有一定丰度的许多天然放射性核素在衰变过程中释放出 α、β、γ 射线，形成自然的放射性辐射环境；太阳的光辐射和热辐射为自然环境提供天然光源和天然热源，构成天然光环境和热环境。

自然声环境、振动环境、电磁环境、放射性辐射环境、热环境、光环境构成了天然物理环境。

（二）人工物理环境

人工物理环境是人类活动的物理因素不同程度地干预天然物理环境所生成的次生物理环境。各种人工物理环境与天然物理环境在地球表层交叠共存，相互作用。

声音伴随着人类的生活和生产。清晰的语言交流和优美动听的音乐，构成人类需要的人工声环境；工业生产、交通运输、城市密集的人口产生的噪声是人类不需要的声音，形成人工噪声环境。

近代，电子工业、无线电技术和通信设备飞速发展，广播电视发射塔、人造卫星通信系统地面站、雷达站、高压输电线路、变电站、微波炉、手机……电磁辐射广泛应用，这些都在人类生存的空间形成人工电磁场。由于无线电广播、电视以及微波技术的发展，射频设备的功率不断增大，过度的人工电磁场给环境带来污染和危害。

放射性核同位素在医学、核工业、农业育种等科学研究中的利用，核武器试验、核电站等核工业的发展改变了区域天然本底放射性辐射场，形成次生的人工放射性环境。过度的放射剂量或突发事故会引发放射性环境污染。

适合于人类生活的温度范围是很窄的。为了抵御自然界剧烈变化的天然热环境，人类创造了房屋、火炉、空调系统等设施，以减小外界气候变化的影响，获得生存所必需的人工热环境；现代工业生产和人类生活排放废热造成的环境热化，达到损害环境质量的程度，便成为热污染。

电光源迅速发展和普及，形成了人工光环境。人工光环境较天然光环境更容易满足人类活动的需要，但当光量过度时，则会对人们的生活、工作环境以及人体健康产生不利影响，形成光污染。各种人工物理环境具有不同的特点和影响，是环境物理学的主要研究对象。

二、物理性污染及其特点

物理运动的强度超过人的耐受限度，就形成了物理性污染。物理性污染不同于大气、水、土壤环境污染，后三者是有害物质和生物输入环境，或者是环境中的某些物质超过正常含量所致。而引起物理性污染的声、光、热、放射性、电磁辐射等在环境中是永远存在的，它们本身对人无害，只是在环境中的强度过高或过低时，会危害人的健康和生态环境，造成污染或异常。例如，声音对人是必需的，但声音过强，会妨害人的正常活动；反之，长久寂静无声，人会感到恐怖，乃至疯狂。

物理性污染亦不同于化学性、生物性污染。物理性污染一般是局部性的，在环境中不会残留，一旦污染源消除，物理性污染即消失。因此应积极利用技术手段控制污染，改善环境，为人类创造一个适宜的物理环境。

本章重点讲述以下几种物理性污染类型及其防治：环境噪声污染、电磁辐射污染、放射性污染、热污染、光污染等。

第二节

噪声污染及其控制

一、噪声及其来源

声音是一种物理现象，以不同的方式和途径传递着信息，在人类活动中起着非常重要的作用。悦耳动听和有声有色是人们对于声音的赞美，而过大的声音或不需要的声音会影响人们的生活和工作，甚至造成危害。从心理学出发，凡是人们不需要的声音，称为噪声。从物理学观点来看，噪声是由许多不同频率和强度的声波无规则地杂乱无章组合而成。噪声可能由偶然的自然现象产生，但绝大多数情况下，噪声是由人类各种各样的活动所产生的。

噪声是声的一种，它具有声波的一切特性，主要来源于物体（固体、液体、气体）的振动。通常将能够发声的物体称为声源，产生噪声的物体或机械设备称为噪声源。噪声按人类活动方式可分为交通噪声、工业噪声、建筑施工噪声、社会生活噪声。

二、噪声污染的特点与防治

（一）噪声的特点

噪声对周围环境造成不良影响，就形成噪声污染，其特点：①噪声只会造成局部性污染，一般不会造成区域性和全球性污染；②噪声污染无残余污染物，不会积累；③噪声源停止运行后，污染即消失；④噪声的声能是噪声源能量中很小的部分，一般认为被利用的价值不大，故声能的回收尚未被重视。

（二）噪声的防治

噪声控制包括对人们的生活、社会活动和生产活动的噪声加以限制，减少和降低噪声的产生，对已产生的噪声进行控制，以减少对人的危害。

通常噪声控制的途径有三种：从声源上降低噪声、从传播途径上采取降噪措施和在接收点进行防护。根据实际情况可采用单一途径或多途径结合，使控制措施可行和有效。

1. 从声源上降低噪声

从声源上降低噪声是噪声控制中最根本和最有效的手段。研究各种噪声源的发声机理、控制和降低噪声的发生是根本性措施。可采用以下措施：一是选用内阻尼大、内摩擦大的低噪声新材料；二是改进机器设备的结构，提高加工精度和装配精度；三是改善或者更换动力传递系统和采用高新技术，对工作机构从原理上进行革新；四是改革生产工艺和操作方法。

2. 从传播途径上降低噪声

在噪声源上控制噪声受技术的制约，在一定程度上难以取得理想的效果，或者对现有设备无法采用控制措施。此时，最常用的方法是从传播途径上进行控制，如通过闹静分开的方法降低噪声；利用地形和声源的指向性降低噪声；利用绿化带降低噪声；采用声学控制手段降低噪声等。

3. 在接收点进行防护

噪声控制还可在接收点进行防护。个人防护是一种简单而又经济的措施，常用的防护用具有防护面具、耳塞、防护棉、耳罩和防护头盔等。这些防护用具，主要是利用隔声原理，使强烈的噪声传不进耳内，从而达到保护人体不受噪声危害的目的。

第三节

电磁辐射污染防治

一、电磁环境和电磁辐射污染

1. 电磁环境

所谓电磁环境是指某个存在电磁辐射的空间范围。电磁辐射以电磁波的形式在空间环境中传播，不能静止地存在于空间某处。人类工作和生活的环境充满了电磁辐射。

电力系统工业设备、电气化铁道系统、广播电视和微波发射系统、电磁冶炼系统及电加热设备等均能产生电磁辐射。以电磁冶炼系统为例，电磁冶炼采用的是感应加热，即将需要加热的对象物质置于工作频率 $200\sim300kHz$ 的电磁场中，利用涡流损耗进行加热。感应加热设备的辐射场源一般是指感应加热器、馈电线以及高频变压器等元器件，尤其是高频感应加热设备在工作时会产生强大的电磁感应场和辐射场，辐射场内的基波与谐波往往造成比较严重的环境污染。

2. 电磁辐射污染源的种类

电磁辐射污染是指人类使用产生电磁辐射的器具而泄漏的电磁能量流传播到室内外空间中，其量超出环境本底值，且其性质、频率、强度和持续时间等综合影响引起周围受辐射影响人群的不适感，并使健康和生态环境受到损害。

电磁场源可以分为自然电磁场源和人工电磁场源，自然电磁场源分类如表 8-1 所示。

表 8-1　自然电磁场源分类

分类	来源
火气与空气污染源	自然界的火花放电、雷电、台风、寒冷雪飘、火山喷烟等
太阳电磁场源	太阳的黑点活动与黑体放射等
宇宙电磁场源	银河系恒星的爆发、宇宙间电子移动等

二、电磁辐射污染的危害

电磁辐射对人体健康、生态环境以及装置和设备都能产生影响和危害。影响电磁辐射对人体健康危害的因素与辐射源周围环境及受体差异有关。微波对生物的影响如表 8-2 所示。

表 8-2　微波对生物的影响

频率/kHz	波长/cm	受影响的主要器官	主要的生物效应
<100	>300		穿透，不受影响
$150\sim1200$	$200\sim15$	体内各器官	过热时引起各器官损伤
$1000\sim3000$	$30\sim10$	眼睛晶状体和睾丸	组织加热显著，眼睛晶状体混浊
$3000\sim10000$	$10\sim3$	表皮和眼睛晶状体	伴有温热感的皮肤加热，白内障患病率增高
>10000	<8	皮肤	表皮反射，部分吸收而发热

三、电磁辐射污染的防治

（一）电磁辐射防护基本原则

制定电磁辐射防护技术措施的基本原则是：①主动防护与治理，即抑制电磁辐射源，包括所有电子设备以及电子系统。具体做法是：设备的合理设计；加强电磁兼容性设计的审查与管理；做好模拟预测和危害分析工作等。②被动防护与治理，即从被辐射方着手进行防护，具体做法有：采用调频、编码等方法防治干扰；对特定区域和特定人群进行屏蔽保护。

（二）电磁辐射防护的分类

根据上述电磁辐射防护技术原则，可将电磁辐射防护的形式分为两大类：①在泄漏和辐射源层面采取防护措施。其特点是着眼于减少设备的电磁漏场和电磁漏能，使泄漏到空间的电磁场强度和功率密度降低到最低程度。②在作业人员层面（包括其工作环境）所采取的防护措施。其特点是着眼于增加电磁波在介质中的传播衰减，使到达人体时的场强和能量水平降低到电磁波照射卫生标准以下。

第四节

放射性污染及其控制

一、放射性污染的危害

（一）环境中放射性的来源

环境中放射性（也被称为电离辐射）的来源分天然辐射源和人工辐射源。天然辐射主要来自宇宙辐射、地球和人体内的放射性物质，这种辐射通常称为天然本底辐射。在世界范围内，天然本底辐射每年对个人的平均辐射剂量当量约为 2.4mSv（毫希弗），有些地区的天然本底辐射水平比平均值高得多。

对公众造成自然条件下原本不存在的辐射的辐射源称为人工辐射源，主要有核试验造成的全球性放射性污染，核能生产、放射性同位素的生产和应用导致放射性物质以气态或液态的形式释放而直接进入环境，核材料贮存、运输或放射性固体废物处理与处置和核设施退役等则可能造成放射性物质间接地进入环境。

（二）辐射的生物效应及其危害

1. 辐射对细胞的作用

辐射对细胞作用的影响因素很多，基本上可以归纳为与辐射有关的物理因素和与机体有关的生物因素。辐射与细胞作用的物理因素主要是指辐射类型、辐射能量、吸收剂量、剂量率以及照射方式等。不同类型的辐射对机体引起的生物效应不同，主要取决于辐射的电离密度和穿透能力。通常，在吸收剂量相同情况下，剂量率越大，生物效应越显著；照射分次越多，各次照射间隔时间越长，生物效应越小。辐射损伤与受照部位及受照面积密切相关，各部位器官对辐射的敏感性不同，不同器官受损后对人体带来的影响也不尽相同。照射剂量相同，受照面积愈大，产生的生物效应也愈大。

个体不同发育阶段的辐射敏感性也不同，一般幼年和老年期对辐射的敏感性比成年时高。不同细胞、组织或器官的辐射敏感性各异，一般人体内繁殖能力越强，代谢越活跃，分化程度越低的细胞对辐射越敏感，因而不同组织也具有不同的敏感性。

2．辐射的生物效应

电离辐射对人体辐射的生物效应可分为躯体效应和遗传效应。躯体效应是由辐照引起的显现在受照者本人身上的有害效应，是由于人体普通细胞受到损伤引起的，只影响到受照者个人本身。急性的躯体效应发生在短时间内受到大剂量照射事故情况下；辐射的远期效应是需要经过很长时间潜伏期才显现在受照者身上的效应，主要表现为诱发白血病和癌症，也可能导致寿命的非特异性缩短，即过早衰老或提前死亡。

遗传效应是由于生殖细胞受到损伤引起的，表现为受照者后代的身体缺陷。一般认为在已有的人体细胞中，基因的非自然性的突变基本上是有害的。所以必须避免人工辐射引起的人体细胞内的基因突变。

（三）辐射对人体的危害

辐射对人体的危害主要表现为受到射线过量照射而引起的急性放射病，以及因辐射导致的远期影响。

1．急性放射病

急性放射病是由大剂量的急性照射所引起，多为意外核事故、核战争造成的。按射线的作用范围，短期大剂量外照射引起的辐射损伤可分成全身性辐射损伤和局部性辐射损伤。

全身性辐射损伤是指机体全身受到均匀或不均匀大剂量急性照射引起的一种全身性疾病，一般在照射后的数小时或数周内出现。根据剂量大小、主要症状、病程特点和严重程度可分为骨髓型放射病、肠型放射病和脑型放射病三类。局部性辐射损伤是指机体某一器官或组织受到外照射时出现的某种损伤，在放射治疗中可能出现这类损伤。

2．远期影响

辐射危害的远期影响主要是慢性放射病和长期小剂量照射对人体健康的影响，多属于随机效应。慢性放射病是由于多次照射、长期累积的结果。受辐射的人在数年或数十年后，可能出现白血病、恶性肿瘤、白内障、生长发育迟缓、生育力降低等远期躯体效应；还可能出现胎儿性别比例变化、先天畸形、流产、死产等遗传效应。慢性放射病的辐射危害取决于受辐射的时间和辐射量，属于随机效应。长期小剂量照射对人体健康的影响特点是潜伏期较长，发生概率很低，既有随机效应，也有确定性效应。因此，要估计小剂量照射对人体健康的影响，只有对人数众多的群体进行流行病学调查，才能得出有意义的结论。

二、放射性污染防护一般措施

国内外大量实践表明，只要所受照射剂量低于国标规定剂量当量限值以下，就不会影响健康。所以，必须严格执行国家标准和安全操作规程，加强放射性监测和辐射防护。辐射防护的一般措施如表 8-3 所列。

表 8-3　辐射防护一般措施

辐射类型	措施	说明
外照射的防护	距离防护	其他条件不变时，操作人员所受剂量的大小与距放射源距离的平方成反比，故实际操作应尽量远离放射源
	时间防护	其他条件不变时，操作人员所受剂量的大小与操作时间成正比，故工作人员须熟悉操作，尽量缩短操作时间，从而减少所受辐射剂量
	屏蔽防护	是射线防护的主要方法，依射线的穿透性采取相应的屏蔽措施。对 α 射线，戴上手套，穿好鞋袜，不让放射性物质直接接触到皮肤即可；对 β 射线，用一定厚度（一般几毫米）的铝板、有机玻璃等轻质材料即可完全屏蔽；具强穿透力的 γ 射线是屏蔽防护的主要对象
内照射的防护	防止呼吸道吸收	气体放射性核素如氡（Rn）、氚（^{3}H）等可由呼吸道进入人体而被吸收，吸收率的大小与放射性核素的溶解度成正比
	防止胃肠道吸收	被放射性核素沾污的食物、水等经口由胃肠道进入人体，吸收率的大小取决于放射性核素的化学特性，碱族（如 ^{24}Na、^{137}Cs）、卤素（如 ^{18}F、^{36}Cl、^{131}I）的吸收率高达 100%，稀土和重金属元素的吸收率最低，为 0.001%～0.01%
	防止由伤口吸收	某些放射性核素如 Rn、^{3}H、^{131}I、^{90}Sr（液体）可透过完整皮肤进入人体，吸收率随时间增长缓慢，当皮肤上有伤口时，吸收率就增加几十倍以上，并使伤口沾污形成难以愈合的放射性

第五节

热污染控制技术

一、热污染及其类型

（一）热污染

热污染即工农业生产和人类生活中排放出的废热造成的环境热化，损害环境质量，进而又影响人类生产、生活的一种增温效应。热污染发生在城市、工厂、火电站、原子能电站等人口稠密和能源消耗大的地区。20 世纪 50 年代以来，随着社会生产力的发展，能源消耗迅速增加，在能源转化和消费过程中不仅产生直接危害人类的污染物，而且还产生了对人体无直接危害的 CO_2、水蒸气和热废水等。这些成分排入环境后引起环境增温效应，达到损害环境质量的程度，便成为热污染。

（二）热污染的类型

随着现代工业的迅速发展和人口的不断增长，环境热污染将日趋严重。目前热污染正逐渐引起人们的重视，但至今仍没有确定的指标用以衡量其污染程度，也没有关于热污染的控制标准。因此，热污染对生物的直接或潜在威胁及其长期效应，尚需进一步研究，并应加强对热污染的控制与防治。

根据污染对象的不同，可将热污染分为水体热污染和大气热污染，如表 8-4 所示。

表 8-4　热污染的分类

分类	污染源	备注
水体热污染	热电厂、核电站、钢铁厂的循环冷却系统排放热水；石油、化工、铸造、造纸等工业排放含大量废热的废水	一般以煤为燃料的火电站热能利用率仅 40%，轻水堆核电站仅为 31%～33%，且核电站冷却水耗量较火电站多 50% 以上。废热随冷却水或工业废水排入地表水体，导致水温急剧升高，改变水体理化性质，对水生生物造成危害
大气热污染	主要是城市大量燃料燃烧过程产生废热，高温产品、炉渣和化学反应产生的废热等	目前关于大气热污染的研究主要集中在城市热岛效应和温室效应。温室气体的排放抑制废热向地球大气层外扩散，更加剧了大气的升温过程

随着现代工业的迅速发展和人口的不断增长，环境热污染将日趋严重。目前热污染正逐渐引起人们的重视，但至今仍没有确定的指标用以衡量其污染程度，也没有关于热污染的控制标准。因此，热污染对生物的直接或潜在威胁及其长期效应，尚需进一步研究，并应加强对热污染的控制与防治。

二、水体热污染

（一）水体热污染的影响

1. 威胁水生生物生存

水体升温通常会引起水中溶解氧含量降低，水生生物的新陈代谢加快，在 0～40℃内温度每升高 10℃，水生生物的生化反应速率会增加 1 倍。同时，微生物分解有机物的能力随温度升高而增强，从而提高了其生化需氧量，导致水体缺氧更加严重。此外水体升温还可提高有毒物质的毒性以及水生生物对有害物质的富集能力，并改变鱼类的进食习性和繁殖状况等。热效力综合作用很容易引起鱼类和其他水生生物的死亡。

在温带地区，废热水扩散稀释较快，水体升温幅度相对较小；在热带和亚热带地区，夏季水温本来就高，废热水稀释较为困难，导致水温进一步升高，对水生生物的影响较温带地区更大。

2. 加剧水体富营养化

热污染甚至可使河湖港汊水体严重缺氧，引起厌氧菌大量繁殖，有机物腐败严重，使水体发生黑臭。研究表明，水温超过 30℃时，硅藻大量死亡，而绿藻、蓝藻迅速生长繁殖并占绝对优势。温排水还会促进底泥中营养物质的释放，导致水体的离子总量，特别是 N、P 含量增高，加剧水体富营养化。

3. 引发流行性疾病

水体温度升高造成一些致病微生物滋生繁衍，引发流行性疾病。例如澳大利亚曾流行的一种脑膜炎经科学家研究证实，是由于电厂排放的冷却水使水温增高，促进一种变形虫大量滋生繁衍而污染水源，再经人类饮水、烹饪或洗涤等途径进入人体，导致发病。

4. 增强温室效应

水温升高会加快水体的蒸发速度，使大气中的水蒸气和二氧化碳含量增加，从而增强温室效应，引起地表和大气下层温度上升，影响大气循环，甚至导致气候异常。

（二）水体热污染的防治

除前面所述热污染的成因外，太阳能、核能和风能等新能源动力工程都会产生热污染。因此彻底消除热污染是不可能的，热污染的综合防治的目标应是如何减少热污染，将其控制在环境可承受的范围内，以及如何对其进行资源化利用。

1. 减少废热入水

水体热污染的主要污染源是电力工业排放的冷却水。要实现水域热污染的综合治理，首先要控制冷却水进入水体的质和量。火电厂、核电站等工业部门要改进冷却系统，通过冷却水的循环利用或改进冷却方式，减少冷却水用量、降低排水温度，从而减少进入水体的废热量。同时应合理选择取水、排水的位置，并对取、排水方式进行合理设计，如采用多口排放或远距离排放等，减轻废热对受纳水体的影响。

2. 废热综合利用

排入水体的废热均为可再利用的二次能源，将冷却水引入养殖场可用于鱼、虾或贝类的养殖。通过热回收管道系统将废热输送到田间土壤或直接利用废热水进行灌溉可在温室中种植蔬菜或花卉等。将废热水引入污水处理系统中调节水温可加速微生物酶促反应，提高其降解有机物的能力，从而提高污水处理效果。也可将冷却水引入水田以调节水温，或排入港口或航道以防止结冰。但以上措施在夏季实施时须考虑气温的影响，同时还需进行成本效益分析，确定其可行性。

此外，利用废热水可以在冬季供暖，而在夏季则作为吸收型空调设备的能源，其中区域性供暖在瑞典、芬兰、法国和美国已取得成功。

3. 加强管理

有关部门应尽快制定水温排放标准，同时将热污染纳入建设项目的环境影响评价中。同时各地方部门需加强对受纳水体的管理，例如禁止在河岸或海滨开垦土地、破坏植被，通过植树造林避免土壤侵蚀等对水体热污染的综合防治也具有重要意义。

三、大气热污染

大气热污染主要是由人类活动造成的，人类活动对热环境的改变主要通过直接向环境释放热量、改变大气的组成、改变地表形态来实现。表 8-5 列出了人类活动对大气热环境的影响。

表 8-5　热污染的成因

成因		说明
向环境释放热量		能源未能有效利用，余热排入环境后直接引起环境温度升高；根据热力学原理，转化成有用功的能量最终也会转化成热，而传入大气
改变大气层组成和结构	CO_2 含量剧增	CO_2 是温室效应的主要贡献者
	颗粒物大量增加	大气中颗粒物可对太阳辐射起反射作用，也有对地表长波辐射的吸收作用，对环境温度的升降效果主要取决于颗粒物的粒度、成分、停留高度、下部云层和地表的反射率等多种因素

成因		说明
改变大气层组成和结构	对流层水蒸气增多	在对流层上部亚声速喷气式飞机飞行排出的大量水蒸气积聚可存留1～3年，并形成卷云，白天吸收地面辐射，抑制热量向太空扩散；夜晚又会向外辐射能量，使环境温度升高
	平流层臭氧减少	平流层的臭氧可以过滤掉大部分紫外线，现代工业向大气中释放的大量氟氯烃（CFCs）和含溴卤化烃哈龙（Halons）是造成臭氧层破坏的主要原因
改变地表形态	植被破坏	地表植被破坏，增强地表的蒸发强度，提高其反射率，降低植物吸收CO_2和太阳辐射的能力，减弱了植被对气候的调节作用
	下垫面改变	城市化发展导致大面积钢筋混凝土构筑物取代了田野和土地等自然下垫面，地表的反射率和蓄热能力，以及地表和大气之间的换热过程改变，破坏环境热平衡
	海洋面受热性质改变	石油泄漏可显著改变海面的受热性质，冰面或水面被石油覆盖，使其对太阳辐射的反射率降低，吸收能力增加

在本节大气热污染中重点介绍城市大气热污染，即城市热岛效应。

（一）城市热岛效应

人口稠密、工业集中的城市地区，由人类活动排放的大量热量与其他自然条件共同作用致使城区气温普遍高于周围郊区，称为城市热岛效应，其强度以城区平均气温和郊区平均气温之差表示。城市热岛效应导致城区年平均气温高出郊区农村0.5～1.5℃左右，一般冬季城区平均最低气温比郊区高1～2℃，城市中心区气温比郊区高2～3℃，最大可相差5℃，而夏季城市局部地区的气温有时甚至比郊区高出6℃以上。目前我国观测到的热岛效应最大的城市是北京（9.0℃）和上海（6.8℃），而世界最大的城市热岛为德国的柏林（13.3℃）和加拿大的温哥华（11℃）。

城市热岛效应是城市化气候效应的主要特征之一，是人类在城市化进程中无意识地对局部气候产生的影响，也是人类活动对城市区域气候影响最典型的代表。

（二）城市热岛效应的成因

图8-1是城市热岛效应形成模式图。白天，在太阳辐射下构筑物表面迅速升温，积蓄大量热能并传递给周围大气，夜晚又向空气中辐射热量，使近地继续保持相对较高的温度，形成城市热岛。另外，由于建筑密集，"天穹可见度"低，地面长波辐射在建筑物表面多次反射，使得向宇宙空间散失的热量大大减少，日落后降温也很缓慢。引起城市热岛效应的原因主要为城市下垫面和大气成分的变化以及人为热释放。

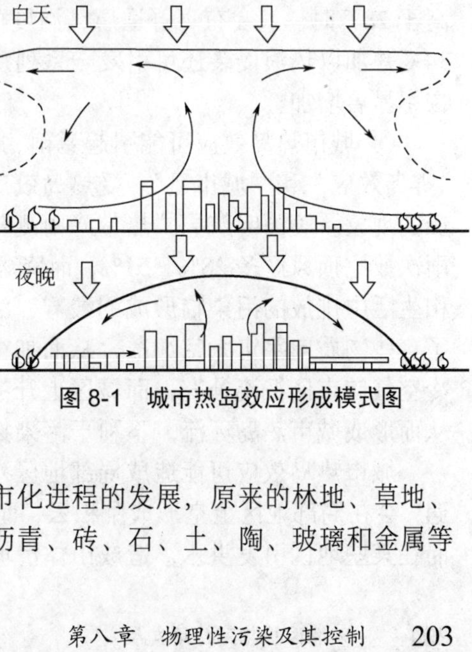

图8-1 城市热岛效应形成模式图

1. 城市下垫面的变化

下垫面是影响气候变化的重要因素。随着城市化进程的发展，原来的林地、草地、农田、牧场和水塘等自然生态环境逐渐被水泥、沥青、砖、石、土、陶、玻璃和金属等材料的人工地貌所取代，使城市下垫面的热力学、动力学特征改变，具体表现为城市对太阳辐射的反射率低（10%～30%），热导率高，热容量大，蓄热能力强。在相同的太阳辐射下，城市下垫面升温快，其表面温度显著高于自然下垫面。例如夏天当草坪温度32℃、树冠温度30℃时，水泥地面的温度可达57℃，而柏油路面则更是高达63℃。城市中植被面积减少，不透水面积增大，导致储水能力降低，蒸发（蒸腾）强度减小，从而蒸发消耗的潜热少，地表吸收的热量大都用于下垫面增温。同时由于城市构筑物增加，下垫面粗糙度增大，阻碍空气流通，风速减小，也不利于热量扩散。

2．城市大气成分的变化

城市地区能源消耗量大，且以矿物燃料为主，燃烧过程排放大量的 CO_2、CO、SO_2、NO_x、CH_4 等有毒有害气体和颗粒物，致使城市上空大气组成改变，降低了城市空气的透明度，使其吸收太阳辐射和地表长波辐射的能力增强，造成大气逆辐射增强，加剧温室效应，从而强化了城市热岛效应。

3．人为热的释放

人为热是指人类活动以及生物新陈代谢所产生的热量。工业生产、家庭炉灶、采暖制冷、机动车辆和人群代谢等使城市地区增加了许多额外的热量收入，从而改变了城市地区的热量平衡，是热岛效应形成的重要原因之一，在冬季和高纬度地区的城市人为热的排放量甚至超过太阳的净辐射量。

（三）城市热岛效应的影响

城市热岛效应给人类带来的影响总体来说是利少弊多。其主要影响表现为：

① 城市热岛效应使得城区冬季缩短，霜雪减少，有时甚至出现城外降雪城内雨的现象，从而可以降低城区冬季采暖耗能。另外，热岛效应导致夏季持续高温又会增加城市耗能。例如美国洛杉矶市城乡温差增加2.8℃后，全市因空调降温多耗电10亿瓦，每小时合15万美元（2004年），据此推算全美夏季因热岛效应每小时多耗降温费可达数百万美元。

② 城市热岛效应在夏季加剧城区高温天气，不仅降低人们的工作效率，还会引起中暑和死亡人数的增加。医学研究表明，环境温度与人体的生理活动密切相关，当温度高于28℃时，人会有不舒适感；温度再高就易导致烦躁、中暑和精神紊乱等；气温高于34℃并加以热浪侵袭还可引发一系列疾病特别是心脏病、脑血管和呼吸系统疾病，使死亡率显著增加。

③ 城市热岛效应可能引起暴雨、飓风和云雾等异常天气现象，即所谓的"雨岛效应""雾岛效应"和"城市风"。受热岛效应的影响，夏季经常发生市郊降雨而远离市区却干燥的现象。美国宇航局"热带降雨测量"卫星的观测数据显示，城市顺风地带的月均降雨次数比顶风区多28%～51%，而降雨强度可高出48%～116%。城市云雾是由工业生产和生活中排放的污染物形成的酸雾、油雾、烟雾和光化学雾等的混合物，热岛效应阻碍了这些物质向宇宙太空逸散，从而加重它们的危害。城区中心空气受热上升，周围郊区冷空气向市区汇流补充，而城区上升的空气在向四周扩散的过程中又在郊区沉降下来，从而形成城市热岛环流，不利于污染物向外迁移扩散，会加剧城市大气污染（图8-2）。

城市热岛效应可能造成局部地区水灾。城市产生的上升热气流与潮湿的海陆气流相遇，会在局部地区上空形成乱积云，而后降下暴雨，每小时降水量可达100mm以上，从而在某些地区引发洪水，造成山体滑坡和道路塌陷等。

图 8-2　城市热岛环流模式和尘盖

城市热岛效应会导致气候、物候失常。日本大城市近年出现樱花早开、红叶迟红、气候亚热带化等现象都是热岛所致。此外，城市热岛效应还会加重城市供水紧张，导致火灾多发，为细菌、病毒等的滋生蔓延提供温床，甚至威胁到一些生物的生存并破坏整个城市的生态平衡。

（四）城市热岛效应的防治

增加自然下垫面的比例，大力发展城市绿化，营造各种"城市绿岛"是防治城市热岛效应的有效措施。绿地是城区自然下垫面的主要组成部分，它所吸收的太阳辐射能量一部分用于蒸腾耗热，一部分在光合作用中被转化为化学能储存起来，而用于提高环境温度的热量则大大减少，从而有效缓解城市热岛效应。研究表明，每公顷绿地平均每天可从周围环境吸收热量 81.8 MJ，相当于 189 台空调的制冷作用。$1hm^2$ 绿地中的园林植物每天平均可以吸收 1.8 t CO_2。当绿化覆盖率大于 30% 时，热岛效应将得到明显的削弱，覆盖率达 50% 时削弱作用极其明显，而规模大于 $3hm^2$ 且绿化覆盖率达 60% 以上的城市下垫面的气温则与郊区自然下垫面相当。例如，在新加坡、吉隆坡等花园城市，热岛效应基本不存在；我国深圳绿化布局合理，热岛效应也明显低于其他城市；上海通过绿地建设，2003 年夏季中心城区热岛强度较 3 年前减小了 0.2～0.4℃。

加强工业整治及机动车尾气治理，限制大气污染物的排放，减少对城市大气组成的影响，同时要调整能源结构，提高能源利用率，通过发展清洁燃料、开发利用太阳能等新能源，减少向环境中排放人为热。此外还可以通过开发使用反射率高、吸热率低、隔热性能好的新型环保建筑材料，控制人口数量，增加人工湿地，加强屋顶和墙壁绿化，建设城市"通风道"，以及完善环境监察制度等来综合防治热岛效应。

第六节

光污染及其控制

一、光污染及其影响

（一）光环境

1. 光环境的定义

光环境包括室内光环境和室外光环境，光环境中的光源包括天然光和人工光。

室内光环境主要是指由光（照度水平和分布、照明的形式和颜色）与颜色（色调、色饱和度、室内颜色分布、颜色显现）在室内建立的同房间形状有关的生理和心理环境。其功能是要满足物理、生理（视觉）、心理、人体功效学及美学等方面的要求。

室外光环境是在室外空间由光照射而形成的环境。它的功能除了要满足与室内光环境相同的要求外，还要满足诸如节能和绿色照明等社会方面的要求。对建筑物来说，光环境是由光照射于其内外空间所形成的环境。

2. 光环境的影响因素

光环境有以下的基本影响因素：

① 照度和亮度　即明视的基本条件，保证光环境的光量和光质量的基本条件是照度和亮度。

② 光色　即光源的颜色，按照国际照明委员会（CIE）标准表色体系，将三种单色光（例如红光、绿光、蓝光）混合，各自进行加减，就能匹配出感觉到与任意光的颜色相同的光。

③ 周围亮度　人们观看物体时，眼睛注视的范围与物体的周围亮度有关。

④ 视野外的亮度分布　指室内顶棚、墙面、地面、家具等表面的亮度分布。

⑤ 阴影　在光环境中无论光源是天然光或人工光，当光存在时，就会存在着阴影。在空间中由于阴影的存在，才能突出物体的外形和深度，因而有利于光环境中光的变化，丰富了物体的视觉效果。

（二）光污染

1. 光污染的产生

光污染是现代社会中伴随着新技术的发展而出现的环境问题。当光辐射过量时，就会对人们的生活、工作环境以及人体健康产生不利影响，称之为光污染。光污染属于物理性污染，其特点是局部污染，随距离的增加而迅速减弱。在环境中不存在残余物，光源消失，污染即消失。

2. 光污染的来源

光污染主要来自两个方面：一是指城市建筑物采用大面积镜面式铝合金装饰的外墙、玻璃幕墙所形成的光污染；二是指城市夜景照明所形成的光污染，随着夜景照明的迅速发展，特别是大功率高强度气体放电光源的广泛采用，使夜景照明亮度过高形成光污染。此外，由于家庭装潢引起的室内光污染也开始引起人们的重视。

3. 光污染的分类

目前，国际上一般将光污染分成三类，即：白亮污染、人工白昼和彩光污染。

白亮污染指阳光照射强烈时，城市里建筑物的玻璃幕墙、釉面砖墙、磨光大理石和各种涂料等装饰反射光线，明晃白亮，炫眼夺目。

人工白昼指夜间，广告灯、霓虹灯闪烁夺目，强光束甚至直冲云霄，夜间照明过度，使得夜晚如同白天一样，即所谓人工白昼。

彩光污染指舞厅、夜总会安装的黑光灯、旋转灯、荧光灯以及闪烁的彩色光源构成的。

二、光污染的防护

防治光污染主要有以下几个方面：

① 加强城市规划与管理，加强对玻璃幕墙及其他反光系数大的装饰材料的管理，减少其对城市环境的负面影响。改善工厂的照明条件，减少光污染来源。

② 选用适宜的光源亮度、灯具、视看方向及位置；对有红外线和紫外线污染的场所采取必要的安全防护措施。

③ 做好个体防护，通过佩戴个人防护眼镜和面罩等，对于从事电焊、玻璃加工、冶炼等产生强烈眩光、红外线和紫外线的工作人员，应十分重视个人防护工作，可根据具体情况佩戴反射型、光化学反应型、反射吸收型、爆炸型、吸收型、光电型和变色微晶玻璃型等不同类型的防护镜，加强个人防护。

治理光污染不单纯是建筑部门和环保部门的事情，更应该将之变成政府行为，只有得到国家和政府部门的足够支持和协助，我们才能够有理有据地防治光污染，才能更好地限制光污染的发生，解决光污染问题。

 拓展阅读一

振动有多可怕——"舞动的格蒂"

塔科马海峡大桥位于美国华盛顿州，1940 年 7 月 1 日通车，四个月后却在 18 m/s 的低风速下颤振而破坏，这戏剧性的一幕正好被一支摄影队拍摄了下来，该桥因此声名大噪。事实上，该桥仅在启用后的几个星期，桥面便开始出现摆动，平日里的微风便能让它"随风起舞"，碰上大风天，桥面的摆动甚至可达 2m 之多，该桥也因此被当地居民称为"舞动的格蒂"。

塔科马大桥的设计师，系大名鼎鼎的旧金山金门大桥的设计师之一里昂·莫伊塞弗，他认为斜拉索大桥主缆本身可以吸收一半来自风的压力，桥墩和索塔也可以透过传导分散这些能量，于是大桥主梁从原先的 7.6m 缩减为 2.4m。但材料上的"缩水"并非大桥坍塌的主要原因，真正让大桥瓦解的元凶，是工程设计上的局限——当时的土木工程师没有预见到空气动力给桥梁带来的共振影响。该桥的风毁事故立即震动了世界桥梁界，从此也引发了科学家们对桥梁风致振动问题的广泛研究。

后来，重建的大桥将道床厚度增至 10m，并在路面上加入气孔，使空气可在路面上穿越，防止卡门涡街的产生。新桥被称为"强壮的格蒂"，于 1950 年启用。2007 年，新的平行桥通车，行车线由两条增至 4 条，是现今全美第五长的悬索桥。

 拓展阅读二

致命金属

1996 年 1 月 5 日，20 岁的吉林省某建设公司工人平平（化名），在工作途中捡到一个金属链，误以为 BB 机链子，将其放在贴身口袋中。两小时后，平平出现头晕恶心、身体红肿、布满水疱。事后查明，平平所捡的金属链为单位里 γ 射线探伤机放射源放射性——金属铱 192。经诊断，平平全身受辐射量约 2.4Gy，超过正常上限量的 7477 多倍。吉林省高院 2000 年终审判决，因超剂量误照平平致其终身残疾。其所在建设公司除已支付的抢救治疗费用外，另行赔偿平平 48 万余元。此案是国内首例核辐射案，平平也成为国内受核辐射最严重的人。虽然得到一定的赔偿，但在平平看来，世上除了没有后悔药，还没有治疗核辐射的药。他深刻地体会到，被核辐射后的人生，"遭受着肉体、精神上的无休止折磨"。

❓ 思考题

1. 真空中能否传播声波？为什么？
2. 电磁波的传播途径有哪些？
3. 电磁辐射防治有哪些措施？各自适用的条件是什么？
4. 环境中放射性的来源主要有哪些？
5. 什么是城市热岛效应？它是如何形成的？
6. 温室效应的主要危害有哪些？
7. 什么是眩光污染？试述其产生原因、危害及防治措施。

参考文献

[1] Chahouri A, Elouahmani N, Ouchene H. Recent Progress in Marine Noise Pollution: A Thorough Review [J]. Chemosphere, 2022, 291: 132983.

[2] Baffoe P E, Duker A A, Senkyire Kwartemng E V. Assessment of Health Impacts of Noise Pollution in the Tarkwa Mining Community of Ghana Using Noise Mapping Techniques [J]. Global Health Journal, 2022(1): 19-29.

[3] Fan X, Li L, Zhao L, et al. Environmental Noise Pollution Control of Substation by Passive Vibration and Acoustic Reduction Strategies [J]. Appl Acoust, 2020, 165: 107305.

[4] 胡月琪，马秋月，马召辉，等. 北京地铁列车运行引起建筑室内振动污染特征与评价[J]. 环境监测管理与技术，2020, 32: 32-36.

[5] Lyu C, Liu H, Alimasi A, et al. Monitoring Ambient Vibration Pollution Based on Visual Information Perception and Neural Network Analysis [J]. Opt Laser Eng, 2021, 137: 106353.

[6] 郝庆丽，任卓菲，刘刚，等. 光和噪声污染胁迫下城市生态斑块鸟类风险评价[J]. 生态学报，2022, 6: 1-16.

[7] Liu T T, Cao M Q, Fang Y S, et al. Green Building Materials Lit up by Electromagnetic Absorption Function: A Review [J]. J Mater Sci Technol, 2022, 112: 329-344.

[8] Lyubimova T, Lepikhin A, Parshakova Y, et al. The Modeling of the Formation of Technogenic Thermal Pollution Zones in Large Reservoirs [J]. Int J Heat Mass Tran, 2018, 126: 342-352.

[9] Sun S, Li L, Wu Z, et al. Variation of Industrial Air Pollution Emissions Based on VIIRS Thermal Anomaly Data [J]. Atmos Res, 2020, 244: 105021.

[10] Issakhov A, Zhandaulet Y. Thermal Pollution Zones on the Aquatic Environment from the Coastal Power Plant: Numerical Study [J]. Case Stud Therm Eng, 2021, 25: 100901.

[11] Sakhiya A K, Anand A, Vijay V K, et al. Thermal Decomposition of Rice Straw from Rice Basin of India to Improve Energy-Pollution Nexus: Kinetic Modeling and Thermodynamic Analysis [J]. Energy Nexus, 2021, 4: 100026.

[12] Cao M Q, Liu T T, Zhu Y H, et al. Developing Electromagnetic Functional Materials for Green Building [J]. J Build Eng, 2022, 45: 103496.

[13] Escalante E S R, Balestieri J A P, De Carvalho J A. The Organic Rankine Cycle: A Promising Technology for Electricity Generation and Thermal Pollution Mitigation [J]. Energy, 2022, 247: 123405.

[14] Ren L, Lu Z, Xia X, et al. Metagenomics Reveals Bacterioplankton Community Adaptation to Long-term Thermal Pollution Through the Strategy of Functional Regulation in a Subtropical Bay [J]. Water Res, 2022, 216:118298.

第九章
全球环境问题

工业革命之后，生产力空前发展，人类利用和改造自然的能力增强，同时也大规模地改变了环境的组成和结构，从而也改变了环境中的物质循环系统，扩大了人类的活动领域。随着工业的不断发展，环境问题也在不断演变。环境问题已从简单性的、局部性、小范围的环境污染问题与生态破坏演变成复杂性的、大范围，乃至全球性的环境污染和大面积生态破坏，对人类赖以生存的整个地球环境造成危害。当代全球环境问题主要有：O_3层破坏及损耗、全球气候变化与温室效应、酸雨、生物多样性减少、土地荒漠化及森林植被破坏、水资源危机和海洋环境破坏以及有毒化学品污染和危险废物越境转移等。最近几年来，持久性有机污染物（POPs）问题日益受到关注。本章将主要介绍以下环境问题：全球气候变化与温室效应、O_3层破坏及保护、POPs、危险废物越境转移等。

第一节

全球气候变化

一、气候变化与温室效应

气候是人类赖以生存的基本条件，气候变化直接影响着人类生存的自然环境。特别是近百年来，随着全球气候变化问题日益严重，人类社会的持续发展面临着严峻的挑战。如气候变暖趋势显著，生态系统的破坏与改变，极端天气和气候事件频发，荒漠化，海平面上升和生物多样性减少等，不断威胁着全人类的生存和发展。但是，气候变化并非只是环境领域的问题，随着全球气候变暖的问题日益突出，它已经成为一个涉及政治、经济、军事、文化、外交等各个领域的重要国际性问题。因此，如何应对全球气候变化问题，避免灾难性的气候变化危害，是当前许多国家和国际组织共同面对的全球性问题。气候变化问题被国际社会列为全球性环境问题之首。

（一）全球气候变化概述

气候的变化是由于地球的气候系统受到不同程度的扰动而引起的。全球气候变化问题是 18 世纪工业革命后，人类社会活动日益影响大气系统，造成二氧化碳等温室气体浓度不断增加，进而由温室效应造成的全球变暖现象。科学家已经明确指出，人类社会活动所导致的二氧化碳和其他温室气体浓度的增加是造成全球变暖的最主要原因。政府间气候变化专门委员会（IPCC）在第五次评估报告中指出如果不采取明确行动，未来人为温室气体继续排放将导致全球变暖超过 4℃左右，这种升温水平将引发灾难性影响。

2015 年，《联合国气候变化框架公约》178 个缔约方在巴黎气候变化大会上达成《巴黎协定》。这是继《京都议定书》后第二份有法律约束力的气候协议，为 2020 年后全球应对气候变化行动作出了统一安排。《巴黎协定》的长期目标是将全球平均气温较前工业化时期上升幅度控制在 2℃以内，并努力将温度上升幅度限制在 1.5℃以内。

1. 气候变化的含义

地球是人类生存的唯一家园，地球上形成的良性循环的气候系统是人类生存和社会经济发展的必要条件。气候变化是由气候系统的变化引起的。气候系统包括大气圈、冰雪圈、生物圈、水圈和岩石圈（陆地），是维持人类社会可持续发展的基本前提。气候通常被定义为"平均的天气状况"，或更精确地表述为：以均值和变率等术语对变量在一段时期里的状态的统计描述。这些变量一般指地表变量，如温度、降水和风；一段时期可以是几个月到几千年甚至数百万年，通常采用世界气象组织（WMO）定义的 30 年。因此，当温度、降水等变量发生变化时，气候也就发生变化。不过，科学上的气候变化是指气候平均状态统计学意义上的巨大改变或者持续较长一段时间的（典型的为 10 年或更长）气候变动。

2. 全球气候变化的主要表现

2021 年政府间气候变化专门委员会（IPCC）第六次评估报告（AR6）指出，当前气候系统的很多状态在过去几个世纪甚至几千年来都从未出现过。例如，当前大气中的二氧化碳浓度是近 200 万年以来的最高值；自 1970 年以来，全球地表气温也是近 2000 年来最高。这些事实都说明，工业化以来人类活动已经对地球气候系统产生了非常深刻的影响。

全球变暖是气候变化的主要表现形式。IPCC 第五次评估报告（AR5）评估认为人为温室气体的辐射强迫造成了 0.5～1.3℃的升温，而 AR6 指出，从未来 20 年的平均温度变化来看，全球温升预计将达到或超过 1.5℃。报告预估，在未来几十年里，所有地区的气候变化都将加剧。报告显示，热浪将增加，暖季将延长，而冷季将缩短；全球温升 2℃时，极端高温将更频繁地达到农业生产和人体健康的临界耐受阈值。

自 1850～1900 年以来，全球地表平均温度已上升约 1℃，1950～1993 年间，陆地平均夜间最低温度大约每 10 年增加了 0.2℃，是日平均最高温度增幅（每 10 年 0.1℃）的 2 倍。这期间，海洋表层温度的增加大约为主要陆地的 1/2。全球冬季平均温度的增加是最明显的。在全球大部分地区，尤其是中高纬的大陆地区出现连续暖冬的趋势非常明显。根据世界气象组织提供的数据，自 1976 年以后的连续 23 年，每年全球平均气温都超过了 1960～1990 年间的平均值，近百年来最暖年份均出现在 1983 年以后，13 个最热年份都出现在 20 世纪 80 年代以后。其他方面的气象资料也显示，全球变暖趋势明显，进入一个气温迅速上升时期。其中有两个较显著的增暖期：一个是 20 世纪 20 年代至 40 年代，另一个是 20 世纪 80 年代以后。从全球平均温度来看，第二个增暖期的增幅要比第一个增暖期高得多，对于北半球而言，20 世纪 90 年代是 20 世纪最暖的 10 年，而 1998 年和 2005 年分别是有仪器记录以来近 140 年间最暖和第二暖的年份。

从最近 20 余年气象卫星的微波探测装置对大气低层平均温度进行遥感观测的情况来看，所有的观测数据分析结果都显示全球低层大气的平均温度每 10 年的变化为 $+0.05℃(\pm0.10℃)$，而全球平均表面温度每 10 年的变化为 $+0.15℃(\pm0.05℃)$，这一变率最初发生在热带和副热带地区，其主要原因是低层大气和地球陆地表面有着不同的影响因子，如平流层臭氧层损耗、大气气溶胶和厄尔尼诺现象等。除此之外，科学家们还发现了许多其他气候和环境方面的全球变暖征兆，如积雪覆盖层减少、北冰洋终年冰层变薄、海洋表层温度上升、河流封冻期缩短、高山冰川减退、暴雨频率增加、海平面上升以及从地球射向外层空间的长波辐射减少等。因此，全球气候变化的主要表现特征就是近百年来的全球变暖现象，并且这种变暖趋势在最近 20 年间进一步加剧。

（二）全球气候变化的主要原因——温室效应

全球气候变化的原因分为自然原因和人为原因两大类。太阳辐射的变化、地球轨道的变化、火山活动、大气与海洋环流变化等是造成全球气候变化的自然原因；而工业革命以来的人类活动是造成目前以全球变暖为主要特征的气候变化的主要原因，其中包括人类生产、生活所造成的以二氧化碳（CO_2）为代表的温室气体的排放，城市化的进展，土地的不合理利用等，另外，随着科技的进步，所使用的化学物质也越来越多样化。据联合国政府间气候变化委员会（IPCC）第四次评估报告发布的结论，从 20 世纪中期至今，观测到的地球增温现象，有 90% 的可能性与人类活动相关。大气中的温室气体的含量也在急剧增加。人类活动造成的温室气体的大量排放所造成温室效应的加剧可能是全球变暖的基本原因。并且温室效应可能对自然生态系统和人类产生不利影响。

1. 温室效应

炽热的太阳以短波辐射的形式向地球辐射能量，其最大能量是集中在波长 600nm 处。而地面向外的辐射能量，其最大能量位于波长 16000 nm 附近，相对于太阳辐射来说可称之为长波辐射。

"温室效应"是指地球大气层的一种物理特性。假若没有大气层，地球表面的平均温度将不会是现在合宜的 15℃，而是十分低的-18℃。这种温度上的差别是由于温室气体所致，这些气体吸收红外线等长波辐射而影响到地球整体的能量平衡。全球大气层和地表这一系统就如同一个巨大的"玻璃温室"，使地表始终维持着一定的温度，产生了适于人类和其他生物生存的环境。在这一系统中，大气既能让太阳辐射透过而达到地面，同时又能阻止地面长波辐射的散失，我们把大气对地面的这种保护作用称为大气的温室效应。造成温室效应的气体称为"温室气体"，它们可以让太阳短波辐射自由通过而射入地面，同时又能吸收地表发出的长波辐射。这些气体有二氧化碳、甲烷、氯氟化碳、臭氧、氮的氧化物和水蒸气等，其中最主要的是二氧化碳。AR6 指出，近年来全球大气温室气体浓度持续升高，由 IPCC 第五次评估报告（AR5）的 391×10^{-6} 增加到 410×10^{-6}，甲烷和氧化亚氮的浓度也持续增加，造成温室气体的辐射效应进一步增强。当前人为辐射强迫为每平方米 2.72W，比 AR5 高 20% 左右，所增加的辐射强迫中约 80% 是由于大气中温室气体浓度增加造成的。由于人类活动释放出大量的温室气体，而随着大气主要温室气体浓度的增加，其吸收太阳的红外长波辐射和捕获地球向外空的热辐射增加，结果让更多红外线等长波辐射被折返到地面上，从而造成全球气温上升，加强了温室效应的作用，如图 9-1 所示。

温室气体能吸收地表长波辐射，使大气变暖，与"温室"作用相似。

若无"温室效应"，地球表面平均温度是-18℃，而非现在的15℃。

图 9-1　温室效应形成示意图

2. 主要的温室气体

温室气体浓度增加是影响全球气候变化的主要因子。温室气体是指大气中允许太阳辐射通过而吸收射向外空的来自地球表面及大气的长波或红外辐射、造成地球表面温度升高的微量气体。温室气体在大气中所占比例很小，大气中主要导致温室效应的温室气体主要有：水汽（H_2O），水汽所产生的温室效应大约占整体温室效应的 60%～70%，其次是二氧化碳（CO_2）大约占了 26%，其他的还有臭氧（O_3）、甲烷（CH_4）、氧化亚氮（N_2O）、全氟碳化物（PFCs）、氢氟碳化物（HFCs）、含氯氟烃（HCFCs）及六氟化硫（SF_6）等。由于水蒸气及臭氧的时空分布变化较大，因此在进行减量措施规划时，一般都不将这两种气体纳入考虑。在 1997 年于日本京都召开的《联合国气候变化框架公约》第三次缔约国大会中所通过的《京都议定书》，明确针对六种温室气体进行削减：二氧化碳（CO_2）、甲烷（CH_4）、氧化亚氮（N_2O）、氢氟碳化物（HFCs）、全氟碳化物（PFCs）及六氟化硫（SF_6）。虽然大气中主要温室气体总和只占大气总体积混合比的 0.1% 以下，但由于其吸收和放射长波或红外辐射，在维持地球能量收支平衡方面起着基本的作用。

（1）二氧化碳（CO_2）

CO_2 是大气中丰度仅次于氧、氮和惰性气体的物质。各种温室气体对温室效应的全球增温潜能（GWP）影响不一，其中对气候变化影响最大的是二氧化碳（CO_2），其产生的增温效应占所有温室气体总量效应的 63% 左右，且在大气中的存留期可达到 120 年，并与大气充分混合，因此 CO_2 一直是全球气候变化研究的焦点。

为了了解 CO_2 浓度的历史情况，科学家对南极冰芯气泡中的 CO_2 进行了测量，从而得到过去几万年内的 CO_2 浓度的变化规律（如图 9-2）。自从工业革命以来，大气中二氧化碳含量增加了 25%，远远超过科学家可能勘测出来的过去 16 万年的全部历史纪录，且目前尚无减缓的迹象。CO_2 的浓度变化是工业革命以后大气组成变化的一个十分突出的特征，其根本原因在于人类生产和生活过程中化石燃料的大量使用。同时人类对森林树木无节制地乱砍滥伐，导致全球森林覆盖率的急剧下降，尤其是热带雨林的衰退。由于植被的减少，全球总的光合作用将减小，从而增加了 CO_2 在大气中的积累。同时，植被系统对水汽的调节作用也被减弱，这也是引起气候变化的重要因素。

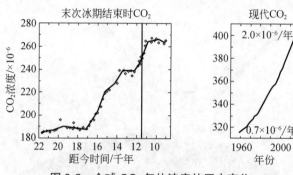

图 9-2　全球 CO_2 气体浓度的历史变化

AR6 报告进一步确认了全球气候变暖的幅度与二氧化碳累积排放量之间的关系，指出人类活动每排放 1 万亿吨二氧化碳，全球地表平均气温将上升 0.27～0.63℃。人类燃烧煤、油、天然气和树木，产生大量二氧化碳和甲烷进入大气层后使地球升温，使碳循环失衡，改变了地球生物圈的能量转换形式。IPCC 对 CO_2 浓度升高的评估如表 9-1。

表 9-1　IPCC 对 CO_2 浓度升高所造成全球变化的评估表

如果没有气候政策介入，气候变化对人类健康的影响			
项目	2025 年	2050 年	2100 年
CO_2 浓度	$(405～460)×10^{-6}$	$(445～640)×10^{-6}$	$(540～970)×10^{-6}$
自 1900 年全球平均温度变化	0.4～1.1℃	0.8～2.6℃	1.4～5.8℃
自 1900 年全球平均海平面升高	3～14cm	5～32cm	9～88cm

（2）甲烷（CH_4）

CH_4 是大气中浓度最高的有机化合物，由于全球气候变化问题的日益突出，CH_4 在大气中的浓度变化也受到越来越密切的关注。各项研究显示，CH_4 对红外辐射的吸收带不在 CO_2 和 H_2O 的吸收范围之内，而且 CH_4 在大气中浓度增长的速度比 CO_2 快，单个 CH_4 分子的红外辐射吸收能力超过 CO_2。因此，CH_4 在温室效应的研究中具有十分重要的地位。

大气中 CH_4 的来源非常复杂。除了天然湿地等自然来源以外，超过 2/3 的大气 CH_4 来自于人为活动，包括化石燃料（天然气的主要成分为甲烷）燃烧、生物质燃烧、稻田、动物反刍和垃圾填埋等。

（3）氧化亚氮（N_2O）

据估计，各类源每年向大气中排放 N_2O 约 300 万～800 万吨（以氮计）。N_2O 是低层大气含量最高的含氮化合物。N_2O 主要来自于天然源，也就是土壤中的硝酸盐经细菌的脱氮作用而生成。N_2O 主要的人为来源是农业生产（如含氮化肥的使用）、工业过程（如己二酸和硝酸的生产），以及燃烧过程等。目前，对 N_2O 的天然源的研究还有很大的不确定性，但一般估计其大约为人为来源的 2 倍。但是，由于 N_2O 在大气中具有很长的化学寿命（大约 120 年），因此，N_2O 在温室效应中的作用同样引起人们的广泛关注。

（4）氟利昂（CFCs）

氟利昂是一类含氟、氯烃化合物的总称。其中最重要的物质是 CFC-11（$CFCl_3$）、CFC-12（CF_2Cl_2）。一般认为这类化合物没有天然来源，大气中的氟利昂全部来自它们的生产过程。这些物质被广泛地用于制冷剂、喷雾剂、溶剂清洗剂、起泡剂和烟丝膨胀剂等。氟利昂的大气寿命很长，而且对红外辐射有显著的吸收。因此，它们在温室效应中的作用不容忽视。

（5）氢氟碳化物（HFCs）

由于科学研究证实氟利昂是破坏臭氧层的主要因素，目前全球正采取行动停止氟利昂的生产和使用，并逐步使用其替代物。氢氟碳化物是有助于避免破坏臭氧层的物质，用来替代以氟利昂为代表的消耗臭氧物质。大气监测表明，大气中氟利昂浓度的增长速度已经减缓，然而替代物氢氟碳化物的浓度正在不断上升。氢氟碳化物（HFCs）替代物破坏臭氧层的能力虽然明显减小，但浓度的增加使其在导致气候变暖中的作用越来越大，将体现出具有显著的全球增温能力。1997 年《京都议定书》中将氢氟碳化物（HFCs）列为温室气体。研究表明，随着氢氟碳化物（HFCs）的广泛应用，到 2050 年，其对气候变化的贡献比例将上升至 CO_2 的 7%～12%。

（6）全氟碳化物（PFCs）

全氟碳化物属于合成产生的卤烃，只包含碳和氟原子，具有极端稳定性、不可燃性、低毒性、不消耗臭氧等特点。它被广泛应用于电子产品的半导体制造部门、医疗、电器绝缘、碳同位素分离工质、日用品以及作为制冷剂（主要是与氢氟碳化合物和氟氯烃的混合物）。由于其具有良好的表面活性和较高的化学稳定性，也被广泛应用于纺织、造纸、包装、农药、地毯、皮革、电镀等领域。作为臭氧消耗物质的替代物，全氟碳化物的使用量及排放量也日益增加。

虽然 PFCs 占温室气体排放总量的比例不高，但因 PFCs 具有很高的稳定性，在环境中难以降解而会在环境中长久存在，对全球变暖的潜在影响相当高。PFCs 是目前所知的全球变暖潜能值（GWP）仅次于六氟化硫（SF_6）的温室气体，已经作为减排对象被列入到《京都议定书》中。同时 PFCs 具有远距离传输性、环境累积性、低毒性，已经被定义为持久性有机污染物（POPs），它的大量使用会对生态环境及人体健康造成严重危害。因此，PFCs 的排放减量普遍受到各国政府及环保组织的重视。

（7）六氟化硫（SF_6）

六氟化硫（SF_6）是一种人工合成物质，具有相当稳定的化学性质，由于其具有良好的绝缘性和灭弧性，因而在电气设备中有广泛的应用。

六氟化硫（SF_6）被列入 1997 年京都国际气候变化会议上受控的 6 种温室气体之一。

SF_6在大气中的寿命极长（一般超过千年），同时具有极强的红外辐射吸收能力，被称为破坏力最大的温室气体。直观的表述是其对地球变暖的影响力比同质量的二氧化碳要强23900倍以上。而它们一旦进入大气就会在大气中积累，对地球的辐射平衡产生越来越严重的影响。因此，在近年的温室气体研究中受到越来越密切的关注。

（三）温室气体浓度增加的主要原因

温室气体的排放来源分别是自然源和人类活动排放源，其中人类活动排放源在近百年来的作用尤为明显。随着对气候变化的研究不断全面深入，关于人类活动与气候变化的关系进一步得到明晰。世界气象组织（WMO）在2020年11月23日发布的《WMO温室气体公报（2019年)》显示，2019年主要温室气体的全球大气年平均浓度达到新高，二氧化碳（CO_2）为（410.5±0.2）×10^{-6}，甲烷（CH_4）为（1877±2）×10^{-9}，氧化亚氮（N_2O）为（332.0±0.1）×10^{-9}，分别为工业化前（1750年之前）水平的148%、260%和123%。这是由于人类片面追求经济发展，大量开采和使用煤和石油等化石燃料，人为破坏大面积植被，造成大气中二氧化碳（CO_2）等温室气体的增加。并且这些温室气体的性质较为稳定，多数在大气中的寿命长达十年甚至一百年以上，造成大气中温室气体的浓度不断递增，温室效应日益显著，导致全球气候变暖。

根据世界气象组织（WMO）的《温室气体公报》，2021年大气中吸热温室气体的含量再创新纪录，年增长率高出了2011～2020年的平均水平。2021年这一趋势仍在延续。温室气体浓度增加的原因主要有以下：

1. 火山爆发

火山爆发实际上是突发性的地幔排放。火山爆发向大气输送大量水汽、CO_2、SO_2及其他一些硫化物，是CO_2等温室气体重要的自然源。火山爆发还向大气直接喷出大量的固体、液体粒子。这种火山直接喷出的粒子和火山喷出的气体在大气中转化成的粒子可以被输送到高空，是平流层气溶胶粒子的重要来源。火山爆发是较强的偶发性事件，它对大气成分的影响难以准确估计。有些资料给出，火山平均每年直接向大气排放的气溶胶粒子为$(2.5～15)×10^{10}$kg，每年排放的气体最终转化成$(1～2)×10^{11}$kg气溶胶粒子。

2. 人口剧增，城市化步伐的加快

近年来人口的剧增是导致全球变暖的主要因素之一。同时，这也严重地威胁着自然生态环境间的平衡。这样多的人口，每年仅自身排放的二氧化碳就将是一惊人的数字，人类在地球上的活动过程其结果就将直接导致大气中二氧化碳的含量不断地增加；人口剧增也会导致城市化步伐的加快，使得陆地上绿色植物的减少、建筑物的增多、土地的大量占用等问题的出现，这些现象将直接影响着地球表面气候变化。

3. 海洋生态环境恶化

海洋覆盖了地球的70%表面，海洋对大气CO_2的调控作用很强，但这主要是通过化学过程，生物过程的作用是第二位的。在大多数海域，表面层分布着一些短寿命的生物体，它们也能进行光合作用生产有机物，一部分有机物以固体颗粒物的形式送向深海。所以，从总体上说，海洋是大气成分的一种大面积、低强度的源或汇。海水生态环境遭破坏后，海洋消除大气中CO_2的能力被削弱。

4．森林植被资源破坏

森林对全球的气候具有调节作用。保护环境，净化空气，树木可通过光合作用把 CO_2 储存起来，森林还是大气中 CO_2、硫化物以及气溶胶粒子的重要生物汇。森林对调节大气中的 CO_2 含量有重要作用。研究认为，世界森林总体上每年吸收大约 15 亿吨 CO_2，相当于化石燃料燃烧释放的 CO_2 的 1/4。森林砍伐，减少了森林吸收 CO_2 的能力，把原本贮藏在生物体及周围土壤里的碳释放了出来。据联合国粮农组织估计，由于砍伐热带森林，每年向大气层释放了 15 亿吨以上的 CO_2。同时在世界上也经常有自然和人为引起的山火烧掉大量森林和草原，生物体燃烧过程很快被转化成气相和颗粒态物质排放到大气中，所生成的气体中包含了 CO_2、CH_4、NO、氯化甲烷、苯（C_6H_6）和其他稳定的化学气体物质。

5．大气环境污染及工业排放

随着人类社会的不断进步、工业化步伐的不断加快，目前大气环境污染的日趋严重已成为了全球性重大问题，大气成分中气溶胶含量的增加及颗粒物和气态污染物的增加也是导致全球变暖的主要因素之一。工业排放对大气的影响越来越严重，从区域尺度发展到了全球尺度。工业活动除使大气中原有的化学成分浓度改变外，还向大气排放其原来没有的化学成分。工业排放最重要的成分是化石燃料燃烧和水泥生产大量排放 CO_2。工业生产排放的各种氟氯烃化合物是大气中本来没有的。它们本身是辐射活性成分，将对气候产生影响，同时它们的光化学反应产物对大气 O_3 造成威胁。工业排放的 SO_2 和氮氧化物造成降水酸化。工业排放的碳氢化合物和氮氧化物在一定条件下会生成光化学烟雾直接危害人体健康。工业生产还直接排放多环芳烃和其他气相、固相致癌物质。

二、全球气候变化的影响

根据 IPCC 第四次评估报告，20 世纪后半叶北半球平均温度很可能高于过去 500 年中任何一个 50 年期的平均温度，并且可能至少是过去 1300 年中的最高值。所有大陆和大部分海洋的观测数据表明：许多自然系统正在受到区域气候变化的影响，特别是温度升高的影响。具有高可信度的是，与积雪、冰和冻土（包括多年冻土层）相关的自然系统受到了影响。包括冰川湖泊范围扩大，数量增加；在多年冻土区，土地的不稳定状态增大，山区出现岩崩；在许多靠冰川和积雪供水的河流中，径流量增加和早春最大流量提前；许多区域的湖泊和河流变暖，同时对热力结构和水质产生影响。全球变暖给人类社会带来的危害不仅仅体现为气温的缓慢增长本身，全球气候变化对人类社会的影响是全方位、多尺度和多层次的，它不仅会严重影响到人类赖以生存的生态环境系统，而且会对人类社会的发展产生深远的影响，甚至有可能危及人类社会的生存。

（一）全球气候变化对水资源的影响

气候变化对全球水资源的影响因区域和气候情景而异。根据 IPCC 第四次评估报告，预计气候变化将加重目前人口增加、经济变革和土地使用变化（包括城市化）对水资源的压力，在区域尺度上，山地积雪、冰川和小冰帽对可用淡水起着关键作用。由于全球绝大部分淡水资源以固态形式储存在世界冰川中，冰川的大面积融化将根本改变全球的水循环系统和水资源供给形势，缺水的地区范围和缺水的人口数量将成倍增加。人口增加和社会经济发展对水的需求也在日益加大，全球气候变化带来的水危机也日益制约着人类社会的发展。在20世纪，全球陆地地区严重旱涝面积呈现增长趋势，而且在亚洲和非洲等一些地区，这种严重旱涝的强度和频率在21世纪进一步增强。目前，全球约1/3人口生活在贫水地区，按照目前的人口增长趋势预测，到2025年生活在贫水地区的人口将达到50亿，这对人类社会的危害是难以估量的。

（二）全球气候变化对生态系统的影响

全球变暖和气候变化将严重影响生态系统，引起自然生态系统明显的变化，减少生物多样性。气候的变化曾经导致生物带和生物群落空间（纬度）分布的重大变化。全球变暖对动植物的生存环境具有直接影响，气温的升高将导致昆虫的数量激增，造成病虫害增加，从而威胁植物的生长，改变生物链的结构。生物物种构成以及优势物种等方面都将会发生变化，某些物种由于不能适应气候变化而濒临灭绝的危险，但也可能出现新的物种体系。在中、高纬度地区，森林将受到增加的气候强迫影响，造成大面积枯萎和生产力减少。随着全球气候变化深入，物种的分布与组成将进一步发生改变，生态系统将进一步恶化。

（三）全球气候变化对农业和粮食安全的影响

国际科学界非常重视研究关于气候变化对农业的影响，特别是二氧化碳浓度增加和气候变化对植被生产力、种类构成、植物分界和碳贮存的影响。由于气候变暖导致经向温度梯度减小，热能向两极输送减弱，从海洋到陆地输送的水汽递减，降水量不明显增加，干燥带向高纬度区移动，改变了农作物的种植界限和实际耕作制度。由于地球表面温度上升，使蒸发力增大，导致农田干旱化，土地沙化、碱化和草原化，水分条件及土地耕种面积也随之发生改变，农业经济面临重新布局的考验。全球变暖还会使高温、热浪、热带风暴、龙卷风等自然灾害加重，从而加重农业地区的灾害损失。全球变暖还将造成海平面加速上升，淹没海岸附近的低地平原，加快海岸线和滩涂的侵蚀，导致土地丧失。而海平面上升还将通过盐水侵入地下水资源，进一步损害到农业土地的生产力。如果全球温度继续升高几摄氏度或者更高，世界粮食生产的稳定性和分布状况将会有很大变化，粮食供给能力的增长会滞后于对粮食需求的增长，并增加绝对饥饿人口的数量。

（四）全球气候变化对海平面的影响

全球变暖对海平面上升的影响，早已受到世界各国特别是沿海国家的关注。全球变暖导致海洋产生热膨胀、世界冰川大面积消融，从而造成全球海平面上升。根据 IPCC 第四次评估报告，在全球变暖的形势下海平面上升是不可避免的。海平面的逐渐上升与变暖是相一致的。自 1961 年至 1992 年，全球平均海平面上升的平均速率为每年 1.8mm(1.3～2.3mm)，而从 1993 年以来平均速率为每年 3.1mm(2.4～3.8mm)，热膨胀、冰川、冰帽和极地冰盖的融化成为海平面上升的主要因素。海平面的上升将严重影响到沿海地区人们的生活，一些沿海城市和大洋中的岛屿可能会被淹没。有科学家预计，在

1990～2100 年期间，海平面将上升 9～88cm。IPCC 预计，2050 年因海水上涨、河岸侵蚀以及农业破坏将造成约一亿五千万环境难民，这些难民将影响世界局势的稳定。

（五）全球气候变化对公共健康的影响

公共健康取决于良好的生态环境，全球变暖将成为影响公共健康的一个主要因素。全球气候变化常导致局部气候和天气的极端变化，并对公共健康产生广泛的影响，包括正面的影响和负面的影响。总体来看，负面影响要远远超过正面影响。气候变化可能造成传染性疾病增加，气温升高将导致昆虫的增加并加快疾病的传播。特别是极端高温对人类健康的困扰将变得更加频繁、更加普遍，传染疾病的发病率和死亡率呈现增长趋势，尤其是疟疾、淋巴腺丝虫病、血吸虫病、钩虫病、霍乱、脑膜炎、黑热病、登革热等将危及热带地区和国家，某些目前主要发生在热带地区的疾病可能随着气候变暖向中高纬度地区传播。气候变化还将导致热浪的产生，空气湿度和污染程度将会一定程度地增加，可能造成与热浪有关的死亡率和传染疾病增加，从而对公共安全造成极大的威胁。一次热带风暴造成的人员和经济上的损失可能不亚于一枚原子弹。美国芝加哥市 1995 年热浪期间，死亡人数达 500 人以上，估计有一半以上是由当时空气污染加重而导致死亡的，其中老年人死亡率最高。2003 年夏季一场罕见的热浪袭击了整个欧洲大陆，造成了约 3 万人非正常死亡。根据观测数据显示，未来随着热浪发生频率和强度的增加，由极端高温事件引起的死亡人数和严重疾病将增加。

全球气候变化同时也对公共健康不断提出新挑战。由于全球变暖，在加拿大、阿拉斯加和俄罗斯等北半球北部地区的一些永久冻土带已经开始解冻，其生态系统可能遭到破坏，土壤中的细菌活性提高将导致该地区由碳元素的存储地变为碳元素的释放源。另外，随着世界冰川大面积融化，人类可能面临冰封的远古病毒威胁。冰川病毒专家已经在从冰川中取出的冰芯里面发现了存活了近 14 万年的病毒毒株和不到 1 岁的 A 型流感病毒。因此，冰川微生物专家发出警告说，这类病毒毒株在适合其生存的冰中蛰伏，一旦时机到来就会彻底释放，并向人类世界传播，带来难以预计的灾难。

（六）极端天气和气候事件出现频率增多、强度增大

全球变暖造成天气和气候极端事件的出现频率也会随之增多。极端天气和气候事件包括中小尺度和大尺度两类。中小尺度极端天气和气候事件如龙卷风、雷暴、雹暴、雷电、强风、暴雨、风暴潮、沙尘暴等，持续时间短，但破坏力极强。大尺度天气和气候极端事件如热带气旋、中纬度风暴、季风、热浪、低温冷害、暴风雪、干旱、厄尔尼诺、拉尼娜等，持续时间长，破坏范围广，对广大地区甚至全球的社会经济与环境带来巨大影响。统计显示，到目前为止最糟糕的灾难中有 35%～40% 与气候变化有关。

三、气候变化控制措施

全球气候变化是当代和后代人类持续发展所面临的严重挑战。全球气候变暖主要是人类活动过多地排放温室气体、干扰地球大气的热量平衡造成的。因此，控制全球气候变暖主要从控制温室气体排放着手。在各种温室气体中，CO_2 排放量最大，占温室效应份额亦最多，因而成为气候变暖控制的战略焦点。CO_2 是影响地球辐射平衡最主要的长

寿命温室气体，至 2019 年在全部长寿命温室气体浓度升高所产生的总辐射强迫中的贡献率约为 66%。工业化前（1750 年之前）全球大气 CO_2 平均浓度保持在 $278×10^{-6}$ 左右，由于人类活动排放（化石、生物质燃料燃烧及土地利用变化等）的影响，全球大气 CO_2 浓度不断升高。IPCC 第六次评估报告（AR6）显示，人类的行动可能决定未来的气候走向。有证据清楚地表明，虽然其他温室气体和空气污染物也能影响气候，但二氧化碳仍然是气候变化的主要驱动因素。将人类活动造成的全球升温控制在一个特定的水平需要限制累积的二氧化碳排放，即至少实现净零二氧化碳排放，同时大力减少其他温室气体排放。

各国政府在多年前已经开始认识到减排 CO_2 的重要性，并采取了一系列政策措施。其中于 1997 年形成的关于限制 CO_2 排放量的成文法案《京都议定书》规定工业化国家将在 2008~2012 年，全部温室气体排放量比 1990 年减少 5.2%。在实现减排目标的过程中，就需要采取相关的措施应对气候变化，推动以 CO_2 为主的温室气体减排。目前可通过以下多种途径实现 CO_2 的减排。

（一）改变能源结构

自第二次世界大战后，世界能源的消费量一直持续增长。现在人类使用的化石燃料约占能源使用量的 90%，是温室气体排放的重要来源。1973 年石油危机后，石油消费受抑制，煤、天然气的利用增加。发展中国家仍较多依赖薪柴、木炭、畜粪等传统能源。中国的用煤比例最大，占近七成。CO_2 排放量多少不仅与化石燃料消耗量有关，而且与能源结构有关。煤在产生同样热量时，排放的 CO_2 比 CH_4 多 2 倍。煤在世界一次能源消费中占 30%，但 CO_2 排放量却占 39%。如果用天然气代替煤和石油，那么在获得等量热量的情况下，就可以大大降低大气中的 CO_2 量。目前，世界上很多国家正扩大天然气等低碳能源使用量。

（二）节约能源，提高能源利用效率

节能主要从能源利用方式上考虑，提高能源效率的措施，是一项巨大的系统工程，包括的内容很多。首先节能包括构筑新的能源体系，如海水、河水、都市废热等未利用能源的应用，提高能源管理水平，物流和运输的合理化和高效化，提高汽车燃料费用，提高产业和全社会的能源利用率等。其次包括节能技术的开发和推广应用。节能还包括企业实体确立节能目标，确定具体实施手段等。因此节能既是一种能源技术的革新，也是人们观念上的一次革命。

提高能源利用效率是目前限控 CO_2 排放量经济可行并且容易被普遍接受的重要措施。现代经济的发展是以大量消费化石能源为基础的。但是有限的能源资源量与无限增长的需求之间永远存在矛盾。根据确认的化石能源埋藏量和能源的使用量增长情况，已计算出化石能源使用寿命（R/P=资源量/年产量）：石油的使用寿命为 43 年，天然气的使用寿命为 56 年，煤的使用寿命为 174 年。因此，在寻找到并最终实现向新的能源安全过渡之前，提高能源效率和开发节能技术必将成为现代经济持续发展的基础。

（三）原子能利用

在可再生能源成为主要的能源之前，原子能可能是唯一能取代化石燃料而成为大规

模能源的选择。原子能利用已有 30 多年了。法国是世界上核能利用比例最高的国家，核电占其电力近 75%。

阻碍原子能发展的主要障碍是人们对其安全性的担心和燃料资源保障问题以及废弃物处理问题。1986 年苏联切尔诺贝利核电站发生重大泄漏事故后，核电的安全问题突出起来，发展受到抑制。此外对于高放射水平核废料的处置一直是令人头疼的问题，世界各国的处理方法多种多样。处理方法的安全性一直受到人们的怀疑。

（四）清洁能源和可再生能源的利用

水能是一种十分清洁的能源，世界许多国家都注意优先开发水电；生物质能作为煤和石油的直接替代品，可以减少硫氧化物及氮氧化物等大气污染物的排放量，同时也不会发生 CO_2 的净释放，从而缓解了燃烧化石燃料释放 CO_2 对大气的压力；利用太阳能进行发电或利用太阳能广泛用于采热和致冷；利用风能这种清洁能源进行发电，具有很大潜力。但风力发电的主要问题是造价太高和蓄能问题；地热也是一种重要的可再生能源，但其开采需要有限度而不使局部地热源枯竭；氢气作为一种清洁的燃料，已引起人们极大的重视。

（五）防止乱砍滥伐，增加绿色植物

由于森林破坏，每年有（1000～2000）×10^6t 以上的 CO_2 排出。所以，一方面要防止森林破坏，另一方面要进行大规模植树造林。这一策略已经受到世界科学界和各国政府的普遍重视。全球性的植树造林和控制破坏森林的活动，对减缓全球变暖状况起了很大作用。

（六）倡导低碳经济、低碳生活

所谓低碳经济，是指在可持续发展理念指导下，通过技术创新、制度创新、产业转型、新能源开发等多种手段，尽可能地减少煤炭、石油等高碳能源消耗，减少温室气体排放，达到经济社会发展与生态环境保护双赢的一种经济发展形态。发展低碳经济，一方面是积极承担环境保护责任，完成国家节能降耗指标的要求；另一方面是调整经济结构，提高能源利用效益，发展新兴工业，建设生态文明。从中国能源结构看，低碳意味节能，低碳经济就是以低能耗、低污染为基础的经济。低碳经济几乎涵盖了所有的产业领域。

低碳生活是在低碳经济模式下，人们的生活可以逐渐远离因能源的不合理利用而带来的负面效应，享受以经济能源和绿色能源为主题的新生活——低碳生活。顾名思义，就是在生活中尽量采用低能耗、低排放的生活方式。低碳生活既是一种生活方式，同时也是一种生活理念，更是一种可持续发展的环保责任。低碳生活是健康绿色的生活习惯，是更加时尚的消费观，是全新的生活质量观。我们在日常生活中应该积极提倡并去实践低碳生活，要注意节电、节气、熄灯一小时、控制过度消费、植树……从这些点滴做起。低碳生活将是协调经济社会发展和保护环境的重要途径。

（七）进行国际合作，共同控制全球气候变化

根据气象组织发布的 2020 年全球气候状况临时报告，2020 年前 10 个月全球平均气

温高于工业化前（1850～1900 年）1.2℃，是有纪录以来的 3 个最暖年份之一。如果全球气温不受控制地上升，将存在发生多种风险的可能，人类将很快面临生存的威胁，相关国际组织和许多国家呼吁，各国政府采取更多适应举措，提高各自减排目标，减少气候风险。

科学研究表明，要将全球气温升幅控制在 1.5℃以内，需要在 2030 年将全球温室气体的排放量较 2010 年的水平减少 45%。全球面临的减排压力很大。AR6 明确指出未来的升温是由历史排放和未来排放共同造成的，《巴黎协定》在强调共同但有区别的责任原则和公平原则的同时，也明确指出"发达国家缔约方应当继续带头努力实现全经济范围的绝对减排"。加强气候治理迫在眉睫，气候变化是全人类面临的共同挑战，需要各方团结合作，积极行动，共同应对气候变化。

四、"双碳目标"

随着全球气候变化对人类社会构成重大威胁，越来越多的国家提出了无碳未来的愿景。2020 年，中国基于推动实现可持续发展的内在要求和构建人类命运共同体的责任担当，宣布了"碳达峰"和"碳中和"的目标愿景。

（一）"双碳目标"的主要内容

"双碳"指"碳达峰"和"碳中和"，"双碳目标"具体含义如下："碳达峰"是指 2030 年前，CO_2 的排放不再增长，达到峰值之后逐步降低；"碳中和"是指企业、团体或个人测算在一定时间内直接或间接产生的温室气体排放总量，然后通过植树造林、节能减排等形式，抵消自身产生的 CO_2 排放量，实现 CO_2 "零排放"。

在推动以 CO_2 为主的温室气体减排的努力中，有两个基本方向：一是控制温室气体的源（源：任何向大气中释放产生温室气体、气溶胶或其前体的过程、活动和机制）；二是增加温室气体的汇（汇：从大气中清除温室气体、气溶胶或它们前体的任何过程、活动或机制）。碳源与碳汇是两个相对的概念，即碳源是指向大气释放碳的母体，而碳汇是指自然界中碳的寄存体。增加碳汇主要采用 CO_2 的分离回收、储存及应用等技术实现固碳；减少碳源则主要通过 CO_2 减排来实现。

（二）"双碳目标"的实现途径

中国推进"碳达峰""碳中和"，按照源头防治、产业调整、技术创新、新兴培育、绿色生活的路径，加快实现生产生活方式绿色变革，推动如期实现"双碳目标"。"双碳目标"的实现主要通过以下四个途径。

1. 碳替代

碳替代就是用清洁能源来替代传统的化石能源。所替代的能源形式包括电替代、热替代和氢替代等。其中，电替代是利用水电、光电、风电等绿色发电技术替代火电；热替代是指利用光热、地热等替代化石燃料供热；氢替代是指用风电、水电、太阳能、核电等可再生能源电解制氢的过程（"绿氢"）替代通过石油、天然气和煤制取氢气的过程（"灰氢"）。需要指出的是，减少碳排放不是减少生产能力，不是不发展，而是为了更好地发展，因而不能在不具备绿色技术的情况下，人为打乱正常的供求秩序。

2. 碳减排

碳减排主要包括节约能源和提高能效，即从源头减少"黑碳"（未被封存或利用并长期留存在大气圈中的 CO_2）的排放量，对于尚未实现替代的某些领域，减少排放、节约能源、提高能效就成为了主要的途径。如建筑行业主要以提高电器和设备能效、房屋外加太阳能光伏等为主，开发新型的水泥和钢材等材料、减少水泥和钢材的隐含碳排放量等；在交通行业主要以使用更高效的动力系统和更轻的材料等为主。

3. 碳封存

在一些集中碳排放的场景，比如大型火力发电厂、炼钢厂、化工厂，采用各种手段捕捉收集二氧化碳，并运输至合适场所，再利用技术手段使碳以其他的形式与大气隔绝并封存，彻底将这部分碳隔绝在大气碳循环之外。其中，地质封存是碳封存的主要形式，即通过工程技术手段将从碳排放工业源捕集的 CO_2 直接注入至地下800~3500m深度范围内的地质构造中，通过一系列的岩石物理束缚、溶解和矿化作用而将 CO_2 封存在地质体中，封存场所主要为枯竭油气田、地下深部咸水层和废弃煤矿等。当前，全球 CO_2 地质封存中以 CO_2 驱油和深部咸水层地质封存最为成熟，截至 2020 年底，全球目前共有 26 个正在运行的商业项目，合计捕集 CO_2 规模约 4000 万吨/年。

4. 碳循环

碳循环指利用化学和生物手段实现大气中的 CO_2 吸收，并让这部分被固定的 CO_2（"灰碳"）产生再利用价值，主要包括人工碳转化和森林碳汇。人工碳转化是指利用化学或生物手段将 CO_2 转化为有用的化学品或燃料，包括 CO_2 合成甲醇、CO_2 电催化还原制备 CO 或轻烃类产品等。森林碳汇是指植物通过光合作用将大气中的 CO_2 吸收并固定在植被与土壤中，减少大气中 CO_2 浓度。

（三）碳交易市场

碳交易是《京都议定书》为促进全球温室气体减排，以国际公法作为依据的温室气体减排量交易，以每吨 CO_2 当量为计算单位，其交易市场称为碳市场。通俗来说，就是把二氧化碳的排放权当做商品来进行买卖，需要减排的企业会获得一定的碳排放配额，成功减排可以出售多余的配额，超额排放则要在碳市场上购买配额，这样既控制了碳排放总量，又能鼓励企业通过优化能源结构、提升能效等手段实现减排。

碳排放权成为国际商品后，其交易的标的称为"核证减排量（CER）"，即碳排放配额。2017 年 12 月，全国碳排放权交易体系启动，2021 年 7 月 16 日，全国碳市场正式交易，截至 2021 年 10 月底，全国碳排放配额（CER）累计成交量超过 2020 万吨，累计成交额超过 9 亿元。目前交易主体为重点排放单位，主要覆盖电力、石油、化工、建材、钢铁等行业，后续还将纳入符合国家有关交易规则的机构和个人。

全国碳市场对中国"碳达峰""碳中和"的作用和意义非常重要。主要体现在以下几个方面：一是推动碳市场管控的高排放行业实现产业结构和能源消费的绿色低碳化，促进高排放行业率先达峰；二是为碳减排释放价格信号，并提供经济激励机制，将资金引导至减排潜力大的行业企业，推动绿色低碳技术创新，推动高排放行业的绿色低碳发展的转型；三是通过构建全国碳市场抵消机制，促进增加林业碳汇，促进可再生能源的发展，助力区域协调发展和生态保护补偿，倡导绿色低碳的生产和消费方式；

四是依托全国碳市场，为行业、区域绿色低碳发展转型，实现"碳达峰""碳中和"提供投融资渠道。

（四）碳核算

碳排放核算是有效开展各项碳减排工作、促进经济绿色转型的基本前提，是积极参与应对气候变化国际谈判的重要支撑。碳核算可以直接量化碳排放的数据，还可以通过分析各环节碳排放的数据，找出潜在的减排环节和方式，对"碳中和"目标的实现、碳交易市场的运行至关重要。

1. 碳排放量的主要核算方式

目前，碳排放量的核算主要有三种方式：排放因子法、质量平衡法、实测法。

排放因子法是适用范围最广、应用最为普遍的一种碳核算办法，适用于国家、省份、城市等较为宏观的核算层面，可以粗略地对特定区域的整体情况进行宏观把控。根据IPCC（联合国政府间气候变化专门委员会）提供的碳核算基本方程：

$$温室气体（GHG）排放=活动数据（AD）×排放因子（EF）$$

式中，AD 是导致温室气体排放的生产或消费活动的活动量，如每种化石燃料的消耗量、石灰石原料的消耗量、净购入的电量、净购入的蒸汽量等；EF 的确定与活动水平数据对应，既可以直接采用 IPCC、美国环境保护署、欧洲环境机构等提供的已知数据（即缺省值），也可以基于代表性的测量数据来推算。我国已经基于实际情况设置了国家参数，例如《工业其他行业企业温室气体排放核算方法与报告指南（试行）》的附录二提供了常见化石燃料特性参数缺省值数据。

质量平衡法可用于计算具体设施和工艺流程的碳排放量，能够区分各类设施之间实际排放量的差异。计算方法为：在碳质量平衡法下，碳排放由输入碳含量减去非 CO_2 的碳输出量得到，即

$$CO_2 排放=（原料投入量×原料含碳量-产品产出量×产品含碳量-$$
$$废物输出量×废物含碳量）×44/12$$

式中，44/12 是碳转换成 CO_2 的转换系数，即 CO_2/C 的原子量。

实测法基于排放源实测基础数据，汇总得到相关碳排放量，包括现场测量和非现场测量。现场测量一般是在烟气排放连续监测系统（CEMS）中搭载碳排放监测模块，通过连续监测浓度和流速直接测量其排放量；非现场测量是通过采集样品送到有关监测部门，利用专门的检测设备和技术进行定量分析。一般情况下，现场测量的准确性要明显高于非现场测量。

2. 碳排放的核算范围

碳排放的核算范围包括三类，分别称为范围 1、范围 2 和范围 3。

范围 1 是来自公司拥有和控制的资源的直接排放，包括固定燃烧、移动燃烧、无组织排放和过程排放。固定燃烧来源包括用于加热建筑物的锅炉、燃气炉和燃气热电联产（CHP）工厂，《京都议定书》涵盖的所有产生温室气体排放的燃料都必须包含在范围 1的计算中。移动燃烧指排碳单位或组织所具有的，由汽油或柴油发动机驱动的汽车、货车、卡车和摩托车。无组织排放来自有意或无意的泄漏，如设备的接缝、密封件、

包装和垫圈的泄漏、煤矿矿井和通风装置排放的甲烷、使用冷藏和空调设备过程中产生的氢氟碳化物（HFCs）排放以及天然气运输过程中的甲烷泄漏等。过程排放是指在工业过程和现场制造过程中释放的温室气体。如在水泥制造过程中产生 CO_2、工厂烟雾、化学品等。

范围 2 是企业由购买的能源（包括电力、蒸汽、加热和冷却）产生的间接排放。外购电力是其最大的温室气体排放源之一，也是减少其排放的最主要机会。如果某企业的电力来源中化石燃料含量很高（供应商燃烧大量煤炭来生产电力），那么该企业的范围 2 排放量将高于生物质、可再生电力甚至天然气产生的电力。因此，各公司通过核算范围 2 的排放，可以评估改变用电方式和温室气体排放成本的相关风险与机会。

范围 3 排放是公司价值链中发生的所有间接排放，如产品和原料的运输活动、职工差旅与通勤、运输外购的原料或商品、生产被输配系统消耗的电力、产生的废弃物及其处理、租赁资产、特许和外包活动等。

简言之，范围 1 排放是公司直接燃烧产生的温室气体排放，范围 2 排放是公司购买的能源产生的温室气体排放，而范围 3 则是这两者以外公司产生的所有排放。

第二节

臭氧层保护

一、臭氧层及其作用

臭氧（O_3），因其类似鱼腥味的臭味而得名，臭氧在常温常压下为浅蓝色气体，难溶于水。自然界大气中的臭氧非常稀少，整个大气中臭氧含量仅仅占大气总量的百万分之 0.3～0.4。如将大气中所有的臭氧压缩到地面，在地表的大气压下厚度仅为 2.5～3.5mm。在大气层中有 90% 的臭氧存在于距地面 20～40km 的平流层中，这层臭氧浓度相对较高的大气层，保护着地球的生存环境免受过量的太阳紫外线的直接袭击，称这个臭氧较集中的大气层为臭氧层。臭氧层对地球生命具有重要的作用，它是地球上包括人类在内的一切生物的天然屏障。

臭氧层的主要作用是具有非常强烈的吸收紫外线的功能，吸收掉了来自太阳的对人类和生态系统有伤害作用的紫外线。能照射到地球的太阳光线中的紫外线根据波长可分为：UV-A(波长 320～400nm)，UV-B(波长 280～320nm)，UV-C(波长 200～280nm)。紫外线对生物伤害影响的强度，以 UV-C 最强，UV-A 最弱。分布在平流层中的 O_3 可有效吸收太阳光中 150～320 nm 的波长，能吸收太阳紫外辐射中的 UV-C 射线的全部以及大约 90%UV-B 射线。而只有长波紫外线 UV-A 和少量的中波紫外线 UV-B 能够辐射到地面。若 O_3 层中的 O_3 量减少，则吸收紫外线的功能降低，照射到地面上的中波及短波紫外线大量增加，会增强对地球上生物细胞的伤害作用。所以臭氧层犹如一件保护伞，由于它有效地阻挡了来自太阳紫外线的侵袭，才使得人类和地球上的万生万物得以繁衍生息并健康快乐地成长。

此外，O_3 作为一种温室气体，臭氧层吸收紫外线辐射后所产生的平流层下层逆温极大地抑制着上下层空气的垂直运动，对全球气候的形成和变化无疑具有重要作用。

臭氧吸收太阳光中的紫外线并将其转换为热能加热大气，由于这种加热作用，大气温度结构在高度 40km 左右有一个峰，地球上空 15～40km 存在着升温层。正是由于存在着臭氧，才有平流层的存在。大气的温度结构对于大气的循环具有重要的影响，这一现象的起因也来自臭氧的高度分布。

二、臭氧层破坏现状及发展

1912 年，环绕地球的臭氧层被发现。1973 年至 1975 年间，当时工业生产对地球生态环境造成严重影响，人们开始注意到改变臭氧层厚度的问题。

20 世纪 70 年代中期，美国科学家根据已掌握的卫星和地面观测资料，发现南极上空的臭氧层有变薄现象。到了 1984 年英国南极科学家根据英国哈利湾南极站 30 年观测资料，首次提出在南极上空出现了一个巨大的"臭氧空洞"，该"空洞"大小相当于整个美国大陆。每年的冬末春初（9 月、10 月）南极上空臭氧异乎寻常得稀薄，南极上空的臭氧层中心地带，将近 90% 的臭氧被破坏，臭氧总量迅速减少一半左右。1988 年，观察发现该"空洞"内臭氧含量持续不断降低，"空洞"又往北扩大，已逼近南美大陆南端，空洞的深度能填得下珠穆朗玛峰。从 70 年代中期至 90 年代中期，南极 O_3 气柱总量下降了 180DU（0℃，标准海平面压力下，10^{-5}m 厚度的臭氧定义为 1 个 Dobson 单位，即 1 DU）。1998 年美国人造卫星资料显示，臭氧层空洞的平均面积首次超过了 2400 万平方千米，持续时间超过了 100 天，在 9 月 19 日，臭氧洞的面积达到了创纪录的 2720 万平方千米，比 1996 年的最大值扩大了 130 万平方千米，其深度由一般情况的 14～18km 向上延伸到了 21km，臭氧洞中心的臭氧浓度降到了 90DU。到了 2000 年 9 月，臭氧洞的面积达到了 2830 万平方千米，是迄今为止观测到的臭氧洞最大面积，并已扩展到智利南部城市蓬塔阿雷纳斯上空，当地的居民处于极强的紫外线辐射下。

然而，臭氧层的损耗不只是发生在南极，在北极上空和其它中纬度地区也都出现了不同程度的臭氧层损耗现象。北极上空的臭氧损耗程度与南极相比要轻得多，并且持续的时间相对较短，但是最近几年也呈现出急剧减少的趋势。据资料显示，1987 年德国科学家发现北极上空出现臭氧层空洞，其中心位于离北极约 1127km 的斯匹次卑尔根岛上空，大小约为南极臭氧层空洞的 1/3。在 2000 年北极上空 18km 处的臭氧损耗已达到最高水平，累积耗损达 60%。臭氧层损耗也已经由两极向中纬度地区扩展。我国的北京和昆明两个监测站经观测发现，北京和昆明上空的臭氧总量也呈下降趋势。青藏高原上空每年 6 月到 10 月上旬，出现一个明显的臭氧浓度异常低值的中心，该中心臭氧浓度的总量逐年降低，年均递减率达 0.35%。在过去 10 年日本北海道上空的臭氧量减少了 3.3%。最近 20 年，北美、北非、欧洲臭氧层中的臭氧减少了 3%。经统计，与 20 世纪 70 年代相比，南极和北极地区春季的臭氧总量分别减少了 50% 和 15%；南半球中纬度地区全年平均减少了 5%；北半球中纬度地区冬/春季减少了 6%，夏/秋季减少了 3%。

O_3 含量的大面积减少将给人类、农作物、水生生物和生态环境等带来灾难性的后果。要求保护臭氧层的呼声十分高涨。为了能够尽可能保护臭氧层，世界各国经过磋商之后，决定执行以下保护措施：①建立世界各国之间关于臭氧层保护的法律约束机制，控制破坏臭氧层物质的排放；②提高各国民众对臭氧层的认知与重视程度，让民众自发注意地球环境问题；③加强氟里昂代用品的研究开发力度，以确保臭氧层不会再受到破坏。在人类的努力下，各地臭氧层已经有了不同程度的恢复。据科学预测臭氧层有望在本世纪内恢复到 1980 年的状况。世界气象组织针对臭氧浓度的预测如图 9-3 所示。

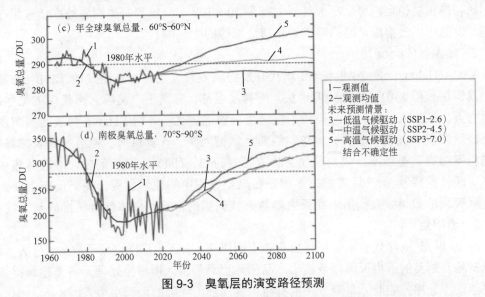

图 9-3　臭氧层的演变路径预测

即使向大气层排放的消耗 O_3 层物质已经逐年减少，臭氧层得到逐渐恢复，但是由于某些破坏臭氧层的化学品相当稳定，可以在大气层中长时间稳定存在。对臭氧层造成破坏的潜在威胁一直存在。因此研究臭氧层破坏形成的原因、影响及对策，对防止大气臭氧层被进一步破坏，保护地球上的万物生命，无疑有着十分重要的意义。

三、臭氧层的破坏机理

来自于太阳的高能量的紫外辐射在到达地球表面之前，其中高能的紫外线使得高空中（离地面 10km 以上）的氧气分子发生分解，产生的氧原子具有很强的化学活性，因此能很快与大气中含量很高的氧分子发生进一步的化学反应，生成臭氧分子。由于臭氧和氧气之间的平衡，大气形成了一个较为稳定的臭氧层。正常情况下，臭氧的生成和耗损同时存在，它们处于动态平衡，因而臭氧的浓度保持恒定。而臭氧层的作用正是阻挡太阳紫外线照射，使人类免受伤害。大气臭氧层的损耗是当前世界上又一个普遍关注的全球性大气环境问题。

（一）破坏臭氧层的主要物质

对于大气臭氧层破坏的原因，科学家中间有多种见解。经多年的致力研究，科学界达成共识：氯和溴在平流层中通过催化化学过程破坏臭氧是造成南极臭氧洞的根本原因。

氯氟烃（CFCs）及哈龙（Halons）类物质的存在是臭氧层遭到破坏的主要元凶，除了以上两者，还有溴甲烷、四氯化碳、甲基氯仿等化学物质，这些物质被统称为消耗 O_3 层物质（ODS）。

1. 氯氟烃（CFCs）

氯氟烃（CFCs）是一类人造化学物质，1930 年由美国的杜邦公司投入生产。在第二次世界大战后，尤其是进入 20 世纪 60 年代以后，开始大量使用。CFCs 具有易压缩、蒸发潜热大、热稳定性和化学稳定性好、毒性低、不易燃等特点。氯氟烃一般被称为氟利昂，氟利昂相当稳定，可以在大气层中存在 50～100 年。氟利昂类物质被广泛应用在制冷剂、发泡剂、气溶胶产品的驱雾剂和清洁剂等的生产中。

2. 哈龙（Halons）

哈龙（Halons）是 20 世纪 50 年代开发的高效灭火剂。就是所说的 1211（二氟一氯一溴甲烷）和 1301（三氟一溴甲烷）的商品名称，它属于一类称为卤代烷的化学品。它具有灭火快、毒性低、不污染和不损害受灾物品的优点。用 I-Halon 制成的消防器具现已广泛配置于飞机、潜艇、火车、舰船、宾馆大楼、计算机房、通信和仪表控制室、文物档案馆等重要场所，成为现代消防的必需药剂。Halons 灭火剂在火焰的高热中分解产生活性游离基 Br，后者参与了物质在燃烧过程中的化学反应，使链反应中断，从而达到灭火的效果。人们用哈龙灭火器救火或训练时，哈龙气体就自然排放到大气中。

3. 溴甲烷

自 20 世纪 50 年代溴甲烷用作熏蒸杀虫剂以来，它逐步广泛地用于农业，包括土壤、种植产品及制品的杀虫灭菌以及植物产品国际贸易的出入境检疫处理，各类建筑物如历史古建筑、仓库、船舱、车辆、飞机机舱、食品加工厂等的消灭虫害方面。

4. 四氯化碳（CCl_4）

CCl_4 是使用最早的清洗溶剂和灭火剂。由于其毒性大，有致癌作用，近 20 年来作为灭火剂已被淘汰。作为清洗溶剂也已被甲基氯仿替代。

5. 甲基氯仿

甲基氯仿是当今广泛使用的清洗剂，主要用于电子器件和精密机械零件清洗脱脂。

（二）臭氧层的破坏机理

氯氟烃及哈龙类物质之所以被认为是破坏臭氧层的主要物质是因为这两类物质是化学性质非常稳定的人工源物质，在大气对流层中不易分解，存活寿命长达数十年甚至上百年。但它们在一定气象条件下进入平流层后，在强烈的紫外辐射作用下会光解产生氯自由基（Cl·）或溴自由基（Br·），氯自由基或（和）溴自由基成为破坏臭氧的催化剂，使得反应最终向着臭氧分解的方向转移。以氯氟烃（CFCs）为例了解臭氧被损耗的过程，CFCs 分子消耗臭氧的连锁循环过程可以简化如下：

$$CF_xCl_y \longrightarrow CF_xCl_{y-1} + Cl·$$
$$Cl· + O_3 \longrightarrow ClO + O_2$$
$$O_2 \longrightarrow 2O$$
$$ClO + O \longrightarrow Cl· + O_2$$

如此，一个 CFCs 分子可以消耗掉 10 万个臭氧分子。Cl·自由基与 O_3 反应的速度比 NO 与 O_3 的反应快 6 倍。反应过程中释放的氯可在平流层中存在好几年，因此一个 Cl·自由基能够消耗 10 万个 O_3 就不足为怪了。与此类似，臭氧的消耗反应还可以通过 Br·自由基来进行，这些 Br·自由基主要是从卤代烷灭火剂即哈龙（Halons）中释放出来的。哈龙的耗损臭氧能力比氯氟烃要大 3～10 倍，同时还是重要的温室气体，引起温室效应，对气候变暖的作用较大。虽然哈龙对臭氧的破坏能力比 CFCs 要高，但由于大气中哈龙的浓度要远低于 CFCs，整体而言，哈龙对臭氧的破坏力要比 CFCs 小。在我国，使用哈龙 1211 和哈龙 1301 的数量很大，就其对破坏臭氧层的贡献而言是 CFCs 的 1/3，因此哈龙对臭氧层的巨大破坏作用是不可忽视的。

四、臭氧层破坏的危害

O_3 层被破坏所导致的有害紫外线的增加，可能会产生以下一系列问题。

（一）改变大气结构

臭氧层是地球大气不可分割的一部分，对大气的循环以及大气的温度分布起着重要的作用。大气层的温度随着高度的变化而变化。臭氧在平流层中通过吸收太阳的紫外线辐射和地面的红外线辐射而使平流层大气升温，当臭氧层破坏时会使平流层获得的热量减少，而到达对流层和地球表面的太阳辐射增加，导致了对流层的变热而平流层变冷，破坏了地表的辐射收支平衡，使全球气候发生变化。

（二）对人类健康的影响

臭氧层的损耗导致到达地表的紫外辐射增加，有些紫外线可以促进维生素的合成，对骨组织的生长、保护起有益的作用。但紫外线中 UV-B 段辐射增强可以引起皮肤癌、白内障及免疫系统的疾病，将引起细胞内的 DNA 改变，细胞的自身修复能力减弱，免疫机制减退，使皮肤发生弹性组织变性、角化以至皮肤癌变，还可以使传染病的发病率增加。

实验证明紫外线会损伤角膜和眼晶体，如引起白内障、眼球晶体变形等。据分析，平流层臭氧减少 1%，全球白内障的发病率将增加 0.6%～0.8%，全世界由于白内障而引起失明的人数将增加 10000 到 15000 人；如果不对紫外线的增加采取措施，从现在到 2075 年，UV-B 辐射的增加将导致大约 1800 万例白内障病例的发生。同时，紫外线 UV-B 段的增加能明显地诱发人类常患的三种皮肤疾病，这三种皮肤疾病中，巴塞尔皮肤瘤和鳞状皮肤瘤是非恶性的，另外的一种恶性黑瘤是非常危险的皮肤病，科学研究也揭示了 UV-B 段紫外线与恶性黑瘤发病率的内在联系，这种危害对浅肤色的人群特别是儿童期尤其严重。已有研究表明，长期暴露于强紫外线的辐射下，会导致细胞内的 DNA 改变，人体免疫系统的机能减退，人体抵抗疾病的能力下降。这将使许多发展中国家本来就不好的健康状况更加恶化，大量疾病的发病率和严重程度都会增加，尤其是包括麻疹、水痘、疱疹等病毒性疾病，疟疾等通过皮肤传染的寄生虫病，肺结核和麻疯病等细菌感染以及真菌感染疾病等。

（三）对生物生长的危害

强烈的紫外线会使农作物和植物受到损害。UV-B 辐射的增加会破坏植物和微生物组织、芽孢发育过程和生理功能等。改变植物的叶面结构，使植物的叶面积变小，减小了光合作用的有效面积和功能，降低了农作物的产量，并对长寿命的植物具有积累负作用，如使森林生态系统受到相当大的破坏。通过对 300 多种农作物的实验证实，其中 65% 的农作物对紫外线敏感，尤其以豆类、小麦、玉米、棉花、甜菜、西红柿等作物突出，因 UV-B 的负影响而导致质量下降的超过 50%。并且农作物在臭氧减少的情况下，植物的抗病能力急剧下降，易受杂草和病虫害的侵害，影响产品的质量。臭氧减少所引起的紫外辐射，会直接导致大豆产量下降 20%～25%，大豆种子中蛋白质含量下降 5%，而植物油的含量下降 2%。由此可见臭氧层的损耗，会使粮食的产量和质量都要受到影响。

紫外线辐射的增强，使植物受到了危害，植物作为陆生生态系统食物链的最底层，会使整个食物链崩溃，使动物的种类和数量严重下降。并且紫外线辐射的增强也会使动物患有皮肤癌、白内障以及免疫系统疾病。在南美洲南端的一些地方已经发现了许多全盲和接近全盲的动物，如兔子、羊、牧羊犬和野生鸟类等，在河里也能捕到盲鱼。

（四）对水生生态系统的影响

海洋中的浮游植物分布在世界各大洋，但分布并非均匀，一般是高纬度地区密度较大。紫外线能穿透 10～20m 深的海水，已经有足够的证据证实臭氧的变化与浮游植物群落的分布密切相关。紫外线 UV-B 辐射的增强，使浮游植物对周围环境（如水温、营养物质和污染物）改变的敏感性增加，会大量杀死微生物，同时使抗紫外线生物如蓝绿藻恶性繁殖，而食物链底部的小型植物、浮游植物无法生存，从而中断了海洋食物链，使鱼的种类和数量严重下降。研究表明，如果大气中臭氧含量减少 10%，那么在 15d 之内，海洋深处 10m 处的鱼苗将会全部死亡；平流层的臭氧浓度减少 25%，浮游生物的初级生产力将下降 10%，这将导致水面附近的生物减少 35%。最终使整个海洋生态系统发生不可逆转的变化。此外海洋中的浮游生物的吸收作用可以去除大气中 CO_2，所以臭氧的减少可能会间接导致温室效应加剧。

紫外线 UV-B 辐射的增强，能杀死许多生活在海水表层的经济鱼类幼体，并且对鱼、虾、蟹、两栖动物和其他动物早期发育有危害作用，严重的将导致繁殖力下降和幼体发育畸形，从而对动物蛋白的需求造成很大的影响。

（五）引起新的环境问题

UV-B 辐射的增加会加速建筑物、包装、喷绘、雕塑、塑料制品及电线电缆的降解和老化变质，使其变硬、变脆、缩短使用寿命，尤其是一些高分子材料，在阳光、高温、干燥气候下，结果又带来光化学大气污染，损害更为严重，全球每年估计由此造成的损失达到数十亿美元。

紫外线辐射的增强，还会使城市环境质量恶化，进而损害人体健康。城市工业在燃烧矿物燃料时排放氮氧化物（NO_x）和城市汽车排放尾气中的 NO_x 在强烈的紫外辐射下会加速分解，在较高的温度下发生光化学反应，生成以 O_3 为主要成分的光化学烟雾。美国环保局估计，当 O_3 层耗减 25% 时，城市光化学烟雾的发生概率将增加 30%，近地面

大气中的 O_3 含量过高会刺激人的眼睛，并深入肺部，使肺纤维失去弹性而丧失呼吸功能。低空的 O_3 易使植物成熟的叶片受到损伤。

加拿大政府 1997 年的一项研究结果显示，到 2060 年，实施蒙特利尔议定书以控制 O_3 层破坏的行动的总成本将是 2350 亿美元，但其通过渔业、农业和人工材料损害的减少所带来的效益将达 4590 亿美元。另外，还将减少数千万人患皮肤癌和上亿人患白内障的可能性。从另一个侧面反映了 O_3 层破坏的危害性以及控制和减排 ODS 的效应。1987～2060 年减排 ODS 的成本和效益估计，研究结果见表 9-2 所示。

表 9-2　减排 ODS 的成本和效益估计

健康效益	
减少的非黑色素瘤皮肤癌病例	19100000 例
减少的黑色素瘤皮肤病例	1500000 例
减少的白内障病例	129100000 例
减少的致命性皮肤癌病例	333500 例
经济收益	
减少的渔业损害	2380 亿美元
减少的农业损害	1910 亿美元
减少的材料损害	300 亿美元
总收益	4590 亿美元
总费用	2350 亿美元
净收益	2240 亿美元

五、臭氧层的保护措施

（一）开展淘汰消耗臭氧层物质的国际行动

1985 年 3 月 22 日，也就是南极 O_3 空洞发现的当年，在国际社会的共同努力下，由联合国环境规划署（UNEP）发起，制定了第一部保护 O_3 层的《保护臭氧层维也纳公约》（以下简称《公约》），并有 28 个国家正式签约。《公约》呼吁各国政府采取联合行动，共同保护臭氧层，并首次明确提出应该监控生产和使用氯氟烃类化学物质，并于 1988 年 9 月 22 日生效。首次在全球建立了共同控制 O_3 层破坏的一系列原则和方针。

在联合国环境规划署的组织下，1987 年，大气 O_3 层保护的重要历史性文件、全球环境合作的典范——《关于消耗臭氧层物质的蒙特利尔议定书》（简称《蒙特利尔议定书》）出台。并于 1989 年 1 月 1 日起生效。《蒙特利尔议定书》是自南极 O_3 空洞被发现以来，人类从科学研究、决策响应到付诸行动，非常迅速地形成了一个整体。《蒙特利尔议定书》是一项旨在通过逐步淘汰消耗臭氧层化学品的全球协议，是最成功的全球环境协议之一。议定书确定了全球保护 O_3 层国际合作的框架，提出了受控物质（主要是哈龙、氟氯碳即氟利昂）清单及其逐步和最终完全淘汰的时间表。要求发达国家在 1995 年底全部淘汰哈龙和氟氯碳。发展中国家从 1999 年 7 月 1 日开始，将 CFCs 的生产和消费冻结在 1995～1997 三年的平均水平上，并在 2005 年使 CFCs 的生产和消费削减到冻结水平的一半，2010 年完全淘汰。并要求各缔约方对 ODS 的生产、消费、进口及出口等建立控制措施。目前《蒙特利尔议定书》缔约方已有 168 个。议定书确定缔约国大会为其决策机制，缔约方会议每年召开一次。到 2020 年止，已成功召开 32 次缔约方会议。《蒙特利尔议定书》是国际社会公认最成功的多边环境条约。多年来，在各缔约方的不懈努力下，臭氧层损耗得到有效遏制，并实现了巨大的环境和健康效益。中国在十多个行业上千家企业开展淘汰和替代行动，累计淘汰消耗臭氧层物质约 28 万吨，占发展中国家淘汰总量的一半以上，为《蒙特利尔议定书》的履行作出了重要贡献。

为了进一步控制大气 O_3 层的损耗，《蒙特利尔议定书》至今已先后经过了 4 次修正和 5 次重要调整。修正及调整后世界上禁止使用的 O_3 层损耗物质即受控物质种类被不断扩充，受控物淘汰的时间表也被相应一次次提前。

为了推动氟利昂替代物质和技术的开发和使用，逐步淘汰消耗 O_3 层的物质，许多国家采取了一系列政策措施。欧洲国家广泛采用了环境管制措施，如禁用、限制、配额和技术标准，对违反规定的实施严厉处罚。其他国家则多采用经济手段，如征收税费、资助替代物质和技术开发等。美国对生产和使用消耗 O_3 层物质实行了征税和可交易许可证等措施。另外，许多国家的政府、企业和民间团体还发起了自愿行动，采用各种环境标志，鼓励生产者和消费者生产和使用不带有消耗 O_3 层物质的材料和产品，其中绿色冰箱标志得到了非常广泛的应用。

从各项国际环境条约执行情况而言，《蒙特利尔议定书》执行的是最好的。该议定书的执行取得了显著的成效。气象组织指出，得益于《蒙特利尔议定书》及其修正案的实施，已有高达 99% 受管制的 ODS 的生产和消费被逐步淘汰。逐步淘汰消耗臭氧层物质已成功地保护了臭氧层，使平流层上层的臭氧层显著恢复，并减少了人类对来自太阳的有害紫外线的辐射。报告显示，自 2000 年以来，南极臭氧洞的面积和深度一直在缓慢改善。如果当前政策保持不变，预计南极上空、北极上空、世界其他地区的臭氧层将分别于 2066 年左右、2045 年、2040 年恢复到 1980 年的水平（臭氧洞显现之前）。

此外，该协议还对气候变化产生了积极的影响。消耗臭氧层物质中的大部分是强大的温室气体，如果没有该协议，它们对全球变暖的贡献将超过目前所有其他温室气体的总和。2016 年，该协议通过了一项附加协议，即《蒙特利尔议定书基加利修正案》，要求逐步减少一些碳氢化合物的生产和消费。这些物质虽然不会直接消耗臭氧，但却是强大的气候变化气体。科学评估小组表示，到 2100 年，这一修正案预计可避免 0.3～0.5℃的升温。

（二）中国保护臭氧层的行动

我国政府一直高度重视 O_3 层保护工作，并积极参与国际间合作。我国也积极参加到保护臭氧层的国际合作行动中，分别于 1989 年、1991 年、2003 年加入了《保护臭氧层维也纳公约》、《蒙特利尔议定书》伦敦修正案和哥本哈根修正案，曾经多次派政府代表团或代表出席国际会议。中方始终积极建设性参与全球臭氧层治理和《蒙特利尔议定书》进程，我国在 1999 年 11 月 29 日，隆重承办了第十一届《蒙特利尔议定书》缔约方大会，会议通过了《北京宣言》。2021 年 6 月中国已决定接受《〈蒙特利尔议定书〉基加利修正案》，根据有关规定，修正案于 2021 年 9 月 15 日对中方生效（暂不适用于香港特别行政区）。根据协议，到 2045 年，中国将比 2020～2022 年基准减少 80% 的氢氟碳化合物使用。这意味着中国将对氢氟碳化合物进行管控，包括 2024 年冻结氢氟碳化合物生产和消费。

我国通过成立保护 O_3 层国家领导小组；制定多个可执行国家文件；积极减排 ODS等多种方式完成国际履约工作，为推动《蒙特利尔议定书》的执行以及 ODS 的减排作出了大国的积极贡献。

（三）制定淘汰和控制损耗臭氧层物质的措施

为了控制和淘汰消耗臭氧层的物质，保护人类赖以生存的环境和人类本身，采取以下措施。

1．技术措施

① 加强对臭氧层的监测，研究其变化规律和变化机理，为从根本上修复臭氧层提供科学系统的依据；

② 对使用或生产 CFCs、NO_x 和哈龙等的企业进行生产技术或工艺流程的改造，以减少这类物质的排放，直至最后停止生产。

2．政策措施

① 呼吁世界各国认真履行职责，实现《关于消耗臭氧层物质的蒙特利尔议定书》和《保护臭氧层维也纳公约》等各项国际环境条约中的承诺。

② 呼吁联合国和其他国际组织制定严厉的制裁措施，加大监控力度，并对违反规定的实施严厉处罚。一些经济转轨的国家和欧盟广泛地采用了环境管制这类措施。

③ 采用一些如鼓励技术开发、资助替代物质研究和征收税费等技术经济手段。

④ 加大环境保护的宣传力度，增强人们的环保意义，鼓励人们生产和使用不带有消耗臭氧层物质的材料和产品，使保护臭氧层的活动成为人们的自觉行动。

（四）研制和开发消耗臭氧层物质的替代技术

氟利昂等物质在现代社会中应用得非常广泛，随着臭氧层破坏的加剧，各国科技人员都加紧了从事制冷替代技术和 CFCs 代用品的研究工作。从可持续发展的角度来看，采用生物圈中固有的、对环境不产生任何破坏作用的物质作为制冷剂，是制冷技术研究开发的方向。

第三节

持久性有机污染物

20 世纪 20 年代以来，合成化学品在人类社会被大量开发和广泛使用。合成化学品的大量生产和广泛使用为现代社会带来了广泛福利，却同时也引起了日益广泛的化学品环境问题。据统计，目前有 10 万余种人工合成化学品进入环境，无所不在，甚至存在于我们每个人的生理组织中。随着科学的进步和对环境污染认识的加强，这类人工合成化学品对环境的危害也逐渐显现。它们正日益严峻地威胁着人类的生命和健康安全以及全球生态环境，逐渐成为世界各国普遍关注的重大全球性环境问题之一。

20 世纪 60～70 年代开始，科学家们在包括极地在内的全球环境介质中普遍监测到了滴滴涕（DDT）、多氯联苯（PCBs）等具有环境持久性、生物累积性和远距离迁移性的有毒有机化学品污染，并陆续发现了此类化学品对野生动物和人体健康造成的潜在毒害影响。1962 年，蕾切尔·卡逊（Rachel Carson）出版了影响世界环境保护运动的《寂静的春天》（Silent Spring）一书，主要描述和揭示了由 DDT 等有机氯农药所引发的生态危机。2001 年 5 月，国际社会在瑞典斯德哥尔摩共同签署了《关于持久性有机污染物的斯德哥尔摩公约》（简称《斯德哥尔摩公约》），启动了针对此类有毒化学物质的全球统一控制行动，成为继气候变化公约、臭氧层保护公约之后，又一项具有规定减排义务及严格国际法律约束力的重要全球环境公约，这不仅能看出世界各国对持久性有机污染物（persistent organic pollutants，POPs）污染问题的重视程度，同时也标志着在世界范围内对 POPs 污染控制的行动从被动应对到主动防御的转变。

一、持久性有机污染物概念与特性

持久性有机污染物，是指具有环境持久性、生物累积性、远距离环境迁移性，并可对人体健康和生态环境产生危害影响的一类有机污染物。

POPs 具有如下四方面特性。

1. 环境持久性

由于分子结构稳定，在环境中难以自然降解，半衰期较长，一般在水体中半衰期大于 2 个月，或在土壤中半衰期大于 6 个月，或在沉积物中的半衰期大于 6 个月。

2. 生物累积性

生物累积性指因其具有有机污染通常特有的脂溶性，可经环境介质进入并蓄积于生命有机体内，并可通过食物链的传递和富集，使处于较高营养级的生物体或人体内累积到较高浓度。

3. 远距离环境迁移性

远距离环境迁移性指因其具有半挥发性及环境持久性，可以通过大气、河流、海洋等环境介质或迁徙动物，从排放源局地远距离扩散、迁移到其他地区。一般其在大气中的半衰期大于 2 天或其蒸气压小于 1000 Pa。

4. 环境和健康不利影响性

环境和健康不利影响性指对生态系统及人体健康可能产生的各种不利影响，包括人体健康毒性或生态毒性。鉴于 POPs 的持久性和生物累积性，环境中较低浓度的 POPs 可以经过长期的暴露接触，逐渐对人体和生物体构成健康及生命危害。

二、持久性有机污染物来源

按照产生的过程或来源，POPs 可分为有意生产和无意生产这两类，前者是指人类社会有意开发、生产的具有某种应用价值的人工合成化学品，如 DDT 农药、多氯联苯（PCBs）等农业、工业用途化学品；后者是指在化工生产或废物焚烧等人类经济活动过程无意产生和排放、没有任何经济价值的副产物或污染物，如二噁英。

2001 年 5 月 23 日，127 个国家和地区代表签署了旨在严格禁止或限制使用 12 种 POPs 的《斯德哥尔摩公约》，2004 年 11 月 11 日，该公约正式对我国生效，包括首批确认的 12 种 POPs 及现已初步确认的 11 种候补 POPs 类化学品，共 23 种，清单列于表 9-3 中。预计未来将有越来越多的 POPs 被确认并加入到公约受控清单中。

表 9-3 《斯德哥尔摩公约》现已确定的 POPs 清单

类别	公约首批确认受控的 POPs（2001 年）		公约初步确认候补增列的 POPs（截至 2008 年）	
	中文名称	英文名称	中文名称	英文名称
农药	滴滴涕	DDT	林丹（γ 体六六六）	γ-hexachloro-cyclohexane (γ-HCH)
	艾氏剂	Aldrin	开蓬（十氯酮）	chlordecone
	氯丹	Chorldane	α 体六六六	α-hexachloro-cyclohexane (α-HCH)
	狄氏剂	Dieldrin	β 体六六六	β-hexachloro-cyclohexane (β-HCH)
	异狄氏剂	Endrin	硫丹	Endosulfan
	七氯	Heptachlor		
	灭蚁灵	Mirex		
	毒杀芬	Toxaphane		
	六氯苯	hexachlorobenzene (HCB)		
工业化学品	多氯联苯	polychlorinated biphenyls (PCBs)		
	六氯苯	hexachlorobenzene (HCB)	六溴联苯	hexabromobiphenyl
			五溴代二苯醚	pentabromodiphenylether (PeBDE)
			全氟辛烷磺酸类化合物	perfluorooctane sulfonate (PFOS)
			短链氯化石蜡	short-chain chloronated paraffins
			八溴二苯醚（商用混合物）	commercial octabromodiphenyl ether
			五氯苯	pentachlorobenzene
无意产生的副产物或污染物	多氯二苯并对二噁英	polychlorinated dibenzo-p-dioxin (PCDDs)	五氯苯	pentachlorobenzene
	多氯二苯并呋喃	polychlorinated dibenzofurans (PCDFs)		
	六氯苯	HCB		
	多氯联苯	PCBs		

目前确认的 POPs 主要是人工制造有意生产的，可分为农业化学品（杀虫剂）和工业化学品，前者包括 DDT 等多种有机氯杀虫剂，后者包括 PCBs 等多种在电力、建材、涂料、电子、机械和纺织等众多工业领域应用的人工合成化学品，其中多种可能存在于现代社会的各种日用消费品中。这些在现代社会中大量生产和广泛使用的 POPs 类工业化学品，可以通过化学品及其应用产品的贸易而广泛传输，并可能在其生产、流通、使

用和废弃的产品生命周期过程中，尤其是使用和废弃环节，释放入环境。因此，在人类社会中，各种有意生产类 POPs 对人体及生态环境所构成的危害风险是显而易见的，人类社会必须对上述 POPs 类有害化学品的开发、生产和使用行为实施严格约束，包括采取禁止、淘汰或限制措施，以消除在化学品在福利性开发和应用过程中对环境与健康可能造成的不利影响。

无意产生 POPs 的来源十分广泛，来自各种包含有机成分的燃烧过程以及化工生产过程。二噁英是无意产生 POPs 的典型代表，其主要来源包括：①废物焚烧，包括城市生活垃圾、危险废物、污水处理污泥废物的焚烧处理过程；②钢铁工业，主要包括铁矿石烧结和钢铁冶炼过程；③有色金属再生加工工业，主要包括铜、锌、铝等有色金属的再生加工中的热处理过程；④造纸工业，是指使用元素氯实施漂白的纸浆生产过程；⑤化学工业，如氯酚、氯醌、氯碱及其他多种有机氯化工生产过程。

三、持久性有机污染物的传播和危害

（一）持久性有机污染物的传播

局部的 POPs 污染排放，可能扩散到全球，并威胁到世界各地的野生动物及人体健康，这使 POPs 成为当今世界普遍关注的全球性环境问题。

由于 POPs 的半挥发性，其在温度较高的地区或时期会挥发进入大气当中，以蒸气形式存在或者吸附在大气颗粒上，便于在大气环境中做远距离的迁移。同时，这一适度挥发性又使得它们不会永久停留在大气中，其会随着气温的降低而冷凝沉降到地表，这使得 POPs 在气温较高的低纬度地区的挥发量大于沉降量，在气温较低的高纬度地区则沉降量大于挥发量。因此，低纬度地区排放的 POPs 会随着大气流动流向并沉降于中高纬度地区，并最终在气温很低的地区累积，这一过程被称为"全球蒸馏效应（global distillation）"，这也是人们在极地地区或北半球高山地区往往监测到较高浓度 POPs 的原因。如非洲用滴滴涕（DDT）扑杀蚊虫，使用的是药液喷雾的方法，白天高温时，DDT 会挥发到大气中，随风传播，晚上低温时，DDT 会重新沉降，挥发-沉降过程周而复始，从热带地区逐渐扩散，通过长时期迁移便可到达北极地区和比较富裕的北欧国家。研究表明，工业发达地区 POPs 可通过水、土壤和大气之间的界面交换而长距离迁移到南北极等极地地区，同时发现，高山地区随着海拔的增加，其环境介质中 POPs 浓度也在不断增加。POPs 的这种从低纬度地区的排放，并伴随中纬度地区气温的冷、暖季节变化而挥发和沉降，通过全球蒸馏效应，逐渐累积到极地地区的现象，被称为"蚱蜢跳"现象。继 20 世纪 60 年代开始普遍监测到 DDT 和 PCBs 等 POPs 之后，科学家们在北极生态系统内陆续监测到了全氟辛烷磺酸类化合物、多溴代二苯醚、短链氯化石蜡和硫丹等多种人工合成的 POPs 类化学品的污染。生活在北极地区的加拿大因纽特人及格陵兰岛居民，其体内脂肪和母乳中通常可以检测到较高浓度的 POPs。

（二）持久性有机污染物的危害

通常以低浓度长期存在于环境中的 POPs，对生物体的毒害作用是潜在的、慢性的和多方面的。现有科学研究表明，POPs 可能引发野生动物和人体免疫机能障碍、内分泌干扰、生殖及发育不良、致癌和神经行为失常等毒害作用。研究表明，POPs 可以抑制免疫系统机能，包括抑制巨噬细胞等具有自然免疫杀伤细胞的增殖及活性，导致机体因免疫力降低而容易感染传染疾病，这被认为是导致在地中海和波罗的海海域海豚、海豹等野生动物出现大量死亡现象的原因。目前，绝大多数 POPs 都被证实具有内分泌干扰作用，在自然界中不断出现的野生动物的"雌性化"、性别发育过程延缓及繁殖能力降低的现象，以及近半个世纪以来人类男性精子数量下降和女性乳腺癌发病率上升，都被认为与 POPs 的污染有关。POPs 的生殖及发育毒害影响，广泛见于鸟类产蛋力下降、蛋壳变薄、胚胎发育滞缓或畸形等研究报道。多种 POPs 被认为是可疑的癌症物质，其中，PCBs 被证实可促进癌症的发生，二噁英则是公认的强致癌物质。

四、典型持久性有机污染物

在《斯德哥尔摩公约》签署启动之初，国际范围内针对 POPs 的研究主要针对二噁英、多氯联苯、含氯杀虫剂等物质，研究它们的分析方法，环境行为及风险评估。进入 21 世纪之后，对于一些新型 POPs 的分析方法、环境行为及界面迁移、生物富集及放大、生态风险及环境健康成为人们关注的热点，新型 POPs 主要包括环境内分泌干扰物、抗生素、微塑料、全氟化合物等。

（一）二噁英

二噁英可以分为多氯二苯并对二噁英（polychlorinated dibenzo-*p*-dioxins, PCDDs）和多氯二苯并呋喃（polychlorinated dibenzofurans, PCDFs）两大类，其各类异构体多达 210 种，被公认为"人类已知地球上毒性最强的物质之一"，其毒性相当于氰化物的 1000 倍以上。二噁英中毒会引起皮肤痤疮、头痛、失聪、忧郁、失眠等，长期影响会导致染色体损伤、心力衰竭、内分泌失调等，并具有难以逆转的"三致"毒性，国际癌症研究机构已将其列为一级致癌物质。二噁英进入人体的途径主要是呼吸道、皮肤和消化道，大部分通过呼吸和食物进入人体，很容易溶解于脂肪，进而在生物体内积累，难以排出。

二噁英在 705℃ 以下相当稳定，标准状态下蒸气压为 $1.33×10^{-8}$Pa，即具有热稳定性、低挥发性和低水溶性，这决定了二噁英在环境中去向的重要特性。其在空气、土壤、水和食物中都能发现。火山爆发和森林火灾是自然界中二噁英的主要来源。另外，除草剂、发电厂、木材燃烧、造纸业、水泥业、金属冶炼、垃圾焚烧处理都会释放出二噁英。自1999 年比利时发生动物饲料二噁英污染事件后，更是备受世人所关注。根据《斯德哥尔摩公约》显示，通过固体废物焚烧产生的二噁英的量占总产生量的 80%～90%，所以，现在研究生活垃圾焚烧厂烟气中二噁英的产生和控制措施十分必要。

在生活垃圾焚烧过程中，二噁英的生成机理相当复杂，已知途径主要包括三方面：一是生活垃圾本身含有微量的二噁英，由于二噁英具有热稳定性，尽管高温下大部分能够分解，但仍会有一部分在燃烧后排放出来；二是在燃烧过程由含氯前体物生成二噁英，前体物包括聚氯乙烯、氯代苯、五氯酚等，在燃烧中前体物分子通过分子重排、自由基缩合、脱氯等分子反应过程生成二噁英；三是在烟气冷却过程中生成二噁英，当因燃烧不充分而在烟气中产生过多未燃尽物质，并遇适量的催化剂物质（主要为重金属，如铜）及 300～500℃ 的适宜温度环境时，前驱体等有机物会再次低温合成二噁英。

国内外研究和实践表明，减少生活垃圾焚烧厂烟气中二噁英浓度的主要方法包括：选用合适的燃烧炉膛和炉排结构；控制炉膛和二次燃烧温度；缩短烟气在处理或排放中处于 300～500℃温度域的时间；选用新型袋式除尘器并配合活性炭等反应吸附；针对飞灰进行专门收集和无害化处理等。同时，通过垃圾分类收集或预分拣控制生活垃圾中氯和重金属含量高的物质进入垃圾焚烧炉是最为主要的预防治手段之一。

（二）多氯联苯

多氯联苯（PCBs）是持久性有机污染物（POPs）清单中最重要的一类化合物，其在结构上是在联苯分子的两个苯环上有一定数目的氢为氯原子所取代而成的，因取代位置和数目的差异，多氯联苯共有 209 种异构体。

多氯联苯具有化学稳定性、低蒸气压、可抗热、不可燃、低电导率、难生物降解和脂溶性。于 1881 年首先合成，1929 年开始生产，工业应用领域十分广泛，其中，三氯联苯主要用作电力电容器的介质，五氯联苯主要用作油漆的添加剂、润滑油、切割油、密封化合物（用于建筑工业）、黏合剂、塑料与橡胶、农药、涂料以及无碳复印纸在内的其他表面涂层。其较高的化学稳定性和较强的脂溶性，在环境及生物体内具有较高的残留。

多氯联苯毒性较强，进入生物体后会随生物链传递和浓缩，具有"三致"作用，被国际癌症研究机构列为一类致癌物。同时，其在环境中不易降解，严重危害土壤和地下水安全，对土壤结构功能和生态系统、农产品的质量安全都构成了威胁。近一个世纪以来，由多氯联苯引起的污染事件层出不穷，包括 1968 年发生在日本的"米糠油事件"、1979 年的"台湾油症事件"、1986 年加拿大 PCBs 泄漏事件、2002 年美国安尼斯顿镇 PCBs 污染事件、2008 年爱尔兰猪肉 PCBs 污染事件等。

目前各种环境介质如大气、土壤、水体中都检测到了多氯联苯的存在。其传播途径除了通过海洋和大气环流的长距离传输，还会通过全球食品贸易（如海产品贸易）带来更直接的污染转移。环境沉积物是多氯联苯主要的存在形式之一，此外，多氯联苯会吸附在大气颗粒物上，在雾霾天气中，其对暴露人群产生的健康风险将更严重。有研究表明，我国大气中 PCBs 主要来源于有机染料生产、热工业及燃烧活动。同时，电子垃圾来源的 PCBs 贡献也很高。针对环境沉积物中的 PCBs 可以采用的技术主要包括生物修复技术（包括植物修复、微生物修复及植物-微生物联合修复技术）、化学修复技术（高温焚烧、氧化还原、脱氯等）和物理修复技术（深井注入、热脱附、土壤淋洗等）。

（三）滴滴涕（DDT）

滴滴涕（DDT）化学名为双对氯苯基三氯乙烷（dichlorodiphenyltrichloroethane），是有机氯类杀虫剂，不溶于水，溶于煤油，可制成乳剂，是有效的杀虫剂。为 20 世纪上半叶防止农业病虫害，减轻疟疾、伤寒等蚊蝇传播的疾病危害起到了不小的作用，第二次世界大战期间也曾用于人体除虱。但在 20 世纪 60 年代科学家们发现 DDT 在环境中非常难降解，并可在动物脂肪内蓄积，甚至在南极企鹅的血液中也检测出 DDT，鸟类体内含DDT 会导致产软壳蛋而不能孵化，尤其是处于食物链顶级的食肉鸟，如：美国国鸟白头海雕几乎因此而灭绝。DDT 已被证实会扰乱生物的荷尔蒙分泌，2001 年的《流行病学》杂志提到，科学家通过抽查 24 名 16 到 28 岁墨西哥男子的血样，首次证实了人体内 DDT

水平升高会导致精子数目减少。除此以外，新生儿的早产和初生时体重的增加也和 DDT 有某种联系，已有的医学研究还表明了它对人类的肝脏功能和形态有影响，并有明显的致癌性能。

1962 年，美国科学家蕾切尔·卡逊（Rachel Carson）在其著作《寂静的春天》首次提出，DDT 进入食物链，是导致一些食肉和食鱼的鸟接近灭绝的主要原因，从此也揭开了现代环境运动的序幕。从 20 世纪 70 年代后 DDT 逐渐被世界各国明令禁止生产和使用，后来迫于预防疟疾、登革热和黄热病需要，重新启用 DDT 用于蚊虫的灭杀。尽管目前全球主要国家相继禁用了 DDT，但由于之前长期过量地使用，环境中和生物体内 DDT 残留量仍然较高，其高残留性对环境生态系统具有长期潜在的危害。

（四）双酚 A（BPA）

双酚 A（BPA），别名二酚基丙烷，一般为白色针晶或片状粉末，难溶于水，易溶于甲醇、醋酸、丙酮、醚和碱性溶液，微溶于四氯化碳，挥发性很低。双酚 A 是苯酚和丙酮的重要衍生物，在人类生产和生活中得到广泛应用，其用于生产聚碳酸酯塑料和树脂，在许多消费类产品中都被发现，包括婴儿奶瓶、玩具、聚碳酸酯水瓶、食物储藏容器、环氧树脂内衬食品罐、牙齿密封剂、供水管道、医用导管以及香烟过滤嘴等。由于双酚 A 的广泛用途，它已成为全球生产量最大的化学原料之一。2008 年，双酚 A 全球生产量是 500 多万吨，并且以每年百分之七的速度增长。

双酚 A 是典型的环境内分泌干扰物质，能够干扰生物机体内正常激素的合成、释放、代谢等过程，并对内分泌系统功能产生诱导或抑制效果，从而破坏其维持机体生殖、发育和行为稳定性和调控作用。环境内分泌干扰物可对人体生殖系统、神经系统、免疫系统、代谢系统造成不同程度的损害，同时具有致癌作用。

水环境中的双酚 A 与人类活动密切相关，主要来源于污水处理厂不达标排放和垃圾的不合格填埋。研究表明，常规的污水处理厂并不能将污废水中的双酚 A 完全降解去除，还有少部分会随着污水排放进入到水环境中。而垃圾渗滤液中的双酚 A 含量则更高，已成为水环境中 BPA 的一个重要来源。由于双酚 A 急性毒性较低，人们所能接触到的含量也较低，故含有双酚 A 的产品一直十分畅销。虽然塑料行业一直声称 BPA 是安全的，但是近年来，随着越来越多关于双酚 A 的不良事件的披露及大量关于双酚 A 不良效应研究成果的发布，其能够对野生动物和人类造成的潜在不利影响还是引起了人们的高度关注。挪威、法国、美国、加拿大等多个国家及地区都相继发布了关于食品包装材料中禁止使用双酚 A 的法律法规。

（五）抗生素

抗生素（antibiotics）是细菌或其他微生物在生产活动中产生的一种代谢产物，会干扰或抑制致病微生物和病毒的活动。抗生素的发现极大地提高了传染病的治疗，因而使其广泛应用于临床和养殖中来治疗某些传染病。根据抗生素的结构和机制，可以将抗生素分为磺胺类（sulfonamide）、氟喹诺酮类（fluoroquinolone）、大环内酯类（macrolide）和四环素类（tetracycline）等。

由于抗生素在养殖、医疗等行业的广泛应用，并且存在长期过量使用和滥用的情况，使得环境中的抗生素污染问题日益严重。抗生素进入人体或动物体内之后，有 5%～90%

是以母体结构形态或代谢产物形态通过尿液或粪便排出体外，进入土壤或水环境中。例如，30%的诺氟沙星和70%的氧氟沙星未能代谢而从尿液中排出体外；55%的罗红霉素和65%的阿奇霉素以母体结构形态经由粪便排出体外。因此，抗生素的大量使用容易导致其通过直接或间接的途径进入环境，进而造成环境污染、危害生物体健康。2019年9月20日，一篇发表在国际顶尖 *Science* 杂志上的论文告诉我们：养殖业中抗生素滥用和抗生素抵抗现象十分普遍。上海复旦大学公共卫生学院的一项长期研究结果表明：养殖业在饲养家禽家畜过程所滥用的抗生素，可以通过食用途径进入人体，并产生富集。

由于抗生素在养殖、医疗等行业的广泛应用，并且存在长期过量使用和滥用的情况，抗生素抗性基因（ARGs）也因为环境中抗生素的大量存在而在环境中传播。抗生素抗性基因是微生物产生的保证自身不被抗生素破坏的一种遗传物质。ARGs 能够在环境中长期存在，并能够通过基因交换的方式在微生物中传递（水平基因转移），使得更多种类的微生物具有抗生素抗性，甚至传播到了致病菌体内，导致了越来越多的致病菌对抗生素免疫，这也是造成抗生素抗性污染越来越严重的主要原因。

总体来说，对抗生素污染的控制可以从两方面做起：一方面是从源头做起，规范抗生素的使用，促进抗生素的合理使用，从而减少抗生素类产品和药物的使用；另一方面是对含有抗生素的废水和动物的排泄物进行妥善处理。在抗生素污染的末端治理方面，既包括对含有抗生素的污物和废水进行收集和处理，防止其进入环境中对环境造成更大范围的污染，也包括对已经污染的环境进行治理。

（六）微塑料

微塑料是直径小于 5 mm 的塑料微粒和碎片。一般来源于风化的塑料碎片或清洁用品中的磨砂颗粒、化纤衣服纤维、轮胎、茶包、油漆、农业用薄膜等。目前在海水、废水、淡水、食物、空气和饮用水（包括瓶装水和自来水）中都已检测出微塑料。在2018年举行的欧洲肠胃病学会上，研究人员报告称，首次在人体粪便中检测到多达9种微塑料，它们的直径在 50μm 到 500μm 之间，这项研究表明，人类很有可能通过食物链或者其他途径摄入微塑料，并且，这些塑料会最终到达人体肠胃。更加令人担忧的是，微塑料已经无处不在，这些 5mm 或者米粒般大小的塑料，来自降解后的塑料碎片、合成纤维和塑料胶球。一些研究发现，金枪鱼和龙虾等海洋生物的体内有大量微塑料，全世界83%自来水样品中也有它们的身影。

在自然生态系统中微塑料以多种形式存在，它具有不同的形状，尺寸较小，疏水性强，性质相对稳定，可长期存在于环境中。作为新型持久性有机污染物，在全世界的海洋、淡水、土壤和大气环境中普遍发现了微塑料，甚至遥远的深海和北极地区。其在各类介质中的来源具有广泛性和复杂性。

微塑料会对器官产生物理伤害，最小的微塑料能进入血液、淋巴系统甚至肝脏，肠道中的微塑料也可能影响消化系统的免疫反应。其过滤出的有毒化学物质，如内分泌干扰素 BPA 和农药，也能破坏免疫功能，并危害生物的生长和繁殖。微塑料和有毒物质还可能积累到食物链中，对整个生态系统带来潜在影响，例如种植土壤的健康状况（可参见本教材第二章相关内容）。此外，空气和水中的微塑料也可以直接影响到人类。人类能吸入从空中掉落的微纤维，吸入后可以寄居在肺部深处，从而导致癌症在内的各种疾病。

已有证据表明，与尼龙和聚酯纤维打交道的工人，其接触有害纤维的程度远高于普通人群，他们的肺部会受到刺激，肺容量也会降低。

2019 年 8 月 22 日，世界卫生组织发布《饮用水中的微塑料》报告，呼吁深入研究自然环境中的微塑料对人体健康的影响。该报告指出微塑料以多种方式进入饮用水，最主要途径是通过雨雪后的地表径流、废水、工业废水以及使用的塑料瓶和瓶盖。而进入废水中的微塑料可以通过废水处理过程去除 90%以上。同时，报告强调，尽管目前饮用水中的微塑料对健康的风险很低，但仍有必要从源头上减少塑料对环境的影响。

2020 年底，我国生态环境部、国家发改委等九部门联合印发《关于扎实推进塑料污染治理工作的通知》，自 2021 年 1 月 1 日起开始实施。这项政策的出台，说明政府和社会对从源头上治理和防止塑料的污染已经有了较为深刻的认识。要做好垃圾分类，从源头减少流入环境中的塑料，这种行动不仅可以减少饮用水中的塑料污染，还能对我们的生活环境带来其他惠益。

（七）全氟化合物（PFASs）

全氟化合物（perfluoroalkyl substances，PFASs）是一类具有重要应用价值的含氟有机化合物，可被定义为一类化合物分子中与碳原子连接的氧原子全部被氟原子所取代的一类高氟有机化合物。全氟化合物的最初应用是因为发现该类化合物同时具有良好的疏油性和疏水性，表面活性功能优良，且其化学性质非常稳定，所以从 20 世纪早期开始，这种非挥发性的全氟有机化合物就广泛地在工业及民用领域大量地应用，并增长迅速。例如分别作为表面防污处理剂、反应中间体、表面活性剂等在表面处理、纸张保护、工业清洗剂、防火泡沫、石化工业表面活性剂、地板抛光剂等方面的大量使用。其中使用最广泛的是全氟辛烷磺酸（PFOS）和全氟辛酸（PFOA），前者曾是去污剂的重要成分，后者则被添加到不粘锅的涂层里。PFASs 普遍具有生物惰性，能够经受强的加热、光照、化学作用、微生物作用和高等脊椎动物的代谢作用而很难降解，极易造成生态环境污染。

研究表明，PFASs 已在全球范围内的水体中检出，国外与国内的污泥检测中也有检出。日本、瑞典、加拿大、德国、美国的研究学者对空气进行了真空抽集采样，同样测出了这类化合物的存在。由此推知，PFASs 已广泛存在于全球环境介质中，在这样的环境中，PFASs 可以通过饮食、呼吸等途径进入到人体和生物体内，对人体和生物体造成伤害，并呈现积累性和持久性。有研究表明，PFASs 在生物体内的蓄积水平高于已知的有机氯农药和二噁英等持久性有机污染物的数百倍至数千倍。这类化合物不同于其他的POPs，在进入生物体内会大量富集在脂肪组织中，而是与蛋白质结合，富集在血液、肝脏、肌肉和脾脏等器官内并以血液和肝脏中浓度最高。其毒性具体表现为：体重明显下降，抑制免疫系统，导致肝细胞损伤，生殖细胞受损，降低繁殖与生育能力，影响胎儿的晚期发育，干扰酶活性，破坏细胞膜结构等等。

目前，全氟化合物中最常见的全氟辛烷磺酸（PFOS）和全氟辛酸（PFOA）已经被视为饮用水污染物，2016 年，美国环保署发布公告称，PFOA 和 PFOS 都会存在于饮用水中，两者的浓度应合并，其健康公告数值合计不得超过 70 ng/L，美国各州的标准更严。2021 年 1 月 12 日，清华大学环境学院副教授黄俊团队在《欧洲环境科学》期刊上发表研究，对中国 66 个城市的 526 份饮用水样本分析后发现，部分城市饮用水含有较高浓度的全氟和多氟烷基物质（PFASs）。研究还发现，我国东部、南部和西南部一些城市，饮用水中的 PFASs 浓度高于北方城市，这些城市有较高的人口密度，而且氟化物的生产使用工业活动也较多。调查显示，在自贡的一个氟化物制造工厂附近，饮用水中的 PFASs 浓度达到了 3165 ng/L。

PFASs 相关化合物的种类繁多，要进行全面的监测也颇具挑战。解决方法之一是选择具有代表性的化合物，将其纳入常规的饮用水检测，例如常见的 PFOA 和 PFOS。目前的饮用水处理对于去除 PFASs 的效果微弱，处理工艺亟待改进。同时，改进工艺、提高 PFASs 在使用过程中的回收率，也能减少排放。工业界正在尝试设计 PFASs 的替代品，但考虑到替代品的使用效果、环境风险、生物毒性等潜在问题，替代品还需要有更优化的设计、更完善的监督方案，全面考量之后才能投入使用。此外，PFASs 对人体健康有什么影响，也需要更多更长期的分析。研究者呼吁，目前亟需对国内饮用水的 PFASs 浓度进行监测和风险评估，建立明确的检测标准，获得更全面的数据，以应对 PFASs 的潜在风险。

第四节

危险废物的越境转移

随着科技水平的不断发展，人类的物质生活水平得到极大提高。在物质生活得到极大丰富的同时，危险废物也随之大量产生。危险废物是通常包括毒性、易燃性、反应性、腐蚀性和感染性等一种或几种危险特性的固体废物。危险废物由于具有较强的危害性，如果处理不当，将会对危险废物储存地的人类健康和生态安全产生极大的威胁。发达国家为了减少危险废物给本国带来危害，通过多种途径将危险废物转移到缺乏监控和处置手段的发展中国家。危险废物的大量转移，给发展中国家的国民健康和生态安全带来了巨大的威胁，同时也导致污染的扩散并造成更大的污染危害。这种将污染转嫁他国的不道德行为受到国际社会的普遍谴责，国际社会目前也正为控制这一问题而进行不懈的努力。

作为首个规范危险废物越境转移和环境无害化处置的全球性国际环境公约是《控制危险废物越境转移及其处置巴塞尔公约》（简称《巴塞尔公约》）。《巴塞尔公约》1989 年3 月 22 日在联合国环境规划署于瑞士巴塞尔召开的世界环境保护会议上通过，1992 年 5月正式生效。《巴塞尔公约》管辖的废物范围包括危险废物和其他废物，在控制废物越境转移方面发挥了巨大的作用。《巴塞尔公约》将危险废物越境转移定义为："危险废物和其他废物从一个国家的国家管辖区域移至或通过另一个国家的国家管辖区域的任何转移，或移至或通过不是任何国家的国家管辖区域的任何转移，但该转移至少涉及两个国家。"为了避免发展中国家沦为发达国家危险废物的集散地，需要对发达国家向发展中国家转移危险废物的行为进行有效的控制。《巴塞尔公约》自 1992 年生效以来，逐步建设形成了控制危险废物越境转移的法律框架，并且公约在控制危险废物越境转移的许多规定上进行了创新，为其他控制危险废物越境转移的区域性公约提供了有力借鉴。

一、危险废物越境转移问题的现状

自 1945 年第二次世界大战结束后，发达国家集中力量进行战后恢复和经济建设，工农业生产力迅速提升，废弃物的产量也随之增加。20 世纪 70 年代始，发达国家经济稳步提升，国民的环保意识不断加强，发达国家开始对废弃物的处置进行严格的法律监督和控制。由此，处理成本的增加催生了向发展中国家转移废弃物的国际贸易。由于世界范围内对危险废物的定义、鉴定标准等技术参数没有形成统一的标准，要精确地获取世界范围内的危险废物的产生数量并非易事，而走私等非法运输形式的转移使得危险废物越境转移的数量更加难以统计，只能依据相关不同的计算模型估算出危险废物越境转移的大致数量。从目前有限的数据统计中可以对危险废物产生和转移的趋势窥探一二。

据绿色和平组织统计，从 1986 年到 1988 年的三年间，大约有 3000 万吨废物从发达国家运到了发展中国家。统计材料表明，工业国产生的危险废物有 20% 被运往发展中国家；经济合作与发展组织国家所产生的危险废物也至少有 10% 被转移到了他国，仅 1983 年一年就至少有 230 万吨。此外，工业国家将危险废物非法倾倒他国领土、领海的事也屡有发生。如美国费城的 1.5 万吨工业焚烧灰被倾倒在几内亚的卡萨岛上、意大利的 4000t 化学废物倾倒在尼日利亚的科科港，还发现来自美国、日本、德国等国的危险废物被倾倒在泰国的曼谷港。由于对废物越境缺乏控制和监测，加上分类方法的不同或有意隐瞒，使得废物越境数量难以确切。据估计，仅美国每年出境的有毒废物就在 200 万吨以上，而且大量这类物质被非法倾倒了。

废弃物国际贸易不仅种类多样，而且流动方向单一。"巴塞尔行动网络"（BAN）是致力于减少有毒垃圾出口的美国非营利组织，该组织在电子废弃物透明行动计划（E-trashtransparency project）中对美国国内产生的一些电子废弃物装配微小的全球定位跟踪芯片，然后将其放进事先选择的再生资源回收公司。电子废弃物透明行动计划的目的是追踪再生资源回收公司最终处置电子废弃物的线路图，研究其是否就地处置亦或是将其出口至其他国家。在电子废弃物行动计划的第一阶段，BAN 在废旧打印机或液晶显示屏等废旧电器里装配了 205 个 GPS 全球定位芯片，然后将其放回回收公司进行追踪。2016 年 9 月该组织发布美国电子废物出口追踪调查第一阶段报告。BAN 第一阶段的监测数据发现，93% 的电子废物最终运输到了发展中国家，其中 87% 出口到了亚洲国家。这意味着上述电子垃圾出口中 90% 以上的贸易是非法的，美国不是《巴塞尔公约》的缔约国，而按照公约规定不允许从非缔约国向缔约国进行危险废物越境转移。

二、危险废物越境转移原因

危险废物越境转移最先在西方工业国家萌芽，随着工业化进程的深入、经济基础的牢固，国民对生存环境的各项标准提出越来越高的要求。危险废物从发达国家流向发展中国家，这是污染越境转移的基本方向。这标志着发展中国家和发达国家在国际政治、经济地位上的悬殊。危险废物越境转移往往是打着所谓的"废物贸易"的招牌进行的，而实际上，此类的贸易量比之向第三世界的转移量要少得多。而发展中国家的政府或土地所有者接受危险废物的原因，或是对危险废物的认识不清，或是因为贫穷，或两者兼而有之。纵观有关危险废物越境转移的案例，危险废物越境转移原因主要可以概括为以下几种情形：

（一）发达国家的环保标准较为严格，处置固体废物的费用昂贵

由于废物产生地的环保法规及环境标准严苛，因此在发生同样经济收益的前提下，其被列为有害废物的副产品的相对数量偏高。发达国家甚至将国内禁止销售和使用的产品出口。有报告说，发达国家出口的农药中，30%是在其国内禁止使用的。20世纪80年代以来，美国、西欧等工业发达国家和地区相继修订了危险废物管理法规，对危险废物的焚烧处理和填埋处置规定了更加严格的标准。例如，美国环保局对焚烧处理含多氯联苯的废物，要求其分解效率达到99.9999%。严格的法规和复杂的处理处置技术要求使危险废物处理费用上涨，平均高达2000多美元/t。目前，废物处理的成本在不发达国家要低一些，例如在非洲国家，处置危险费用大约需要40美元1t，而欧洲则需要4倍到25倍的费用，美国则需要12倍到36倍的费用。通过固体废物的出口，工业发达国家不仅能够节省大笔废物处置费用，还能从对外贸易中赚取利润差额，何乐而不为？

为了获取经济利益最大化，生产者寻求愈加省钱的途径处置危险废物。于是通过中间商，将废物运送到对危险废物管理相对宽松且价格低廉的国家。发展中国家的废弃物处理工艺落后，环境保护标准难以得到彻底执行。发达国家则抓住了发展中国家在这方面的漏洞，通过规避本国严苛的环境管理法律进行危险废物转移，节省了昂贵的处置成本。

（二）发达国家内环境保护压力大，发达国家有意转移环境污染的压力

各国的经济发展水平、国民的环保意识、环境的经济价值观念的不同带来对有害废物贸易的经济价值评价观的差异。发达国家热衷于通过跨境转移固体废物的方式转移自身的环境压力。发达国家公民的环保意识强，由于危险废物带来的严重污染和潜在的严重影响，在工业发达国家危险废物已称为"政治废物"，工业化首先开始于工业发达国家，第二次世界大战后，各国迫于发展经济的需要，采取了一系列片面追求经济增长而忽视资源环境保护的措施，导致了严重的环境污染、生态破坏和资源匮乏问题，使生态环境遭受了前所未有的损害，出现了震惊全球的八大公害事件，严重影响到人类的生存安全和生命健康。因此公众对危险废物问题十分敏感，反对在自己居住的地区设立危险废物处置场。随着发达国家人民保护环境的呼声日益高涨和环境保护意识的日益增强，民间环保组织如雨后春笋般涌现，势力逐渐壮大，其作用也日益显现。

（三）跨国公司将危险废物放到处理成本低、环境规制宽松的国家进行处置

随着全球化的脚步加快，以跨国公司为模式的大型生产企业数量越来越多。一些企业将生产部门和废物处理部门分设在不同的国家，大量使用别国资源的同时，危险废物往往被放到处理成本低、环境规制宽松的国家处置。体现在：①将具有危险技术或污染的公害型企业转移到发展中国家，而这些企业在他们自己国内是受到严格禁止或限制的，还美其名曰"技术出口""技术援助"。如印度博帕尔惨案导致两天内5000人死亡，6万人致残，受影响的人达67万之多，就是一个典型的例子。②掠夺性地大量进口别国资源，造成出口国严重的环境污染和生态破坏。

（四）发展中国家片面追求经济利益

发展中国家受经济条件和技术水平等限制，是危险废物越境活动的最大受害者。发展中国家正处于大力发展国民经济的关键时期，普遍存在民众环保意识不强、环境标准低、环境法规相对不完善以及对环境法律实施监督相对薄弱的状况。不具备专业的管理能力和科技实力来处理危险废物，许多国家只顾眼前的短期经济利益进行固体废物的贸易，而将由此带来的严重环境问题抛之脑后。

废弃物市场的不完善，在一些发展中国家，环境标准低，危险废物的处理费仅为美国的 1/10。这种差价使一些垃圾商为从中牟利，把大批有害废物越境转移到发展中国家来。而且废弃物处理的企业之间相互恶性竞争。

（五）发展中国家环境保护的法律体制不健全，执行和管理力度不够

在发展中国家，公民对环保的重视程度相对较低，环境危机意识相对薄弱，对于具有潜伏危害性的固体废物越境转移问题普遍缺乏认识、疏于防范；再加之环境保护相关法制不完善或法律法规执行力度弱等背景下，一些不法经营者在暴利的驱使下，违法走私或与境外不法分子勾结非法进口废物，给发展中国家人民群众健康和环境安全造成危害。

上述种种原因共同导致发展中国家深受固体废物越境转移的危害。可见，经济发展水平和法律制度的差异，是导致发达国家大肆向发展中国家输出固体废物的最主要原因。自改革开放以来，我国曾一度成为某些发达国家输出固体废物的理想王国。但随着我国环境保护法律法规的不断完善，危险废物转移管理制度的不断完善和优化，环境质量标准的提高，人们环保意识的不断提升等，有效地保障了中国全面履行《巴塞尔公约》要求，也为控制和防范危险废物的非法入境提供了强大支撑。众所周知，越境转移的固体废物倘若得不到妥善的无害化处理，就会导致空气、水体、土壤等环境要素的污染，继而引发严重的环境污染事件和生态破坏问题。

三、控制危险废物越境转移的对策

危险废物的越境转移已成为严重的全球环境问题之一，如不采取措施加以控制，势必对全球环境造成严重危害。如何预防危险废物的越境转移成为当务之急。主要应从以下几方面具体措施着手：

（一）健全和完善法律法规及环保标准、依法严格管理

完善我国固体废物进口管理的相关法律，加强国内立法与《巴塞尔公约》的一致性与协调性，完善国内固体废物法制体系，从根本上防止废物的越境转移。为减少危险废物的越境转移，减少相应的环境风险，中国对废物进口进行管理始于 1995 年颁布的《固体废物污染环境防治法》，该法第 25 条明确规定"禁止进口不能用作原料或者不能以无害化方式利用的固体废物"。随后，相关部门制定了《进口废物管理目录》，分为禁止进口、限制进口以及自动许可进口三类，并不定时进行更新，以分类目录的形式实现对固体废物进口的动态调整。2017 年 7 月 18 日，国务院办公厅印发的《禁止洋垃圾入境 推进固体废物进口管理制度改革实施方案》，要求全面禁止洋垃圾入境；2018 年伊始，禁

止包含废纸在内的四类固体废物进口；2020 年，实现固体废物零进口。据统计，中国实施进口禁令后，急坏了欧洲人、美国人和日本人。2018 年前两个月，美国对中国的废料出口下降了约 35%，他的目标开始转向东南亚等其他发展中国家。

自 2017 年启动固体废物进口管理制度改革以来，《进口废物管理目录》已经分别于 2017 年 8 月、2018 年 4 月和 2018 年 12 月进行了三次调整，经调整，到 2019 年年底，已调整 56 个种类的固体废物至禁止进口目录中，这意味着可进口到中国的废物种类大幅减少。2020 年 4 月 29 日，全国人大常委会审议通过了修订后的《固体废物污染环境防治法》，该法已于 2020 年 9 月 1 日施行。该法第 24 条明确规定"国家逐步实现固体废物零进口"，首次将洋垃圾零进口写入法律。2020 年 11 月 24 日发布的并于 2021 年 1 月 1 日实施的《关于全面禁止进口固体废物有关事项的公告》更是明确指出"禁止以任何方式进口固体废物"。可见，中国此次禁令措施所指向的废物范围是全部的固体废物。根据《巴塞尔公约》的规定，全面禁止固体废物入境是中国依据国际法所享有的权利，中国此次禁令措施符合《巴塞尔公约》的规定。

各个国家都要大力完善本国国内的环保法律法规，使环境执法工作有法可依。尤其是发展中国家，应多研究发达国家的环保法律以及环保标准，结合本国实际情况，确定环保标准和规范，建立健全国内环保法律体系。

（二）加强科学宣传，增强环境意识

大力提高公众环保意识，号召全民参与废物治理，形成全社会各方共同努力、共同负责的废物防治共同体。从已发生的危险废物越境转移事件看，除了发达国家转嫁污染的直接原因外，发展中国家的国民环保意识不强，只顾眼前利益，是一个值得重视的问题。据报道，大量形形色色的"洋垃圾"已经进入了国门，并已"消化"在了我们的国土上；从沿海省份，乃至内地的内蒙古、山西等地都发现了"洋垃圾"的踪影。但"洋垃圾"屡闯国门而受阻的例子也很多。如 20 世纪 90 年代初，福建省宁德市接到海外侨胞来函称有 6000 万吨美国的建筑废料，欲以每吨补贴 3 美元的价格向宁德市转让。当时不少人动了心，建筑废料可以用于填海造地，又可净收入 1.8 亿美元，这对于一个经济比较落后的地区来说，真是"天大的好事"。但地、市领导保持着清醒的头脑，多次请有关部门对样品进行严格抽验，发现其中夹有大量有毒有害物质，无论填海还是填坑都会造成严重的二次污染，于是坚决拒绝这批建筑垃圾。

（三）加强国际交流与合作

由于危险废物的越境涉及全球的政治、经济、外交、科技等各国领域，因此，只有通过国际的协商合作才能予以较圆满的解决。需要建立国际协作的有效机制，在面对危险废物越境转移的问题时，各国能够迅速有效地进行信息共享和采取应对措施。

国际间交流合作的目的还在于使各国都建立起有效的废物管理系统。普遍推广无废少废工艺，废物处置和综合利用技术及高水平的管理方法。我国是一个发展中国家，正处于经济起飞、工业化的起步阶段，又具有人口多、人均资源少的基本国情，既要充分合理地利用有限的资源，又要保护好环境。充分借鉴国外优秀经验，着力提高国内固体废物管理水平。学习他国的长处，加强国际交流与合作具有重要现实意义。

（四）建立并完善统一的国际公约及公约的维护机构

全球性的危险废物越境转移活动仍在广泛进行，《巴塞尔公约》目前尚存在不少局限性，公约并未停止有毒物质的商业贸易，但是，它已经推动防止危险废物对我们共同的环境与全人类健康的威胁。因此，要根本上控制危险废物的越境转移，建立并完善统一的国际公约及公约的维护机构是不可缺少的一项工作。

（五）提高固体废物资源化处理处置技术

只要有危险废物的存在，无论转移与否，都会给人类健康和赖以生存的地球带来巨大威胁，所以控制危险废物的根本问题在于消灭危险废物，或将其产生减少到最低限度。所以在控制固体废物进口的同时也不能忽视本国境内固体废物的管理，强化国内固体废物风险管理和控制，强调固体废物的减量化、资源化和无害化，关注固体废物的进口、利用、处置等各个环节的全过程监管，推动固体废物源头减量化，并将资源化作为废物处理的最终目标。这就需要在可持续发展观的指导下，大力开展循环经济和清洁生产的科学研究，在全球范围内发展和共用处理危险废物的科学技术，从源头上消灭或控制危险废物。

 拓展阅读一

图瓦卢——生于海洋，死于海洋

图瓦卢总面积只有 26 平方公里，总人口 1.1 万人，属于热带海洋性气候，一年四季风景如画。图瓦卢是一个由 9 个环形珊瑚岛群组成的南太平洋岛国，位于澳大利亚和新西兰的东北。人们将构成这个国家的 9 个环状珊瑚小岛称为太平洋上的"九颗闪亮明珠"并不过分，因为在很多人眼里，图瓦卢真的像一个世外桃源。

然而，2001 年 11 月 15 日，美国权威的华盛顿地球政策研究所发表了一份不仅令图瓦卢人民，也令所有关心人类命运的人闻之心焦的"讣告"：由于人类不注意保护地球环境及保持生态平衡，最近几十年，随着全球气候变暖，海平面逐年上升，威胁到了海岛国家的生存，图瓦卢首当其冲。因为图瓦卢地势极低，全国最高点的海拔也不过 4.5 米。太平洋岛国图瓦卢的 1.1 万国民将面临灭顶之灾。唯一的解决办法就是全国大搬迁，永远离开这块他们世世代代居住、生活的土地。

2000 年 2 月 18 日，生养图瓦卢人民的大海已经给了他们一次可怕的预演。在那一天，该国的大部分地区被海水淹没，首都的机场及部分房屋都泡在了汪洋大海之中。该国的海平面于 2 月 19 日下午 5 时左右上升至 3.2m，2 月 20 日下午 5 时 44 分海潮才缓慢退却。低洼地方的房屋全部被海水淹没顶部。

科学家称图瓦卢这个岛国很有可能在 50 年后海平面将上升 37.6 厘米，这意味着图瓦卢至少将有 60% 的国土彻底沉入海中。气象及海洋统计数据显示，从 1993 年到 2009 年的 16 年间，图瓦卢的海平面总共上升了 9.12 厘米，国土面积减少了 2%。专家预言，如果地球环境继续恶化，在 50 年之内，图瓦卢 9 个小岛将全部没入海中，在世界地图上将永远消失。

自 21 世纪海平面上升以来，图瓦卢的生存便受到了极大的威胁。数年前，该国前总理佩鲁曾声称图瓦卢最终将永远被汪洋吞噬。他在当时已开始呼吁图瓦卢人另觅容身之所。当时他说，这样的情况是"最坏的打算"。但没有想到，此话余音未了，图瓦卢人民已不得不准备他们的搬家行李了。图瓦卢在和不断升高的海平面之间进行殊死抵抗后，宣布失败，表示无力阻挡上升的海平面。所以，图瓦卢决定未来 1.1 万居民将逐步撤离，已经初步确立举国陆续搬迁至新西兰，图瓦卢成为了全球第一个因全球变暖而举国迁移的国家。如今，已经有近 40% 的图瓦卢人常住居在新西兰。

图瓦卢举国搬迁的这个事情也给人类敲醒了警钟，如果人类再继续恶意破坏环境，不注重保护生态环境，那么最终受伤害的终究是人类自身！

 拓展阅读二

电子垃圾的越境转移

随着信息技术的发展与电子产品更新换代速度的加快，全球越来越多的废旧电子和电器设备被淘汰，形成巨量的电子垃圾。据报道，全世界每年有 2000 万～5000 万吨废旧电子产品被丢弃，并且正以每年 3%～5% 的速度增长，电子垃圾已成为继工业时代化工、冶金、造纸、印染等废弃物污染后新的一类重要环境污染物。据 2010 年联合国环境规划署发布的报告，我国已成为世界第二大电子垃圾生产国，每年产生超过 230 万吨电子垃圾，仅次于美国的 300 万吨。我国电子垃圾污染不仅来自于本国，还有进口的电子垃圾，全球的电子垃圾中80% 被运到亚洲，其中 90% 在我国处理与丢弃。电子垃圾污染已经成为我国重要的环境问题，国内外环境工作者对电子垃圾拆解造成的区域环境污染及其导致的健康风险问题高度关注。

电子垃圾成分复杂，电子垃圾回收处理中产生的有毒污染物主要是重金属和持久性有机污染物。由于电子垃圾的不恰当处理与处置，其所含有的持久性有机污染物（POPs）和重金属，如多溴联苯醚（PBDEs）、多环芳烃（PAHs）、多氯联苯（PCBs）、二噁英（Dioxin）等及多种重金属锌（Zn）、铅（Pb）、汞（Hg）、铬（Cr）、镉（Cd）等大量进入环境。长期以来，由于这些有毒有害物质的污染越来越严重，对人类身体健康构成很大威胁。

据统计，从 1995 年到 2016 年，欧美、日本等地流入发展中国家的电子垃圾中有 56% 都进入了中国，尤其是珠三角地区。其中广东贵屿镇为全国最大的电子垃圾集散地，同时也是国际上重要的电子电器垃圾拆解基地，每年成千上万的货船满载着来自欧洲、日本、北美的电子垃圾来到贵屿镇。该镇每年可处理逾百万吨来自世界多地的电子垃圾。

贵屿镇地处潮阳、普宁、揭阳三地交界，位于练江中游北岸，面积 52km²，有人口 13多万。贵屿镇地势低洼，属严重内涝区，农业生产基本没保障。几十年来，电子垃圾的回收及综合利用已经成为当地人谋生的主要手段，其作为该镇的支柱产业，已形成了从回收、拆解到加工、销售的完整的电子垃圾产业链。但当地村民处理电子垃圾的手段极为原始，人们称之为"19 世纪的工艺处理 21 世纪的垃圾"。当地工人大多采用焚烧、破碎、水洗（用王水等强酸腐蚀）等原始手工工艺处理电子垃圾来提炼重金属，这些工艺成本低廉且效益可观，余下的电子垃圾被随意丢弃，直接污染空气、水、土壤。贵屿的电子垃圾贸易曾一度带动当地经济发展，获得经济效益；增加居民收入，提高收入水平，增加就业岗位，获得社会效益。但同时贵屿也为急速发展的经济繁荣付出了巨大代价，短期利益和长远利益存在矛盾，造成了严重的环境污染，失去了生态效益，威害人们身体健康。贵屿的水源污染状况十分严重，由于有毒物质、废液被填埋或渗入地下，绝大部分地表水和浅层地下水已不能饮用，只能做工业用水，居民饮水必须从 30 千米以外的地方运送。污染侵蚀过的土壤已经不能再种庄稼，大量有害气体和悬浮物致使空气质量变差，造成了严重的空气污染。对该地区河岸沉积物的抽样化验显示，对环境和身体健康危害极大的重金属中，Pb、Cr 等的含量都超过危险污染标准数百倍，甚至上千倍，而水中的污染物含量也超过了饮用水标准数千倍。当地居民身体健康受到严重的威胁，多种疾病在当地居民中发生率高。

牺牲环境发展经济的做法是目光短浅的，要实现可持续发展，必须树立环保意识，一些国际性环境问题还需要国际合作。2013 年 4 月 6 日，（广东）省环保厅印发了《汕头市贵屿地区电子废物污染综合整治方案》，汕头市环保局采取八大措施进行贵屿污染整治工作。2016年 9 月贵屿空气各项指标均符合《环境空气质量标准》，当地河道水质基本扭转酸性污染状况，铅、铜、镍浓度同比显著下降，土壤重金属污染势头得到遏制且好转。除了立法之外，我国政府也开始着手采取多种手段和措施来治理污染，贵屿污染治理，目前已初见成效。

今天的贵屿，垃圾处理已经转化为集中拆解和控制污染，家庭作坊式的拆解散户统一进入了循环经济产业园。通过强化园区规范管理和持续深入环境整治，贵屿地区环境质量明显改善，具体表现在：土壤环境污染指标的含量水平整体保持稳定，土壤环境质量改善；水体中重金属含量降低，水体质量有所改善；空气环境中常规指标、重金属及其化合物等指标均符合《环境空气质量标准》年平均浓度的二级标准，空气环境质量连续稳定达标。

? 思考题

1. 全球气候变化的主要原因是什么？全球气候变化将导致什么样的结果？
2. 温室气体主要有哪些？温室气体如何导致全球变暖？
3. 控制温室气体排放的措施有哪些？
4. 简述臭氧层的消耗物主要有哪些。分析臭氧层破坏的原因及其导致的结果。
5. 国际上和我国控制臭氧层破坏的策略有哪些？作为普通公民对保护臭氧层能做些什么？
6. 简述持久性有机污染物的特性。
7. 分析全球危险废物越境转移的原因并阐述危险废物越境转移所带来的危害。
8. 分析我国《关于全面禁止进口固体废物有关事项的公告》发布的意义体现在哪些方面？

参考文献

[1] 姜安玺，等. 空气污染控制[M]. 北京：化学工业出版社，2009.

[2] 何品晶. 固体废物处理与资源化技术[M]. 北京: 高等教育出版社, 2015.

[3] 宁平. 固体废物处理与处置[M]. 北京: 高等教育出版社, 2015.

[4] 赵由才, 牛冬杰, 柴晓利, 等. 固体废物处理与资源化[M]. 北京: 化学工业出版社, 2006.

[5] 蒋建国. 固体废物处理与资源化[M]. 北京: 化学工业出版社, 2015.

[6] 李婵娟. 局部气候环境变化与居民健康关系[M]. 青岛: 中国海洋大学出版社, 2019.

[7] 王明星. 全球气候变暖[M]. 济南: 山东科学技术出版社, 1996.

[8] 曾文革. 应对全球气候变化能力建设法制保障研究[M]. 重庆: 重庆大学出版社, 2012.

[9] 庞素艳, 于彩莲, 解磊. 环境保护与可持续发展[M]. 北京: 科学出版社, 2015.

[10] 曲向荣. 环境保护与可持续发展[M]. 北京: 清华大学出版社, 2010.

[11] 朗铁柱, 钟定胜. 环境保护与可持续发展[M]. 天津: 天津大学出版社, 2005.

[12] 程发良, 孙成访. 环境保护与可持续发展[M]. 北京: 清华大学出版社, 2016.

[13] 王蕾. 臭氧层保护国际法律制度研究: 兼论我国对相关国际义务的履行[D]. 青岛: 中国海洋大学, 2010.

[14] 张贺, 广海军. 臭氧层破坏对环境产生的影响及预防措施[J]. 资源节约与环保, 2020(5).

[15] 钱易, 唐孝炎. 环境保护与可持续发展[M]. 北京: 高等教育出版社, 2010.

[16] 江桂斌, 阮挺, 曲广波. 发现新型有机污染物的理论与方法[M]. 北京: 科学技术出版社, 2019.

[17] 罗孝俊, 麦碧娴. 新型持久性有机污染物的生物富集[M]. 北京: 科学出版社, 2017.

[18] 钟瑾, 朱庚富, 朱法华. 垃圾焚烧发电过程中二噁英的污染控制[J]. 环境污染与防治, 2006 (7).

[19] 刘宇炜. 尿素改性活性炭吸附气相二噁英及甲苯的实验研究[D]. 杭州: 浙江大学, 2021.

[20] 卢崇伟. 环境内分泌干扰物三氯生、双酚 A 对斑马鱼的毒性研究[D]. 镇江: 江苏大学, 2016.

[21] Thomas P, Van B, João P, Reshma S, et al. Global Trends in Antimicrobial Resistance in Animals in Low- and Middle-income Countries[J]. Science, 2019, 365: 6459.

[22] 刘鹏霄, 王旭, 冯玲. 自然水环境中抗生素的污染现状、来源及危害研究进展[J]. 环境工程, 2020, 38(5): 36-42.

[23] 杨尚乐. 松花江哈尔滨段抗生素及抗性基因分布规律研究与解析[D]. 哈尔滨: 东北林业大学, 2021.

[24] 吴为, 张敏, 缪明, 等. 土壤环境中微塑料的发生来源及影响研究进展[J]. 湖南生态科学学报, 2021, 8(3): 90-94.

[25] 贾振邦. 环境与健康[M]. 2 版. 北京: 北京大学出版社, 2009.

[26] 钱芳. 20 世纪 60 年代以来美国危险废弃物的越境转移研究[D]. 石家庄: 河北师范大学, 2016.

[27] 张瑜. 危险废物越境转移的责任承担及其实践[D]. 杭州: 浙江大学, 2017.

[28] 黄莉. 《巴塞尔公约》架构下危险废物越境转移及其处置法律控制研究[D]. 深圳: 深圳大学, 2018.

[29] 孙娅婷. 国际废弃物贸易中的伦理问题探究[D]. 昆明: 云南财经大学, 2013.

[30] 平珂. 我国防治固体废物越境转移的法律对策研究[D]. 济南: 山东师范大学, 2015.

第十章
可持续发展

发展是人类社会不断进步的永恒主题。现代可持续发展的理论源于人们对环境问题的逐步认识和关注，其产生背景是因为人类赖以生存和发展的环境和资源遭到越来越严重的破坏，生态环境问题已经影响到人类的生存和发展，因此如何协调人类与环境的关系，走可持续发展道路成为社会各界关心的焦点。

第一节
可持续发展的起源和发展

一、古代朴素的可持续性思想

可持续发展的要领是由西方人首先提出的，但可持续发展的思想在中国却有着源远流长的历史。中国自文明的诞生起就面临着人口与资源矛盾，因此古代很早就有对林业、渔业、鸟兽和土地资源永续利用的思想。认为自然界中各种资源的再生能力是有限的，对自然界的索取速度不能超过自然界的再生能力。著名思想家孔子主张"钓而不纲，弋不射宿"，也就是说人用鱼竿钓鱼而不用渔网捕鱼，用弋射的方式获取猎物，但是从来不射取休息的鸟兽；周文王曾告诫他的儿子周武王，要加强山林川泽的管理，按照自然规律合理使用，不能过度开发。他指出："山林非时不斤斧，以成草木之长；川泽非时不入网罟，以成鱼鳖之长。"管仲把保护山泽林木作为对君王的道德要求，反对过度修建房屋挤占土地，他认为"为人君而不能谨守其山林、菹泽、草莱，不可以立为天下王""山林虽近，草木虽美，宫室必有度，禁发必有时"。《旧唐书》中记载，中唐时期朝政腐败，生活靡烂，朝中及地方官员竞相以"奇鸟异兽毛羽"攀比织裙，以至于许多鸟兽"采之殆尽"。唐玄宗李隆基做出禁令，不准制作穿戴这类奇异的毛羽物。这些朴素的思想都一致强调人类在生产活动中要适应自然规律，采取适当的手段获取资源，力求人与自然和谐共处、良性互动。

西方早在公元前 400 年，希腊哲学家柏拉图和他的学生亚里斯多德就探讨过人与自然协调发展的问题，批评过人对自然系统的破坏。同时，他还注意到人口增长与自然资源以及肥沃土地的供给之间的矛盾。为此，亚里斯多德提出了自然的价值问题，即自然界中出现的每一样东西都有其价值，这一概念在西方世界一直影响到今天。在中世纪以后，西方历史上一些思想家开始担心和争论自然资源是否会被耗竭，担心自然资源能否满足日益增长的人口需要。因此在西方早期的可持续发展问题中，中心议题是人口问题。一些经济学家如马尔萨斯、李嘉图和穆勒等在著作中都提到人类消费的物质限制，即人类的经济活动范围存在着生态边界。由此可见，虽然人类社会早期还没有形成关于国家应如何实施可持续发展的总体思想，但东西方所强调的可再生资源的永续利用已包含了可持续发展的思想萌芽，只是该时期人口对生态环境和资源的压力较小，因而可持续发展思想并没有明朗化、紧迫化，也没有受到人们的普遍认识。

二、现代可持续发展思想的产生和发展

工业革命以来，由于资源的掠夺性开发，人口急剧增长和集聚，高污染的工业经济迅速发展，伴随着有害废物大量产生的消费膨胀，导致地球表面系统与人类生存环境的不协调，出现了资源枯竭、人口拥挤、供应不足、环境污染等有碍人类经济社会发展的现象。这些问题从 20 世纪 60 年代以来表现得十分突出，引起了越来越多人的关注。在这一过程中几个事件对现代可持续发展思想的产生有着重要的意义，引发生态文明与保护地球的深层思考！

（一）《寂静的春天》——对传统行为和观念的早期反思

20 世纪中叶，人们为了获取更多的粮食，研制了许多基本的化学药物，用于杀死昆虫、野草和啮齿动物。如有机氯农药 DDT，它是多种昆虫的接触性毒剂，具有很高的毒效，尤其适用于扑灭传染疟疾的蚊子，可杀死农业害虫，增加农作物产量。

作为一名生物学家蕾切尔·卡逊根据美国当时使用 DDT 产生危害的种种迹象，以敏锐的眼光和深刻的洞察力预感到滥用杀虫剂的严重后果。她经过几年艰苦的调查和研究，于 1962 年出版了环境保护的科普著作《寂静的春天》。书中提出，如果不解决环境问题，人类将生活在幸福的坟墓之中。该著作描绘了一幅由于农药污染所带来的可怕景象，惊呼人们将失去"阳光明媚的春天"，在人对环境的所有袭击中，最令人震惊的是空气、土地、河流以及大海受到各种致命化学物质的污染，这种污染是难以清除的，因为它们不仅进入了生命赖以生存的世界，而且进入了生物组织内。这部著作率先就环境污染问题向世界发出了振聋发聩的呼喊，在世界范围内敲响了人类将由于破坏环境而必遭大自然惩罚的警世之钟，引发了人们对传统行为观念的批判与反思，同时也在工业界引起了巨大的冲击。蕾切尔·卡逊以自己独到的眼光洞察到了深层次的问题，并以惊人的勇气爆发了第一声呐喊。这是一声来自民间的呼唤，属于可持续发展历程的个人行为阶段。

（二）《增长的极限》——引起全球思考的"严肃忧虑"

1968 年，来自世界各国的几十位科学家、教育家和经济学家等学者聚会罗马，成立了一个非正式的国际协会——罗马俱乐部。它的工作目标是关注、探讨与研究人类面临的共同问题，使国际社会对人类面临的社会、经济、环境等诸多问题有更深入的理解，并在现有全部知识的基础上推动采取能扭转不利局面的新态度、新政策和新制度。

1972 年，受罗马俱乐部的委托，麻省理工学院梅多斯研究小组向俱乐部提交了一份研究报告——《增长的极限》。此书的目的在于阐述随着人口的不断增加和人类对地球自然资源的过度使用所带来的严重后果。书中说明了石油、矿藏等各种不可再生资源正面临枯竭的边缘，并且还预言这种极限会提前到来，因为人类消耗资源的速度是越来越快的。《增长的极限》一发表，在国际社会特别是学术界引起了强烈的反响。该报告由于过分夸大了人口爆炸、粮食和能源短缺、环境污染等问题的严重性，以及提出的"零增长"方案在现实世界中难以推行，所以反对和批评的意见很多。但是，报告所表现出的对人类前途的"严肃忧虑"，以及唤起人类自身觉醒的意识是积极的，它督促我们人类主动地、有意识地节约资源和保护环境，该书为孕育可持续发展的思想萌芽提供了土壤。《增长的极限》代表性观点是：没有环境保护的繁荣是推迟执行的灾难。

（三）联合国人类环境会议——人类对环境问题的正式挑战

1972 年 6 月 5 日，联合国在瑞典斯德哥尔摩召开了人类环境会议。来自世界 113 个国家和地区的 1300 多名代表汇聚一起，共同讨论环境对人类的影响，这次会议被认为是人类关于环境与发展问题思考的第一个里程碑。大会提出了"只有一个地球"的口号，通过了具有历史意义的文献《联合国人类环境会议宣言》，简称《人类环境宣言》。该宣言阐明了七个共同观点和二十六项共同原则，以鼓舞和指导世界各国人民保护及改善人类环境。作为探讨保护全球环境战略的第一次国际会议，联合国人类环境大会的意义在于唤起了各国政府对环境问题的觉醒和关注。虽然这次会议的主题偏重于讨论由发展引出的环境问题，而没有更直接地关注环境与发展之间的相互依存性，但已经出现了与今天所说的可持续发展有联系的思想火花。人类开始将可持续发展看作追求政治、经济、文化、人和谐平衡的过程，注重人和自然环境的协调发展。

中国不仅出席了此次大会，而且也是该宣言的签字国。这次会议代表了人类对环境问题认识的一个转折点。同年，联合国环境规划署成立。为了纪念此次大会的召开，将每年 6 月 5 日定为"世界环境日"。自此以后，环境与社会发展的问题，成为国际社会共同关注的焦点与核心。

（四）《我们共同的未来》——可持续发展的国际性宣言

1987 年，世界环境与发展委员会（WECD）把长达 4 年研究、经过充分论证的报告《我们共同的未来》提交给联合国大会，这份报告正式使用了可持续发展概念。该报告对当前人类在经济发展和保护环境方面存在的问题进行了全面、系统的评价，明确地指出：过去我们关心的是发展对环境所带来的影响；在不久以前我们感到国家之间在经济方面相互联系的重要性，而现在我们则感到在国家之间的生态学方面相互依赖的情景，生态与经济从来没有像现在这样互相紧密地联系在一个互为因果的网络之中。我们需要一条新的发展道路，这条道路不是一条仅能在若干年内、在若干地方支持人类进步的道路，而是一直到遥远的未来都能支持全人类进步的道路。这一鲜明、创新的科学观点，把人们从单纯考虑环境保护引导到把环境保护与人类发展切实结合起来，实现了环境与发展思想的重要飞跃。

《我们共同的未来》分为"共同的问题""共同的挑战""共同的努力"三大部分。报告将注意力集中于人口、粮食、物种、遗传、资源、能源、工业和人类居住等方面，在系统探讨了人类面临的一系列重大的经济、社会和环境问题之后，提出了"可持续发展"的定义：既满足当代人的需求，又不对后代人满足其自身需求能力构成危害的发展。该报告使环境与发展思想产生了具有划时代意义的飞跃。

（五）联合国环境与发展大会——环境与发展的里程碑

从 1972 年联合国人类环境会议召开到 1992 年的 20 年间，国际关注的热点已由单纯注重环境问题逐步转移到环境与发展二者的关系上来，而这一主题必须有国际社会的广泛参与。在这一背景下，1992 年 6 月 3 日至 14 日在巴西里约热内卢召开了联合国环境与发展大会，全球 183 个国家的代表团和联合国及其下属机构的 70 个国际组织的代表出席了会议，102 位国家元首或政府首脑参会。本次会议以"世界环境与发展"为题，重申了 1972 年斯德哥尔摩通过的联合国人类环境会议宣言，该会议将环境问题登上全球议程的最高位置，是人类环境与发展史上影响最深远的一次盛会。

会议制定并通过了全球《21 世纪议程》，内容分为 4 个部分，即经济与社会的可持续发展、资源保护与管理、主要群体的作用、实施手段。《21 世纪议程》提出的全球可持续发展战略很快得到了全球性的回应，可持续发展越来越受到国际法律的保护，全球性、区域性和双边环境保护公约、条约和议定书不断出台，领域也不断扩大。各国政府相继制定了各自国家和地区的《21 世纪议程》。此外，各国政府还通过了《里约环境与发展宣言》《关于森林问题的原则声明》《气候变化公约》《生物多样性公约》等五个文件和公约。

这次会议将环境与经济、社会的发展有机地结合在一起，标志世界环境保护运动走向一个新的阶段，为人类的环境与发展树立了一座重要的里程碑。

第二节

可持续发展的概念和内涵

一、可持续发展的定义

可持续发展最初是由发达国家提出来的，它的定义有若干，由于可持续发展涉及自然、环境、社会、经济、科技、政治等诸多方面，因此研究者所站的角度不同，对可持续发展所作的定义也有所区别。大致归纳如下：

1991 年世界自然保护联盟、联合国环境规划署、世界野生生物基金会在共同发表的《保护地球——可持续性生存战略》中，从社会科学的角度把可持续发展理解为"在生存不超出维持生态系统涵容能力的情况下，改善人类的生活品质"；从经济学角度，对可持续发展的最为普遍的观点是：在优化资源配置的条件下取得最大效益的发展。世界银行在 1992 年《世界发展报告》中指出，可持续发展是指建立在成本效益比较和审慎的经济分析基础上的发展和环境政策，加强环境保护，从而导致福利的增加和可持续水平的提高；从生态学角度，美国景观生态学家 R.Forman 认为，可持续发展是寻找一种最佳的生态系统和土地利用的空间构形，以支持生态的完整性和人类愿望的实现，使一个环境的持续性达到最大；从地理学角度，地理学家强调的是区域可持续发展，并认为可持续发展的核心是人地关系的研究；在自然科学领域，更多的学者倾向于世界资源研究所在1992年提出的定义："可持续发展就是建立极少产生废料和污染的工艺或技术系统。"上述关于可持续发展的定义，反映了人们从不同方面、不同层次对可持续发展的探索和理解，是人们在一定阶段上认识可持续发展的理论成果。

目前引用最广泛的是1987年联合国世界环境与发展委员会在《我们共同的未来》报告中的定义，即可持续发展是"既能满足当代人的需要，又不对后代人满足其需要的能力构成危害的发展"。这一概念表达了三个基本观点：一是"需求"，尤其是指世界上贫困人口的基本需求，应将这类需求放在特别优先的地位来考虑；二是"限制"，是指技术状况和社会组织对环境满足眼前和将来需要的能力所施加的限制；三是"平等"，即各代之间的平等以及当代不同地区、不同人群之间的平等。

二、可持续发展的内涵

可持续发展的总目标是使全体人民在经济、社会和公民权利的需要与欲望方面得到持续提高。它首先是从环境保护角度来倡导保持人类社会的进步与发展，它号召人们在增加生产的同时，必须注意生态环境的保护与改善。

可持续发展的内涵有两个最基本的层面，即发展与持续性。发展是前提，是基础，持续性是关键。没有发展，也就没有必要去讨论是否可持续了；没有持续性，发展就行将终止。

发展应从两个方面来理解：第一，它至少应含有人类社会物质财富的增长，经济增长是发展的基础。第二，发展作为一个国家或区域内部经济和社会制度的必经过程，它以所有人的利益增进为标准，以追求社会全面进步为最终目标。

持续性也有两个方面的意思：第一，自然资源的存量和环境的承载能力是有限的，这种物质上的稀缺性和在经济上的稀缺性相结合，共同构成经济社会发展的限制条件。第二，在经济发展过程中，当代人不仅要考虑自身的利益，还应该重视后代人的利益，即要兼顾各代人的利益，要为后代发展留有余地。

可持续发展是发展与可持续的统一，两者相辅相成，互为因果。放弃发展，则无可持续可言，只顾发展而不考虑可持续，长远发展将丧失根基。可持续发展战略追求的是近期目标与长远目标、近期利益与长远利益的最佳兼顾，经济、社会、人口、资源、环境的全面协调发展。可持续发展涉及人类社会的方方面面，走可持续发展之路，意味着社会的整体变革，包括社会、经济、人口、资源、环境等诸领域在内的整体变革。

三、可持续发展战略的基本思想

（一）可持续发展鼓励经济增长，但要改变经济增长的方式

可持续发展强调经济增长的必要性，必须通过经济增长提高当代人福利水平，增强国家实力和社会财富。但可持续发展不仅要重视经济增长的数量，更要追求经济增长的质量。这就是说经济发展包括数量增长和质量提高两部分，数量的增长是有限的，而依

靠科学技术进步，提高经济活动中的效益和质量才是可持续的。

可持续发展要求重新审视如何实现经济增长，必须审计使用能源和原料的方式，改变传统的以"高投入、高消耗、高污染"为特征的生产模式和消费模式，实施清洁生产和文明消费，从而减少每单位经济活动造成的环境压力。环境退化的原因产生于经济活动，其解决的主要办法也必须依靠经济过程。

（二）可持续发展的标志是资源的永续利用和良好的生态环境

经济和社会发展不能超越资源和环境的承载能力。可持续发展以自然资源为基础，同生态环境相协调。它要求在严格控制人口增长、提高人口素质和保护环境、资源永续利用的条件下，进行经济建设，保证以可持续的方式使用自然资源和环境成本，使人类的发展控制在地球的承载力之内。可持续发展强调发展是有限制条件的，没有限制就没有可持续发展。要实现可持续发展，必须使自然资源的耗竭速率低于资源的再生速率，必须通过转变发展模式，从根本上解决环境问题。如果经济决策中能够将环境影响全面系统地考虑进去，这一目的是能够达到的。但如果处理不当，环境退化和资源破坏的成本就非常巨大，甚至会抵消经济增长的成果。

（三）可持续发展的目标是谋求社会的全面进步

可持续发展的观念认为，世界各国的发展阶段和发展目标可以不同，但发展的本质应当包括改善人类生活质量，提高人类健康水平，创造一个保障人们平等、自由、教育和免受暴力的社会环境。这就是说，在人类可持续发展系统中，经济发展是基础，自然生态保护是条件，社会进步才是目的。而这三者又是一个相互影响的综合体，只要社会在每一个时间段内都能保持与经济、资源和环境的协调，这个社会就符合可持续发展的要求。

四、可持续发展的基本原则和要求

可持续发展具有十分丰富的内涵。就其社会观而言，主张公平分配，既满足当代人又满足后代人的基本需求；就其经济观而言，主张建立在保护地球自然系统基础上的持续经济发展；就其自然观而言，主张人类与自然和谐相处。

（一）基本原则

1. 公平性原则

所谓公平是指机会选择的平等性。可持续发展的公平性原则包括两个方面：一是本代人的公平即代内之间的横向公平。可持续发展要满足所有人的基本需求，当代世界贫富悬殊、两极分化的状况完全不符合可持续发展的原则。因此，要给世界各国以公平的发展权、公平的资源使用权，要在可持续发展进程中消除贫困。各国拥有按其本国的环境与发展政策开发本国自然资源的主权，并负有确保在其管辖范围内或在其控制下的活动，不致损害其他国家或在各国管理范围以外地区的环境责任。二是代际间的公平即世代的纵向公平。人类赖以生存的自然资源是有限的，当代人不能因为自己的发展与需求而损害后代人满足其发展需求的条件，要给后代人以公平利用自然资源的权利。

2．持续性原则

可持续发展有着许多制约因素，其主要限制因素是资源与环境。资源与环境是人类生存与发展的基础和条件，离开了这一基础和条件，人类的生存和发展就无从谈起。因此，资源的永续利用和生态环境的可持续性是可持续发展的重要保证。人类发展必须以不损害维持地球生命的大气、水、土壤、生物等自然条件为前提，必须充分考虑资源的临界性，必须适应资源与环境的承载能力。换言之，人类在经济社会的发展进程中，需要根据持续性原则调整自己的生活方式，确定自身的消耗标准，而不是盲目地、过度地生产和消费。

3．共同性原则

可持续发展关系到全球的发展。尽管不同国家的历史、经济、文化和发展水平不同，可持续发展的具体目标、政策和实施步骤也各有差异，但是公平性和可持续性原则是一致的，并且要实现可持续发展的总目标，必须争取全球共同的配合行动，这是由地球整体性和相互依存性所决定的。因此，致力于达成既尊重各方的利益，又保护全球环境与发展体系的国际协定至关重要。

（二）战略总要求

可持续发展战略总要求包括：a.人类以人与自然和谐的方式去生产；b.把环境与发展作为一个整体，制定出社会、经济可持续发展的政策；c.发展社会科学技术、改革生产方式和能源结构；d.以不损害环境为前提，控制适度的消费和工业发展的生态规模；e.从环境与发展最佳相容性出发，确定其管理目标和优先次序；f.加强和发展资源环境保护的管理；g.发展绿色文明和生态文化。

一个国家的可持续发展程度决定于以下几个方面：

第一，绝对贫困、收入分配不公平程度、就业水平、教育、健康及其他社会和文化服务的性质和质量是否有了改善；

第二，个人和团体在国内外是否受到更大的尊重；

第三，人们的选择范围是否扩大。

五、可持续发展的主要内容

1．经济可持续发展

自古以来，人们追求的目标是"发展"，而经济发展，尤其是工农业发展更是"发展"的主题。可持续发展观强调经济增长的必要性，认为只有通过经济增长才能提高当代人的福利水平，增强国家实力，增加社会财富。但是，可持续发展不仅重视经济数量上的增长，更是追求质量的改善和效益的提高，要求改变传统生产方式，积极倡导清洁生产和适度消费，以减少对环境的压力。经济的可持续发展包括持续的工业发展和农业发展。

持续工业包括综合利用资源、推行清洁生产和树立生态技术观。综合利用资源是指要建立资源节约型的国民经济体系，重视"二次资源"的开发利用，提倡废物资源化。清洁生产指"零废物排放"的生产。就生产过程而言，实现废物减量化、无害化和资源化；对产品而言，生产"绿色产品"或"环保产品"，即生产对社会环境和人类无害的产品。生态技术观是指应用科学技术与成果，在保持经济快速增长的同时，依靠科技进步和提高劳动者的素质，不断改善发展的质量。

持续农业是指"采用某种使用和维护自然资源基础的方式，并以实行技术变革和机制性改革，以确保当代人类及其后代对农产品的需求不断得到满足。这种可持续的农业能够维护土地、水和动植物的遗传资源，是一种环境不退化、技术上应用适当、经济上能生存下去及社会能够接受的农业"。

2. 生态可持续发展

生态可持续发展所探讨的范围是人口、资源、环境三者的关系，即研究人类与生存环境之间的对立统一关系，调节人类与环境之间的物质和能量交换过程，寻求改善环境、造福人民的良性发展模式，促进社会、经济更加繁荣昌盛地向前发展。当人类开发利用资源的强度和排放的废弃物没有超过资源生态经济及环境承受能力的极限时，既能满足人类对物质、级量的需求，又能保持环境质量，给人类提供一个舒适的生活环境。加之生态系统又能通过自身的自我调节能力以及环境自净能力，恢复和维持生态系统的平衡、稳定和正常运转。这样的良性循环发展，不断地产生着经济效益、社会效益、生态效益，这就是生态可持续发展的要求。

3. 社会可持续发展

社会可持续发展不等同于经济可持续发展。经济发展是以"物"为中心，解决好生产、分配、交换和消费各个环节之中以及它们之间的关系问题；社会发展则是以"人"为中心，以满足人的生存、享受、康乐和发展为中心，解决好物质文明和精神文明建设的共同发展问题。所以，经济发展是社会发展的前提和基础，社会发展是经济发展的结果和目的，两者相互补充、相互协调，才能实现整个国家持续、快速、健康地发展。

第三节

可持续发展的实践

一、清洁生产

清洁生产是一种新的创造性的思想，该思想将整体预防的环境战略持续应用于生产过程、产品和服务中，以增加生态效率和减少人类及环境的风险。

（一）清洁生产的定义

清洁生产的实质是贯彻污染预防原则。其本意为"更清洁地生产"，它是一个相对的概念，所谓的清洁能源和原料、清洁生产技术和工艺、清洁产品都是同现有能源和原料、常规技术和工艺、产品相比较而言。2002 年我们国家颁布了《清洁生产促进法》，2012年对该法进行了第二次修订。《清洁生产促进法》给出了清洁生产的定义，被国内大部分学者和专家所认可。

《中华人民共和国清洁生产促进法》关于清洁生产的定义为：清洁生产是指不断采取改进设计、使用清洁的能源和原料、采用先进的工艺技术与设备、改善管理、综合利用等措施，从源头削减污染，提高资源利用效率，减少或者避免生产、服务和产品使用过程中污染物的产生和排放，以减轻或者消除对人类健康和环境的危害。

在清洁生产的定义中包含了四层涵义：

① 清洁生产的目标是节省能源、降低原材料消耗、减少污染物的产生量和排放量；

② 清洁生产的基本手段是改进工艺技术、强化企业管理，最大限度地提高资源、能源的利用水平和改变产品体系，更新设计观念，争取废物最少排放及将环境因素纳入服务中去；

③ 清洁生产的方法是审核，即通过审核发现排污部位、排污原因，并筛选消除或减少污染物的措施及对产品进行生命周期分析；

④ 清洁生产的终极目标是保护人类与环境，提高企业自身的经济效益。

（二）清洁生产的内容

清洁生产的内容主要体现在清洁的能源和原材料、清洁的生产过程和清洁的产品。

1. 清洁的能源和原材料

原材料是工艺方案的出发点，它的合理选择是有效利用资源、减少废物产生的关键因素。从原材料使用环节实施清洁生产的内容可包括以无毒、无害或少害原料替代有毒有害原料；改变原料配比或降低其使用量；保证或提高原料的质量、进行原料的加工减少对产品的无用成分；采用二次资源或废物作原料替代稀有短缺资源的使用等。

2. 清洁的生产过程

清洁的生产过程是指选择清洁的工艺设备，强化生产过程的管理，减少物料的流失和泄漏，提高资源、能源的利用率。减少生产过程的各种危险性因素，如高温、高压、易燃、易爆、强噪声、强振动等；采用少废、无废的工艺和高效的设备，最大限度地利用原料与能源；具有简便、可靠的操作和控制以及有效的管理体系。

3. 清洁的产品

是指在生产、使用和处置的全过程中不产生有害影响的产品，清洁产品又叫绿色产品。清洁产品应具备以下几方面的条件：产品在使用过程中以及使用后，不含有危害人体健康和破坏生态环境的因素；产品使用后易于回收、重复使用和再生；产品的包装合理；产品具有合理的功能，如节能、节水和降低噪声的功能；产品的使用寿命合理。

（三）清洁生产的意义

1. 清洁生产使工业持续发展

1992 年在巴西召开的环境发展大会，通过了《21 世纪议程》，制定了可持续发展的重大行动计划，将清洁生产作为可持续发展关键因素，得到各国共识。清洁生产可大幅度减少资源消耗和废物产生，通过努力还可使破坏了的生态环境得到缓解和恢复，排除匮乏资源困境和污染困扰，走工业可持续发展之路。

2. 清洁生产开创防污治污新阶段

清洁生产改变了传统的被动、滞后的先污染、后治理的污染控制模式，强调在生产过程中提高资源、能源转换率，减少污染物的产生，降低对环境的不利影响。

3. 清洁生产弱化末端治理

清洁生产重点强调从源头削减污染，把产生的废物消除在生产过程中。但提倡清洁生产并不意味着消除末端治理的措施，在当今技术发展水平一定的前提下，首先提倡生产过程中的清洁生产，但如果实在无法消除的污染物，还需要采取末端治理的技术进行最终的处置。

4. 清洁生产使企业赢得形象和品牌

企业之间在市场中的竞争，不仅仅是产品质量、价格、服务、广告的竞争，也是企业形象和品牌形象的竞争。环境因素已成为企业在全世界范围内树立良好形象、增强产品竞争力的重要砝码。企业通过实施清洁生产，采用清洁的、无公害或低害的原料，生产无害或低公害的产品，实现少废或无废排放，甚至零排放，不但可以提高企业竞争能力，而且在社会中可以树立良好的环保形象，赢得公众对其产品的认可和支持。特别是国际贸易中，经济全球化使得环境因素的影响日益增强，推行清洁生产可以增加国际市场准入的可能性，减少贸易壁垒。实现清洁生产已不单是一个工业企业的责任，也是国民经济的整体规划和战略部署，需要各行各业共同努力，转变传统的发展观念，改变原有的生产与消费方式，实现一场新的工业革命。

（四）清洁生产审核

清洁生产审核是工业企业实施清洁生产的主要方法，即通过审核发现排污部位、排污原因，并筛选消除或减少污染物的措施，最终企业生产实现节能、降耗、减污、增效的效果。

1. 定义

清洁生产审核，一般指对企业单位，主要是工业企业，运用以文件支持的一套系统化的程序方法，进行生产全过程评价、污染预防机会识别、清洁生产方案筛选的综合分析活动过程。它是支持和帮助企业有效开展预防性清洁生产活动的工具和手段，也是企业实施清洁生产的基础。

2. 审核对象

清洁生产审核分为自愿性审核和强制性审核。《清洁生产审核暂行办法》中明确指出：国家鼓励企业自愿开展清洁生产审核。污染物排放达到国家或者地方排放标准的企业，可以自愿组织实施清洁生产审核，提出进一步节约资源、削减污染物排放量的目标。2012年修订的《清洁生产促进法》中第二十七条明确规定，企业应当对生产和服务过程中的资源消耗以及废物的产生情况进行监测，并根据需要对生产和服务实施清洁生产审核。有下列情形之一的企业，应当实施强制性清洁生产审核：第一是污染物排放超过国家或者地方规定的排放标准，或者虽未超过国家或者地方规定的排放标准，但超过重点污染物排放总量控制指标的；第二是超过单位产品能源消耗限额标准构成高耗能的；第三是使用有毒、有害原料进行生产或者在生产中排放有毒、有害物质的。

3. 清洁生产审核思路

清洁生产审核思路可用一句话概括，即判明废物产生的部位，分析废物产生的原因，提出清洁生产方案以减少或消除废物。

（1）废弃物在哪里产生

通过现场调查和物料平衡找出废弃物的产生部位并确定产生量，这里的"废弃物"包括各种生产过程废弃物和排放物。

(2) 为什么会产生废弃物

从构成生产的八个主要方面（见图 10-1）来分析废弃物的产生，这样才能较系统地发现主要原因。

① 原辅材料和能源　原材料和辅助材料本身所具有的特性，例如毒性、难降解性等，在一定程度上决定了产品及其生产过程对环境的危害程度，因而选择对环境无害的原辅材料是清洁生产所要考虑的重要方面。同样，作为动力基础的能源，也是每个企业所必需的，有些能源（例如煤、油等）在使用过程中直接产生废弃物，而有些则间接产生废弃物（例如使用电的过程本身不产生废弃物，但火电厂在发电过程中会产生一定的废弃物），因而节约能源、使用二次能源和清洁能源也将有利于减少污染物的产生。

② 技术工艺　生产过程的技术工艺水平基本上决定了废弃物的产生量和状态，先进而有效的技术可以提高原材料的利用效率，从而减少废弃物的产生，结合技术改造预防污染是实现清洁生产的一条重要途径。

③ 设备　设备作为技术工艺的具体体现，在生产过程中也具有重要作用，设备的适用性及其维护、保养情况等均会影响到废弃物的产生。

④ 过程控制　过程控制对许多生产过程是极为重要的，例如化工、炼油及其他类似的生产过程，反应参数是否处于受控状态并达到优化水平，对产品的得率和优质品的得率具有直接的影响，因而也就影响到废弃物的产生量。

⑤ 产品　产品的要求决定了生产过程，产品性能、种类和结构等的变化往往要求生产过程作出相应的改变和调整，因而也会影响到废弃物的产生，另外产品的包装、体积等也会对生产过程及其废弃物的产生造成影响。

⑥ 废弃物　废弃物本身所具有的特性和所处的状态直接关系到它是否可现场再用和循环使用。"废弃物"只有当其离开生产过程时才称其为废弃。

⑦ 管理　加强管理是企业发展的永恒主题，任何管理上的松懈均会严重影响到废弃物的产生。

⑧ 员工　任何生产过程无论自动化程度多高，从广义上讲均需要人的参与，因而员工素质的提高及积极性的激励也是有效控制生产过程和废弃物产生的重要因素。

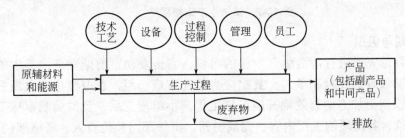

图 10-1　废弃物产生原因的八个方面

以上八个方面的划分并不是绝对的，虽然各有侧重点，但在许多情况下存在着相互交叉和渗透的情况，例如一套大型设备可能就决定了技术工艺水平；过程控制不仅与仪器、仪表有关，还与管理及员工有很大的联系等。对于每一个废弃物产生源都要从以上八个方面进行原因分析，这并不是说每个废弃物产生源都存在八个方面的原因，它可能是其中的一个或几个。

（3）如何消除这些废弃物

针对废弃物的产生原因，设计相应的清洁生产方案，方案可以是几个、几十个甚至上百个，通过实施这些清洁生产方案来消除废弃物的产生，从而达到节能、降耗、减污、增效的效果。

4. 清洁生产审核程序

企业实施清洁生产的过程也是发现、寻找清洁生产机会和持续改进的过程。包括筹划与组织、预评估、评估、筛选方案、可行性分析、方案的实施和持续清洁生产等七个阶段，详见图 10-2 所示。

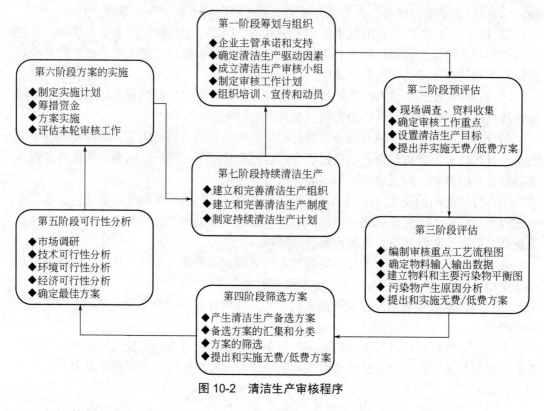

图 10-2　清洁生产审核程序

（1）筹划与组织

这一阶段首先是进行清洁生产审核的组织、宣传发动、前期准备，其中的重点是取得企业高层领导的支持和参与；其次应当组建审核小组，获取整个企业组织的整体配合联动，以便更加方便有效地开展审核工作。小组成立后，及时编制审核工作计划表，计划表包含各阶段的工作内容、完成时间、责任部门及负责人、考核部门及人员、产出等。

（2）预评估

该阶段是从生产全过程出发，调研和考察企业现状，摸清污染现状和产污重点并确定审核重点，并针对审核重点设置清洁生产目标。审核重点应当根据各备选重点的废弃物排放量、毒性和能源消耗等情况，进行对比、分析、筛选后确定。清洁生产目标分为近期目标和中长期目标，设立目标要考虑下面几点：环境管理要求和产业政策要求，企业生产技术水平和设备能力，国内外类似规模的厂家水平，本企业历史最好水平，企业资金状况等。

（3）评估

这一阶段的主要任务是建立审核重点物料平衡，进行废物产生原因分析。工作重点是实测废物流的输入输出，建立物料平衡，分析废物产生原因。首先应准备审核重点资料，该步骤需要由生产、环保、管理等部门协力配合；其次应实测输入输出物料以及时间和周期，该步骤由生产部门按照审核工作小组提出的要求实施；之后建立物料平衡并分析废物产生原因；最终提出和实施无/低费方案，交生产部门具体实施。

（4）筛选方案

这一阶段需要针对废物产生原因，提出多种方案，对各种方案加以筛选。本阶段旨在通过方案的产生、筛选、研制，为可行性分析提供足够的清洁生产方案。方案的产生是其中最关键的环节，主要在审核重点的基础上产生清洁生产方案。

（5）可行性分析

在结合市场调查和收集一定资料的基础上，进行方案的技术、环境、经济的可行性分析和比较，从中选择和推荐最佳的可行方案。最佳的可行方案是指该项投资方案在技术上先进适用，在经济上合理有利，又能保护环境的最优方案。

（6）方案的实施

这一阶段的任务是实施推荐方案，在实施过程中，要汇总方案实施后已经获得的成果，总结评价实施中的方案对企业的利弊，并总结为实践经验。

（7）持续清洁生产

制定完整的持续清洁生产计划，编写清洁生产审核报告，准备下一轮审核工作。

二、生态工业园

20世纪60年代，丹麦卡伦堡镇衍生出一种企业之间相互利用对方或第三方的"副产物"而共生的区域生产模式，其目的是降低企业制造成本，使企业排污达到环境保护法规的要求。经过几十年的发展，这一模式已演变为一个各产业耦合利用能源、水、副产物等物质，由六家大型企业和十余家小型企业组成的城镇工业共生系统，做到了区域内经济与生态环境的和谐发展。1992～1993年间，美国康奈尔大学和靛青顾问公司成立的发展小组首次提出了生态工业的概念；瑞士生态学家苏伦·埃尔克曼第一个将卡伦堡工业园命名为卡伦堡生态工业园，简称EIP（eco-industrial park）。较早对EIP进行系统研究和实践的是美国，在美国环境保护署（EPA）和美国可持续发展总统委员会（PCSD）的支持下，美国于1994年建设了世界上最早的四个生态工业园。由于EIP不仅能大大减少工业体系对环境的干扰，而且在降低工业园区整体建设和运行成本、提高园区内企业效益方面也大有优势，因而加拿大、法国、日本、泰国、印度尼西亚、南非等国家在21世纪初迅速兴建EIP。目前，EIP已成为世界工业园发展的主题，是生态工业的实践形式之一。当前，比较一致的观点认为EIP是一个区域系统，其中的生产或服务单位在各自实行清洁生产、减少废物产生的基础上，组织生产和消费过程中所产生的副产品的交换，以此提高废物减量化水平和资源利用效率。

（一）生态工业园的概念

联合国环境规划署（UNEP）认为，工业园区是在一大片土地上聚集若干个工业企业的区域。它具有如下特征：开发较大面积的土地；大面积的土地上有多个建筑物、工厂以及各种公共设施和娱乐设施；对常驻公司的土地利用率和建筑物类型实施限制；详细的区域规划为园区环境规定了执行标准和限制条件，为进入园区的企业履行合同与协议、控制与之相适应的企业进入园区、制定园区长期发展政策与计划等提供必要的管理条件。

生态工业园是依据清洁生产要求、循环经济理念和工业生态学原理而设计建立的一种新型工业组织形态。它通过物流或能流传递等方式把不同工厂或企业连接起来，形成共享资源和互换副产品的产业共生组合，使一家工厂的废弃物或副产品成为另一家工厂的原料或能源，模拟自然系统，在产业系统中建立"生产者—消费者—分解者"的循环途径，寻求物质闭环循环、能量多级利用和废物产生的最小化。作为以生态循环再生为基础的工业园区，企业之间、企业与社区和政府间在副产品交流和管理方面有密切的合作，既包括产品和服务的交流，更重要的是又以最优的空间和时间形式组织在生产和消费过程中产生的副产品的交换，从而使企业付出最小的废物处理成本，提高资源的利用效率，改善参与公司的经济效益，同时最大程度地减少对生态环境的影响。

（二）生态工业园区的主要特性

① 紧密围绕当地的自然条件、行业优势和区位优势，进行生态工业示范园区的设计和运行；

② 通过园区内各单元间的副产物和废物交换、能量和废水的梯级利用以及基础设施的共享，实现资源利用的最大化和废物排放的最小化；

③ 通过现代化管理手段、政策手段以及新技术（如信息共享、节水、能源利用、再循环和再使用、环境监测和可持续交换技术）的采用，保证园区的稳定和持续发展；

④ 通过对园区环境基础设施的建设、运行，企业、园区和整个社区的环境状况得到持续改进。

（三）生态工业园区的主要类型

我国的生态工业园区有综合类、行业类和静脉产业类三种类型，见表 10-1。

表 10-1　生态工业园类型表

园区类型	含义	园区代表
综合类	在经济技术开发区、高新技术产业开发区的基础上改造而成的园区，园区内涉及众多行业和企业	南海国家生态工业示范园
行业类	以某一个行业或者若干个企业为核心，通过转化物质和能量，与同类型的企业和行业建立共生关系形成的园区	贵阳开阳磷煤化工国家生态工业示范基地
静脉产业类	以保障环境安全为前提，以节约资源、维护环境为目的，运用先进的技术，将生产和消费过程中产生的废物转化为可重新利用的资源和产品，实现各类废物的再利用和资源化的产业	青岛新开地生态工业园

针对工业园区的建设状态和园区单元间联系程度的不同，生态工业园区可以遵循以下要求进行建设。

① 已具有较好生态工业雏形的工业区域或园区 建设重点是在完善已有的生态工业链的基础上，形成稳定的生态工业网；丹麦的卡伦堡生态工业园区（图10-3），属于改造型生态工业园。

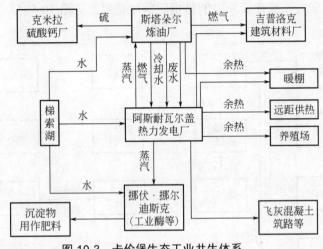

图 10-3　卡伦堡生态工业共生体系

② 尚未建成或尚不具有规模的园区 建设重点是以生态工业的理论和方法，指导建设一个新的工业园区。

③ 门类较多、企业数量大的工业区域或园区 建设重点是在这些园区中引进生态工业和循环经济理念，采用生命周期观点和生态设计方法，使产品生命周期中资源消耗最少、废物产生最少、易于拆卸回收，由此优化产品结构，并合理构建和完善产品链，从而提高资源效率，降低污染物排放，为园区寻找新的增长点，促进园区的持续发展，见图10-4。

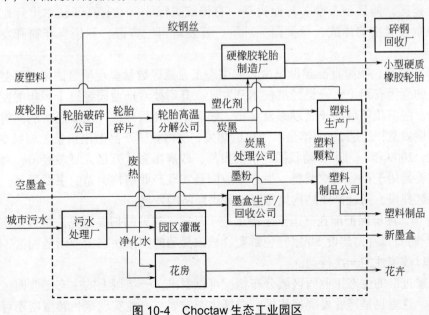

图 10-4　Choctaw 生态工业园区

④ 虚拟园区 其园区企业在地理上分散，但仍然能组成一个生态工业系统。建设重点是从废物循环利用、资源梯级利用入手，遵循市场价值规律，规划建设生态工业网络，建立企业间稳定、持久的物质和能量流动关系。虚拟型园区不严格要求其成员在同一地区，它是利用现代信息技术，通过园区信息系统，首先在计算机上建立成员间的物质、能量交换联系，然后在现实中加以实施，这样园区内企业可以和园区外企业发生联系。虚拟型园区可以省去一般建园所需的昂贵的购地费用，见图 10-5。

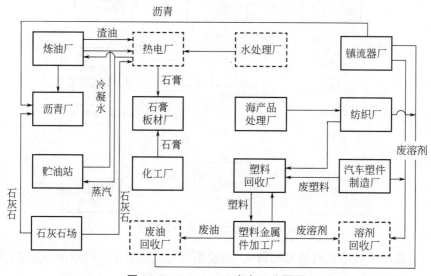

图 10-5　Brownsvill 生态工业园区

（四）我国生态工业园的发展现状

2001 年 8 月，国内第一个国家级生态工业示范园区——广西贵港国家生态工业（制糖）示范园区由国家环境保护总局授牌建设。之后，广东、山东、天津等地积极建立生态工业园区。园区涉及众多行业类型，有传统类行业，也有高新技术类行业。园区偏向于控制废弃物的排放、保护园区环境、开发可再生资源、利用废弃物开发新产品等方面。

2010 年以后，我国批准建设与命名的生态工业园区数量呈现明显的增长趋势，出现这种现象的原因有两个：一是经济技术开发、高新技术产业园经过十多年的发展已经比较成熟，经济和环境的矛盾越来越突出，园区亟须转型升级，发展经济的同时，提高园区的环境效益；二是 2008 年金融危机的爆发，使得我国产品的出口量急剧减少，经济实力受损。2009 年，为了带动我国经济的发展，政府出资 4 万亿元拯救经济，其中大部分资金主要是用于产业结构调整。生态工业园是实现产业结构调整的主要园区，开展生态工业园区建设，通过产业结构调整带动我国经济的发展。

2011 年，环境保护部在《国家生态工业示范园区建设的指导意见》中曾提出，要在"十二五"期间，着力建设 50 家特色鲜明、成效显著的国家生态工业示范园区，这是生态园区最具政策性的一次行动。

从国家批准的生态工业园区域分布情况可以看出，一半以上的生态工业园区建在了华东地区，这里也是产业发展密集区。园区生态发展与产业实现绿色转型密不可分，因此，要从根本上解决经济发展和资源环境的矛盾，必须通过不断的技术创新，降低单位产出的能源和资源的消耗，推进资源的循环利用，以最小的环境代价来实现经济的可持续发展。

三、循环经济

（一）循环经济提出的背景

循环经济的思想萌芽可以追溯到 20 世纪 60 年代。当时人类活动对环境的破坏已达到相当严重的程度，一批环保的先驱呼吁人们更多地关注环境问题。然而，世界各国关心的问题主要是污染物产生后如何治理以减少其危害，即末端治理方式。针对这种情况，美国经济学家鲍尔丁提出了"宇宙飞船理论"。他把地球比作一艘在太空中飞行的宇宙飞船，旅途遥远，自身可供的资源有限，所以需要合理开发资源，以免过早地走向毁灭。这一个理论引起了广泛关注，并被视为循环经济的思想萌芽和早期理论的代表。

到了 20 世纪 80 年代，人们的认识经历了从"排放废物"到"净化废物"再到"利用废物"的过程，但对于污染物的产生是否合理这个根本性问题，大多数国家仍然缺少思想上的远见和政策上的举措。

21 世纪特别是可持续发展战略成为世界潮流的近些年，源头预防和全过程控制替代了末端治理，人们在不断探索和总结的基础上，提出了以资源利用最大化和污染物排放量最小化为主线，将清洁生产、资源综合利用、生态设计和可持续消费等融为一体的循环经济战略。

（二）循环经济的概念

循环经济（recycle economy）是我国正大力推行的国家战略之一，循环经济的理论基础是工业生态学，即在经济发展中，遵循生态学规律，将清洁生产、资源综合利用、生态设计和可持续消费等融为一体，实现废物减量化、资源化和无害化，使经济系统和自然生态系统的物质和谐循环，维护自然生态平衡。根据《中华人民共和国循环经济促进法》的定义，循环经济是指在生产、流通和消费等过程中进行的减量化、再利用、资源化活动的总称。

循环经济是一种新的发展观，是在人类面临资源环境危机的情况下，对传统经济发展模式的深刻反思之中形成的，是可持续发展观的深化，也是一种新的经济发展模式。

（三）循环经济的内涵

运用工业生态学规律指导经济活动的循环经济，是建立在物质、能量不断循环使用基础上与环境友好的新型经济范式。

1. 循环经济本质上是一种生态经济

循环经济是以物质、能量梯次和闭路循环使用为特征的，在环境方面表现为污染物低排放，甚至污染物零排放。它运用生态学规律把传统经济活动中"资源消费-产品-排放与废弃"的单向经济范式，重组为"资源利用-产品-排放与废弃-回收利用-再生资源"

的循环反馈式流程，实现"低开采、高利用、低排放、低消耗"，以最大限度地利用进入系统的物质和能量，提高资源利用率；最大限度地减少污染物排放，提升经济运行质量和效率，并保护生态环境。因此，循环经济本质上是一种生态经济。

2．循环经济的根源在于自然资本已成为人类社会发展的制约因素

循环经济是对传统发展方式的变革，它的根源在于自然资本正在成为制约人类发展的主要因素。经济学有两个基本观点：一是资源存在着某种稀缺性；二是人类发展需要最有效地配置稀缺资源。自工业革命以来，如何最大效率地配置稀缺资源一直是人类面临的最大社会经济问题。

18世纪工业革命刚开始的时候，世界上的稀缺资源主要是人而不是自然资源，因此工业化的兴起就是要以机器替代人，从而提高劳动生产率。如何有效地节省人的资源，充分地利用自然资源，成为当时的主要矛盾。但是工业化运动200多年后的今天，随着人口的迅速增长和生产力水平的极大提高，稀缺的资源由人变成了自然资源，更确切地说包括自然资源和生态能力在内的自然资本。当自然资本成为经济发展的内生变量时，持续的经济增长就开始受到自然资本的约束。例如，采矿受到矿产资源的约束，捕鱼受到水产资源的约束，城市发展受到土地资源的限制。原来只要机器水平提高，捕鱼行业的产量就会提高。现在情况是渔业资源日趋耗竭，机器水平再高也无济于事，日趋衰减的自然资本已成为经济发展的主要限制性要素。

3．循环经济的核心是提高自然生产率

从物质流动的形式看，工业革命以来的经济本质是一种不考虑自然生产效率的线性经济。在线性经济中，资源输入经济系统，变成产品，经消费后又输出，变成废弃物，导致环境问题。这一过程是单通道的，因此表现为线性。循环经济考虑的则是如何在既定资源存量下提高经济发展的质量，而不是经济增长的数量。21世纪的主要矛盾由不断提高劳动生产率变为需要大幅度提高自然资源生产率。经济系统追求自然资源可承受的规模，在提高人类生存价值的同时使得环境影响越小。可以说当代生态革命的技术经济特征是可再生的，而不是开采性的；循环的，而不是线性的。注意力放在自然生产率上，而不是劳动生产率上，它们对生物圈的影响是良性的，而不是滥用的。因此，提高自然生产率是发展循环经济的核心。

（四）循环经济的指导性原则

"3R"原则和避免废物产生原则是把循环经济的战略思想落实到操作层面的两个指导性原则。

1．3R原则

（1）减量化原则（reduce）

减量化是指在生产、流通和消费等过程中减少资源消耗和废物产生。要求用较少的原料和能源投入来达到既定的生产目的或消费目的，进而从经济活动的源头就注意节约资源和减少污染。减量化原则常常表现为要求产品小型化和轻型化，要求产品的包装追求简单朴实而不是豪华浪费，从而达到减少废物排放的目的。

（2）再利用原则（reuse）

再利用是指将废物直接作为产品或者经修复、翻新、再制造后继续作为产品使用，或者将废物的全部或者部分作为其他产品的部件予以使用。再利用原则要求制造产品和包装容器能够以初始的形式被反复使用，目的是抵制当今世界一次性用品的泛滥，生产者应该将制品及其包装当作一种日常生活器具来设计，使其像餐具和背包一样可以被多次使用，还要求制造商应该尽量延长产品的使用期，而不是非常快地更新换代。

（3）资源化原则（recycle）

资源化是指将废物直接作为原料进行利用或者对废物进行再生利用。要求生产出来的物品在完成其使用功能后能重新变成可以利用的资源，而不是不可恢复的垃圾。按照循环经济的思想，再循环有两种情况：一种是原级再循环，即废品被循环用来产生同种类型的新产品，例如报纸再生报纸、易拉罐再生易拉罐等；另一种是次级再循环，即将废物资源转化成其他产品的原料。原级再循环在减少原材料消耗上面达到的效率要比次级再循环高得多，是循环经济追求的理想境界。

2. 避免废物产生原则

循环经济要求以避免废物产生为经济活动的优先目标。3R 原则构成了循环经济的基本思路，但它们的重要性并不是并列的。其中，只有减量化原则才具有第一法则的意义。对待废物问题的优先顺序为：避免产生-循环利用-最终处置。首先要减少经济源头的污染物产生量，工业界在生产阶段就要尽量避免各种废物的排放；其次是对于源头尚不能削减的污染物和经过消费者使用的包装物、旧货等要加以回收利用，使它们回到经济循环中去；最后只有当避免产生和回收利用都不能实现时，才允许将最终废物进行环境无害化的处置，即填埋和焚烧等。

第四节

可持续发展战略的实施

一、国际可持续发展战略的实施

1992 年联合国环境与发展大会上通过的《里约宣言》和《21 世纪议程》明确了在处理全球环境问题方面发达国家和发展中国家"共同的但有区别的责任"，以及发达国家向发展中国家提供资金和进行技术转让的承诺，制定了实施可持续发展的目标和行动计划，确立了建立全球伙伴关系、共同解决全球环境问题的原则。

《21 世纪议程》的出台很快在全世界得到响应，这种响应主要来自各种国际组织和各国政府。联合国经济与社会理事会专门设立了可持续发展委员会（UNCSD），该委员会每年举行会议审议《21 世纪议程》的执行情况。发达国家制定可持续发展战略主要是为了继续保持已获得的优越的生活环境和现有的消费模式，维护和提高其在处理国际事务中的地位。而发展中国家提出可持续发展战略，则是强调发展优先项目的实施，主要围绕消除贫困、控制人口、发展农业和减少环境污染等方面展开。可持续发展没有固定的模式，不同的国家，可持续发展战略的内容与实施途径也不同，但各国只有全面了解本国之外可持续发展形势和动态，才能在经济全球化的浪潮中找准位置，把握机遇，合理地处理经济增长与环境保护的关系。

1997 年 6 月联合国在纽约召开了第十九次特别大会，会议明确指出 1992 年以来可持续发展虽然取得了一些积极的进展，许多国家建立了国家协调机制以及各自的可持续发展战略，预防全球变暖、保护生物多样性和防治荒漠化的三个国际公约开始生效，《蒙特利尔议定书》也已进入第十年，许多工业化国家已经禁止使用氟利昂，可持续发展的思想已经深入人心，环境保护方面的立法与国际合作已在多层次、多领域展开。但发展中国家还有四分之一的人生活在绝对贫困之中，发达国家已承诺的向发展中国家提供额外资金援助和技术转让并没有进展，二氧化碳排放量继续增加，森林损失依旧上升。

2000 年 9 月，在联合国千年首脑会议上由 189 个国家签署《联合国千年宣言》，一致通过了一套八项有时限的目标和指标。即消灭极端贫穷和饥饿；普及小学教育；两性平等和女性赋权；降低儿童死亡率；改善产妇保健；对抗艾滋病及其他疾病；确保环境的可持续性；全球发展合作。这些目标和指标统称为千年发展目标（MDGs）。全部目标的完成时间是 2015 年，目的是全力以赴来满足全世界最穷人的需求。2015 年 7 月联合国发布了《千年发展目标 2015 年报告》，这也是千年发展目标的最终报告。根据联合国的统计，生活在极端贫困中的人数从 1990 年的 19 亿降至 2015 年的 8.36 亿。2015 年发展中地区的小学净入学率达到 91%，整体而言已经实现消除小学、中学和高等教育中两性差距的具体目标。2015 年全球 91% 的人口能够获取改善的饮用水源，这一数据在 1990 年为 76%，但无法获取安全饮用水的人口比例减半；15 年来，全球共避免新增 3000 万艾滋病病毒感染者，与艾滋病相关的死亡人数减少近 800 万，遏制并扭转艾滋病蔓延趋势；在 2000～2014 年间，超过 3.2 亿居住在贫民窟的人口获得改善过的饮用水源和卫生设施，或耐久的住房，超额完成了千年发展目标。

2015 年 9 月 25 日，联合国可持续发展峰会在纽约总部召开，联合国 193 个成员国在峰会上正式通过 17 项可持续发展目标。具体包括：消除贫困；消除饥饿；良好健康与福祉；优质教育；性别平等；清洁饮水与卫生设施；廉价和清洁能源；体面工作和经济增长；工业、创新和基础设施；缩小差距；可持续城市和社区；负责任的消费和生产；气候行动；水下生物；陆地生物；和平、正义与强大机构；促进目标实现的伙伴关系。可持续发展目标旨在从 2015 年到 2030 年间以综合方式彻底解决社会、经济和环境三个维度的发展问题，转向走可持续发展道路。

二、中国可持续发展战略的实施

中国政府在 1992 年成立了制定《中国 21 世纪议程》领导小组，负责制定并组织实施《中国 21 世纪议程》，指导各部门制定行业的 21 世纪议程或行动计划。同时，设立了具体管理机构"中国 21 世纪议程管理中心"，承担制定与实施《中国 21 世纪议程》的日常管理工作。

1994 年中国政府正式公布了《中国 21 世纪议程》，确立了我国可持续发展的总体框架和主要目标，并把可持续发展战略纳入五年计划中。同时，各部门也都积极研究和制定了各自的可持续发展战略，形成了实施可持续发展战略的一系列方案和计划。

2000 年《中国 21 世纪议程》领导小组组织有关部门编制了《中国可持续发展行动纲要》，确定了 21 世纪初中国可持续发展的重点领域和行动计划。

　　2002 年，我国在可持续发展世界首脑会议上阐述了中国政府的主张：实现可持续发展要靠各国共同努力，特别是坚持"共同但有区别的责任"的原则，加强可持续发展中的国际科技合作，营造有利于可持续发展的国际经济环境。中国可持续发展国际合作取得明显进展。中国作为最大的发展中国家与环境大国，积极参与环境领域的国际合作。加入了《保护臭氧层的维也纳公约》《关于消耗臭氧层物质的蒙特利尔议定书》《联合国气候变化框架公约》和《生物多样性公约》等 20 多项与可持续发展有关的国际公约，建立了良好的官方合作机制。

　　2020 年 12 月 1 日，中国国际经济交流中心、美国哥伦比亚大学、阿里研究院与社会科学文献出版社共同发布了《可持续发展蓝皮书：中国可持续发展评价报告（2020）》。本书基于中国可持续发展评价指标体系的基本框架，对 2019 年国家、省及 100 座大中城市的可持续发展状况进行了全面系统的数据验证分析。书中指出推动经济社会可持续发展是当今时代的主题，是我国实现高质量发展的必由之路，也是加快形成"双循环"新发展格局的必然要求。同时经过大量的数据分析认为，中国可持续发展状况稳步得到改善，经济发展较为平稳，2010 年到 2018 年总指标整体上呈现先降低再逐年稳定增长状态。2022 年 10 月 16 日，中国共产党第二十次全国代表大会在北京召开，习近平总书记代表第十九届中央委员会向大会作报告。在报告的 15 个部分中，第一部分和第三部分都有提及"可持续发展"的内容，而第十部分：推动绿色发展，促进人与自然和谐共生，是以"可持续发展"为主题着重讲述，从推进美丽中国建设，加快发展方式绿色转型，深入推进环境污染防治，提升生态系统多样性、稳定性、持续性以及积极稳妥推进碳达峰碳中和为切入点，全面分析和规划我国在实现"可持续发展"道路上的重点部署和实现路径。

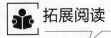 拓展阅读

丹麦绿色经济发展模式经验

　　丹麦建设人类绿色能源"实验室"打造绿色可持续发展模式的成功经验，具体可归纳为以下 5 大要素。

　　一是政策先导。丹麦政府把发展低碳经济置于国家战略高度，制定了适合本国国情的能源发展战略。为了推动零碳经济，丹麦政府采取了一系列政策措施，例如，利用财政补贴和价格激励，推动可再生能源进入市场，包括对"绿色"用电和近海风电的定价优惠，对生物质能发电采取财政补贴激励。丹麦政府在建筑领域引入了"节能账户"的机制。所谓节能账户，就是建筑所有者每年向节能账户支付一笔资金，金额根据建筑能效标准乘以取暖面积计算，分为几个等级，如达到最优等级则不必支付资金。经过能效改造的建筑可重新评级，作为减少或免除向节能账户支付资金的依据。

　　二是立法护航。在丹麦的可持续发展进程中，政府始终扮演着一个非常重要的角色，主

要从立法入手，通过经济调控和税收政策来实现，成为欧盟第一个真正进行绿色税收改革的国家。自1993年通过环境税收改革的决议以来，丹麦逐渐形成了以能源税为核心，包括水、垃圾、废水、塑料袋等16种税收的环境税体制，而能源税的具体举措则包括从2008年开始提高现有的二氧化碳税和从2010年开始实施新的氮氧化物税标准。

三是公私合作（PPP）。丹麦绿色发展战略的基础是公私部门和社会各界之间的有效合作。国家和地区在发展绿色大型项目时，在商业中融合自上而下的政策和自下而上的解决方案，这种公私合作可以有效促进领先企业、投资人和公共组织在绿色经济增长中取长补短，更高效地实现公益目标。

四是技术创新。丹麦是资源较为贫乏的国家，而且受气候变化影响很大。丹麦政府和国民具有强烈的忧患意识，把发展节能和可再生能源技术创新作为发展的根本动力。通过多年努力，丹麦的绿色技术远远走在了世界前列，成为欧盟国家中绿色技术的最大输出国。

五是教育为本。丹麦今天的"零碳转型"的基础，与其100多年前从农业立国到工业化、现代化的转型的基础一样，均是依靠丹麦特有的全民终身草根启蒙式的"平民教育"，通过创造和激发全民精神"正能量"而找到物质"正能源"，从而完成向着更加以人为本、更尊重自然的良性循环的发展模式的"绿色升级"。20世纪七八十年代两次世界性能源危机以来，丹麦人不断反思，从最初对国家能源安全的焦虑，进而深入可持续发展及人类未来生存环境的层级，观察自然环境、经济增长、财政分配和社会负利率等各方面因素，据此勾勒出丹麦的绿色发展战略，绘制出实现美好愿景的路线图，并贯彻到国民教育中，成为丹麦人生活方式和思维方式的一部分。

？ 思考题

1. 总结现代可持续发展思想产生过程中的重要事件。
2. 什么是可持续发展？可持续发展概念中表达了哪些基本观点？
3. 怎么理解可持续发展的内涵？
4. 试述可持续发展战略体现的基本思想。
5. 试述可持续发展的基本原则。
6. 什么是清洁生产？清洁生产的内容包括哪些方面？
7. 什么是清洁生产审核？
8. 试述企业清洁生产审核思路，以及清洁生产审核的程序。
9. 什么是循环经济？循环经济的内涵是什么？
10. 试述循环经济的"3R"原则。
11. 试述中国可持续发展战略实施过程中所做的工作。

参考文献

[1] 郎铁柱. 低碳经济与可持续发展[M]. 天津：天津大学出版社，2015.
[2] 钱易，唐孝炎. 环境保护与可持续发展[M]. 2版. 北京：高等教育出版社，2010.

[3] 庞素艳，于彩莲，解磊．环境保护与可持续发展[M]．北京：科学出版社，2015.

[4] 杨晓占．新能源与可持续发展概论[M]．重庆：重庆大学出版社，2019.

[5] 曲向荣．环境保护与可持续发展[M]．北京：清华大学出版社，2010.

[6] 廖赤眉，等．可持续发展导论[M]．桂林：广西人民出版社，2003.

[7] 周毅．人口、资源、环境、经济、社会、科技可持续发展研究[M]．北京：新华出版社，2015.

[8] 刘勇．"种养加"型生态工业园的发展[M]．厦门：厦门大学出版社，2016.

[9] 李素芹，苍大强，李宏．工业生态学[M]．北京：冶金工业出版社，2007.

[10] 张春霞．绿色经济发展研究[M]．北京：中国林业出版社，2008.

[11] 包惠玲．中国生态工业园发展现状研究[J]．特区经济，2019, 360(1): 59-61.

[12] 王伟中．国际可持续发展战略比较研究[M]．北京：商务印书馆，2000.

[13] 李农，等．全球可持续发展案例联合国 2030 可持续发展目标 1-8[M]．上海：上海社会科学院出版社，2018.

[14] 于秀玲．清洁生产与企业清洁生产审核简明读本[M]．北京：中国环境科学出版社，2008.

[15] 黄晓芬，诸大建．资源生产率和循环经济[R]//2005 中国可持续发展论坛：中国可持续发展研究会2005 年学术年会．中国上海，2005.

第十一章
环境保护方针、政策和法律法规体系

第一节

环境保护方针政策

一、环境保护基本方针

（一）环境保护的"32字"方针

1972年6月5～16日在瑞典首都斯德哥尔摩召开人类环境会议时，周恩来总理首先看到了污染的严重性，在周总理的指示下，我国派出代表团参加了人类环境会议。会议后不久，1973年8月国务院召开第一次全国环境保护会议，在这次会议上，提出了"全面规划、合理布局，综合利用、化害为利，依靠群众、大家动手，保护环境、造福人民"的"32字"环保工作方针。

"32字"方针被写进了《关于保护和改善环境的若干规定》中，这是我国第一个关于环境保护的战略方针，会议的召开标志着环境保护在中国开始列入各级政府的职能范围。会议期间制定的环境保护方针、政策和措施，为开创中国的环境保护事业指明了方向，抓住了重点，确定了目标和任务。会议之后，从中央到地方及其有关部门，都相继建立了环境保护机构，并着手对一些污染严重的工业企业、城市和江河进行初步治理，中国的环境保护工作开始起步。

（二）环境保护是我国的基本国策

1983年召开的第二次全国环境保护会议进一步制定出我国环境管理的大政方针：

一是明确提出了环境保护是现代化建设中的一项战略任务，是一项基本国策，从而确立了环境保护在经济和社会发展中的重要地位。

二是制定出我国环境保护事业的战略方针，即经济建设、城乡建设、环境建设同步规划、同步实施、同步发展，实现经济效益、社会效益和环境效益的统一，即同步发展方针。

三是确定把强化环境管理作为当前工作的中心环节。

（三）可持续发展战略方针

1992 年在巴西里约热内卢召开了联合国环境与发展大会。会议第一次把经济发展与环境保护结合起来进行认识，提出了可持续发展战略，标志着环境保护事业在全世界范围发生了历史性转变。由我国等发展中国家倡导的"共同但有区别的责任"原则，成为国际环境与发展合作的基本原则。关于我国可持续发展战略实施的相关内容详见第十章第四节。

二、环境政策

环境政策是国家为保护环境所采取的一系列控制、管理、调节措施的总和。从内容上看，环境政策包括国家颁布的法律、条例，中央政府各部门发布的部门规章等和省人大颁布的地方条例、办法等的总称，其最终目的是保护环境；从范围上看，环境政策包括环境污染防治政策、生态保护政策和国际环境政策。环境政策的本质是价值或者利益分配，体现国家为了保护环境而做出的各种制度安排、改进与创新。环境政策作为公共政策的一部分，它所调控的利益主要是与环境保护相关的成本和效益。同其他公共政策相比，环境政策的特点如下：

一是环境政策的具体性。所有的环境政策都要针对具体的环境问题。环境问题都要具备何处、何时、何环境要素才有意义。"何处"是指具体环境问题发生的地点或地域范围；"何时"是指环境问题发生的时间或时段；"何环境要素"是指具体的污染物质或具体的环境破坏现象。

二是环境政策的费用有效性。环境政策比其他公共政策更注重政策的费用效果或效率。一方面环境问题主要是由于人类的生产和生活活动引起的，有些是因为对环境问题的认识不深带来的，有些则是由于污染防治的成本太高带来的，而后者更加普遍。由于污染防治的高成本，客观上就要求环境政策必须考虑费用有效性，环境政策更加注重政策的经济效率。另一方面，环境问题的具体性也为环境政策追求费用有效性创造了条件。

三是环境政策的适时性。环境政策只是国家政策体系中的一部分，因此，环境政策必须跟随国家法律体系的变化而变化。例如，中国从计划经济体制向市场经济体制的转轨，和其他政策一样，环境政策也要适应新的体制和环境。原来在计划经济体制下制定的环境政策就需要做出适当的调整。此外，随着对环境问题认识程度的提高，环境政策必须适时调整以关注最重要和最优先的环境问题。

四是环境政策的多样性。环境问题的多样性和费用有效性决定了环境政策的多样性。而且，随着管理的深入，环境政策手段的选择范围也越来越宽。

根据实行环境管理的三大行为主体（政府、企业、公众）及政府直接管制程度，环境政策手段可以分为命令控制型、经济刺激型和鼓励自愿型三类。见表 11-1。

表 11-1　环境政策手段的分类

类型	政府	企业	公众
命令控制型	法律、制度、 强制性环境标准	—	—
经济刺激型	经济手段 指导性环境标准 绿色科学技术手段	企业绿色技术创新 企业可持续性经营 企业能源资源节约	—
鼓励自愿型	政府环境信息公开 政府环境绩效评估 政府环境表彰和奖励	ISO 14000 环境管理体系 企业环境信息公开 企业环境绩效评估	公众自我管理手段 绿色社区和住宅的倡导 非政府组织手段

　　一般来说，命令控制型环境政策手段的强制性程度最高，经济刺激型次之，鼓励自愿型的强制程度最小。但需要说明的是，这三种类型的划分，并没有严格的界限。虽然政策手段的实质只有这三类，但由于政策运用的具体环境、针对对象的多样性，环境政策的种类也是极其多样性并富有各地特色的。

第二节

环境保护法律法规体系

　　我国建立了由法律、国务院行政法规、政府部门规章、地方性法规和地方政府规章、环境标准、环境保护国际条约组成的完整的环境保护法律法规体系，具体结构框架如图 11-1 所示。

一、宪法

　　宪法在一个国家法律体系中处于最高位阶，它是一个国家的根本大法，任何法律规范都必须首先符合宪法规定。目前，世界上许多国家已经将环境保护写入各自的宪法中，以此作为环境立法、环境行政的依据。我国也不例外，将环境保护作为一项国家职责和基本国策在宪法中加以确认。

　　我国 1982 年宪法 26 条规定："国家保护和改善生活环境和生态环境，防治污染和其他公害"。这一规定是国家对环境保护的总政策，说明了环境保护是国家的一项基本职责。此外，我国宪法第 9 条、第 10 条、第 22 条、第 26 条中对自然资源和一些重要的环境要素的所有权及其保护也做出了许多的规定。宪法为我国环境保护活动和环境立法提供了指导原则和立法依据。

二、环境保护法律

（一）环境保护基本法

　　我国环境保护基本法是指《中华人民共和国环境保护法》。我国在 1979 年制定了第一部综合性环境保护法《环境保护法（试行）》；1989 年颁布了《中华人民共和国环境保护法》(以下简称《环境保护法》)，该法于 2014 年 4 月 24 日第十二届全国人民代表大会常务委员会第八次会议修订，自 2015 年 1 月 1 日起实施。

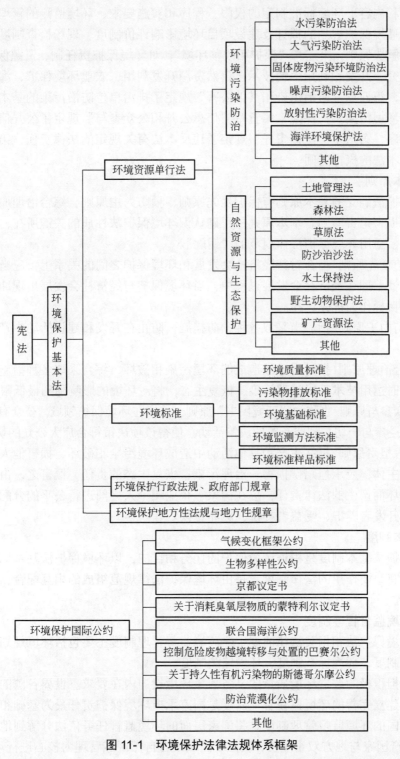

图 11-1 环境保护法律法规体系框架

最新修订的环保法共有七章七十条，第一章"总则"规定了环境保护的任务、对象、适用领域、基本原则以及环境监督管理体制；第二章"监督管理"规定了编制环境保护规划的要求和内容、环境标准制定的权限、程序和实施要求、环境监测的管理和状况公报的发布、环境保护规划的拟订及建设项目环境影响评价制度、现场检查制度及跨地区环境问题的解决原则；第三章"保护和改善环境"，对环境保护责任制、资源保护区、外来物种的研究、开发和利用生物技术、自然资源开发利用、农业环境保护、海洋环境保护作了规定；第四章"防治污染和其他公害"规定了排污单位防治污染的基本要求，国家鼓励投保环境污染责任保险；第五章"信息公开和公众参与"规定了公开信息、完善公众参与程序；第六章"法律责任"规定了违反本法有关规定的法律责任；第七章"附则"规定了本法的执行时间。

1. 基本原则

环境保护法确立的基本原则有保护优先原则、预防为主原则、综合治理原则、公众参与原则、损害担责原则。基本原则是正确认识环境保护法性质的关键所在，也是准确理解、执行、适用环境保护法律规范的"钥匙"。

① 保护优先原则 指在对待经济社会发展和环境保护之间的关系上，应当坚持环境保护的优先性，即在经济社会发展过程中，当环境保护与经济社会发展出现冲突时，应将环境保护目标作为优先选择。

② 预防为主原则 指应当采取各种预防措施，防止在开发和建设活动中产生环境污染和破坏。

③ 综合治理原则 指针对已经造成的环境污染和破坏，综合采取多种措施防止损失的扩大，同时运用技术手段治理污染、恢复生态，将对环境的影响降到最低限度。

④ 公众参与原则 也称为"环境民主"原则，是指在环境保护领域，公众有通过一定程序或者途径参与一切与利益有关的决策活动，使得该项决策符合广大公众的切身利益。

⑤ 损害担责原则 指在生产和其他活动中造成环境污染和破坏、损害他人权益或者公共利益的主体，应承担赔偿损害、治理污染、恢复生态的责任。概言之，由于环境污染和生态破坏而产生的法律责任，应在国家、企业和个人之间进行公平的分配。包括污染者负担、开发者养护、受益者补偿、破坏者恢复等内容。

2. 基本制度

环境保护法基本制度是根据环境保护的任务和目的，以环境保护法基本原则为指导而建立的具有重要作用的法律制度，是由环境保护法律规范组成的相互配合、相互联系的特定体系。

（1）环境监督管理制度

根据环境保护法和相关法律的规定，环境监督管理制度主要包括环境规划制度、环境影响评价制度、环境标准制度、环境监测制度。

国家承担积极的改善环境质量的义务，是环境权的内在要求。世界各国的环境保护经验表明，建立完善的环境监督管理制度是国家承担环境保护责任最为基础和有效的手段之一。中国的环境监督管理制度是将国家层面的环境监管任务依法分解到地方层面加以实施，实行国家与地方双重负责，以行政区域或者自然区域管理为核心进行环境监管，地方政府对辖区内的环境质量负责。

（2）保护和改善环境制度

保护和改善环境制度，是指为防止生态破坏、维持生态平衡、保护环境、改善环境要素、提升环境质量法律制度的总称。它是对生态保护和环境改善各项工作的法定化和制度化，是保护和改善环境方面的基本规范。保护和改善环境的主要目的在于保证自然资源的永续开发利用，支持所有生物的生存能力。生态保护红线制度、生态补偿制度、环保督政问责制度等，都是对这一理念的贯彻。

（3）防治污染和其他公害制度

防治污染和其他公害制度是国家为预防、治理环境污染和其他公害而建立的法律制度的总称，是环境保护法的重要组成部分，以对环境污染和其他公害的防治为主要内容。按照在防治环境污染和其他公害中功能的差异和制度的不同着力点，它可以分为排污总量控制制度、排污许可管理制度、突发环境事件应急制度、"三同时"制度。

（二）环境资源单行法

环境资源单行法包括环境污染防治法和自然资源与生态保护法。

环境污染防治法，是指所有与预防和减少污染物排放、恢复和治理环境污染有关的法律的总称。目前，已制定的涉及环境污染防治有关的单行法律包括《中华人民共和国水污染防治法》《中华人民共和国大气污染防治法》《中华人民共和国固体废物污染环境防治法》《中华人民共和国土壤污染防治法》《中华人民共和国环境噪声污染防治法》《中华人民共和国放射性污染防治法》《中华人民共和国海洋环境保护法》《中华人民共和国清洁生产促进法》和《中华人民共和国循环经济促进法》等。

自然资源与生态保护法，是以保护生态系统平衡或防止生物多样性破坏为目的，以一定的自然地域（含区域与流域）野生生物及其生境实行特殊保护并禁止或限制环境利用行为而制定的法律规范的总称。包括《土地管理法》《中华人民共和国森林法》《中华人民共和国草原法》《中华人民共和国防沙治沙法》《中华人民共和国水土保持法》《中华人民共和国野生动物保护法》《中华人民共和国矿产资源法》《中华人民共和国水法》等。

三、环境保护行政法规

环境保护行政法规是由国务院制定并公布或经国务院批准有关主管部门公布的环境保护规范性文件。一是根据法律授权制定的环境保护法的实施细则或条例，以及对环境资源保护工作中发现的新领域、新问题所制定的单项法规，如《中华人民共和国水污染防治法实施细则》《野生植物保护条例》《国家突发环境事件应急预案》等；二是针对环境保护的某个领域而制定的条例、规定和办法，如《建设项目环境保护管理条例》《规划环境影响评价条例》等。

四、政府部门规章

政府部门规章是指国务院环境保护行政主管部门单独发布或与国务院有关部门联合发布的环境保护规范性文件，以及政府其他有关行政主管部门依法制定的环境保护规范性文件。政府部门规章是以环境保护法律和行政法规为依据而制定的，或者是针对某些尚未有相应法律和行政法规调整的领域作出相应规定。

五、环境保护地方性法规和地方性规章

环境保护地方性法规和地方性规章是享有立法权的地方权力机关和地方政府机关依据《中华人民共和国宪法》和相关法律制定的环境保护规范性文件。这些规范性文件是根据本地实际情况和特定环境问题制定的，并在本地区实施，有较强的可操作性。环境保护地方性法规和地方性规章不能和法律、国务院行政规章相抵触。近些年，地方在法规和规章方面不仅数量众多，而且立法质量不断提高。

六、环境标准

环境标准是环境保护法律法规体系的一个组成部分，是环境执法和环境管理工作的技术依据。我国的环境标准分为国家环境标准、地方环境标准和国家环境保护总局标准。从类型上可分为环境质量标准、污染物排放标准、环境基础标准、环境监测方法标准、环境标准样品标准。

七、环境保护国际公约

我国缔结和参加的环境保护国际公约、条约和议定书，是我国环境法体系的组成部分。如《保护臭氧层维也纳公约》《关于消耗臭氧层物质的蒙特利尔议定书》《联合国防治荒漠化公约》《生物多样性公约》《联合国气候变化框架公约》等。这些国际公约与双边协定成为我国环境保护方面的重要法律渊源。

八、环境保护法律法规体系中各层次间的关系

《中华人民共和国宪法》是环境保护法律法规体系建立的依据和基础，法律层次不管是环境保护基本法，还是单行法，其中对环境保护的要求，法律效力是一样的。如果法律规定中有不一致的地方，应遵循后法大于先法。

国务院环境保护行政法规的法律地位仅次于法律。部门行政规章、地方环境法规和地方政府规章均不得违背法律和行政法规的规定。地方法规和地方政府规章只在制定法规、规章的辖区内有效。

我国的环境保护法律法规如与参加和签署的国际公约有不同规定时，应优先适用国际公约的规定，但我国声明保留的条款除外。

第三节

环境法律责任

环境法律责任，是指环境法主体因违反其法律义务而应当依法承担的、具有强制

性的否定性法律后果，按其性质可以分为环境行政责任、环境民事责任和环境刑事责任三种。

一、环境行政责任

环境行政责任，是指违反环境法和国家行政法规中有关环境行政义务的规定者所应当承担的法律责任，是环境法律责任中最轻的一种。承担责任者既可能是企事业单位及其领导人员、直接责任人员，也可能是外国的自然人、法人。依据承担责任主体的不同可以将环境行政责任分为：行政主体的环境行政责任、行政公务人员的环境行政责任、行政相对人的环境行政责任和行政监督主体的环境行政责任。

对负有环境行政法律责任者，由各级人民政府的环境行政主管部门或者其他依法行使环境监督管理权的部门根据违法情节给予罚款等行政处罚；情节严重的，有关责任人员由其所在单位或政府主管机关给予行政处分；当事人对行政处罚不服的，可以申请行政复议或提起行政诉讼；当事人对环境保护部门及其工作人员的违法失职行为也可以直接提起行政诉讼。

二、环境民事责任

环境民事责任，是指公民、法人因污染或破坏环境而侵害公共财产或他人人身权、财产权或合法环境权益所应当承担的民事方面的法律责任。

在现行环境法中，因破坏环境资源而造成他人损害的，实行过失责任原则。行为人没有过错的，即使造成了损害后果，也不构成侵权行为、不承担民事赔偿责任。其构成环境侵权行为、承担环境民事责任的要件包括行为的违法性、损害结果、违法行为与损害结果之间具有因果关系、行为人主观上有过错四个方面。因污染环境造成他人损害的，则实行无过失责任原则，除了对因不可抗拒的自然灾害、战争行为以及第三人或受害人的故意、过失等法定免责事由所引起的环境损害免予承担责任外，不论行为人主观上是否有过错，也不论行为本身是否合法，只要造成了危害后果，行为人就应当依法承担民事责任，即以危害后果、致害行为与危害后果间的因果关系两个条件为构成环境污染侵权行为、承担环境民事责任的要件。

侵权行为人承担环境民事责任的方式主要有停止侵害、排除妨碍、消除危险等预防性救济方式，恢复原状、赔偿损失等补救性救济方式。上述责任方式，可以单独适用，也可以合并适用。对侵害财产造成损失的赔偿范围，应当包括直接受到财产损失者的直接经济损失和间接经济损失两部分。直接经济损失是指受害人因环境污染或破坏而导致现有财产的减少或丧失，如农作物减产等。间接经济损失是指受害人在正常情况下应当得到，但因环境污染或破坏而未能得到的那部分利润收入，如渔民因鱼塘受污染、鱼苗死亡而未能得到的成鱼的收入等。

追究责任人的环境民事责任时，可以采取以下办法：当事人之间协商解决；由第三人、律师、环境行政机关或其他有关行政机关主持调解；提起民事诉讼；也有的通过仲裁解决，特别是针对涉外的环境污染纠纷。

三、环境刑事责任

　　环境刑事责任，是指行为人因违反环境法，造成或可能造成严重的环境污染或生态破坏，构成犯罪时应当依法承担的以刑罚为处罚方式的法律责任。

　　构成环境犯罪是承担环境刑事责任的前提条件。与其他犯罪一样，构成环境犯罪、承担环境刑事责任的要件包括犯罪的主体、犯罪的主观方面、犯罪的客体和犯罪的客观方面。

　　环境犯罪的主体是指从事污染或破坏环境的行为，具备承担刑事责任的法定生理和心理条件或资格的自然人或法人。环境犯罪的主观方面是指环境犯罪主体在实施危害环境的行为时对危害结果发生所具有的心理状态，包括故意和过失两种情形。环境犯罪的客体是受环境刑法保护而为环境犯罪所侵害的社会关系，包括人身权、财产权和国家保护、管理环境资源的秩序等。环境犯罪的客观方面是环境犯罪活动外在表现的总和，包括危害环境的行为、危害结果以及危害行为与危害结果间的因果关系。

 拓展阅读

非法倾倒填埋酸洗污泥污染环境案

　　2016年5月，江苏省苏州市张家港市环境保护局（现"苏州市张家港生态环境局"）接群众举报，称有人将污泥等固体废物填埋在某大桥北侧一处田地里，环保局立即组织专业人员赴现场勘察、采样分析，采取应急管控措施，控制污染扩散。通过公安等部门进一步调查，填埋固体废物来源于浙江某机械有限公司。调查结果显示，2015年12月、2016年3月，浙江某机械有限公司于张家港市某码头与某山交界处、某大桥北侧长江滩涂地区倾倒酸洗水处理污泥。倾倒行为发生后，固体废物直接暴露于空气中，事件区域水量交换频繁，张家港市环保局迅速组织应急处置工作，遏制污染物迁移扩散。

　　案件发生后，张家港市环保局立即会同公安机关开展案情分析，明确办案思路，委托有资质的鉴定评估机构开展倾倒污泥的危险废物特性鉴别，并展开涉事地块生态环境损害评估。由于案件突发、隐蔽，同时涉及跨省倾倒行为，导致前期溯源调查和取证工作缓慢。受托方通过现场踏勘、资料收集、专家研判等方式，结合现场快速检测数据，初步研判倾倒污泥为含重金属（镍等）的工业固废，后通过《危险废物鉴别标准 通则》（GB 5085.7）等相关技术规范开展浸出毒性检测。检测结果显示，涉事固体废物中重金属镍、总铬、铜等和无机氟化物的浸出浓度不同程度超过标准限值，判定此次涉事固体废物为具有毒性的危险废物。损害调查评估区域内地表水及地下水样品检测结果显示，地表水、地下水中特征污染物为无机氟化物，且超过基线水平20%以上，满足《生态环境损害鉴定评估技术指南总纲》与《环境损害鉴定评估推荐方法（第Ⅱ版）》规定的损害判断标准。同时，通过分析污染来源和污染排放行为关系、污染物迁移路径的合理性、受体暴露的可能性、环境介质污染物与污染源的一致性等，确定了固体废物倾倒和生态环境损害的因果关系。因此可判定本次固体废物倾倒涉事区域的地表水、地下水生态环境要素均受到了损害。经量化，此次倾倒事件造成的生态环境损害费用为 2400 余万元，造成公私财产损失合计 560 余万元。

检察机关依法对浙江某机械有限公司和相关责任人员提起公诉，法院于 2017 年 8 月作出刑事判决：

① 浙江某机械有限公司犯污染环境罪，判处罚金人民币 200 万元。

② 浙江某机械有限公司安环科科长胡某犯污染环境罪、非国家工作人员受贿罪，判处有期徒刑四年，并处罚金人民币 10 万元，非法所得人民币 10 万元，予以追缴，上缴国库。

③ 倾倒人袁某犯污染环境罪、非国家工作人员行贿罪，判处有期徒刑三年六个月，并处罚金人民币 11 万元，非法所得人民币 15.0842 万元，予以追缴，上缴国库。

张家港市环保局会同张家港市检察院先后多次与浙江某机械有限公司进行诉前磋商沟通，最终达成生态环境损害赔偿协议。2018 年 2 月，倾倒地所在乡镇与浙江某机械有限公司签订《生态环境损害赔偿协议》，扣除应急处置等费用后，浙江某机械有限公司承担环境损害赔偿费用 1600 余万元人民币，生态环境损害修复由该镇负责组织实施。在张家港市环保局的监督下，涉事企业委托张家港某工程有限公司负责固体废物及污染土壤的清运和填埋处置工作，共清理倾倒的固体废物及毗邻土壤共计约 3152.35t，均按照危险废物规范处置。2018 年 7 月，倾倒场地所在乡镇依据场地环境调查结论和专家评审意见开展具体修复工作。2019 年 3 月，通过公开招投标确定修复单位，于 2019 年 9 月完成污染场地修复，2019 年 10 月对修复工程进行了验收，修复效果通过了专家评审，生态环境恢复良好。

？ 思考题

1. 说明我国环境保护法律法规体系的构成，以及各层次间的关系。
2. 什么是环境政策？环境政策有哪些特点？
3. 试分析环境政策和环境管理制度之间的关系。
4. 简述我国环境保护法基本原则的含义。
5. 试述我国环境保护法基本制度的含义和相关规定。
6. 什么是环境法律责任？通过查阅资料收集相关案例，分析案例中相关人员所应承担的法律责任。

参考文献

[1] 张承中. 环境规划与管理[M]. 北京：高等教育出版社，2011.

[2] 宋国君. 环境政策分析[M]. 2 版. 北京：化学工业出版社，2020.

[3] 崔桂台. 中国环境保护法律制度[M]. 北京：中国民主法制出版社，2020.

[4] 曾利. 环境安全与环境保护论[M]. 成都：电子科技大学出版社，2014.

第十二章

环境伦理观

环境伦理学就是研究当各方利益相关者面临分歧巨大的困境时，如何才能做出符合伦理的抉择，使得对所有利益相关者获得最大的利益和产生最小的伤害。

第一节

环境伦理观的确立

环境伦理是协调人与自然环境以及涉及环境问题的人与人之间关系的行为准则、道德规范，其核心思想是要求人与自然和谐相处、共同发展，是对当代全球性生态环境问题的道德思考。

一、产生原因

环境伦理思想的产生与工业化进程紧密相关，是人类在对资源过度开发和环境破坏问题反思的基础上形成的。在人类的文明史中，人类对自然环境的认识和态度占据了重要地位，按照人类与自然打交道的方式，人类经历了三种社会形态，即渔猎社会、农业社会和工业社会，而目前正向信息社会迈进。

渔猎社会由于当时生产力低下，科技不发达，"靠天吃饭"的生存方式导致人类对自然环境的依赖性较大，干预程度较轻，损害程度并未超出大自然的自我恢复能力，对自然环境尚未造成大的伤害，而此时人所面临的问题是如何能抵御自然灾害而更好地生存。

进入农业社会后，人类的科技生产力水平有了较大提高，农业和畜牧业快速发展，社会生产开始出现分工，劳动生产工具由石制工具向青铜器和铁制工具转变，商业和手工业开始走向繁荣，人类对环境的影响和危害逐渐加大，区域环境开始在一定程度上遭受严重破坏。

英国工业革命标志着人类进入工业社会时代，科技生产力迅猛发展，大机器集约化生产迅速取代了粗放的手工劳动方式，社会分工趋于细化，各类工业生产行业迅速增加，人类开始大规模破坏自然环境，大肆掠夺自然资源，环境污染程度超出了环境自净能力，环境开始不堪重负，区域性、局部性环境危机开始蔓延，仅 20 世纪 30 年代至 60 年代就相继发生了令人震惊的"八大公害"事件。

20 世纪 60 年代以来，人类对环境的掠夺更加疯狂，环境污染呈现出全球化、突发性和巨大破坏性趋势。进入 21 世纪，环境污染和生态破坏已严重威胁人类的生存和发展，环境与发展成为国际社会普遍关注的重大问题。环境问题的巨大危害促使人们紧密团结在一起，人们已经开始认识到，要解决环境污染和生态失衡问题，不能仅仅依靠经济、法律和行政手段，还必须借助于人类内在的意识。只有当接受了一种恰当的对待自然的态度，并与自然之间建立起一种新型的关系，才能够发自内心地主动热爱并尊重自然，因此日趋严重的环境危机成为环境伦理产生的根源。而正确地对待自然，在发展经济的同时保护赖以生存的生态环境，是人类社会必须正视的首要问题，也是环境伦理研究的根本任务。

二、中国古代环境伦理思想

中国古代文明在维护自然、保持人与自然和谐方面，拥有值得珍惜的宝贵传统。我国古代人民对自然万物和神秘自然力普遍怀有敬畏的情愫，畏惧、顺应、尊重和爱护自然蕴含着博大精深的生态智慧，也是古代传统文化居于中心地位的价值取向。

中国古代哲学基本理念是"天人合一"论，实质核心是探索人与自然的内在关系，既不离开自然妄谈人文，也不鼓励人与自然绝对对立，人与自然要和谐共生。如孟子提出的"仁民爱物"命题，"仁民"是对人的同情仁爱，"爱物"则是爱护人之外的动物植物等；张载提出的"民胞物与"的观念，意思是民为同胞，物为同类，泛指爱人和一切物类；程颢揭示"仁"的内涵，仁者，以天地万物为一体，莫非己也；汉代思想家董仲舒对"天人合一"论的进一步论述是："天地人，万物之本也。天生之，地养之，人成之。天生之以孝悌，地养之以衣食，人成之以礼乐。三者相为手足，合以成体，不可一无也。"也就是说天地人，是万物的根本。天生长了人，地抚育了人，人成就了自己。天赋予了人孝悌的品质，地提供给人衣食，人用礼乐成就了自己，这三者相互依存，合成一体，缺一不可。非常生动地描述了人与自然之间亲密、协调的关系。

"天人合一"论作为一种世界观和思维模式，认为"人"是"天"的一部分，破坏"天"就是对"人"自身的破坏，"人"就要受到惩罚。因此"知天"（认识自然，以便合理地利用自然）和"畏天"（对"自然"应有所敬畏，要把保护自然作为一种神圣的责任）是统一的。自然界为人类成长发展提供必不可少的物质资源，是人类赖以生存的家园，人类不是凌驾自然之上的主宰，不是自然的"立法者"，人不可能脱离自然独立存在，人与自然是内在的共生共荣关系。

中国传统哲学中以万物顺应自然规律生长为"天文"和"地文"，《老子》中的名言："人法地，地法天，天法道，道法自然"，这个"自然"是指自然规律。孔子作为儒家文化创始人，崇尚天，实质上是敬畏自然，将天看作具有生命意义和内在价值，"生生不息"的自然之天，天道根本意义是生，创造生命、四时更迭运行、万物孕育生长，都与自然息息相关。

上述生态伦理智慧都产生于遥远的古代，但它们所体现出质朴睿智的自然观，至今仍给人以深刻警示和启迪，同时也是现代环境伦理学宝贵的精神资源。

第二节

环境伦理的主张

在人类面临严重生态危机的背景下，理论界开始对传统的发展观念及发展模式进行借鉴、批判和反思，探索新的发展理论和模式。现代环境伦理学认为环境伦理就是人类在处理环境问题上所应表现出的态度，其目的在于确立人保护环境的伦理义务，它主要包括三个基本主张，即自然的权利、环境正义和社会变革。

一、自然的权利

"自然的权利"是将人类道德关怀的范围扩大到自然的理论，其目的是让人对自然物直接担负起伦理义务。当代人的无限繁殖和对大自然的疯狂索取，已经引起了生物多样性的锐减和严重的环境污染，破坏了人类的生活环境。为了维持自己的可持续发展，人类从保护自然的角度出发，提出了许多防止污染等环境保护的理念和政策。但是这种出于人的利益的环境保护是被动的、可变化的，在需要时会让位于有利于人的利益的经济开发和环境污染，人类在保护环境的口号下一刻也没有真正停止过对环境的破坏行为，在生存和发展的压力下，环境保护往往让位于经济开发。

河流和动物在传统的伦理学体系中，仅仅是自然物，而不是一个道德存在物，因此它们不应该是人类道德所关注和保护的对象。当狼为了生存进入到人的领地时，人们为了自身的安全会毫不犹豫地去追捕或猎杀它，即使它并未对人们的安全造成威胁。如果我们建立起以自然物的利益为对象的伦理观，也就是从外部向自然物提出伦理要求，人类被要求具有对待自然的直接义务，人不能随意侵害自然物的权利，这样就可以更有效地控制人类对生态环境的破坏行为。

二、环境正义

"环境正义"是环境伦理的另一个核心主张，其基本目标是：确保少数族群和弱势群体拥有免遭环境迫害的自由，社会资源公平分配，资源的可持续利用，以及确保每个人、每个社会群体都拥有平等享用干净的土地、空气、水和其他自然资源的权利。环境正义关注的是如何在代内和代际不同人群中公平地分配环境负担与环境收益。

当今世界是一个在分配上严重失衡的世界，占世界总人口 20% 的发达国家却消费了地球上 80% 的资源。在这种情况下，如果不考虑人们从环境中所获得的利益，以及所遭受到损失的这些具体情况，让所有国家以及所有人都承担相同的责任，其结果可能会导致一部分人继续污染环境，浪费资源，而另一部分人却承受环境污染和资源短缺的危害。因此，全球的环境问题需要在全世界范围内采取共同的行动，这就需要大多数人的同意，要做到大多数人同意就必须实现公平，即代内公平。

同时，环境正义不仅存在于当代人之间，还应存在于当代人与未来人之间。在地球资源和空间有限的前提下，如何满足未来人的需求？当代人对资源的消费和对环境的污染已经不仅是关乎同代人之间利益分配公平与否的问题，它还牵涉到未来人的根本利益，因此涉及代际公平，代际公平是环境正义非常重要的观点。

三、社会变革

"社会正义"是实现"环境正义"的首要条件，"社会正义"的实现依赖于"社会变革"。环境问题上一部分人享受环境资源，破坏环境，另一部分人受害，承担环境责任，这一不公正的现象绝不是自然分配的结果，它源于人类社会不合理的经济社会结构，即人与人之间的不平等。此外，环境问题的真正原因在于现代的"大量生产""大量消费""大量废弃"的生产和生活方式，正是这一生活方式消耗了大量的自然资源，污染了地球环境。这一现象的本质仍来源于不合理的社会结构。所以想根本解决环境问题，需要打破不合理的社会结构，即社会变革。

"自然的权利""环境正义""社会变革"三者在逻辑上是密切相关的。"自然的权利"是环境伦理的理想，因为它所追求的是人与自然的和谐、最彻底的环境保护；"环境正义"是国际上合作的前提，是我们目前环境施政所要解决的主要问题；"社会变革"则是"环境正义"和环境政策得以贯彻的保障，也是环境伦理最终实现的途径和终极目的。即建立一个实现了社会正义同时又能达到人与自然和谐的社会，三者的统一构成现代环境伦理观实施的主要内容，即"尊重与善待自然""关爱人类并尊重个人""着眼当前并思虑未来"。

尊重与善待自然。人类必须在谋求发展的同时学会做到，尊重地球上一切生命物种，以保持生命多样性；尊重自然生态的和谐与稳定，以维护自然界的生态平衡；顺应自然而生活，人类应该从自然中学习到生活的智慧，过一种有利于环境保护和生态平衡的生活，而不是要放弃自己改造和利用自然的一切努力，返回到生产极不发达的原始人的生活中去。

关爱人类并尊重个人。环境伦理学在关心人与自然的关系的同时，也关心人与人的关系，因为人类本身就是自然中的一个种群，人类与自然发生各种关系时，必然牵涉到人与人之间的关系。只有既考虑了人对自然的根本态度和立场，又考虑了人如何在社会实践中贯彻这种态度和立场，环境伦理学才是完善的。从权利角度看，环境权是个人的基本人权。人类对环境的保护和对环境污染的治理，都应当是为了保护人类的这种权利。但必须看到，人类对环境的行为往往不是个人的行为，而是需要群体的努力与合作才能奏效的。另外，任何人对待环境的做法和行为，其环境后果也是不限于个人的，会对周围乃至整个人类产生影响。

着眼当前并思虑未来。在生态伦理中，人类与其子孙后代的关系问题之所以突出，是因为生态环境问题直接牵涉到当代人与后代人的利益。如何从自然生态的内在价值与种族繁衍的角度来看待生态环境问题，如何在处理生态环境问题时取得个体利益与种族利益的平衡，是环境伦理应面对的重要问题。

第三节

工程活动中的环境伦理

一、工程活动中的环境意识

随着社会的进步，往往面临着经济效益和环境恶化之间的冲突。如开采石油和裂解页岩层来生产天然气，缓解区域性水资源危机的引水工程，水坝的修建等，因为这些工程均会对当地自然资源产生潜在的影响，且由于人类对世界认识的局限性，这些影响往往不可预测。此外，在化学品 DDT 的使用问题上，人们已经认识到其对环境和人体健康的危害，目前许多国家，包括我国在内已经停止生产和使用有机氯类农药，但是禁止化学品 DDT 的使用，却能导致疟疾在发展中国家肆虐，大量人口死亡，那如何来平衡 DDT 的使用就成为相关人员需要思考和解决的问题。

环境伦理的出现指导工程活动要做对生态环境有益的事情，但是，什么才是有益的事情？人类发展和改善自身生存状况的愿望是无止境的，那么人类改造自然环境、获取资源的限度在哪里？例如，为了提高当地居民的生活水平，可以在城市附近的荒野中建造大型制造工厂，工程活动会消耗大量能源和天然资源，产生各种废弃物，在提高居民生活水平的同时，也破坏居民的生存环境，同时也会剥夺野生动物生存和茁壮成长的空间，怎样解决发展和环境之间的冲突？人们认为拒绝工厂的建设，在拟建工厂区域对野生动物妥善安置等都是解决这个困境的方案。这些方案的本质均认识到工程活动负载着价值，这些价值使工程活动本身具有了"善""恶"之分、"好""坏"之别。"好"工程的关键在于工程建设中体现环境伦理意识，以良好的环境伦理意识来促进工程建设的可持续发展。因此在评价工程活动时，需要建立一个双标尺价值评价体系，既有利于人类，又有利于自然。在工程建设中把自然的需求和人的需求结合起来综合考虑，审慎开发利用自然环境。为野生动物建立自然保护区，修建水坝时预留出最小放流量，修建高速公路时设立生态通道，都是在环境伦理思想指导下的工程方案。

二、工程活动中环境伦理的观点

环境伦理学的核心问题可归纳为是否承认自然界及其事物拥有内在价值与相关权利。自然界的价值包含工具价值和内在价值。工具价值是指自然界对人的有用性。内在价值为自然界及其事物自身固有的内在价值与相关权利，内在价值是工具价值的依据。工程活动，作为人类重要的实践活动，渗透着人的目的性和意识性，从始至终存在着价值判断问题。其中资源保护主义和自然保护主义是工程活动中保护环境的两种观点。

（一）资源保护主义——人类中心主义

工程活动的出发点是首要满足人的利益，在工程实践中，长期以来的主导思想是人类中心主义。人是自然界唯一具有内在价值的事物，自然界的其他事物不具有内在价值而只有工具价值。人类中心主义的主张是"科学地管理，明智地利用"，认为保护自然资源目的是为了人类更好地开发利用。美国植物学家、环境伦理学家墨迪认为,人类评价自身的利益高于其他非人类,这是自然的,不是人为的,人类具有特殊的文化、知识和创造能力,同时对自然负有重大责任。他认为:"一种对待自然界的人类中心主义态度,并不需要把人看成是价值的源泉,更不排除自然界的事物有内在价值的信念。"人类中心论承认人类对自然的依赖,不否认自然的内在价值,认为自然环境对人类而言,在生物学、经济学和美学方面都是非常重要的,由此可激发起人的自然利益,这为保护自然环境的行为提供有力的驱动力。

(二)自然保护主义——非人类中心主义

自然保护主义保护的不是人在资源中的利益,而是自然本身的利益;保护自然的目的不是为了人类的利用,而是自然本身;人类是自然整体的一部分,需要将自己纳入更大的整体中,才能客观认识自己存在的意义和价值;自然保护主义包括动物解放论、生物中心主义和生态整体主义等观点。

动物解放论主张把道德关怀的对象范围扩大到动物个体上,承认动物也拥有像人一样的道德地位,因而也必须予以像人一样的道德关怀。动物解放论倡导一种尊重生命的态度。这种思想得到了越来越多的人的认可并在实践中被付诸实施,如残忍地对待动物会受到普遍的谴责,爱护动物被看成是人间美德,甚至嗜食素食还被看成是一种生活时尚。

动物解放论把道德关怀的范围从人扩展到人之外的动物,是从人类中心主义伦理学走向广延伦理学的必由之路。但是,主张生物中心主义的环境伦理学家认为,动物解放论的道德视野还不够宽阔,对动物之外的生命还缺乏必要的道德关心,因而他们决心继续扩大道德关怀的范围,使之包括所有生命。

生态整体主义核心思想是把生态系统的整体利益作为最高价值,把是否有利于维持和保护生态系统的完整、和谐、稳定、平衡和持续存在作为衡量一切事物的根本尺度,作为评判人类生活方式、科技进步、经济增长和社会发展的终极标准。生物中心主义和生态整体主义主张整个自然界及其所有事物和生态过程都应成为道德关怀的对象。

资源保护主义和自然保护主义两种观点都强调自然资源保护的重要性,但价值观和保护目的却截然不同,两者之间的关系见图12-1。资源保护主义严格地说,是一种人类中心主义的资源管理方式,它要保护的不是自然生态体系,而是人的社会经济体系。自然保护主义超越了狭隘的人类中心主义的资源保护思想,属于非人类中心主义思想,它要保护的不是人在资源中的利益,而是自然本身的利益。

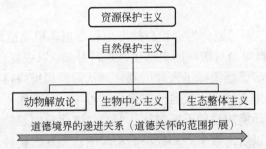

图 12-1　资源保护主义和自然保护主义二者的关系

三、工程活动中环境伦理原则

（一）尊重原则

一种行为是否正确，取决于它是否体现了尊重自然这一根本性的道德态度，这是进行工程活动的首要选择。尊重是对自然的一种敬畏态度，尊重自然决不是人对自然无所作为。人在地球上生存发展，你可以选择在荒野中生存，也可以选择城市工业环境，还可以选择农村田野中，这代表了人对自然的三种态度，即服从自然、征服自然，以及二者的结合，这种人类经过约束和限制自身活动后所做出的选择，就是对自然的尊重。

（二）整体性原则

人类干扰环境的行为是否正确，取决于它是否遵从了环境利益与人类利益相协调，而非仅仅依据人的意愿和需要。从整体论观点来看待人类自己和世界，就会把生物及其环境的整个自然领域看成是由相互联系的事物和事件构成的整体，一个生物群体的生存状况或环境情形出现的某一特定变化会使得整个结构随之做出调整。美国佛罗里达州埃弗格莱兹湿地的短吻鳄在进食和休息的时候会在沼泽地弄出大片的洼地。这些洼地变成了永久性的水坑，而在水坑中又有各种形态的水生生物，这些生命形式又是靠着短吻鳄的粪便和它们吃剩的食物为生的。在干旱时节，这些水坑是这些水生生物赖以生存的唯一场所。当雨季来临时，这些水坑会蔓延至整个埃弗格莱兹，从而从根本上促进了整个草原生态的发展。当短吻鳄落入人类所设置的陷阱而被捕杀时，水坑干涸，水生生物消失，草地中的生物平衡遭到破坏，某些鱼类相继死亡。到了雨季时节，其他物种大量侵入该地区，整个生态系统就会破坏。

（三）不损害原则

意味着人类的发展不应伤害非人类，如果以严重损害自然环境的健康为代价，那么它就是错误的。我们在发展经济的过程中，不伤害野生生物个体是不可能的。但这种伤害要有一定的限度，如单纯地开发矿山和石油要看是否影响到生物物种的正常生息；对天然成熟林的有序采伐，对有些野生动物的繁殖和饲养，按时令有限地捕鱼等，都不能说是伤害；关于家养动物，不故意造成它们不必要的痛苦；对人工培育的农作物，不存在伤害问题。一棵树在林区被允许砍伐有利于生态系统的稳定，但是乱伐一棵树就是对树的伤害；吃家养动物不是对动物的伤害，而吃野生动物就是伤害。由此看来，损害的认定有一定的相对性。

（四）补偿原则

发展经济的活动中，不可避免地会给自然野地和野生动植物造成很大危害。这时候，根据公正补偿原则，人类应当对破坏的自然生态进行补偿，以恢复自然环境的健康状态。例如，人们由于发展经济曾经毁掉了大片的森林，从保护和维持自然生态平衡出发，必须大力植树造林，进行生态修复。大自然在演化过程中，一方面不断地产生新物种，另一方面也使一些不适于环境的物种不断淘汰，但自然进化总的趋势是使物种不断地增多和繁衍。而自人类出现以后，其生产和经济活动却使自然界的物种趋于减少。因此，我们应该对濒危物种加以保护，并给它们创造出适宜于生存和繁衍的有利环境。

当工程项目中上述原则出现冲突时，我们可以依据一组评价标准对何种原则具有优先性进行排序，即：①整体利益高于局部利益原则，人类一切活动都应服从自然生态系统的根本需要；②需要性原则，在权衡人与自然利益的优先秩序上应遵循生存高于基本需要、基本需要高于非基本需要的原则；③人类优先原则，当且仅当人与自然环境同时面临生存需要，人的利益优先。

当自然的整体利益与人类的局部利益发生冲突时，依据标准①来解决。

当自然的局部利益与人类的局部利益冲突时，依据标准②来解决。

当自然的整体利益与人类的整体利益发生冲突时，依据标准③来解决。

第四节

工程共同体的环境伦理

一、工程共同体的环境伦理责任

工程共同体包括工程活动共同体，如项目工程师、投资人、管理者和工人等；工程组织共同体，如企业、公司、项目部等；工程职业共同体，如工程师协会、工会和雇主协会等。当代工程是工程共同体"集体行动的智慧的结晶"，工程共同体是工程活动的主体。然而当代工程无论是其项目招标，还是实现过程，直接已经完工的工程都出现了诸多的伦理问题，但这些问题在过去很长一段时间内并没有受到工程共同体的关注，原因在于参与活动的共同体成员都在寻求自身利益的最大化，而非社会利益，为了更好地实现工程的社会价值和环境价值，工程共同体成员在追求个人利益的同时，应该尽量减少工程的环境影响，实现工程社会效益最大化，承担起相应的环境保护伦理责任。

这样的责任既是群体责任，也是个体责任，应该包括以下方面：

① 肯定环境具有内在价值，评估工程决策对生态环境近期和长期的影响，对生态环境风险做出伦理审视，并采取措施减缓或消除可能带来的负面影响；

② 减少工程项目以及产品在整个生命周期对于环境以及社会的负面影响，尤其是使用阶段；

③ 让公众了解工程全过程对生态环境的影响和风险，尊重、维护公众的知情权、决策权；

④ 促进技术的正面发展用来解决难题，同时减少技术的环境风险；

⑤ 认识到环境利益的内在价值，而不要像过去一样将环境看作是免费产品；

⑥ 国家间、国际间以及代际间的资源以及分配问题；

⑦ 促进合作而不是竞争战略。

工程共同体中的每一个成员都应该承担这样的伦理责任，要具备"遵循自然"的伦理觉悟，必须以对自然规律（包括生态规律）的正确认识和遵循为前提。近年来倡导的生态建筑就是一种典型的"生态工程"，它以人、建筑和环境的有机相融、和谐共存为理念，实现工程与自然的和谐。

环境伦理责任作为一种"近距离和远距离相结合的伦理责任"，本质上体现为对人的伦理责任。"近距离的伦理责任"，是工程共同体集体行动对当代人的生态环境责任，主要表现为国际之间、区际之间的伦理责任；"远距离的伦理责任"，则是对未来人类的尊重、责任和义务。不仅要求在工程对自然环境和人类健康构成直接的或者明显的威胁时要重视和采取措施，而且要求当自然环境和人类健康还没有受到直接影响的时候，工程共同体也应该表示充分关注。

由于工程共同体中的投资人、工程师、管理者和工人在工程活动过程中的角色和作用不同，其所应承担的具体环境伦理责任也应该不同。即"当一个人处于一个导致更大伤害的职位，或者，对于伤害的发生，处于一个比其他人起到更大作用的职位时，他必须给予更多的关照来避免伤害的发生。"

二、企业的环境伦理责任

企业不仅是一个经济组织，还是一个社会组织；不仅要承担直接的经济责任，还要承担相应的社会责任和生态责任。因此企业投资者应该联合领导和员工，将环境保护融入企业文化之中，引导企业在具体的工程活动过程中主动承担环境保护的责任，由单纯地追求利润转向追求人、环境和利润的和谐统一，全面实现工程的经济价值、社会价值和生态价值。

企业的环境伦理责任主要包括：对自然的责任、对市场的责任、对公众的责任。

① 对自然的环境伦理责任，要求企业应切实考虑到自然生态及社会对其生产活动的承受性，应考虑其行为是否会造成公害，是否会导致环境污染，是否浪费了自然资源，要求企业公正地对待自然，限制企业对自然资源的过度开发，最大限度地保持自然界的生态平衡。

② 对市场的环境伦理责任，要求企业要不断生产绿色产品，开展绿色营销，建立生态产品销售渠道。

③ 对公众的环境伦理责任，要求企业不仅要确立"代内公平"的观念，而且要树立"代际公平"的观念，以使当代人在追求自己利益满足的基础上，也给子孙后代以满足其利益的机会。

目前大多数企业都希望有一个环境责任的好声誉，但是在具体承诺并承担环境责任方面，各企业承诺环保的具体情况又不尽相同，有学者划分出了几种不同程度的"绿色"，见表 12-1。

表 12-1　企业承诺环保情况

"绿色"程度	具体实施
淡绿	遵守法律
市场绿	通过注意到消费者偏好而寻求竞争优势
利益相关者之绿	响应并且培养公司相关利益者，如供应商、员工等的环境考虑
黑绿	进行产物创造的同时尊敬自然的内在价值和工具价值

从"淡绿"到"黑绿"，表明企业环境保护的力度和深度逐渐加强。不过，这种加强常常并不必然带来企业利润的上升，往往还引起企业利润的下降。正因为这样，现阶段虽然有越来越多的企业倾向于"黑绿"，但是个别企业还是出于私利，在环保上不积极，处于环境保护的初级阶段。因此全社会应该行动起来，加强环境执法，提高公众的环境保护意识，以此引导并鼓励投资人和企业承担更多的伦理责任，做出更多的环境保护承诺，从"淡绿"走向"黑绿"。

三、工程师的环境伦理责任

工程师在工程活动中的角色比较复杂，他们既是工程活动的设计者，也是工程方案的提供者、阐释者和工程活动的执行者、监督者，而且还是工程决策的参谋，在工程活动和工程共同体中起着非常关键的作用。

由于工程师具备相应工程专业知识，所以可以辨析某项工程对生态环境产生的影响，也可以采取方案从技术层面去规避和解决这种影响。因此工程活动会造成什么样的环境影响，以及怎样解决工程的环境问题，都与工程师具体的工程实践紧密相关。工程师的职业活动范围主要是自然界，职业活动性质是运用科学技术直接作用自然和改造自然，职业活动的后果会对社会环境造成影响，但更多的是对自然环境产生影响，因此工程师应该对工程所造成的环境影响担负更多的责任。

近年来，工程活动对环境造成了严重影响，损害了人类的利益，还危害了自然生态系统。而解决这些因素的途径既取决于工程师的技术水平，又取决于工程师对环境所负有的伦理责任，这就迫使工程师突破传统伦理的局限，对环境有一个全面而长远的认识，勇于担负环境伦理责任，维护生态平衡，保护环境。

世界工程组织联盟（Word Federation of Engineering Organizations，WFEO）于1986年颁布了全球第一个"工程师环境伦理规范"，工程师的环境伦理责任具体表现见表12-2。

表 12-2　工程师的环境伦理责任

序号	环境伦理责任
1	尽最大的能力、勇气、热情和奉献精神，取得出众的技术成就，从而有助于增进人类健康和提供舒适的环境
2	努力使用尽可能少的原材料与能源，并只产生最少的废物和任何其他污染，来达到工作目标
3	特别要讨论方案和行动所产生的后果，不论是直接的或间接的、短期的或长期的，对人们健康、社会公平和当地价值系统产生的影响
4	充分研究可能受到影响的环境，评价所有的生态系统（包括都市和自然的）可能受到的静态的、动态的和审美上的影响以及对相关的社会经济系统的影响，并选出有利于环境和可持续发展的最佳方案
5	增进对需要恢复环境行动的透彻理解，如有可能改善可能遭到干扰的环境，并将它们写入方案中
6	拒绝任何牵涉不公平地破坏居住环境和自然的委托，并通过协商取得最佳的社会与政治解决办法
7	意识到生态系统的相互依赖性、物种多样性的保持、资源的恢复及其彼此间的和谐协调形成了我们持续生存的基础，这一基础的各个部分都有可持续性的阈值，那是不容许超越的

国家法律的导向是引导和规范工程师环境伦理行为的主要依据，如国内制定《环境保护法》《环境影响评价法》《环境噪声污染防治法》《固体废物污染环境防治法》及《建设项目环境保护条例》等一系列的法律规范和条例，进一步确立了政府、企业和个人的责任，为工程师的行为提供了指导性原则，也对从业者的职业行为做出评判。

工程实践过程中的很多案例表明，工程师在具体的工程实践过程中会遇到形形色色的环境伦理难题，在各方利益冲突的情况下，工程师所持有的环境伦理观念，对于其履行相应的环境伦理责任变得尤为重要，但目前工程师普遍存在着如下问题，导致对环境伦理责任重视程度不够。

1. 缺乏环境伦理修养，以工程利益至上

工程师的环境伦理修养属于道德意识方面的内容。当工程师的工作性质，使他们能较早地认识到某个工程活动会对人类环境及公众产生威胁，在这种状况下，工程师有两种选择，是及时揭露事实真相，还是隐瞒不报。如果工程师具备环境道德修养，那他们就会规范自己的行为，对环境保护承担责任。

2. 工程师忽视承担环境伦理责任

工程设计是工程活动的起始阶段。工程设计中的产品、生产过程或材料不安全都会使人类环境处于风险中。如果工程师们在工程设计初期能准确预测工程活动的危害，就会降低潜在的风险。缺乏环境风险评估是工程师忽视承担环境伦理责任的因素之一，它破坏了生态系统的平衡，损害了人类的利益。所以要把工程活动置于人—自然—经济—社会大系统，全面考察与评估，力求在工程设计之初做出客观并公正的环境风险评估。

四、工程共同体其他成员的环境伦理责任

除了工程师外，在工程共同体的成员中还包含企业投资人、管理者和工人等。他们在工程活动过程中也应该承担相应的环境伦理责任，以使工程活动有利于环境。

投资者不仅对企业生产发展负领导责任，同时也必须对企业的环境保护负领导责任，承担企业的环境伦理责任。如对于企业，投资人应该意识到：企业不仅是一个经济组织，还是一个社会组织；不仅要承担直接的经济责任，还要承担相应的社会责任和生态责任。因此，投资者应该联合并领导其他工程共同体成员，将环境保护融入企业文化之中，引导企业在具体的工程活动过程中主动承担环境保护的责任，由单纯地追求利润转向追求人、地球和利润的和谐统一，全面实现工程的经济价值、社会价值和生态价值。

工程管理者应该对工程活动进行环境管理，承担起相应的环境伦理责任。如熟悉并遵守国家制定的相关环境法律和政策，做好相应的环境管理工作。在我国，工程项目相关管理者，应该在工程建设项目开工建设之前，给出该项目环境影响报告；应该在工程项目的建设之时，实施"三同时"制度，即污染防治设施要与生产主体工程同时设计、同时施工、同时投产；应该在工程项目运行期间，采取相应的节能减排措施，使工程活动的环境影响不超过国家现行环境法律法规所规定的环境标准；应该在工程项目运行之后，对环境影响进行评价。

工人是工程实施和运行的具体操作者，他们的操作规范与否将会直接导致工程活动的环境影响，因此也应该承担一定的环境伦理责任。工人在工程活动过程中承担的环境伦理责任主要表现在熟悉相关的流程和规定，按照标准操作程序和现行规章进行操作，以避免操作失误引发环境灾难的责任。工人是整个活动实施的操作者，他们对工程实践活动过程中的环境问题往往感受最早、最直接，更易发现工程实施和运行过程中的环境隐患和已经出现的环境问题，因此他们有义务在履行相应的职业责任时，将公众的安全、健康和福祉放在首位，发现潜在和显在的工程环境问题，并将此通报给相关人员和部门，防患于未然。

第五节

环境伦理观与人类的行为方式

决策者、企业家和公众这三类人群环境伦理观的树立将影响国家可持续发展战略的实施。

一、决策者行为

每个国家的各级政府和官员是国家运行的主要决策者，1997年联合国环境规划署发表的《环境伦理的汉城宣言》，对世界各国政府的决定提出行动指南，包括政策协调、预防措施、接近群众、支持环境友好技术、推进平等、环境教育和国际合作七个方面。

1. 政策协调

为了使政策有利于保障整个生命系统的可持续性，决策者必须在更宽广的范围内平衡各部门的利益与责任，在更深远的层次上协调人类与自然的关系。我国的南水北调工程就是水资源合理利用的典型案例。南水北调工程改善黄淮海地区的生态环境状况，改善北方当地饮水质量，有效解决北方一些地区地下水因自然原因造成的水质问题，为北方经济发展提供保障。

2. 预防措施

决策者在制定任何发展项目的同时，必须严格实施环境影响评价，确保项目建设对环境的不利影响最小化；而"在那些可能受到严重的或不可逆转的环境损害的地方，不能使用缺乏充分和可靠科学依据的技术，不能延误采用防止环境退化的经济有效的措施"。中国青藏铁路建设的环境影响评价与保护性预防措施就是一个成功的典范。青藏铁路北起青海省西宁市，南至西藏自治区拉萨市，途经多年连续冻土地段、地震烈度区、草原戈壁、盐湖沼泽，植被稀少，生态脆弱，由于决策者具有敏锐的环境意识，工程执行严格的环境影响评价，使青藏铁路在工程施工和实际运营时，对高原生态环境、江河水源、自然景观及野生动植物均未造成过度的负面影响。这些方案和措施显示出决策者对大自然的尊敬，对其他生命的关照，对自我行为的约束，这正是环境伦理观所要求的。

3．接近群众

决策者在制定有关发展和环境保护的政策和计划时，必须反映所有相关人员的利益，并接受他们的评判。为了使公众充分参与决策，相关政策资料应尽可能提供给公众，给予他们充分的时间提出意见，并将合理的意见与建议纳入政策中。我国的环境保护法第五十四条和五十五条中明确规定国务院环境保护主管部门统一发布国家环境质量、重点污染源监测信息及其他重大环境信息。省级以上人民政府环境保护主管部门定期发布环境状况公报；县级以上人民政府环境保护主管部门和其他负有环境保护监督管理职责的部门，应当依法公开环境质量、环境监测、突发环境事件以及环境行政许可、行政处罚等信息；县级以上地方人民政府环境保护主管部门和其他负有环境保护监督管理职责的部门，应当将企业事业单位和其他生产经营者的环境违法信息记入社会诚信档案，及时向社会公布违法者名单；重点排污单位应当如实向社会公开其主要污染物的名称、排放方式、排放浓度和总量、超标排放情况，以及防治污染设施的建设和运行情况，接受社会监督。

4．支持环境友好技术

环境友好技术，是经过研究和评估后，确认对各环境要素影响小、资源消耗水平低、废弃物产生量少的技术，同时也包括治理污染的末端技术。决策者应支持和鼓励对环境友好技术的研究与应用，为此政府应该给予必要的财政补贴，创造有利的条件，启动环境友好技术的发展和应用，并推动科学技术情报资料的交流。

我国财政部、发展改革委和国家能源局在 2020 年印发了《关于促进非水可再生能源发电健康发展的若干意见》（财建〔2020〕4 号），明确了可再生能源电价附加补助资金结算规则。同时我国生物质能源产业要向高能效、高附加值、低能耗方向发展，行业要尽快探索创新出减少补贴依赖，甚至不依赖于补贴的商业运营模式。

5．推进平等

环境伦理观主张代内平等和代际平等，而代内平等是代际平等的前提，它要求同一时代的不同地域、不同人群之间对资源利用和环境保护所带来的利益与所支付的代价实行公平的负担和分配。当前国际社会越来越重视社会弱势群体的发展，如妇女、贫困者、残疾者、老人、儿童等群体的需求和呼吁，因为他们的需求往往与其赖以生存的土地、水源、林区、草原等各类环境的可用性和安全性相关联。因此，决策者应当跳出自身的利益圈，倾听弱势群体的需求，鼓励他们参与环境保护，在人人有机会参与的前提下，才能保证弱势群体能够分享到因发展和环境政策而产生的利益，促进社会平等。

6．环境教育

政府决策者应通过各种渠道传播环境伦理观，对社会各阶层进行环境教育，特别是为青少年设计环境意识与环境伦理观的教育内容。

7．国际合作

"只有一个地球"，世界各国应共同承担保护地球环境的责任。具体行动包括各地区和国家积极参与合作，共同执行对环境有利的政策，遵守已建立起来的多边协议；相互交流制定政策的经验和科技进展情报，以利于全球环境保护和改善，并对即将来临的环境问题提出早期警报。

二、企业家行为

1. 开展环境友好的工商业实践

企业应该效法自然，使同样的产出消耗最少的能源和物资，以及排放最少的废物。为此，应广泛采用环境友好的生产工艺，节约使用能源和材料，增加使用再循环物资和可再生资源，减少排放有害物，利用废旧物资生产。同时，为支持环境友好的工商业实践，金融和保险机构也必须增加对环境有利的投资。

2. 扩大企业责任

企业必须认识到他们的环境责任不仅停留在生产环节，而要扩大到生产的全过程，并关注产品生命周期的各个阶段，包括产品的回收利用和最终处置。对于一个有远见的企业，必须摒弃"末端治理"的生产方式和"消费主义"的生活主张，由此还可能触发新的商机。

3. 实施环境管理体系

企业需要有一套制度化的环境管理体系，定期审计生产和经营活动，检查对环境产生的影响，防治污染和治理污染，使对环境造成的压力最小化。企业可将污染防治和治理技术所需的费用打入预算，作为正常生产活动的一部分。通过实施环境管理体系，企业开展环境友好的实践就不再是一时或一事的行为，可转化为企业运营的长期行动。

三、公众行为

1. 环境伦理观指导下的现代生活理念

环境污染、生态退化、物种灭绝的原因在于人类自身对"更多、更全、更舒适"生活的过度追求。全球原始森林面积急剧缩减，无数原本生机勃勃的参天大树被砍伐，是由于人们偏爱"纯天然"实木家具或地板；为出行快捷方便，越来越多的家庭购买汽车，全球石油资源因此而加速消耗，城市空气质量也因此日益恶化。这样的事例比比皆是，工业革命所带来的经济高速增长，也使许多地区陷入"更多的工作，更多的消费，以及对地球更多损害"的困境之中。人类的生命源泉来自大自然，在环境伦理观的影响下，人们的日常生活方式和消费模式也在悄然发生改变，通过适度消费、健康饮食、环保居家、绿色出行等实践，每个人留在地球上的生态足迹正在缩小。

2. 环境伦理观指导下的公民行为

《环境伦理的汉城宣言》对公民也提出了行动指南，包括选择对环境有利的生活方式、积极参与、关怀与同情三个方面的行动。

(1) 对环境有利的生活方式

公民应当学会合理规划，拒绝浪费的生活方式；学会理性消费，拒绝奢侈的物质消费。用对环境有利的生活和消费方式寻求保护地球的途径。

(2) 积极参与

普通公众是环境污染的最大受害群体，为了改善决策质量，并保证公众利益，公民在道德上和政治上应积极参与环保公共事务的决策过程，充分行使宪法赋予的知情权、参与权、表达权和监督权。

① 公众可进行环保投诉和建议，对发生在身边的引资、立项、征地、勘察、建厂及施工等涉及环保的工作，公众可以通过有效的途径，如利用环保信箱和市长电话等及时提出批评、投诉、举报和建议，将可能的污染控制在预期和前期。

② 公众可发挥监督和举报的力量，任何污染源的出现，都不会是悄无声息的，知情者要勇于承担起投诉和举报的责任，不让污染事件在身边继续蔓延和扩大。

③ 公众可积极参加相关的调查，环保部门经常进行社会问卷调查或开通 24h 的电子信访调查，公众可自由充分地向环保部门表达自己的观点和立场，提出自己的建议和意见。

④ 公众可充分利用宣传工具，可通过广播、电视和网上的交流，与相关部门的负责人定期或不定期地沟通，即时咨询制度和事务，了解环保的新规定和要求，更好地行使自己的知情权和参与权。

（3）关怀与同情

为了实现环境伦理观所提倡的生命平等的理念，每个公民应主动帮助那些在环境上、经济上和社会上处于弱势的群体，如贫困人群、少数民族、受灾群众、残疾人等，保障他们与其他人公平地分享环境资源。

社区在引领环保生活中大有可为，如开展垃圾分类、募捐赈灾、增加无障碍设施、植树种草、家庭旧物交换、环保宣传等。每个热心环保公益的公民，都可以把一个人、一个家的经验与社区邻居分享，使社区成为和谐发展的社会单元。

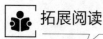 拓展阅读

野生东北虎进村——如何看待野生动物伤人或致人死亡事件？

据新华网 2021 年 4 月 25 日报道，4 月 23 日 6 时许，白鱼湾镇边境派出所接到报警，有村民在密山市白鱼湾镇临湖村 10 组一处废弃民宅内发现一只老虎。派出所立即出动警力，保护现场、疏散人群。经专家初步判定，这是一只野生东北虎。当日 10 时许，这只老虎向北移动，将一名正在田地里干活的村民扑倒，并且还击碎了附近车辆的玻璃。随后，这只老虎躲在村落旁边的沟渠里。鸡西市和密山市相关部门组织警力封锁现场，将当地居民全部撤回家中，保证人身安全。23 日 21 时许，在黑龙江省密山市白鱼湾镇临湖村 1 组，警方用麻醉枪射出麻醉针，将东北虎麻醉控制后移进笼子带走。24 日，这只东北虎被送往中国横道河子猫科动物饲养繁育中心接受体检，专家初步观测其健康状况良好。在进行 20 多天的隔离后，2021 年 5 月 18 日早上 8 点多，在黑龙江省穆棱林业局有限公司东兴林场套子房沟，将该虎放生。放归野生老虎，我国这是第一次，在国际上也是一个难题。老虎是猛兽，放归自然的过程中要实现人虎两安全，尽量让老虎在野外顺利存活。

东北虎又称西伯利亚虎，生活在俄罗斯西伯利亚、朝鲜以及中国东北地区，属于国家一级保护动物。"大王"并非首次"下山"。2021 年上半年，黑龙江、吉林曾多次发现野生东北虎踪迹。3 月 14 日，在黑龙江省牡丹江市宁安市三陵乡红土村附近的人工林内发现野生东北

虎的足迹；1月20日，黑龙江省公安厅垦区公安局牡丹江分局庆丰派出所民警和护边员，在边境一线发现了野生东北虎足迹；1月11日，在吉林省延边朝鲜族自治州敦化市林业局黄泥河林场发现野生东北虎足迹；"大王"为何频频"下山"？据了解，停止对天然林的商业性采伐、森林覆盖率提高，为东北虎生存提供了重要保障。国家加强对野生动物野外种群的保护，野猪和狍子等种群恢复，保障了野生东北虎的食物链。保护宣传力度的加大，也对东北虎种群的保护起到了积极作用。

随着生态环境向好，东北虎"频频做客"对人的生活也产生很大影响。人不禁提出这样一个问题：在人的生命受到老虎威胁的紧急情况下，人们可否打死老虎呢？到底是人的生命重要还是老虎重要？对此，有关人士见仁见智，态度不一。

中国野生动物保护协会的专家认为，这些毕竟都属特例，由于《野生动物保护法》中也没有相关的规定，因此从野生动物保护方面很难对此疑问给予解释。即使让司法部门裁决也会考虑到两方面的问题：到底是人在野外被咬还是老虎进村咬人？不同的情况结论应该是不同。一些人认为，如果真有老虎危及人生命安全的情况出现，采取的行动当属正当防卫，不应该负法律责任的。而法律界相关人士也表示，对人来说，生存是第一位的，因此不能以失去人的生命为代价来完成与保护野生动物间的交换。如果老虎真伤人，那就一枪打死它算了，因为这属于紧急避险。另外，法律是由人制定的，没有人类就谈不到对野生动物的保护。因此不论是在老虎进村伤人，还是人在野外被伤，只要存在生存危机，采取任何保护自己的举动都是正当的。但某些专家对此观点表示不同意。他们说，动物应该与人平等，它们也有权益，何况人类所食用的食物都是动物直接或间接提供的，所以人类要和动物和平共处，互相帮助，给动物一定的权利。东北虎是食物链中最顶级的动物，因为它的存在，才影响下面一系列种群的数量。没有它，有些有害的动物或者有益的动物就要泛滥。

人命重要还是老虎重要，这个问题没有一个绝对的答案，关键是从哪个角度看问题。从保护人权的角度看，当然是人的生命更重要。而从野生动物保护的角度看，老虎那么珍稀濒危，保护老虎当然更重要。其实，这个争论没有多大意义，重要的是人类应找到一个既能保护好自己、又能保护人类的朋友——野生动物的有效途径。"老虎诚可贵，人命价也高。何时有良策，两者皆可保。"地球是人类和其他动物的共同家园，人虽为万物之灵，但在生存权利上，野生动物与人是平等的。我们不能要求老虎做出牺牲，只能要求理智的人类、要求人类的组织特别是政府采取得力措施，主动牺牲一点人类利益，比如把人类迁出保护区等切实可行的办法，以给老虎更大的合理活动空间，逐步适应人与野生动物和谐共存的生活方式。

❓ 思考题

1. 试述环境伦理观的产生原因。
2. 环境伦理观的三个基本主张是什么？对于当前解决生态环境问题具有什么启示？
3. 工程活动中的环境伦理观点是什么？
4. 活动中应该怎样遵循环境伦理原则？试查阅资料举例说明。

5. 针对准备开发的工程项目，利益相关方应该如何承担其环境伦理责任？

6. 为应对全球环境问题，决策者、企业家和公众个人应该采取怎样的行为方式？

参考文献

[1] 哈尔·塔贝克，拉姆·拉姆那. 环境伦理与可持续发展：给环境专业人士的案例集锦[M]. 罗三保，李瑶，杨钤，译. 北京：机械工业出版社，2017.

[2] 刘应振，何娜. 西方环境伦理思想综述[J]. 理论研讨，2016, 31: 280-281.

[3] 屈振辉，王锐. 论西方环境伦理思想对环境法的影响[J]. 江西理工大学学报，2020, 41(4): 20-25.

[4] 李正风，丛杭青，王前，等. 工程伦理[M]. 北京：清华大学出版社，2016.

[5] 杨通进. 环境伦理：全球话语中国视野[M]. 重庆：重庆出版社，2007.

[6] 曲向荣. 环境保护与可持续发展[M]. 北京：清华大学出版社，2014.

[7] 钟若愚. 基于物质流分析的中国资源生产率研究[M]. 北京：中国经济出版社，2009.

[8] 朱贻庭. 应用伦理学辞典[M]. 上海：上海辞书出版社，2013.

[9] 李培超. 伦理拓展主义的颠覆：西方环境伦理思潮研究[M]. 长沙：湖南师范大学出版社，2004.

[10] 王诺. 欧美生态批评：生态学研究概论[M]. 上海：学林出版社，2008.

[11] 查尔斯·E.哈里斯，迈克尔·S.普里查德，等. 工程伦理：概念与案例[M]. 丛杭青，沈琪，译. 北京：北京理工大学出版社，2006.

[12] 雷毅. 河流的价值与伦理[M]. 郑州：黄河水利出版社，2007.

[13] 陈雯. 工程共同体集体行动的伦理研究[D]. 南京：东南大学，2017.

[14] Freeman R E, Pierce J, Dodd R. Shades of Green: Business, Ethics, and the Environment[M]. Oxford, New York: Oxford University Press, 1995.

[15] LauraWestraand Patricia H.Werhane. The Business of Consumption: Environmental Ethics and the Global Economy [C]. Lanham, MD: Rowman & Littlefield Publishers, 1998.

[16] 肖显静. 论工程共同体的环境伦理责任[J]. 伦理学研究，2009, 6: 65-70.

[17] 维西林德，冈恩. 工程、伦理与环境[M]. 吴晓东，翁端，译. 北京：清华大学出版社，2003.

[18] 李娟. 工程师的环境伦理责任研究[D]. 合肥：合肥工业大学，2012.

[19] 杜然珂. 当代我国工程师的伦理责任问题研究[J]. 科技和产业，2020, 20(12): 214-218.

[20] 章海荣. 生态伦理与生态美学[M]. 上海：复旦大学出版社，2006.